国家出版基金项目
NATIONAL PUBLICATION FOUNDATION

"十三五"国家重点图书出版规划项目
国家出版基金资助项目

CHINESE INDUSTRIAL HERITAGE HISTORIC RECORDS

中国工业遗产史录

上海卷

曹永康　竺迪　著

华南理工大学出版社
SOUTH CHINA UNIVERSITY OF TECHNOLOGY PRESS
·广州·

图书在版编目（CIP）数据

中国工业遗产史录.上海卷/曹永康，竺迪著.—广州：华南理工大学出版社，2023.1

（中国工业遗产丛书/刘伯英，徐苏斌，彭长歆主编）

ISBN 978-7-5623-7035-2

Ⅰ.①中⋯　Ⅱ.①曹⋯　②竺⋯　Ⅲ.①工业建筑–文化遗产–研究–上海　Ⅳ.①TU27

中国版本图书馆CIP数据核字（2022）第065067号

Chinese Industrial Heritage Historic Records·Shanghai Volume

中国工业遗产史录·上海卷

曹永康　竺　迪　著

出 版 人：	柯　宁
出版发行：	华南理工大学出版社
	（广州五山华南理工大学17号楼，邮编510640）
	http://hg.cb.scut.edu.cn　E-mail：scutc13@scut.edu.cn
	营销部电话：020-87113487　87111048（传真）
策划编辑：	赖淑华
责任编辑：	王昱靖
责任校对：	陈哲菲　曹纯纯
印 刷 者：	广州一龙印刷有限公司
开　　本：	889mm×1194mm　1/16　印张：32.75　字数：790千
版　　次：	2023年1月第1版　2023年1月第1次印刷
定　　价：	398.00元

版权所有　盗版必究　印装差错　负责调换

中国工业遗产丛书

学术委员会

（以姓氏笔画为序）

王建国　中国工程院院士，东南大学建筑学院教授、博士生导师
何镜堂　中国工程院院士，原华南理工大学建筑设计研究院院长
宋新潮　国际古迹遗址理事会（ICOMOS）中国国家委员会主席，中国古迹遗址保护协会
　　　　（ICOMOS China）理事长，国家文物局党组成员、副局长
宋春华　原建设部副部长，原中国建筑学会理事长
岳清瑞　中国工程院院士，原中冶建筑研究总院有限公司党委书记、董事长
单霁翔　中央文史馆特约研究员，中国文物学会会长，故宫博物院故宫学院院长
郭　旃　中国文物学会副会长兼世界遗产研究会会长，原国家文物局文物保护司巡视员，
　　　　原国际古迹遗址理事会（ICOMOS）副主席
常　青　中国科学院院士，同济大学建筑与城市规划学院教授、博士生导师

编辑委员会

主　编：刘伯英　　徐苏斌　　彭长歆
编　委：（以姓氏笔画为序）

万　谦	韦　飚	卢家明	刘　晖	刘大平	刘奔腾	刘宗刚
闫　觅	李和平	吴　迪	何俊萍	宋　盈	陈　洋	季　宏
周　卫	周　坚	周莉华	郑东军	郑红彬	孟璠磊	哈　静
钟冠球	段亚鹏	姜　波	莫　畏	高祥冠	唐　琦	曹永康
常　江	蒋　楠	赖世贤	赖淑华			

学术支持单位

中国建筑学会工业建筑遗产学术委员会
中国文物学会工业遗产委员会
中国历史文化名城委员会工业遗产学部

主编单位

清华大学建筑学院
天津大学建筑学院
华南理工大学建筑学院

策　　划：赖淑华　　卢家明
项目负责：赖淑华　　骆　婷
项目执行：赖淑华　　骆　婷
编辑统筹：骆　婷

砥砺奋进、铸就辉煌

——谱写中国工业遗产的史诗

（代序）

2018年中国改革开放40周年，2019年中华人民共和国成立70周年，2020年我们又迎来全面建成小康社会的关键时期。历史呈现给我们一幅壮美的画卷，也赋予了我们崇高的责任。在城市建设从扩张开发到更新挖潜实现转型发展，大量工业用地更新和工业遗产保护利用呈现高潮的关键时刻，我们共同投身到了为中国工业遗产的保护利用树碑立传的伟大事业当中。"中国工业遗产丛书"，记录了中国工业遗产保护利用研究与实践的发展历程，谱写了中国工业遗产的史诗。

随着城市产业结构和社会生活方式的变化，传统工业或迁离城市，或面临"关、停、并、转"的局面，留下了很多工厂旧址、设施、机器设备等具有遗产价值的工业遗存。工业遗产是文化遗产的重要组成部分，加强工业遗产的保护利用，构建中国工业遗产价值体系，对于传承人类先进文化，保持和彰显城市的文化底蕴和特色，推动地区经济社会可持续发展，具有十分重要的意义。借鉴国内外工业遗产保护的经验，探索适合我国的工业遗产保护方法和利用途径，形成相对完整和独立的当代工业遗产保护理论体系，指导工业遗产保护与利用的良性发展是一项艰巨和长期的任务。

1. 齐抓共管：聚焦工业遗产

2005年10月ICOMOS在中国西安举行的第15届大会上做出决定，将2006年4月18日"国际古迹遗址日"的主题定为"保护工业遗产"。2006年4月国家文物局在无锡举办中国工业遗产保护论坛，通过《无锡建议》；2006年6月国家文物局下发《加强工业遗产保护的通知》；2007年国家文物局开展第三次全国文物普查，首次将工业遗产纳入调查范围；2009年6月在上海召开全国工业遗产保护利用现场会。在第一批至第八批全国重点文物保护单位中，近代工业遗产共计143处，占比2.83%。2019年12月国家文物局印发《国家文物保护利用示范区创建管理办法（试行）》，为工业遗产保护利用奠定了坚实的基础。

2013年3月，国家发改委编制了《全国老工业基地调整改造规划（2013—2022年）》并得到国务院批准，该规划涉及全国120个老工业城市。2014年3月，国务院办公厅发布《关于推进城区老工业区搬迁改造的指导意见》，把加强工业遗产保护再利用作为一项主要任务。2020年6月国家发改委、工信部、国资委、国家文物局、国家开发银行联合印发《推动老工业城市工业遗产保护利用实施方案》，实现了政府部门之间的紧密合作，标志着工业遗产保护利用工作进入真抓实干的新阶段。

2017—2019年，工信部工业文化发展中心发布了三批"国家工业遗产名单"，共102项；印发了《国家工业遗产管理暂行办法》，对开展国家工业遗产保护利用及相关管理工作进行了明确规定。工业遗产是工业文化的重要载体，蕴含着丰富的历史信息和文化基因，见证了工业以及国家发展的历史进程。保护和利用工业遗产，是对尘封记忆的唤醒，更是对光辉历史的弘扬，有助于提升和坚定民族文化自信。

2018—2019年，国资委分行业、分批次发布中央企业工业文化遗产名单，包括核工业11项、钢铁工业20项、信息通信行业20项，指导中央企业发掘利用历史文化遗产价值，丰富企业文化内涵，彰显企业品牌价值，提升企业文化软实力和企业竞争力，逐步形成中央企业工业文化遗产集群。国资委还对中央企业文化遗产基本情况进行了摸底，编印了《央企老照片——中央企业历史文化遗产图册》，展示了国防科工、石油化工、电力、冶金、建筑等行业的发展轨迹、历史遗存与工业遗产。

2018年，住建部发布《关于进一步做好城市既有建筑保留利用和更新改造工作的通知》，提出要充分认识既有建筑的历史、文化、技术和艺术价值，坚持充分利用、功能更新原则，加强城市既有建筑保留利用和更新改造，避免片面强调土地开发价值，防止"一拆了之"。坚持城市修补和有机更新理念，延续城市历史文脉，保护中华文化基因，留住居民乡愁记忆。

2016—2019年，中国文物学会和中国建筑学会分四批公布"中国20世纪建筑遗产"名录，共396项，其中有64项工业遗产，占总数的16.2%。

2018—2019年，中国科协与中国规划学会联合公布两批"中国工业遗产保护名录"，共200项。同时，中国科协联合南京出版社出版了"中国工业遗产故事"科普系列丛书，更是广泛唤起了公众对工业遗产保护的关注。

2005—2017年，自然资源部分四批公布了88座国家矿山公园。2017年，国家旅游局发布《全国工业旅游发展纲要》，指出要充分挖掘和利用好工业文化，传承工业文明，实施工业旅游"十百千"工程，即10个工业旅游城市、100个工业旅游基地、1000个国家工业旅游示范点，并推出10个国家工业遗产旅游基地。

2010年以来，我国成立了多个工业遗产领域的学术组织，包括中国建筑学会工业建筑遗产学术委员会（2010年）、中国历史文化名城委员会工业遗产学部（2013年）、中国国史学会三线建设研究会（2014年）、中国文物学会工业遗产委员会（2014年）、中国科技史学会工业遗产研究会（2015年）等，工业遗产受到专家和学者的共同关注，成为学术研究的热点；工业遗产还吸引了大量规划师、建筑师参与到城市更新和既有工业建筑改造利用的实践当中，创造了丰富多彩的实践案例。他们成为我国工业遗产保护利用领域最强大的学术共同体，初步建构了我国工业遗产保护利用的学术体系。本套丛书的出版也将是作者们学术生涯的重要成果。

2. 回眸历史：树立国家丰碑

工业创造了曾经的辉煌，今天依然壮观美丽，工业遗产的价值得到越来越广泛的认识，工业美学得到越来越多的欣赏。英国、法国、德国、美国、日本等工业强国，把工业遗产保护作为国策，彰显了各国政府对人类工业文明的重视，展示了各国工业化进程的经验和成果，这是特别值得我们深刻思考的。工业遗产在广袤的大地上留下了独特的工业景观，见证了空想社会主义的社会实验，探索了现代城市规划方法和新建筑思想，其影响持续至今。

以造纸、酿酒、陶瓷、盐业、矿冶、桥梁、水利、运河为代表的中国古代传统工艺和手工业是中华民族智慧的结晶。洋务运动"自强""求富"，引进西方先进的科学技术，兴办近代军事工业和民用企业，迈出了中国近代工业发展的第一步。民族资本家的"实业救国"使中华民族摆脱贫穷，实现自救。殖民工业见证了侵略者的掠夺和中国遭受的耻辱。抗战工业展现了中国人民不屈不挠的决心。革命工业遗产谱写了中国人民英勇奋斗的壮丽篇章。

中华人民共和国成立后，国民经济恢复时期的建设项目、"一五""二五"时期苏联援建的"156项目"，奠定了新中国工业化的坚实基础。"三线"建设开启了西部大开发的序幕，中国的工业布局得到进一步完善，国防工业得到进一步发展。改革开放前以四大化纤基地和八大化肥厂为代表的"四三方案"，以及以宝钢和深圳"三来一补"工业企业为代表的改革开放工业建设的伟大成就，书写了中国工业化的历史，树立了一座座中国工业化进程的丰碑。

中华人民共和国成立70年，我们逐步建立了独立、完整的工业体系和国民经济体系，实现了从工业化初期到工业化后期的历史性飞跃，实现了从落后的农业国向世界工业大国的历史性转变。这两大历史性成就表明：我们在实现强国之梦的征程上迈出了决定性的步伐。这为我国工业遗产的未来发展树立了坐标。

3. 牢记使命：传承文化精神

中国今天的工业辉煌是用历史书写的，是前辈们用勤劳和汗水、聪明和智慧以及文化和精神铸就的。前辈学者们在工业发展历史的茫茫大海中去发现那些有价值的工业遗产，为我们的研究奠定了坚实的基础，让我们获益匪浅。

2015年11月21—23日，"中国第六届工业遗产学术研讨会"在华南理工大学召开。其间，华南理工大学出版社提出了组织出版"中国工业遗产丛书"的思路和想法，得到了专家们的认同和响应。之后历经上海、南京、鞍山、郑州四届年会的专题研讨会，不断丰富思路，细化计划，组织撰写。

本套丛书以省、直辖市为单位，将本地区工业发展的历程，工业遗产的保存、保护与活化利用工作进行梳理和总结，并通过大量的田野调查、研究成果、实践案例、政策法规的汇总，展现了本地区工业遗产的全貌，从而使本套丛书成为中国工业遗产集大成之作。

对于本套丛书的出版，华南理工大学出版社卢家明社长、周莉华副总编给予了大力支持，赖淑华编审、骆婷编辑全程负责项目推进和实施，在此特别感谢。也特别感谢撰写书稿的各位作者，他们来自多所大学，多年来做了大量现状调查，取得了丰硕的研究成果；他们还培养了大量研究生，参与了多项规划设计项目；结合书稿的需要，他们又补充进行了大量的资料搜集和现场调查、测绘，付出了艰辛和努力；特别是工业遗产分散、"三线"、军工遗产丰富的省份作者，他们付出的努力更加令人钦佩。

很多丛书分卷的作者开展了口述历史的搜集和整理工作，采访了工业企业的开创者、建设者、亲历者，包括各级领导、劳模、工人，收集了大量珍贵的文献档案、影像资料和工业文物；采访了文创园区的经营者和游客，开展问卷调查，大大丰富了本套丛书的内容，甘之如饴。

4. 结语

工业遗产书写了中国工业化的进程，承载着国家记忆和民族精神，是不朽的历史丰碑，是中国优秀文化的重要标识，是中国为人类文明的进步所做贡献的重要见证。让我们以更加饱满的热情、更加旺盛的斗志、更加严谨的作风投身到工业遗产调查研究、保护利用的事业中去，让工业遗产所承载的工业精神，凝结为中国人民和中华民族的优秀"基因"，为中国的"文化自信"做出新的贡献。

刘伯英

2020年12月

前言

在历史发展的长河中，上海地区自唐宋以来一直是以港兴商、以商兴市的典型，其传统手工业很早就得到了发展。早在五代时期，华亭县（现上海市所在地）的蚕丝纺织物一度成为朝廷贡品；宋代时期，华亭县海岸线盐业兴盛，盐场众多；明代以后，上海在棉纺织手工业、航运产业等方面有了长足的发展，明中叶之后已成为我国重要的棉纺织手工业中心；清代以来，上海更是成为手工业产品的产销市场。

而上海工业的大规模发展和完善，则是在近代上海开埠以后。开埠后的上海工业，受到近代资本主义贸易发展的影响，其工业规模逐渐发展壮大，同时在组织方式、管理体制上日趋完善。工业作为推动经济发展的主要产业，极大地促进了上海城市的整体发展。

作为我国近代重要的工业中心城市、近代工业的发祥地之一，上海拥有很多中国工业"之最"：中国人创办的第一家近代工业企业——江南制造总局（1865年），中国最早的煤气供热工厂——上海煤气公司杨树浦工场（1862年），有"远东第一大水厂"之称的杨树浦水厂（1881年），世界上最早的发电厂之一的杨树浦发电厂（1882年），中国第一家机器造纸厂——上海机器造纸局（1882年），中国第一家机器面粉厂——裕泰恒火轮面局（1882年），近代中国最早的机器纺织厂——上海机器织布局（1890年），还有诸如上海机床厂、上海柴油机厂、上海电站辅机厂、上海电缆厂等知名大中型企业100余家。这些工厂的工业建筑浓缩了近代以来上海城市和工业文明的发展，在上海的城市发展过程中发挥了极为重要的作用。

自1990年代开始，上海的产业结构开始进行不断调整，"退二进三"①政策的影响也加速了上海城市空间的变迁，工厂逐渐从上海市区退出，大量工厂的合并和外迁，也造成许多原有的老厂房以建筑遗产的形式留存下来，一些具有价值的老旧厂房及相关附属设施设备，则成为如今所讨论的工业遗产。但是由于早期对工业遗产的价值缺乏认识，很多开发者认为拆除遗产新建商业体的经济价值会比改造更高，很多工业遗产遭到了破坏。随着保护政策的变化以及人们对遗产保护认识的提高，越来越多的工业遗产有了良好的再利用实践，这些保护更新案例在保护遗产的同时，也带来了一定的地区触媒效应，促进了区域的整体性发展。

这些工业遗产是上海自开埠以来不断融合中西方文化、不断发展繁荣的见证，代表了上海发展历程中兼容并包、积极进取的精神内涵，既是塑造上海城市文化特色的关键所在，也在一定程度上决定了上海未来城市的面貌。因此，有必要对它们的发展历史进行梳理回顾，对保存现状进行调研排查，对保护更新利用情况及经验进行系统总结，对未来发展方向进行思考展望。

本书即致力于对这些问题的研究与梳理，全书共分七章，从上海工业遗产的形成与分布、发展历史、现状调查、保护利用情况、案例实录等方面进行系统性研究，不仅包含了大量调研测绘资料及历史资料，也总结、分析了上海工业遗产的建筑特征、类型特征、时空分布特征等，探究了在上海建设"卓越的全球城市、具有世界影响力的社会主义现代化国际大都市"的发展背景下，工业遗产如何从保护设计、保护技术、保护管理等不同层面打造成为上海代表性空间和标志性载体，从而推动城市功能与空间品质的提升，深化历史传承与城市魅力的塑造，实现地区经济、社会、文化的全面发展。

著者
2021年6月

---

①指退出一些产品没有市场、濒于破产的中小型国有企业，大力发展第三产业的做法。

目 录

第 1 章　上海工业遗产的形成与分布

1.1　上海工业的发展基础 ········· 2
　　1.1.1　优越的地理位置 ········· 2
　　1.1.2　江南地区的资源支持 ········· 3
　　1.1.3　发达的商业基础 ········· 4
　　1.1.4　完善的金融体系 ········· 5
1.2　上海工业建设的历史脉络 ········· 6
1.3　上海工业遗产的分布概况 ········· 12
　　1.3.1　上海各区县工业遗产分布情况 ········· 12
　　1.3.2　行业类型 ········· 13
　　1.3.3　时空分布 ········· 16
　　1.3.4　建（构）筑物留存类型 ········· 18

第 2 章　上海工业的发展历史

2.1　开埠前上海工业的发展背景 ········· 22
　　2.1.1　海上贸易的繁荣 ········· 22
　　2.1.2　传统手工业的发展 ········· 25
　　2.1.3　新型生产关系的出现 ········· 26
2.2　上海近代工业的发端期（1840—1894年） ········· 28
　　2.2.1　外资工业的兴起 ········· 30
　　2.2.2　上海民族工业的兴起 ········· 36
2.3　上海近代工业的繁盛期（1894—1937年） ········· 44
　　2.3.1　外资工业的扩张 ········· 44
　　2.3.2　民族工业的快速扩展 ········· 49

2.4 上海近代工业发展的艰难期（1937—1949年） ·············61
　2.4.1 "孤岛时期"上海工业的畸形繁荣 ·············61
　2.4.2 太平洋战争爆发后至抗战胜利前的工业衰微 ·············64
　2.4.3 抗战胜利后至上海解放前的工业停滞 ·············64
2.5 1949年以后上海工业的全面发展 ·············66
　2.5.1 新中国成立初期上海工业的恢复与发展 ·············66
　2.5.2 "大跃进"至改革开放前上海工业的发展 ·············68
　2.5.3 改革开放后上海工业的发展与调整 ·············70

第3章 上海工业遗产的调查与统计分析

3.1 上海工业遗产的类型特征 ·············75
　3.1.1 不同历史背景下工业类型的差异 ·············75
　3.1.2 工业遗产的工业类型分布统计 ·············76
　3.1.3 工业遗产的类型分布特征 ·············77
3.2 上海工业遗产的时间分布 ·············81
　3.2.1 不同时期的分布概况 ·············81
　3.2.2 不同时期的分布特征 ·············81
3.3 上海工业遗产的空间分布 ·············82
　3.3.1 与水系关系密切，集中分布在重要河道周边 ·············84
　3.3.2 不同的地理区位，形成不同的工业类型 ·············85
　3.3.3 集中于中心城区，与城市化水平正相关 ·············93
3.4 上海工业遗产的建筑特征 ·············95
　3.4.1 建筑结构 ·············96
　3.4.2 特殊屋顶形式 ·············106
　3.4.3 风格特征 ·············113
　3.4.4 建筑材料 ·············117
　3.4.5 工程技术 ·············121
　3.4.6 营造人员 ·············122
3.5 上海工业遗产中的设施设备情况 ·············125
　3.5.1 电梯、运输栈桥 ·············125
　3.5.2 烟囱、塔吊、高炉 ·············126
　3.5.3 码头、渡口、船坞 ·············128
　3.5.4 防火防灾设施 ·············129

3.5.5 筒仓 …… 130
3.5.6 生产设备 …… 132
3.6 非物质工业文化遗产特色 …… 133
　　3.6.1 工人文化 …… 133
　　3.6.2 品牌文化 …… 140
3.7 上海工业遗产的价值评价 …… 147
　　3.7.1 上海工业遗产的本体价值 …… 147
　　3.7.2 上海工业遗产对城市发展的价值 …… 150

第4章　上海工业遗产典型案例实录

4.1 冶金工业 …… 154
　　4.1.1 上钢十厂冷轧带钢车间旧址 …… 154
　　4.1.2 上海第一钢铁厂 …… 158
4.2 机械制造业 …… 162
　　4.2.1 上海汽轮机厂 …… 162
　　4.2.2 彭浦机器厂 …… 167
　　4.2.3 慎昌洋行杨树浦工场旧址 …… 170
4.3 船舶制造业 …… 174
　　4.3.1 中法求新机器制造轮船厂 …… 174
　　4.3.2 瑞镕船厂旧址 …… 179
　　4.3.3 江南制造总局旧址 …… 186
4.4 交通运输业 …… 195
　　4.4.1 龙华机场 …… 195
　　4.4.2 上川铁路川沙站旧址 …… 201
　　4.4.3 南浦火车站旧址 …… 205
　　4.4.4 外白渡桥 …… 208
4.5 纺织工业 …… 213
　　4.5.1 日商上海纺织株式会社 …… 213
　　4.5.2 恒大纱厂旧址 …… 218
　　4.5.3 川沙纱厂旧址 …… 221
4.6 食品工业 …… 223
　　4.6.1 阜丰福新面粉厂旧址 …… 223
　　4.6.2 福新第三面粉厂旧址 …… 228

4.7 公用事业 ··· 232
 4.7.1 杨树浦水厂 ··· 232
 4.7.2 上海煤气公司杨树浦工场旧址 ·· 240
 4.7.3 杨树浦电厂（上海工部局电气处新厂旧址） ································· 243
 4.7.4 东区污水处理厂旧址 ·· 250
4.8 仓储业 ·· 254
 4.8.1 上海中国银行办事所及堆栈旧址 ·· 254
 4.8.2 亚细亚火油栈 ··· 258
 4.8.3 民生仓库旧址 ··· 265
 4.8.4 民生港码头仓库 ··· 269
4.9 码头设施 ·· 278
 十六铺码头 ·· 278
4.10 印刷业 ··· 282
 商务印书馆第五印刷所旧址 ·· 282
4.11 邮电通信业 ··· 288
 上海邮政总局旧址 ··· 288
4.12 工人住宅 ·· 293
 曹杨一村 ·· 293

第 5 章　上海工业遗产的保护与利用

5.1 保护利用的背景与动因 ·· 300
 5.1.1 工业遗产本身具有的资源价值 ·· 300
 5.1.2 产业结构的调整 ··· 300
 5.1.3 国际上的工业遗产保护趋势 ··· 303
 5.1.4 上海城市更新中的契机与挑战 ·· 304
5.2 相关法规政策及规划策略 ·· 306
 5.2.1 法规政策 ··· 306
 5.2.2 规划策略 ··· 308
5.3 工业遗产名单的扩大 ··· 315
 5.3.1 文物保护名单的升级和增减 ··· 315
 5.3.2 上海市优秀历史建筑名单的增加 ·· 318
 5.3.3 风貌保护街坊的扩大与深化 ··· 323
5.4 上海工业遗产更新再利用情况 ··· 325

5.4.1　再利用概况 ………………………………………………………………… 325
　　5.4.2　使用功能分类 ………………………………………………………………… 325
　　5.4.3　早期再利用的典型模式 ……………………………………………………… 326
　　5.4.4　上海工业遗产再利用模式的发展变化 ……………………………………… 330
　　5.4.5　保护再利用过程中的不理想情况 …………………………………………… 332

第6章　上海工业遗产保护与利用案例实录

6.1　上海当代艺术博物馆 ………………………………………………………………… 340
　　6.1.1　历史沿革 ………………………………………………………………………… 340
　　6.1.2　建筑遗存状况 …………………………………………………………………… 341
　　6.1.3　非物质文化遗产 ………………………………………………………………… 342
　　6.1.4　保护与更新 ……………………………………………………………………… 343
6.2　四行仓库抗战纪念地 ………………………………………………………………… 348
　　6.2.1　历史沿革 ………………………………………………………………………… 348
　　6.2.2　建筑遗存状况 …………………………………………………………………… 349
　　6.2.3　非物质文化遗产 ………………………………………………………………… 349
　　6.2.4　保护与更新 ……………………………………………………………………… 350
6.3　梦清馆苏州河展示中心 ……………………………………………………………… 355
　　6.3.1　历史沿革 ………………………………………………………………………… 355
　　6.3.2　建筑遗存状况 …………………………………………………………………… 357
　　6.3.3　非物质文化遗产 ………………………………………………………………… 359
　　6.3.4　保护与更新 ……………………………………………………………………… 360
6.4　M50艺术产业园 ……………………………………………………………………… 364
　　6.4.1　历史沿革 ………………………………………………………………………… 364
　　6.4.2　建筑遗存状况 …………………………………………………………………… 364
　　6.4.3　非物质文化遗产 ………………………………………………………………… 370
　　6.4.4　保护与更新 ……………………………………………………………………… 371
6.5　湖丝栈文化创意园区 ………………………………………………………………… 376
　　6.5.1　历史沿革 ………………………………………………………………………… 377
　　6.5.2　建筑遗存状况 …………………………………………………………………… 377
　　6.5.3　非物质文化遗产 ………………………………………………………………… 379
　　6.5.4　保护与更新 ……………………………………………………………………… 379

6.6 花园坊节能环保产业园（上海第一汽车附件厂旧址） 382
  6.6.1 历史沿革 382
  6.6.2 建筑遗存状况 383
  6.6.3 非物质文化遗产 386
  6.6.4 保护与更新 386

6.7 上海国际时尚中心 390
  6.7.1 历史沿革 390
  6.7.2 建筑遗存状况 391
  6.7.3 非物质文化遗产 395
  6.7.4 保护与更新 396

6.8 八号桥艺术空间·1908粮仓 402
  6.8.1 历史沿革 402
  6.8.2 建筑遗存现状 403
  6.8.3 非物质文化遗产 403
  6.8.4 保护与更新 404

6.9 1933老场坊（上海工部局宰牲场旧址） 408
  6.9.1 历史沿革 408
  6.9.2 建筑遗存状况 409
  6.9.3 非物质文化遗产 411
  6.9.4 保护与更新 411

6.10 上生·新所（上海生物制品研究所旧址） 416
  6.10.1 历史沿革 416
  6.10.2 建筑遗存状况 421
  6.10.3 非物质文化遗产 424
  6.10.4 保护与更新 424

6.11 杨浦滨江公共空间环境更新 429
  6.11.1 杨浦滨江工业遗产分布特点 430
  6.11.2 杨浦滨江工业遗产与公共空间的结合 431

6.12 浦东滨江工业遗产再利用 439
  6.12.1 浦东滨江工业遗产分布特点 440
  6.12.2 浦东滨江工业遗产再利用现状 443

第7章　结语：上海工业遗产保护的思考与展望

- 7.1 上海工业遗产保护相关学术研究情况 ······ 452
  - 7.1.1 研究的细化和深入 ······ 452
  - 7.1.2 研究方向的多元化 ······ 452
- 7.2 上海工业遗产保护与再利用特色 ······ 452
  - 7.2.1 率先出台法规，探索工业转型制度 ······ 453
  - 7.2.2 率先开展工业遗产创意产业园区的改造 ······ 453
  - 7.2.3 工业遗产的资源利用紧密结合城市总体规划 ······ 455
  - 7.2.4 推动工业遗产保护由"点"到"线、面"发展 ······ 457
- 7.3 上海工业遗产保护与再利用的建议 ······ 458
  - 7.3.1 目前存在的问题 ······ 458
  - 7.3.2 保护设计层面的改进 ······ 460
  - 7.3.3 保护技术层面的提升 ······ 461
  - 7.3.4 保护管理层面的优化 ······ 464

附录Ⅰ　上海工业遗产调研项目一览表 ······ 466
附录Ⅱ　上海市认定文化创意产业园区、示范楼宇和示范空间分布表 ······ 483

参考文献 ······ 494
后　记 ······ 500

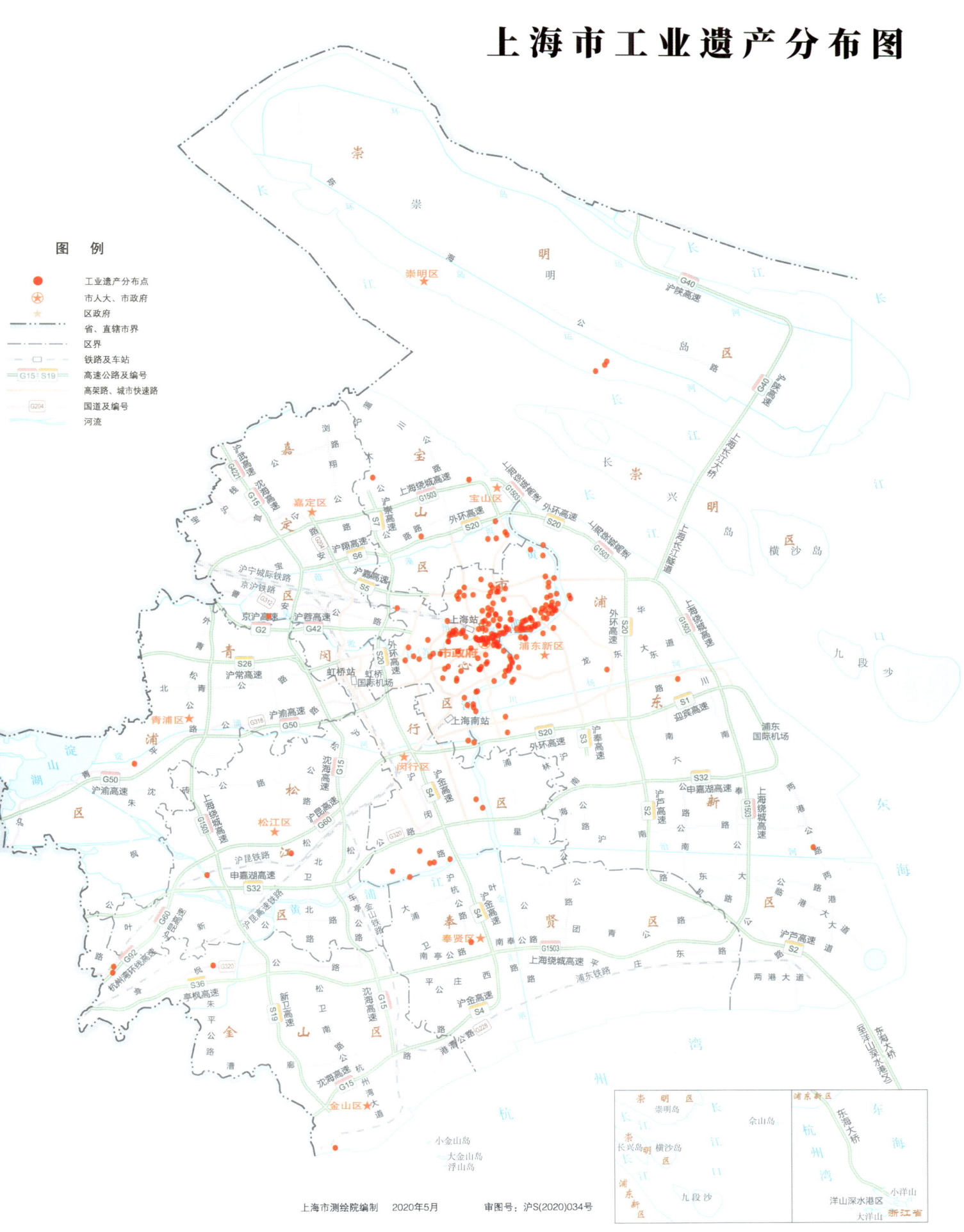

第 1 章

上海工业遗产的形成与分布

上海工业遗产的形成与保存现状，与上海这座城市所处的地理环境和城市发展所造就的工业发展轨迹有着密不可分的联系。

上海的工业发展历史悠久，从鸦片战争后的上海开埠，租界设立，到甲午战争后外商获取在沪设厂的权利；从抗日战争时期上海工业的曲折发展，到中华人民共和国成立后改变工业格局的"五年计划"，乃至改革开放，其工业发展的历程见证了上海城市的变迁和社会的发展，更是中国工业近代化过程的典范。

早在1930年代，经济学家刘大钧就曾提出："上海在全国工业地位之重要无可比拟。"[1]罗兹·墨菲在《上海：现代中国的钥匙》一书中，形容"上海，连同它在近百年来成长发展的格局，一直是现代中国的缩影[2]。"上海的工业发展从近代以来，一直在全国占据重要地位，这是上海工业遗产形成的基础。

1.1 上海工业的发展基础

上海工业的发展，离不开其作为中国重要贸易港口的支持，而港口的发展则与地理位置、贸易往来、商业基础和金融体系等息息相关，这些因素都是上海工业发展的重要基础和前提条件。

1.1.1 优越的地理位置

从地理位置上看，上海位于长江三角洲和整个长江流域的焦点，又是中国南北海岸线的中心，具有广阔的经济腹地，这是中国其他任何一个港口都无法比拟的。上海的交通条件极其优越、便利，其位于中国大陆东部沿海长江三角洲，地处太湖平原，长江和钱塘江入海交汇处，北界长江，东濒东海，南临杭州湾，西接江苏和浙江两省。作为长江流域的最东沿，上海在内陆水路的运输上处于整个长江流域末端；作为沿海城市，上海是中国南北海岸线的中心，也是长江流域与海外衔接的重要节点，在海上航运中处于国际主要海洋航道上，"论其与世界各大市场之关系，则上海适处于世界经济竞争之中心。由上海航行以至世界实业最发达之中心，如欧洲之西部，与美国之东部，航运所费之时间，相差无几。……此外东与日本，北与西伯利亚，南与印度、南洋、澳洲等处，皆有直接航路可通"[3]。优越的地理位置和气候条件促进了上海贸易港口的形成和发展，使其一方面能够汇集整个长江流域及华北低地的物质资源，另一方面也成为中国重要的海上航线焦点，提供了近代化工业发展的重要条件（图1-1-1）。

第二次鸦片战争期间，英国强迫清政府于1858年签订了不平等条约《中英天津条约》，要求设立内陆通商口岸，开放长江流域商船航行，使其有利于向中国倾销商品和掠夺中国的原料。此后，上海相对于内陆其他港口优势更为凸显，极早适应了工业化、近代化的需求，在中国近代化发展过程中迅速成为全国重要的工业中心。西方人选择上海作为通商口岸，就是基于它在地理上所具有的优越条件，正如英国人福钧（Robert Fortune）所说："就我所熟悉的地方而论，没有别的市镇具有像上海所有的那样有利条件。上海是中华帝国的大门，广大的土产贸易市场。……内地交通运输便利，世界上没有什么地方比得上它。……不容置疑，在几年内，它非

---

[1] 刘大钧. 上海工业化研究[M]. 北京：商务印书馆，2015：143.
[2] 罗兹·墨菲. 上海：现代中国的钥匙[M]. 上海社科院历史研究所，编译. 上海：上海人民出版社，1986：4.
[3] 武堉干. 中国国际贸易概论[M]. 北京：商务印书馆，1930：358.

但将与广州相匹敌，而且将成为一个具有更加重要地位的城市。"[1]这是相当富有预见性的总结。在上海享有了与广州同样的贸易机会之后，其贸易量急速上升：1846年，上海出口货值仅占全国总量的16%，五年后，其所占的比例达到50%。到1863年，上海口岸的进出口总值为100 189 564两白银，而广州仅为6 046 365两白银，不及上海的十五分之一。

1.1.2 江南地区的资源支持

近代上海在短时间内崛起，并形成庞大的工业发展规模，并非偶然，这与江南地区的经济资源、人文环境密不可分。江南丰富的物产资源给上海提供了丰富的贸易流通货物。上海在开埠前就已是初具规模的国内贸易枢纽港，主要进行中国沿海地区和长江、太湖流域的物产交流。

从资源流通角度来看，上海具有可便捷地利用环太湖、甚至长江中下游腹地资源的优势。上海所处的长江三角洲地区，是长江流域下游的顶端，这一地区处于亚热带季风区，地势平坦、气候温和、雨量充沛、农业发达、人口众多，在中国的历史发展过程中一直是富饶之地，具有丰富的原料和商品资源。而长江三角洲地区在当地塘浦圩田体系[2]的影响和作用下，水网密度极高，形成了纵横交错的河网，这使得上海与周边地区的联系凭借水道的贯通变得极为密切；而温度常年在0℃以上，也避免了冬季因为气温过低造成水面结冰，保证了一年四季的水路通航。苏州河、黄浦江与内陆水系的连通，保证了上海运输的便利性，在工业发展和贸易方面，能够更为便

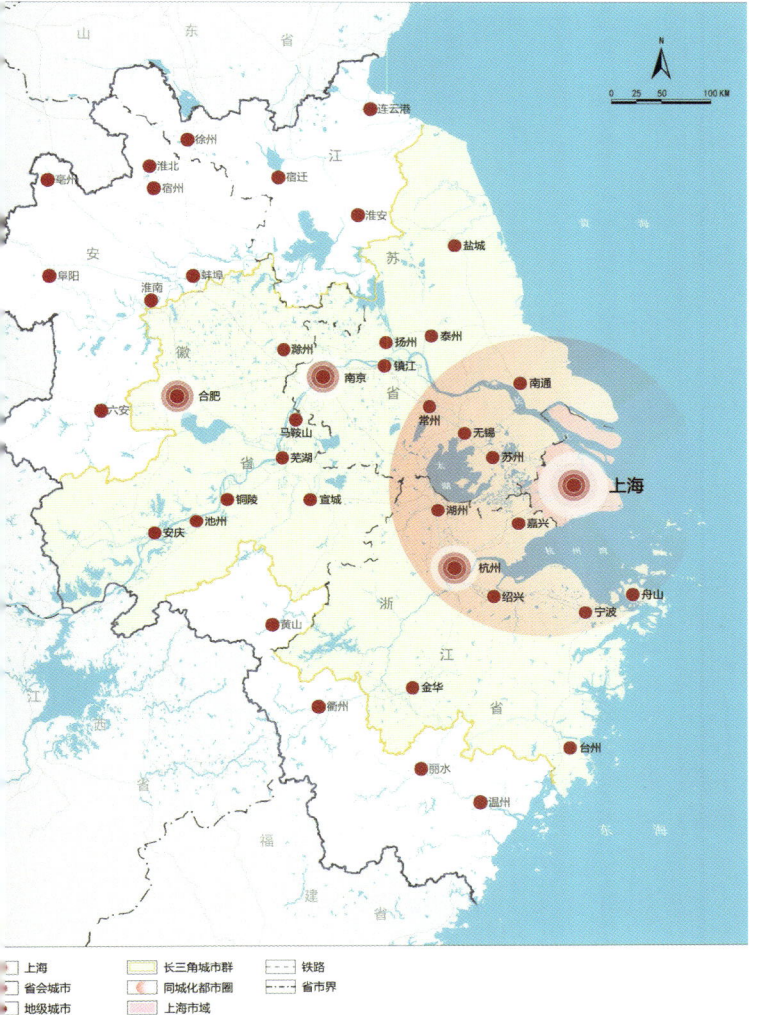

图1-1-1　上海市区位图
（资料来源：上海市人民政府，《上海市城市总体规划（2017—2035年）》，2018）

---

[1] 福钧. 中国、印度茶乡之行：第一卷［A］//罗兹·墨菲. 上海：现代中国的钥匙［M］. 上海：上海人民出版社，1986：81-82.
[2] "塘浦圩田"体系是唐宋时期逐渐发展起来的圩田体系。"塘"通常为东西走向并连接各纵向人工河流水系；"浦"通常指与江河湖泊相通的小河、沟渠；"圩"即堤，指筑以绕田的堤岸；"圩田"或"围田"，指"水行于圩外，田成于圩内"的农田。早期圩田多筑堤围裹浅水沼泽或湖滩；后期圩田主要是对湖泊群进行围垦。

利地吸收周边地区的原料和商品并向其销售产品，从而推动资源的流通和利用，所以在开埠前上海的贸易地位便初露端倪，从中可以清楚地看到江南的经济资源所起的作用（图1-1-2）。

比如近代上海城市最初出口的货物，就是江南地区传统的丝绸、棉布等大宗物产。自古中国就对外输出丝绸，18世纪到19世纪初又成为世界上输出棉织品的主要国家之一，而江南一带则是丝绸与棉纺织品的主要产区，也是上海地区"衣被天下"的主要来源。当时的纺织生产形态主要有三种：一是以一家一户为生产单位的家庭作坊，二是城镇独立手工业，三是官营手工业，其中家庭生产占大多数，是社会主流的纺织生产组织形式①。官营织造工场的手工匠人技术精湛，且生产工具更为先进，生产出的纺织品更加高档精美，其生产的纺织品通常供统治者和贵族阶层使用。上海在开埠前，手工纺织商品的销售就已形成埠际贸易、对外贸易和城市零售三部分，商号收购江南一带的纺织品，走水路运往内地，或参与对外贸易（多为南洋国家）。

另外，江南还为上海提供了大量的人力资源和发展资金，按照一种说法，在沪华商约有13个大帮，传统的"江南十府"商人就占其一半，包括：宁波帮，人数超10万，多营洋货；绍兴帮，人数约3万，多营钱业与酒店；杭州帮，多营丝绸业；镇江帮，多营钱业与绸业等②。他们为上海近代工业的发展、城市建设提供了大量资金，在上海从早期单一的进出口贸易向工业、商业等功能城市转变的过程中发挥了重大作用。在近代工业兴起以后，上海工厂中的工人也多是来自江南一带③。

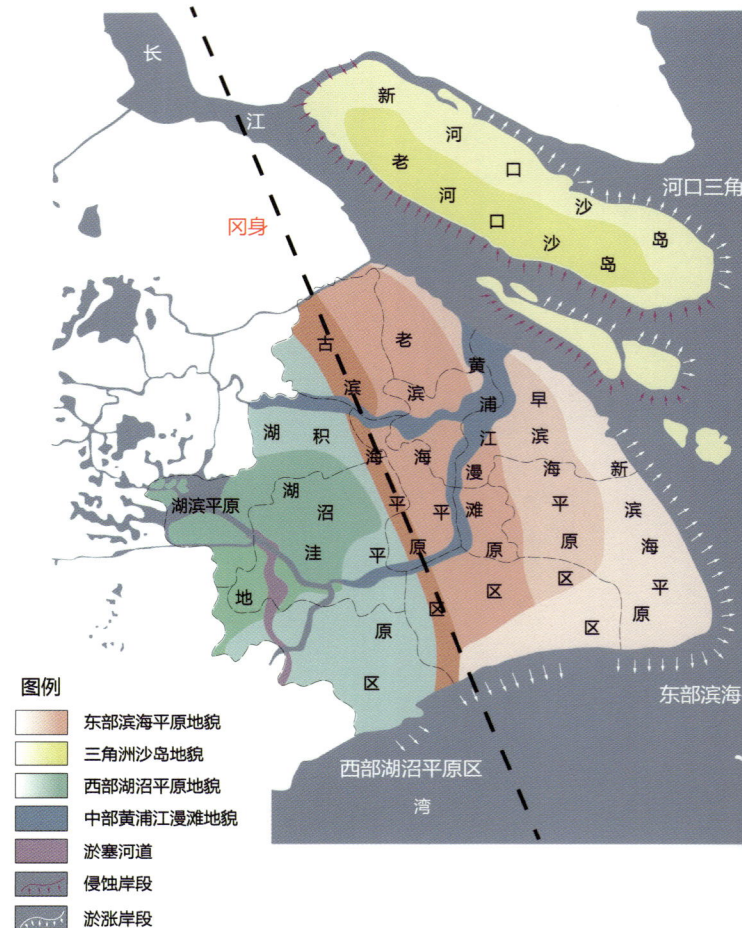

图1-1-2　上海地形地貌特征分类
（资料来源：上海市规划和自然资源局，《上海江南水乡传统建筑元素普查和提炼研究》研究报告，2018）

1.1.3　发达的商业基础

明清两代，上海地区已形成150余个市镇，市镇经济繁荣发达，甚至有"衣被天下""江南之通津，东南之都会"的称誉。据清乾隆《上海县志》记载，康熙二十四年（1685年），上海

---

① 鞠斐. 租界时期上海纺织、服装工业化与现代性设计研究［D］. 南京：南京艺术学院，2020.
② 柳肇嘉. 江苏人文地理［M］. 上海：大东书局，1930：33.
③ 肖照青. 上海在近代中国中心城市地位的确立及其历史因素［D］. 上海：华东师范大学，2004.

图1-1-3 清《三姑嬉弈图》中上海繁忙的港区（左为黄浦江，右为上海城墙）

（资料来源：上海历史博物馆）

"海关设立，凡运物贸迁，皆由吴淞口进舶黄浦，城东门外，舳舻相衔，帆樯栉比"[1]。至嘉庆、道光年间（1796—1850年），以上海为枢纽的南北沿海航运商业更趋活跃，在上海县城东门、南门外的沿黄浦江一带已经形成了十分繁忙的货物集散港区（图1-1-3）。

近代化的进程，更是凸显了上海本身的商业优势，1850年代初期，全国对外贸易中心由广州转移到上海，上海每年基本贸易额占全国贸易总额的一半左右。这为上海自近代开始的工业发展提供了重要的基础和条件。自19世纪中后期开始，上海一直在工业、金融和文化上居于全国领先水平[2]，20世纪初，上海的工业发展已具有一定规模，至1933年，上海的工业总产值已达到11亿元，超过当时全国工业总产值的一半，奠定了上海在全国的经济中心地位[3]。

1.1.4 完善的金融体系

工业的发展需要有发达、完善的金融体系支撑，以及时筹得发展资金。上海在开埠前，已有江南商人开设的钱庄等机构；开埠后外资银行大举进入上海，自1847年英国丽如银行在上海设立分支机构后，至1922年，上海已有外资银行30余家，是中国外资银行最为集中的地方[4]。民族资本方面，1897年第一家中国人自办的银行——中国通商银行在上海开办。到19世纪末，上海不但银行数量为全国之冠，而且功能齐全，资金融通量大。1936年，在沪银行、钱庄和信托公司的营业资力占全国近一半，上海的金融业"资本日益充实，组织日益完善，业务日益发达，已执全国金融之牛耳矣"[5]。上海的金融活动也极为活跃兴旺，鼎盛时全市从事国际进出口贸易的洋行多达1 000余家，其中70%～80%为外资企业，大量

---

[1] 许涤新，吴承明. 中国资本主义发展史：第1卷[M]. 北京：人民出版社，2005：666-667.
[2] 《上海通志》编纂委员会. 上海通志[M]. 上海：上海人民出版社，2005：1-2.
[3] 黄汉民. 1933和1947上海工业产值的估计[J]. 上海经济研究，1989（1）：63-68.
[4] 李一翔. 外资银行与近代上海远东金融中心地位的确立[J]. 档案与史学，2002（5）：52-53.
[5] 中国银行总管理处经济研究室. 全国银行年鉴·1936：中篇[M]. 汉文正楷印书局，1936：K1.

资金不仅对上海的国际贸易和金融中心发展起到了巨大作用，也为上海工业的发展提供了支撑。

1.2 上海工业建设的历史脉络

上海工业缘起于开埠以前，但在当时属农业经济、满足农业生产和日常生活需求的手工业发展，规模小，多以作坊式、家族式等形式进行经营。上海在春秋战国时期属吴越之地，唐天宝十年（751年），析嘉兴东境、海盐北境、昆山南境之地置华亭县，元至元十四年（1277年）升华亭府，翌年改为松江府，至元二十九年（1292年）正式分设上海县，为松江府属县，也是上海名称的由来。早在五代时期，华亭县的丝织纺织物一度成为朝廷贡品；宋代时期，华亭县海岸沿线盐业兴盛，盐场众多；明代以后，上海在棉纺织手工业、航运产业等方面有了长足的发展，使其成为一座"谚号为小苏州，游贾之仰给于邑中者，无虑数十万人"[①]的工商业城市。明代中叶之后，上海已经成为中国重要的棉纺织手工业中心。

清代以来，上海更是成为手工业产品的产销市场，从上海周边现存很多带有工商业性质的民居建筑，就可以看出当时手工业的繁盛。如位于松江仓城风貌区的王春元宅，是松江现存最早的轻工业建筑，也是松江保存面积最大的古宅。在太平天国占领时期，王春元祖上从南京来松江经商，开设酱园、染坊。其染坊主要是把白土布染成蓝布，且不褪色，因此生意兴隆。依靠经营染坊发财后，兴建了此宅，显示了当时染坊大家族的兴旺之景（图1-2-1至图1-2-3）。从其染坊建筑来看，其中一处为常见做法，为两层有楼板的下店上宅式建筑，而另一处两层建筑则为罕见的挑空做法，该两层建筑中间无楼板，应是为了

图1-2-1　修缮前的王春元宅
（因其作为轻工业建筑的格局，曾被用作幼儿园）

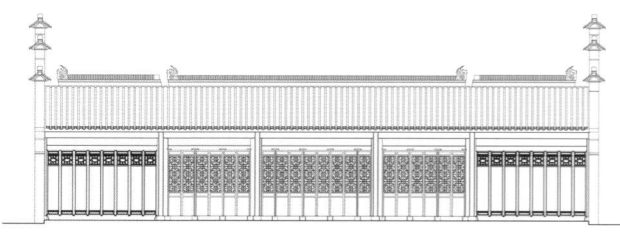

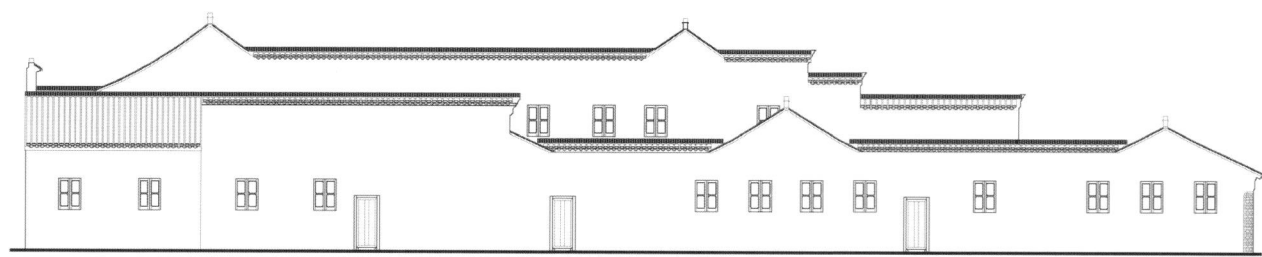

图1-2-2　王春元宅立面图

---

① 陆楫. 蒹葭堂杂著摘抄［M］//沈节甫. 纪录汇编：卷二〇四. 上海：商务印书馆，1938.

图1-2-3 修缮后的王春元宅

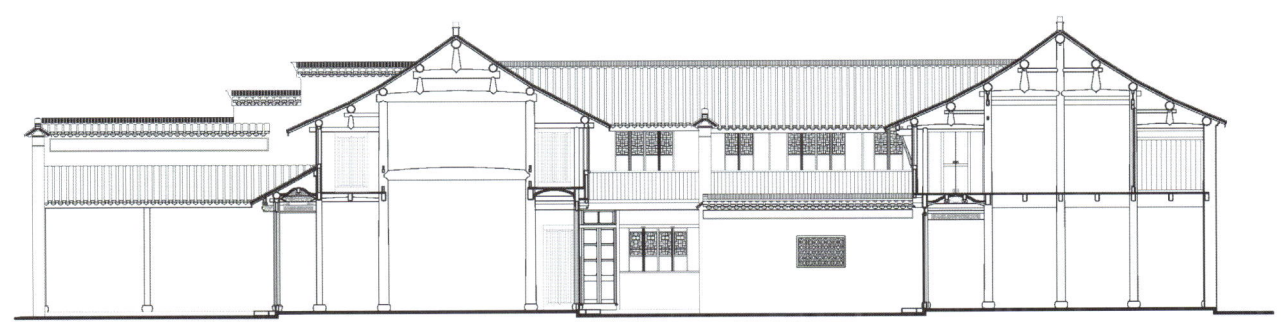

图1-2-4 王春元宅剖面图，左侧建筑为罕见的挑空形式

晾挂染色后的布料而设计，便于空间利用（图1-2-4）。

上海浦东的新场古镇，原为上海东南方向下沙盐场的南场，是当时盐民晒盐的场所，当地人制盐、售盐的交易地，商贸繁盛，行号货栈聚集，手工业发达，留下了很多临街商铺。如位于新场大街的新和酱园店，其建筑原由叶氏于清康熙年间（1662—1722年）建造，道光年间（1821—1850年）浙江人钱鑫道为创建酱园而购此房并改建成前店后作坊形式的建筑，是新场地区保存下来的少数传统店铺作坊式建筑之一，现仍作为商铺使用（图1-2-5至图1-2-7）。

位于浦东张江镇的钱万隆官酱园，始创于1880年，其创始人钱锦南是当时奉贤、南汇、川

图1-2-5 新和酱园店现状，仍作为临街商铺使用（资料来源：朱庆华摄影）

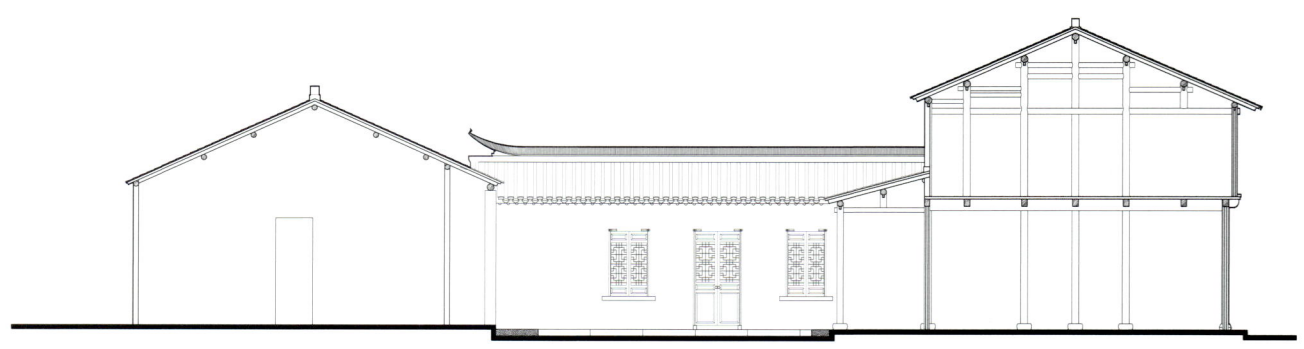

图1-2-6　新和酱园店剖面图

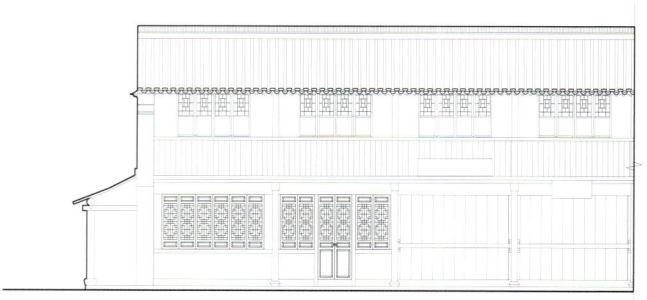

图1-2-7　新和酱园店东立面图

沙三县的著名绅士。酱园到了第三代钱安伯手上时进入兴旺时期，推出了"晒街油"精品，年产达10万斤，可见当时上海民间手工业的发达。清光绪二十三年（1897年），"钱万隆"酱园被清政府户部盐漕部院授予"官酱园"烙金青龙招牌。新中国成立后，老牌酱油停产，直至党的十一届三中全会后才重新生产。1983年，钱万隆酱油进入国际市场，是我国外贸出口酱油的定点生产企业，产品销往欧美、中东、东南亚等地的几十个国家和我国港澳地区。1993年，钱万隆官酱园被当时的国家内贸部命名为第一批中华老字号企业。2008年，钱万隆酱油酿造技艺被国家文化部登记为国家级非物质文化遗产（图1-2-8）。

图1-2-8　钱万隆官酱园2009年状况

上海工业的大规模发展和完善，是在上海开埠以后。1842年《南京条约》的签订，使上海成为对外贸易和通商的口岸。三年后清政府公布《上海土地章程》，标志着上海租界设立的开始，一方面代表了殖民主义者对华的控制加剧；另一方面，却也将西方工业生产技术和经营手段带入上海，促进了上海近代化、工业化的变革，以及上海近代商业、贸易、文化的繁荣。开埠后的上海工业，受到近代资本主义贸易发展的影响，其工业规模逐渐庞大，同时在组织方式、管理体制上日趋完善，作为推动经济发展的主要产业，极大促进了上海城市的整体发展。

开埠早期（1940—1960年代），上海工业绝大多数为外国人开办，以船舶修造、出口加工等利于外国资本内外贸易的产业为主要工业类型。洋务运动（1860—1890年代）的开展促进了上海中资官办和华商企业的发展。同治四年（1865年），李鸿章等在上海创办江南制造总局，制造军火、轮船、火药、机床等，成为中国近代民族工业的起点，至1860年代后期，大量机械制造产业在沪开办，包括发昌机器厂、建昌钢铁机器厂等。甲午战败，《马关条约》签订后，外商在中国通商口岸设厂和输入机器合法化，英、美、日等国家的资本进入上海，开始在沪开办大量工厂。1898年，清政府放宽对私人创办企业的限制，颁布《振兴工艺给奖章程》，规定凡能制造新器，发明新械新法，或能兴办学堂、藏书楼、博物院，建造枪炮厂者，可以呈明总理衙门请奖，予以专利或奖给官衔。它在中国历史上第一次从法律上承认民族资本工商业的合法性和发明创造的进步性，促进了民族工业的进一步发展。至辛亥革命前，上海的民族工业已出现造纸、面粉、染织、食品等多种类型的新工业，诞生了求新船舶修造厂、大龙机器厂等知名机械制造厂。

辛亥革命后，政府对民族工业的开办奖励力度加大，同时第一次世界大战的爆发使外商无暇东顾，也为上海民族工业的发展提供了契机。1920年代开始，上海出现大批中资企业，并且形成一定规模；同时出现了一批有代表性的民族工业企业代表，如荣宗敬、荣德生兄弟创办的茂新面粉公司、福新面粉公司和申新纺织公司等三大企业集团，刘鸿生的上海华商水泥公司、大中华火柴公司，简照南、简玉阶兄弟的南洋烟草公司等（图1-2-9至图1-2-11）。第一次世界大战结束后，外商加速了在华工业的投入，给民族工业发展带来威胁，1925年的"五卅"运动，也催生了民众抵制外货、提倡国货的运动，声援了上海民族工业的发展。中资机械工业在这一时期兴起，包括大中华橡胶厂、中国酒精厂、天原化工厂等在内的化工厂也开始出现。1930年代，上海工业发展达到新的高峰，生产规模占当时全国近一半。至1937年6月，上海工厂总计为5 515家，其中棉纺织厂、卷烟厂、面粉厂、船舶修造厂等是上海主流工业类型。

图1-2-9　南洋兄弟烟草公司的包装车间内部
（资料来源：上海年华）

1937年"八一三"事变发生,至11月12日上海沦陷,上海工业经过炮火洗劫和日军破坏,除小部分内迁和租界地区的一部分勉强保全外,绝大部分被摧毁,各重要工业区,如杨树浦、闸北、沪西、南市一带的工厂,损毁殆尽。自上海沦陷至1941年12月8日日军偷袭美国珍珠港,上海公共租界苏州河以南区域和法租界成为被日本伪政权势力包围的"孤岛"。"孤岛"时期(1937—1941年),由于上海租界地区仍维持着海外交通和进出口贸易的自由,获得外汇较为便利,再加上1939年以后欧美各国忙于备战,上海物资日益缺乏,市场上各种工业品价格猛升、供不应求,各种中小型化学工业、造纸工业、五金机器工业以及针织工业等得以迅猛发展,在工业上出现了短暂的繁荣时期。但这种畸形的繁荣也为上海工业的发展带来隐患,因为它是在物价高涨、投机盛行且

图1-2-10　南洋兄弟烟草公司旧貌
(资料来源:虹口区档案馆)

图1-2-11　南洋兄弟烟草公司现状

残酷压榨上海工人廉价劳动力的基础上发展起来的，其实质是上海经济的殖民地化；在"孤岛繁荣"中越来越占有主导地位的，是日本的经济势力，中国本国的经济势力已从抗战前的半独立地位，下降为被支配、被统治的附属地位[1]。1941年12月，太平洋战争全面爆发后，日军闯入租界，结束了租界的制度，英美系统的工商企业，全部被日军没收，中国人所经营的工商业也趋向全面破产，最终造成上海工业的严重衰退。

抗日战争胜利后，国民政府接收了日伪在上海的全部产业，短期内国民政府在上海的工业资本急剧膨胀。1946年内战全面爆发，南北交通阻断，北方的煤、棉等原料和上海的工业品均无法南调北运。同时，又受美国大量剩余物资倾销和资本输出影响，上海工业再次陷入困境。

1949年后，政府采取一系列措施，恢复和发展工业生产。中华人民共和国成立初期，中国人民解放军上海市军事管制委员会（简称"上海市军管会"）接管国民政府在沪工业企业，并转变为国营企业，同时扶持部分民营企业恢复生产。第一个国民经济发展五年计划期间（1953—1957年），上海工业建设实施"改建为主、新建为辅"的方针，加强薄弱环节，发挥老企业作用；第二个五年计划期间（1958—1962年），加强钢铁工业，发展化学工业、机电工业等重工业，调整改组传统工业，同时继续调整全市工业地区布局，大批企业新建和改造项目向市郊发展，形成闵行、吴泾、嘉定、安亭、松江和吴淞、桃浦、彭浦、高桥、漕河泾等多个卫星工业城镇和工业新区（图1-2-12）。"大跃进"和后来的"文化大革命"，对上海工业产生了重大

图1-2-12　闵行卫星工业城俯瞰
（资料来源：闵行区档案馆）

影响，企业的管理规章制度被破坏，上海工业发展规划被打乱，延缓了上海工业化的进程。

改革开放后，上海工业发展发生新的变化，按照由传统的计划经济体制向社会主义市场经济体制转变和搞活国有工业企业的总体要求，深化工业管理体制改革，调整产品、产业结构，改善工业所有制结构，促进了工业生产的持续、稳定增长[2]。

1980—1990年代，因部分工厂的生产效率日渐低下，第三产业发展迅速，中心城区逐渐不利于工厂发展，上海市对工业布局进行了大范围调整，市区工厂大量迁出。在这样的背景下，行业进行二次创业规划，并落实工厂多元化经营的工作，这也造成在这一时期旧厂区生产终止，工业遗存开始大量出现。当然，上海工业遗产的保留和再利用并不完全是工厂自然退化老化的过程，也是"退二进三"等政策主导下的产物。上海中心城区内的工业遗产虽然在这一时期大量产生，但并不代表企业的完全消失，实际上这些企业生产很多搬迁至郊区的工业园区。随着工业化

---

[1] 姜铎. 上海沦陷前期的"孤岛繁荣"[J]. 上海经济研究，1983（10）：25-31.
[2] 上海通志编纂委员会. 上海通志：第十七卷 工业[M]. 上海：上海人民出版社，2005，1-2.

水平的持续提高，新工厂的迭代也加速了老旧工厂的退出和工业遗产的产生，上海的老旧工厂至今依旧处在这样一个缓慢的自然退化过程中。为了利用这些遗存，上海也在20世纪末开始了工业遗产相关改造的实践。

1.3 上海工业遗产的分布概况

通过资料搜集、文献研究和现场调查等方式，目前共调查上海市域内的老旧工厂等工业遗存400余处，其中有保护身份的工业遗产229处，包括被指定为上海市优秀历史建筑的工业遗产及被列为文物保护单位的工业遗产。

本书中的保护身份是指：拥有文物保护身份（包括文物保护点、区级文物保护单位、市级文物保护单位及全国重点文物保护单位）和拥有上海优秀历史建筑身份的上海工业遗存。根据统计，在具有保护身份的229处工业遗产中，包括全国文物保护单位8处、市级文物保护单位14处，区级文物保护单位22处，文物保护点144处，上海市优秀历史建筑65处，具有文物保护和优秀历史建筑双重身份的工业遗产24处。

1.3.1 上海各区县工业遗产分布情况

在现有的行政区划下，上海各区县均有工业遗产分布（图1-3-1）。从有保护身份的遗产数量来看，杨浦区和黄浦区最多，各有46处，虹口区有34处，郊区如嘉定区、奉贤区、青浦区等分布较少（表1-3-1）。

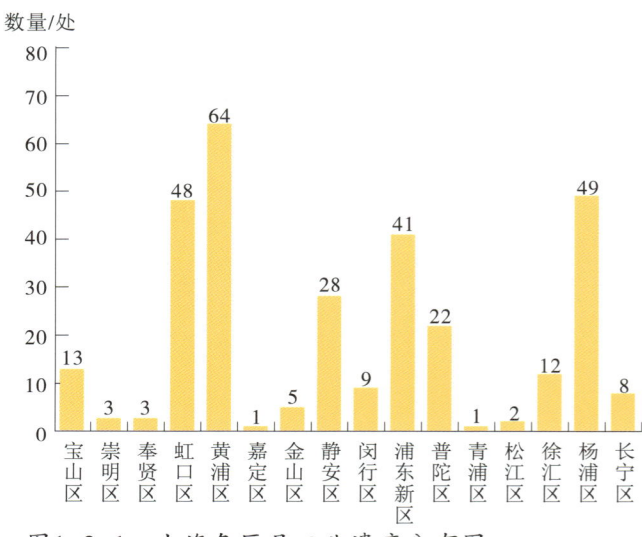

图1-3-1 上海各区县工业遗产分布图

表1-3-1 上海各区县工业遗产分布数量（统计229处有保护身份的工业遗产）

单位：处

区县	工业遗产总量	区级及以上文物保护单位数量	优秀历史建筑数量	区县	工业遗产总量	区级及以上文物保护单位	优秀历史建筑数量
杨浦	46	7	14	闵行	8	0	0
黄浦	46	7	14	长宁	6	3	3
虹口	34	4	6	金山	4	0	0
静安	21	8	10	崇明	3	0	0
普陀	19	6	8	松江	2	1	0
浦东	17	5	1	青浦	1	1	0
徐汇	12	1	8	奉贤	1	0	0
宝山	8	1	1	嘉定	1	0	0

这里需要特别提出的有两点：

一是由于上海工业发展的时间较长，在工业发展的早期，有大量微小型的机械制造类厂房，这些厂房成本小，分布分散，有些分布于里弄中；从工业发展的角度来说，它们是上海工业化的重要部分；但从遗产本身的角度来说，这类厂房建筑质量差，且现在多已消失。目前留存的工业遗产多是在当时已颇具规模的工厂的遗存，其整体价值较高，使用的技术也属于当时的先进水平，笔者调研和分析针对的主要对象就是这类工业遗存。

二是由于上海自开埠以来，行政区划经历了较多的变化，因此不能单一从现有的行政区划对上海工业遗产的分布进行判断和定论。

从上海工业遗产的行业类型、时空分布和遗产留存类型对上海工业遗产的分布现状进行梳理，可以更为明确地认识到上海工业遗产的现状特点。

1.3.2 行业类型

根据调研情况，上海工业遗产行业类型丰富多样，以公共事业和生产加工业为主是其重要特色。

上海的工业遗产中，最多的行业类型为公共事业类。在229处工业遗产中，有53处公共事业类型的工业遗产，这与上海是中国近代最早开展市政建设的城市之一密切相关。为满足生产生活的需求，自19世纪末工部局就开始建设一系列市政工程，其中包括用于提供生活生产基础需求的城市公用事业，如水厂、电厂、煤气厂等，以及为优化城市交通而建造的路桥、铁路及相关交通设施。这一类工业遗产多是通过工部局或西方资本集团进行建造的，且属于垄断型产业，建设资金充足，在满足基本生产需求的同时，也是当

时先进技术、先进设计思路的呈现。其中典型代表包括杨树浦水厂、杨树浦电厂（图1-3-2）、工部局宰牲场旧址（图1-3-3、图1-3-4）、外白渡桥等，这些工业遗产如今依旧是上海近现代建筑的重要代表。

图1-3-2　杨树浦电厂现状

图1-3-3　工部局宰牲场旧影
（资料来源：虹口区档案馆）

图1-3-4　工部局宰牲场旧址现状

生产加工业在上海工业遗产中的典型代表包括纺织类、机械制造类、食品工业、化学工业和仓储业等，这是上海近代工业发展中"轻重工业，重轻工业"产业结构的体现。作为最早开埠的城市之一，上海工业生产技术相对发达，但其本身基础性工业相对薄弱，原材料基本依靠外地输入或进口。

其中，纺织类工业遗产是除公共事业外最多的工业类型，现存29处。纺织类遗产数量多，得益于江浙沪地区历史上一直手工纺织业发达，原材料获取及建厂成本较低以及上海本身较早吸收了西方先进的纺织生产技术。在纺织类的工业遗产中，近代外资工厂和中资工厂均有遗存，外资纺织类工业遗产有英商怡和纱厂旧址、裕丰纺织株式会社旧址（图1-3-5），中资纺织类工业遗产包括大通纱厂旧址（图1-3-6至1-3-8）、恒大纱厂旧址等。

图1-3-5　裕丰纺织株式会社旧址

机械制造类遗产包括机械及金属制造类和交通用具制造类，其中，机械及金属制造类遗产有26处，交通用具制造类有20处（基本为船舶修造业）。船舶修造类工业遗产是上海机械制造类工业遗产中最为典型的产业类型，也是上海近代以来最早形成的产业类型，这得益于上海本身的港口优势、水运条件以及生产技术的领先性。目前留存的船舶修造类工业遗产建成年代较早，包括1862年建成的祥生船厂旧址（图1-3-9）、1865年建成的江南制造总局旧址（现留存有2号船坞，图1-3-10）、1908年建成的耶松船厂旧址（图1-3-11）等。

图1-3-6　大通纱厂旧址办公楼

图1-3-7　大通纱厂旧址厂房内景

图1-3-8　大通纱厂旧址里的碉堡

图1-3-9　祥生船厂旧址总体风貌（2007年）

图1-3-10　江南制造总局旧址2号船坞现状

图1-3-11　耶松船厂旧址

1.3.3　时空分布

在空间分布上，上海工业遗产存在以下两个主要特点：

（1）集中分布于上海中心城区，郊区分布较少。

上海工业遗产中，分布在中心城区的工业遗产有207处（上海中心城范围为外环线S20以内），主要集中在黄浦区（46处）、杨浦区（46处）、虹口区（34处）、普陀区（19处）、静安区（21处），中心城区以外地区为22处。这样的空间分布与上海城市化水平的高低有密切关系，同时也是近代上海工业发展以租界为枢纽向非租界区扩延的体现。

（2）集中分布在黄浦江、苏州河沿岸，部分滨河地段出现工业遗产的聚集型分布，如杨浦滨江地区、徐汇滨江地区（图1-3-12）。

据统计，上海工业遗产中，沿黄浦江分布的有79处，沿苏州河分布的有38处，沿虹口港分布的有12处。便利的水运条件在交通和资源获取方面都为上海工业发展提供了便利，工业遗产沿河分布的特点也体现了工厂本身对水路运输的高度依赖。部分滨河地区甚至形成工业遗产的聚集，典型如杨浦滨江地区，杨树浦路上的工业遗产就有14处，且多是早期大型的工业企业，如

第1章 上海工业遗产的形成与分布

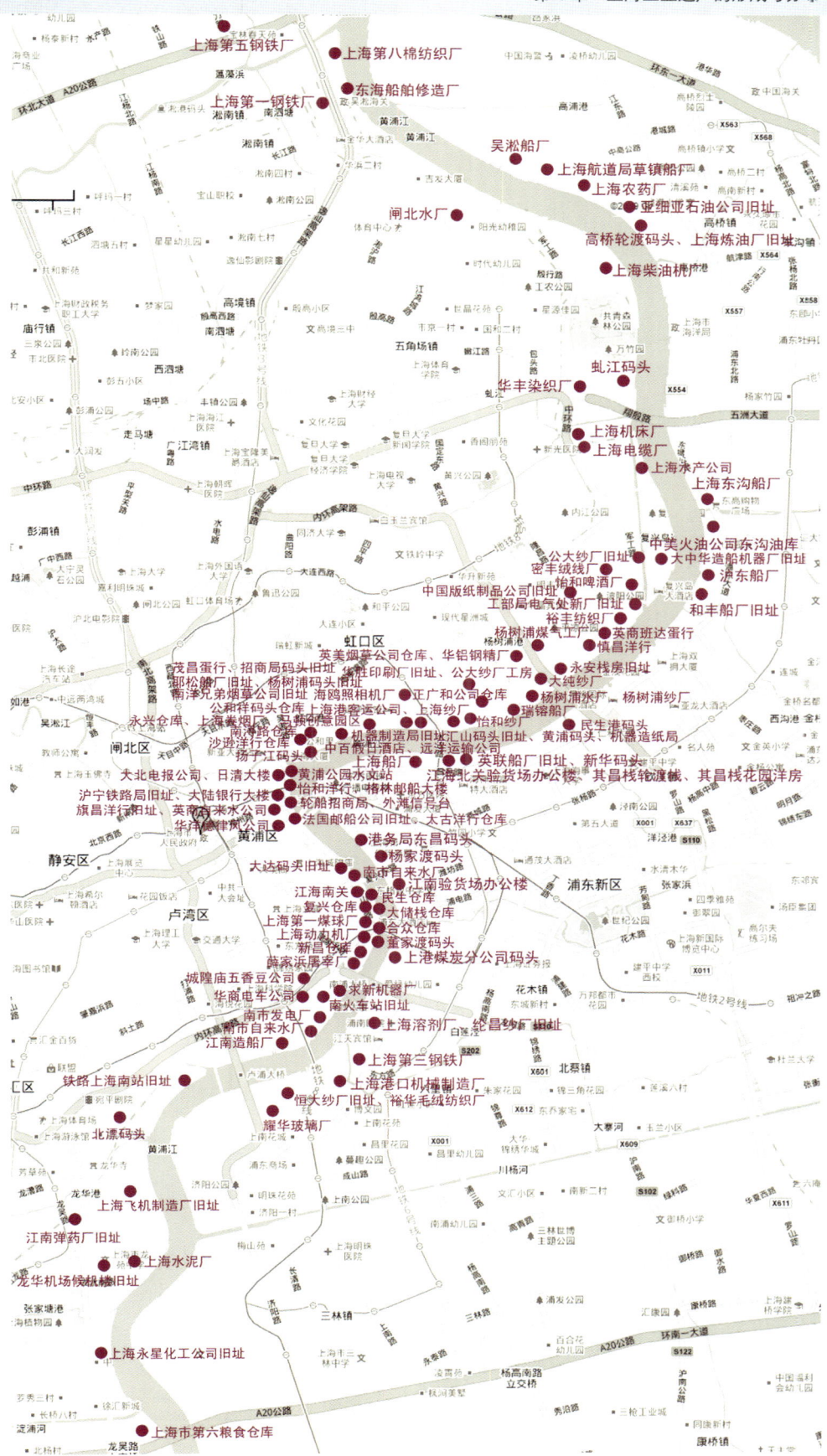

图1-3-12 黄浦江徐浦大桥下游工业遗产分布

瑞镕船厂旧址（图1-3-13）、裕丰纺织株式会社旧址、慎昌洋行杨树浦工厂旧址等（图1-3-14），这些厂房体量较大，至今在场地内留存有较为丰富的物质遗产。

在时间分布上，作为全国最早进行工业化生产的城市，上海的工业遗产也呈现出较大的历史跨度，建成时间自洋务运动时期直至改革开放时期，其中又以近代时期的工业遗产数量最多。近代时期工业的繁荣发展是上海早期城市发展的重要特点，也是上海工业遗产形成的主要基础。据统计，上海的工业遗产最早可以追溯到开埠以前的手工业时代，最晚则可以定位至1970年代，留存最多的时间段为1895年至1937年之间，约有125处工业遗产的建成时间在这一时段。上海最为典型的工业遗产代表，目前被列为全国重点文物保护单位的杨树浦水厂（图1-3-15）、上海工部局宰牲场旧址（图1-3-16）、四行仓库抗战纪念地、外白渡桥等都是这一时期建成的工业遗产。

1.3.4 建（构）筑物留存类型

上海工业遗产的遗产留存类型也较为丰富，无论是建筑物还是构筑物等都有所保留，能够为工业遗产的研究提供众多资料和研究案例。其留存数量在全国处于领先地位，目前，有保护身份

图1-3-13 瑞镕船厂旧址现状

图1-3-15 杨树浦水厂内部空间

图1-3-14 慎昌洋行杨树浦工厂旧址

图1-3-16 上海工部局宰牲场旧址内部空间

的上海工业遗存就多达229处。同时，遗产的类型丰富，包括工厂、办公楼、仓库、公共设施、附属生活设施等，其中，数量最多的是工厂，有70处；另有公共设施33处，办公楼29处，仓库26处。

此外，上海也保存了一定数量的生产设备和机械设备，虽然大多数工业建筑在失去生产功能后，原始生产设备也随之废弃消失，但一些厂房依旧保留着当时原有的生产机器作为企业文化的延续，如杨树浦电厂旧址内仍留存有当时用于生产的汽轮机组、室外变压器（图1-3-17）等；一部分构筑物也被博物馆收藏，成为上海文化的象征，如105米长的老烟囱底座被上海市历史博物馆收藏。此外，依托上海市档案馆和上海图书馆，以及各个厂房的档案整理，上海工业遗产也留存有大量的文献资料，成为研究工业遗产的重要材料。

图1-3-17　杨树浦电厂留存下来的室外变压器

第 2 章

上海工业的发展历史

上海是中国近代工业开始的地方。自鸦片战争过后的船舶修造工业开始，那些陆续出现的新工业门类和企业，始终在近代中国工业的发生、发展和转化过程中起着示范作用。比如1865年建于洋务运动中的江南制造总局，是规模最大的军工企业；再比如世界上最早的发电厂之一上海电光公司发电厂、中国最早的机器面粉业裕泰恒火轮面局，以及19世纪后半叶出现的皮革工业、木材加工、机械加工等一批近代工业企业，包括后来的上海机床厂、上海柴油机厂、上海电辅机厂、上海电缆厂等知名大中型企业等；它们不仅是上海工业发展速度和规模不断壮大的见证，也促进了上海城市发展的近代化过程。

2.1 开埠前上海工业的发展背景

2.1.1 海上贸易的繁荣

2.1.1.1 上海的建制

距今7000年前后，今天上海所在的地区，绝大部分还被海水淹覆，仅西部局部出露，成为滨海湖沼低地。后随着海岸线的东移，海岸贝壳沙带逐渐成陆，演变成今日的水陆格局。今上海市中部傍西，有一条西北至东南走向的"冈身"地带，即为远古上海的海岸遗迹，该遗迹由贝壳砂堤构成，比附近地面高出几米。宋代朱长文在《吴郡图经续记》中曾写道："濒海之地，冈阜相属，俗谓之冈身。"①冈身既是上海滩逐渐成陆的有力佐证，也是影响村镇肌理格局差异的重要因素（图2-1-1）。

随着上海海岸线逐渐向东推进，上海地区的早期发展也在不断地由西向东推进。到魏晋时期

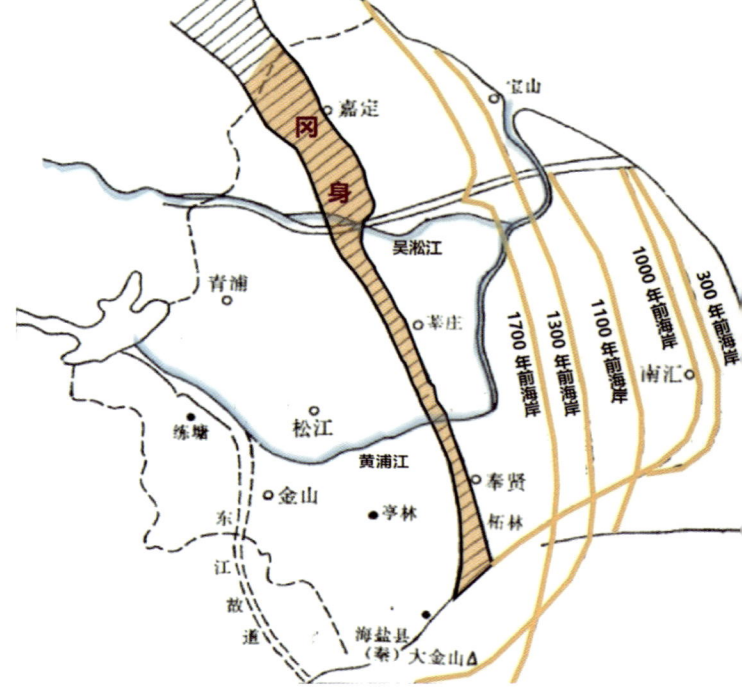

图2-1-1　上海地区海岸变迁示意图

（220—420年），上海的浦西一带地貌基本成型，并有大量中原人口南下躲避战乱。此后，太湖南部的嘉湖平原低洼地区，也在农业生产的影响下，由当地人筑坝，疏通河道，从湖沼湿地转变为桑基鱼塘、桑基稻田。

上海地区最早的建制始于唐代。唐天宝年间（742—756年），吴淞江畔青龙镇为进出苏州及太湖流域的必经之地，是"海上丝绸之路"的重要港口，促成上海产生最早的镇治。唐天宝十年（751年），吴郡太守赵居贞上表朝廷，建议从昆山、嘉兴、海盐三县分别划出一部分，在今松江县松江镇设立"华亭县"。华亭县的设置，标志着上海地区从经济、社会等方面开始相对走

---

① [宋] 朱长文. 吴郡图经续记 [M]. 金菊林，校点. 南京：江苏古籍出版社，1999：54.

向独立。唐代以后，江南地区开始逐渐繁荣，至宋代，太湖地区逐渐成为全国最繁华的区域。华亭县境内的松江（今吴淞江），作为西通苏州、东入大海的航运要道，逐渐显现其贸易枢纽的重要作用。

南宋嘉定十年（1217年），由于航运港口形势的转变，黄姚镇兴起为进出长江的重要港口，并以"嘉定"年号为名建县，即今上海嘉定区。12至13世纪，由于长江主体南移，黄姚镇受地理位置的局限，海上贸易港开始转移到上海浦（吴淞江南段支流"上海浦"）。至南宋咸淳年间（1265—1274年），上海开始建镇，设有管理船舶的专职机构和管理贸易的榷货场，这也是上海作为市镇地名的肇始。元至元十四年（1277年），华亭县升为"华亭府"，在上海、澉浦（今属浙江海盐）和庆元（今宁波）三地海港分别设立市舶司。而在水运条件方面，元代以后吴淞江河道越来越狭窄，后来黄浦江取代了吴淞江，成为上海第一大江河，史称"黄浦夺淞"，青龙镇逐步衰落，市舶司移治上海镇，当时的上海镇依托港口水运优越条件，成为华亭东北的大镇。元至元二十九年（1292年），上海建县，才终于以"上海县"为名建制，华亭东北五乡被划为上海县，直隶省府。至此，松江府辖有华亭和上海两县（图2-1-2）。

2.1.1.2 "江海关"的设立

"上海县"的设立，使上海贸易港口的重要性开始逐渐显现，并使上海迅速发展成沿海航运与贸易的重镇之一[①]。宋元明初，通过上海进口的海外商品达300余种，包括香料、珍宝、药材、矿产、染料和木材等，而输出海外的包括丝麻织品、陶瓷器、铜铁和铜器、茶叶、漆器等，

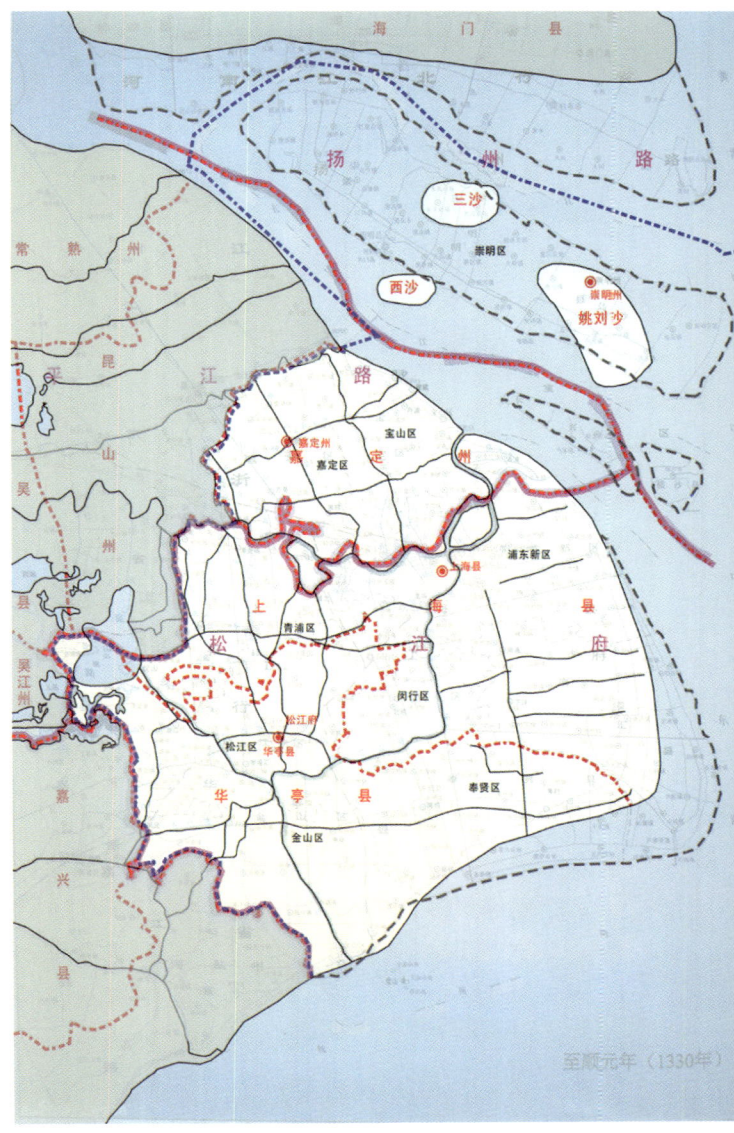

图2-1-2 元代时期的上海县与周边环境
（资料来源：上海市规划和国土资源管理局，《上海江南水乡传统建筑元素普查和提炼研究》，2018）

[①] 徐新吾，黄汉民. 上海近代工业史［M］. 上海：上海社会科学院出版社，1998：1.

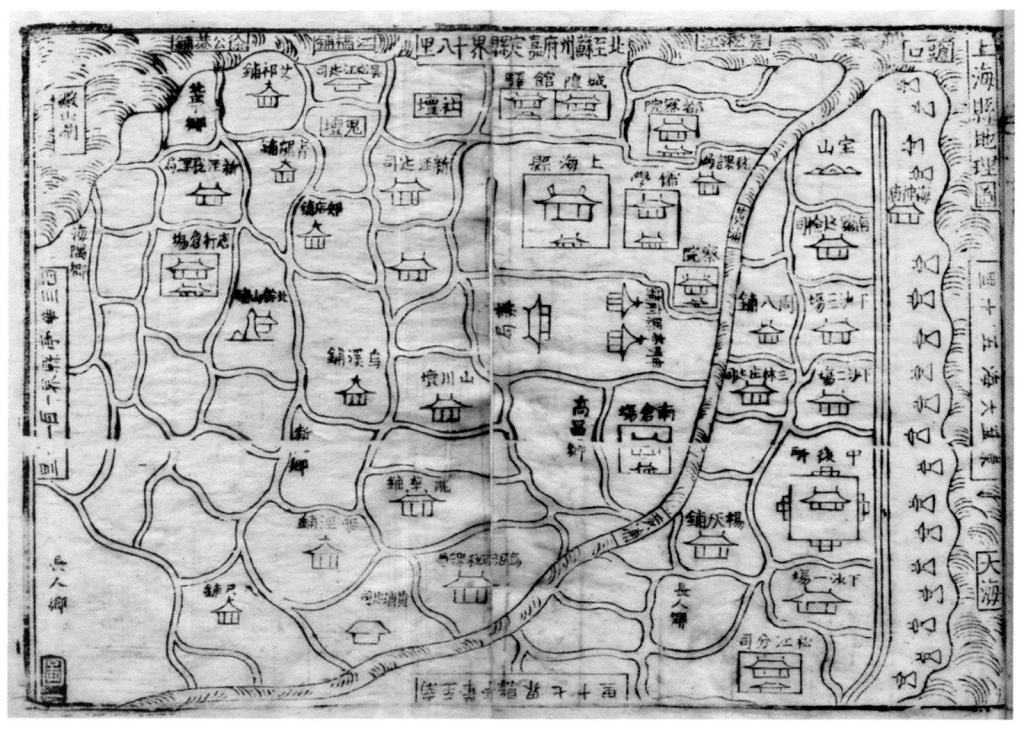

图2-1-3　现存最早的上海古地图，此时上海地界尚无城墙
（资料来源：[明]郭经，唐锦，《弘治上海志》，1504）

繁荣的海上贸易促进了上海经济的快速发展。

然而上海最初置县时，水陆交通四通八达，并未修筑城墙（图2-1-3）。明嘉靖年间（1522—1566年），倭寇大举进犯江浙地区沿海一带，上海县由于没有城墙防范，损失惨重。从此，松江知府开始大举修建防御城墙。嘉靖三十二年（1553年），吴淞江与黄浦江交接的地方，终于矗立起一座周长九里、高二丈四寸的上海城墙。

清康熙年间（1662—1722年），上海开放海禁，重新开辟北洋航线，新航道改泊吴淞口。清康熙二十四年（1685年），上海设立"江海关"，"凡运物贸迁，皆由吴淞口进舶黄浦"（图2-1-4）。江海关的设立大大提升了上海商埠的地位，上海的航运产业得到迅速发展。至清

图2-1-4　1857年建成的江海关衙门式官署
（资料来源：上海海关博物馆）

嘉庆、道光年间（1796—1850年），上海作为中国南北沿海的航运贸易港口，商贸更加活跃，在上海县城的东门、南门外沿黄浦江一带形成了十分繁忙的货物集散港区。包括海内外的5条航线在此区域集中，其中以北洋、南洋、内河三条航线最为成熟：北洋航线来往于关东、辽东、天津、山东等地；南洋航线来往于广东、福建等地；内河航线来往于长江沿线，沿运河、太湖、吴淞江航行；此外，还有往来于东南亚和日本的外洋航线。

航运业的发展，也促进了上海沙船运输业务的繁荣，其中以北洋航线的沙船运输业务最为繁忙。沙船运输业在早期由政府直接管辖，自明代中叶以后，随着上海地区商品经济的日益发展繁荣，封建政府的海禁政策逐渐松弛，民间沙船开始自主经营沿海航运贸易，至清代，沙船运输业已经相当发达。据统计，鸦片战争前，上海沙船总共有3 600多艘，每日出港的沙船有时多达百艘，全年沙船装货总吨位约计350万石，其中运往华北、东北地区的货物价值，估计大于1 000万银元[1]。

上海沙船业的繁荣，是上海资本主义萌芽的体现，是商业经济发展的产物，也让上海在黄浦江沿岸的码头形成一定的聚集，为近代上海工业发展中物资的水路运输提供了成熟的运输条件。水上运输的繁荣和成熟，同时也更加促进了上海商品经济的繁荣，推动了上海手工业生产的兴旺。

2.1.2 传统手工业的发展

在中国传统的封建社会，城市小手工业已有悠久的历史。及至18世纪和19世纪初，上海的手工业已经发展较为成熟，出现了丝织、制盐、造纸、皮革、木材加工等行业，在手工业的分工上也日趋细化，其中以棉纺织业最为成熟和繁荣。

当时上海县归属的松江府，包括上海县在内的松江七邑是全国的产布中心，明代后期仅松江地区的棉布年产量大约为3 000万匹，清前期则可能达到5 600万匹[2]，有"松郡棉布，衣被天下"之称。康熙一生六次南巡，两次来到松江，可见松江在当时的重要性。当时松江一带广泛使用宋末元初松江人黄道婆改良的三锭纺车，全面提升了上海地区的棉纺织水平（图2-1-5）。

图2-1-5　三锭纺车
（资料来源：华东师范大学海上风民俗博物馆）

---

[1] 蔡国亮. 清代上海沙船业资本主义萌芽的历史考察 [C] // 南京大学历史系明清史研究室. 中国资本主义萌芽问题论文集. 南京：江苏人民出版社，1983：419.
[2] 张忠民. 上海：从开发到开放 [M]. 昆明：云南人民出版社，1990：85.

上海所产的棉纺产品，数量品种多，行销全国各地，并由上海沙船运往北方各省，海上航运业的繁荣进一步促进了上海土布的生产和贸易。早在乾隆初年，英国东印度公司的商人们就开始经销中国布，他们发现江南地区所产的棉布不易褪色，所以到1780年代，该公司便经常贩运苏松地区所织的紫花布到英国本土，1800年后数量达到每年20万匹。除欧洲市场外，美国及南美"亦莫不有中国土布的销路"，尤其当时美国因其棉纺织尚未发达，更是中国土布的重要主顾[1]。道光十一年（1831年），东印度公司派传教士郭士立在中国沿海考察后，得出"上海是国内贸易的主要商业城市"的结论。次年，东印度公司派"阿美士德号"驶进吴淞口，对黄浦江水道和吴淞炮台进行观察测绘。考察报告中称："上海虽然只是一个三等县城，但却是中国东部海岸最大的商业中心，紧邻着富庶的苏杭地区，由此运入大量丝绸锦缎，同时向这些地区销售各种西方货物……上海的贸易即使不超过广州，至少也和广州相等。"[2]据统计，自乾隆年间至鸦片战争前的道光年间（1736—1840年），上海县城内经营土布贸易的店铺商号增加近3倍，每年发售土布的数量则增加了5.3倍。

及至开埠前，上海除城市小手工业以外，甚至已出现工厂手工业，比如当时已有专做洋货的里、外洋行街，以大豆、棉花交易而闻名的豆市街和花市街等。除粮食、丝、棉外，其他如茶、苎麻、靛蓝、漆、桐、柏、竹、木、渔、盐等在江南地区都有专业化的生产，并在上海开展相关的专门手工业生产及商品贸易。

2.1.3 新型生产关系的出现

受制于中国传统的小农经济生产结构的影响，加上封建社会高额的租税负担和对资本的重重剥削，传统手工业只能以家庭形式生产，较少脱离农村；长期以来，以棉纺织业为代表的上海传统手工业在生产工具和生产技术上并没有太多的进步，生产效率较为低下。

不过，在部分商业需求较大的产业，如染织业、暑袜业等产业中，出现了商人资本支配生产和手工工场形式的资本主义萌芽。明代范濂在《云间据目抄》中记载："松江旧无暑袜店，暑月间穿毡袜者甚众。万历以来用尤墩布（一种细密、柔软的棉布）为单暑袜，极轻美，远近争来购之。故郡治西郊，广开暑袜店百余家。合郡男妇皆以做袜为生，从店中给筹取值，亦便民新务。"[3]表明在明朝时期的松江便已出现劳动雇佣关系。现在松江北门内通波塘东岸，仍有一条名为"袜子弄"的街道，这条700米长的弄堂，便是明清时期松江布袜驰名天下时，松江暑袜的集散地，当时弄堂两边袜店作坊林立，故有此名。"袜子弄"这个名称，是明清时松江"衣被天下"的真实写照，时有"买不尽魏塘纱，织不尽松江布"的盛况。现"袜子弄"东侧，仍保存有一座民国时期的袜厂旧厂房，展示着这条道路曾有过的历史（图2-1-6、图2-1-7）。

明末以后，随着社会生产关系的转变，中国已经有相当一部分人由于没有生产资料而开始出卖劳动力以维持生计，这些人最终转变为工厂手工业所需要的雇佣劳动者。不过，由于中国传统社会结构的僵化，以及闭关锁国政策的影响，使

---

[1] 马学强. 近代上海成长中的"江南因素"[J]. 史林, 2003（03）：41-52+123.
[2] 马学强. 上海通史：古代卷[M]. 上海：上海人民出版社, 1999：359.
[3] 范濂. 云间据目抄[M]. 上海：上海进步书局, 1930：45.

图2-1-6 松江"袜子弄"现状

图2-1-7 "袜子弄"东侧旧厂房外观及室内

得传统手工业由手工转向机器生产和大规模商业化发展迟缓，资本主义萌芽缓慢，导致国内的工业化进程一度停滞。

随着清政府开放海禁，上海以港兴商，以商兴市，很快成为重要的海上交易港口。到清嘉庆年间（1796—1820年），上海已是一座相当富饶与豪华的县城（图2-1-8）。据统计，嘉庆二十一年（1816年），上海县人口41万人，男女比例为116∶100，这反映出当时上海的劳动力人口规模已经很大[1]。小生产者与雇佣劳动者的微妙生产关系正在发生曲折而缓慢的转变，劳动力市场已经初步形成。这些新兴的资本主义生产关系和雇佣关系，对于末期的封建社会起到了一定的瓦解作用。

总之，随着上海县建制和江海关的设立，海上航运业的繁荣，上海天然良港的地位日渐突

---

[1] 上海研究中心. 上海700年［M］. 上海：上海人民出版社，1991：192.

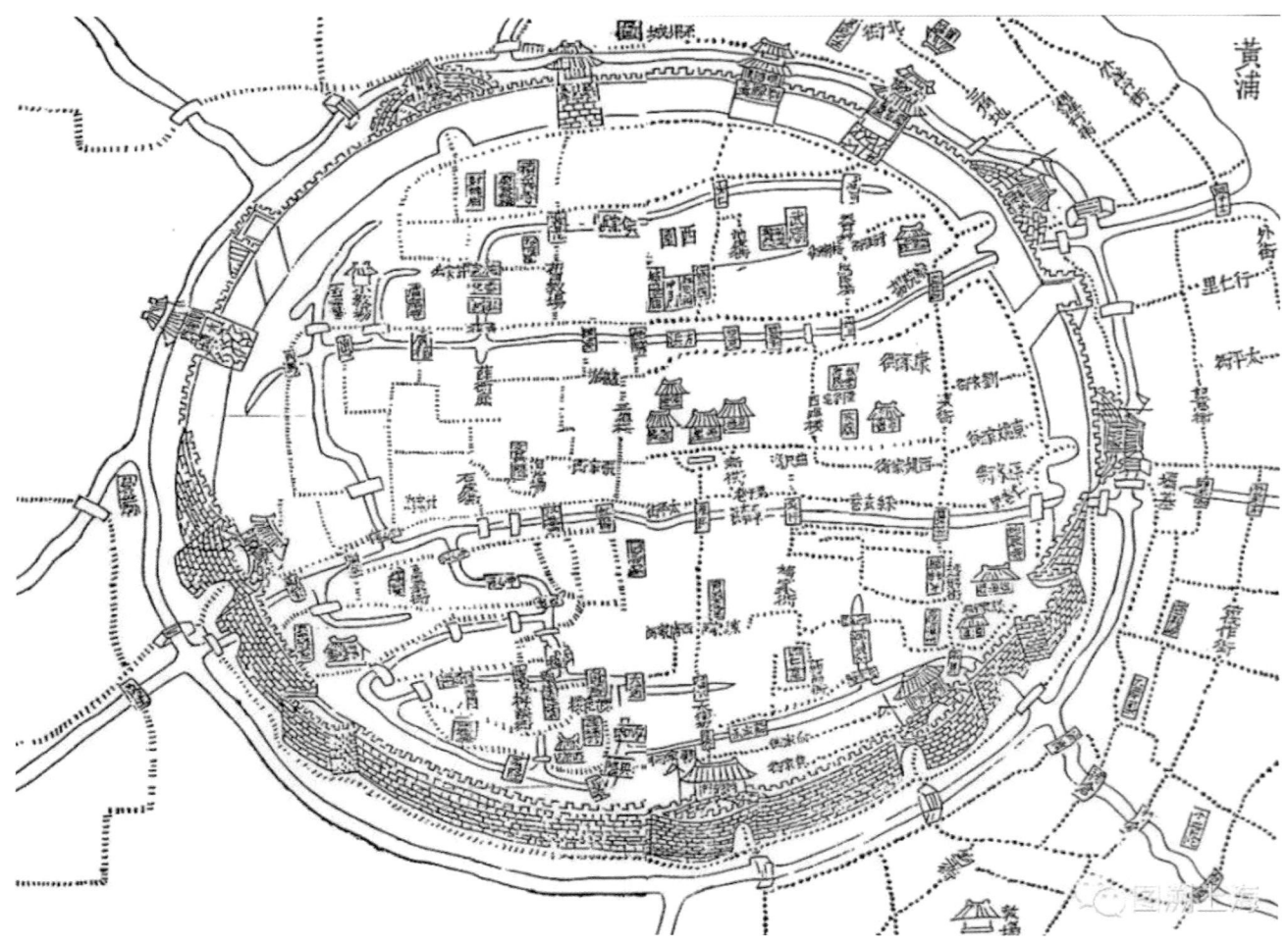

图 2-1-8　清嘉庆上海县城图
（资料来源：清嘉庆《上海县志》）

出，为今后上海的各种工业产品往世界市场的便捷输出创造了可能。手工业和商贸业的繁荣，使上海的社会经济结构逐渐转变。开埠前的上海，其实已经具备了日后成为中国最重要的工业中心的一切内在条件，外国资本也开始逐步渗入，这加速了上海的工业化进程，为后续上海工业的发展提供了商贸基础。

2.2　上海近代工业的发端期（1840—1894年）

从鸦片战争到中日甲午战争（1840—1894年）的50多年，是中国近代工业的发生时期，更是上海近代工业复杂、艰难的形成时期，尽管这一时期的工业发展成就是有限且有局限性的，但却对全中国的社会经济发展起到了重要和深刻的影响。

1840年6月，英国为了维护其在华的罪恶鸦片贸易，发动了鸦片战争。1842年6月，英国入侵上海，随后迫使清政府签订了中国近代历史上第一个不平等条约《南京条约》。条约的第二条规定："自今以后，大皇帝恩准大英国人民带同所属家眷，寄居大清沿海之广州、福州、厦门、宁波、上海等五处港口，贸易通商无碍。且大英君主派设领事、管事等官住该五处城邑，专理商贾事宜。"[1] 上海被辟为五个通商口岸之一。

1843年11月，英国驻上海首任领事巴富尔爵士一行乘坐麦杜萨号抵达上海，正式执行《南京条约》及其附加条款，宣布上海于11月17日正式开埠。上海的开埠，使其在近代成为西方资本主义势力在华掠夺的重要据点，随着西方资本的大量侵入，也让上海的城市发展和经济状况发生了巨大变化（图2-2-1）。

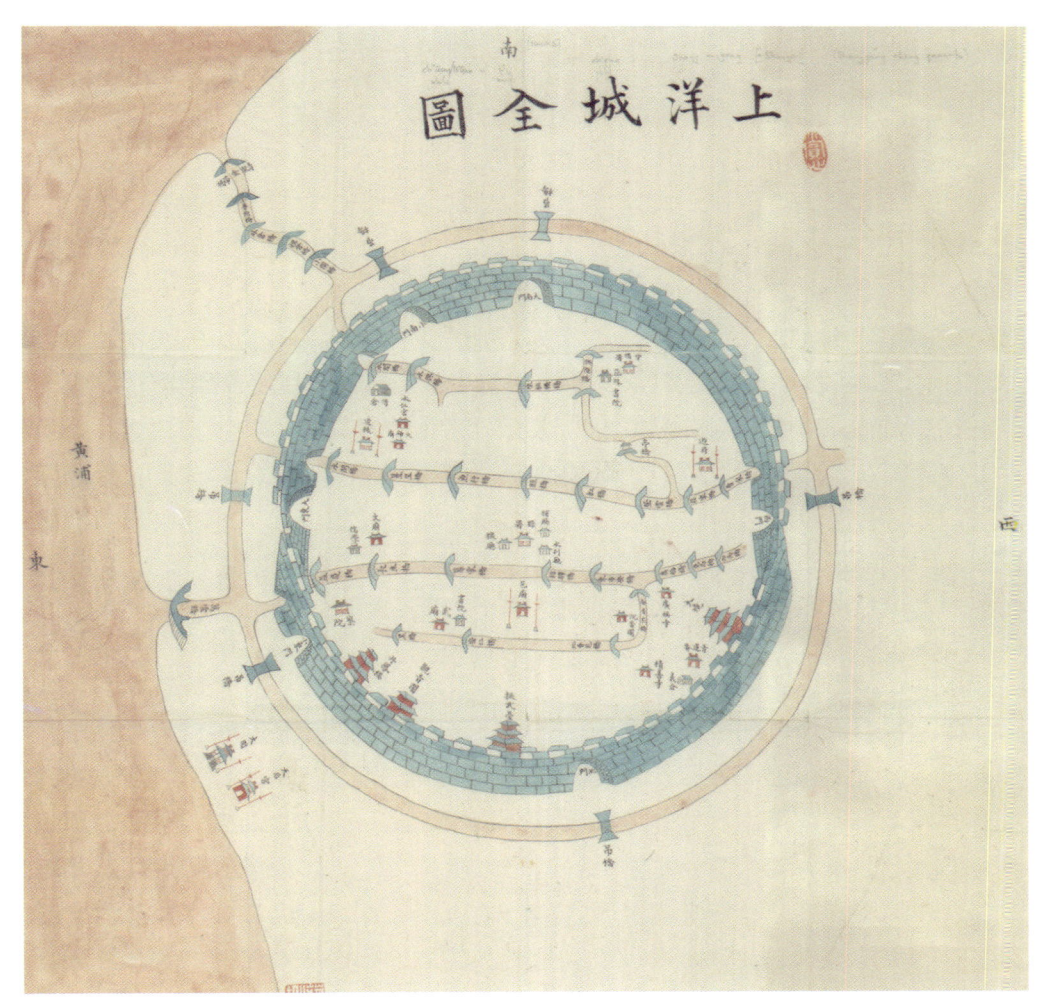

图2-2-1 上洋城全图（约1846—1855年间的上海地图，清蒋荣地绘，现藏于英国皇家地理学会）
（资料来源：孙逊、钟翀，《上海城市地图集成》，2017）

---

[1] 王铁崖. 中外旧章约汇编：第一卷 [M]. 北京：生活·读书·新知三联书店，1957：31.

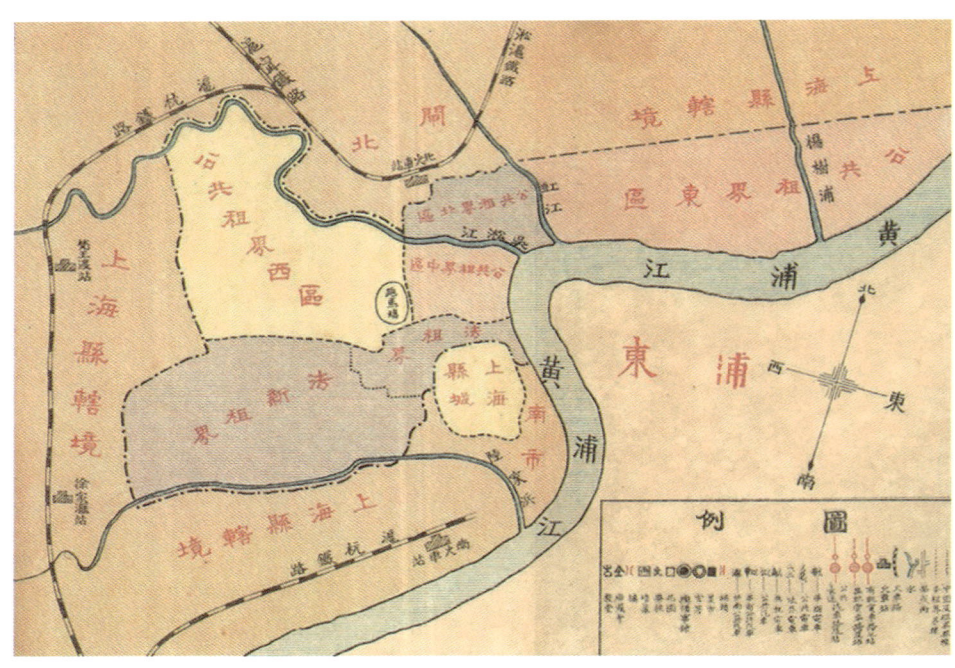

图 2-2-2　上海租界地图
（资料来源：孙逊、钟翀，《上海城市地图集成》，2017）

从城市发展来看，上海开埠后不久，英国在上海建立了中国第一个租界"上海英租界"，而后法国在英租界与上海县城之间设了"法租界"，美国在此后获得了虹口地区的控制权（图2-2-2）。租界的建立，让西方势力在上海不断扩展，租界范围也经过了几次变动，上海在这样一个西方城市管理模式下迅速崛起，变成了一座近代大都市①。

从经济状况来看，上海开埠以后，由于其独特的地理位置和便捷的对内对外交通，开始成为自东部沿海进入我国的重要门户。开埠早期，由于西方资本主要以进出口贸易作为主要的掠夺手段，上海作为西方和中国的贸易中转站，以鸦片的输入和丝绸、茶叶、棉毛织品等产品的输出作为主要的贸易形式。就整个进出口贸易的总量来说，上海自1850年代以来，就贡献了全国一半以上的贸易量，成为中国对外贸易的中心。西方资本一方面对中国进行掠夺性的贸易和生产，对中国的生产生活产生严重的打击；另一方面，也在客观上给中国近代化的发展带来重要影响，对中国近代工业的兴起有着促进作用。

2.2.1　外资工业的兴起

第二次鸦片战争后，清政府于1858年被迫签订《中英天津条约》，条约中指出"英国商船可以在长江各口岸来往"，开放汉口、九江等内陆长江沿岸口岸。西方势力对中国内陆的侵略特权进一步加大，影响由原先的沿海地区扩大至内陆长江流域、华南、东北等地区。这意味着长江流域对西方资本的开放，更加剧了西方资本对中国内陆地区的资本入侵。

不过，对上海而言，长江商船开放后，上海

---

①伍江．上海百年建筑史：1840—1949［M］．上海：同济大学出版社，2008：15．

作为贸易枢纽，水运发达，对内衔接长江流域，对外国际航线成熟，其地理位置的优越性更加凸显，也进一步加快了上海工业化的进程。

上海开埠的早期，尽管并没有明确的法律法规和条约允许外资产业在上海兴办工厂，外商未能在华获得设厂资格，但外资工业仍然随着上海港口地位的不断提升快速发展起来。工业类型主要分为四类：①船舶修造业；②外资在租界内经营的公共事业；③外资加工工业；④轻工业。

2.2.1.1 船舶修造业的扩张

船舶修造业是最早在上海发展起来的外资工业，也是上海最早的一批近代工业。

鸦片战争以后，上海作为中国贸易中心的地位开始逐步显现，西方资本为适应在华掠夺性贸易的扩张需求，开始大规模发展航运业，船舶修造业务也逐渐繁重，成为当时能够获利的重要行业，上海的船舶修造业也在这一时期开始繁荣（表2-2-1）。

早期上海的船舶修造业数量众多，在1840—1850年代集中出现。外国资本在上海创办的船舶修造厂，最早以美英为主，不过第一座是何时建成的，时间待考，应是在1851年左右由美商建立。英商最早于1853年在浦东建立董家渡船坞（图2-2-3），不久以后，以此为基础建立了浦

图2-2-3　董家渡船坞旧照
（资料来源：上海图书馆开放数据平台"上海年华"）

表2-2-1　开埠早期外资在上海所建船厂略考

建厂年份	船厂名称	所属国家
待考	虹口新船坞	美国
1851年	伯维公司	美国
	拉蒙公司	美国
	伯金斯·安德森公司	待考
1852年	罗吉士	英国
1853年	浦东船坞公司	英国
1854年	德卢船厂	英国
1856年	下海浦船厂	美国
	米契尔浦东船厂	英国
	贝立斯吴淞船厂	美国
	美里的士	英国
	彼得刚果	英国
	诺维船厂	英国
1858年	上海船坞公司	英国
	丹拿克船厂	英国
1859年	浦东火轮船厂	英国
1860年	祥安顺船厂	英国
	虹口造船厂	英国
	宾夺船厂	英国
1861年	柯立·兰巴	英国
1862年	祥生船厂	英国
1864年	布莱船厂	英国
	耶松船厂	英国
	浦东莫立斯船厂	英国
1872年	浦东炼铁机器厂	英国
1875年	孚中船厂	英国
1881年	旗记船厂上海分厂	美国
1888年	大成机器厂	英国
1889年	亚古船厂	英国
1891年	伍德船厂	英国
1892年	上海造船厂	英国

（资料来源：祝慈寿《中国近代工业史》，1989）

东船坞公司，注册资本九万四千两。

据记载，1850—1859年间，西方资本在华新设的船厂有18家，其中在上海设有12家相关的工厂和行号。然而，早期的外资船舶修造厂整体规模相对较小，西方资本也多以赚快钱的心态进行生产。

至1860—1870年代，上海的船舶修造产业开始大规模发展和成熟，西方资本对船舶修造业开始形成垄断。挟《天津条约》之便利，西方资本获得长江沿线航行权，促使上海联结国内与世界各口岸的贸易量迅速扩大。1860年代，上海船舶修造厂数量大增，头五年上海新出现9家造船厂，虹口4家，浦东5家，其中以1862年由英国人尼可逊（A. M. Nicolson）与包义德（G. M. Boyd）创办于浦东的祥生船厂（图2-2-4至图2-2-6）和1864年由美国人法南（S. C. Farnnam）创办于虹口的耶松船厂最为著名，这两家船厂资本雄厚，规模较大，发展迅速，在上海船舶修造业形成了垄断。

图2-2-4　祥生船厂创办人尼可逊携家人在祥生船厂的江面上划船

（资料来源：上海船厂）

图2-2-5　祥生船厂旧址制机车间内部再利用现状

图2-2-6 祥生船厂旧址制机车间外观现状

2.2.1.2 租界内公共事业的发展

上海租界范围内公共事业的发展所带来的公用工业，既是当时中国半殖民地性质的体现，也是属于上海境内独特的工业类型存在方式。租界初设时为一片荒地，西方侨民入住后，为提高租界内的生活质量，第一次市政建设活动就是道路建设，并成立"道路码头委员会"专门负责租界内的道路和码头建设。

1860年代以后，随着上海租界的逐步扩张和不断成熟，租界内逐渐开始发展更多公共事业，以改善当地西方侨民的生活条件，其中，"煤、水、电"公共体系逐渐成熟。

上海最先出现的公共事业是煤气。1864年，英租界内苏州河西藏路桥南堍建立大英自来火房（后改为英商上海煤气股份有限公司），并于1865年开始发挥供气功能（图2-2-7、图2-2-8）。煤气的供应是为满足租界日益增多的供气需求，供给工部局、公董局和街灯使用，以及提供居民的生活用气。

图2-2-7 大英自来火房的碳化炉建成，这是上海第一座钢结构建筑

（资料来源：上海年华）

图2-2-8 大英自来火房旧址现状

自来水厂的兴建则是为改善外侨的饮水问题。1875年，英国开始酝酿筹办自来水厂，1879年在杨树浦建成小型自来水厂。1881年英商上海自来水公司成立，并在杨树浦小型自来水厂的基础上建设新厂，于1883年8月开始连续供水，此即如今的杨树浦水厂（图2-2-9）。它是19世纪上海最大的公共事业，至甲午战争前，它的设备总值增加了4倍，供水面积覆盖上海所有租界。

与此同时，英商在1882年集股成立上海第一家电厂——上海电光公司发电厂，同年7月开始供电，这也是在中国设立的第一家电厂（图2-2-10）。由于公司早年管理混乱，连年亏损，于1888年改组成立新申电气公司，1890年开始使用白炽灯供住户与马路照明。1893年，租界工部局以六万六千一百万两白银购入新申电气公司，成立工部局电器处，并在虹口建立新的发电厂，于1896年开始发电。

"煤、水、电"的发展，可以看作是上海城市近代化的标志之一，煤气、自来水、电气公司的创建，大大推进了上海近代工业的兴起和发展，至甲午战争后，西方势力的入侵规模不断扩大以及上海工业化快速发展的能源需求，让这类外资公共事业不断扩充壮大，逐渐成为上海具有垄断性的几个产业之一（表2-2-2）。

图2-2-9 杨树浦水厂旧照
（资料来源：杨树浦水厂）

图2-2-10 上海电光公司发电厂的烟囱
（资料来源：虹口区档案馆）

表 2-2-2　上海开埠早期外资公共事业建设略考

类别	地点	名称	说明
自来水厂	原公共租界①	英商上海自来水厂	1879年在杨树浦近许昌路底黄浦江边开办，1883年新厂建成供水
	原法租界	董家渡自来水厂	1895年法公董局在华界南市董家渡江边（今花园港路南市自来水有限公司）购地建厂，1902年落成
电厂	原公共租界	上海电光公司发电厂（杨树浦发电厂）	1882年在南京路、江西路口设电气公司发电，后迁厂至乍浦路；1893年卖与英美租界工部局；1913年在杨树浦沈家滩购地39亩建造的新厂落成发电，为当时远东最大的火力发电厂
煤气厂	原公共租界	上海煤气公司	1864年在苏州河西藏路桥南堍设置煤气厂；1931年在杨树浦路隆昌路口沿边33亩沼泽地另建新厂，1934年2月落成投入生产，是当时远东最大的煤气厂，长期垄断上海煤气业

（资料来源：根据黄琪《上海近代工业建筑保护和再利用》整理）

这一时期发展起来的自来水厂、发电厂、煤气厂，往往具有较为鲜明的早期产业建筑风格，同时公共事业的属性也让部分早期厂房在建筑强度和结构稳定性上具有较高的优势，得以较为长久地保存。部分厂房至今仍然处于生产状态，如杨树浦水厂等，它们因其较高的历史价值、科学价值、艺术价值和社会价值，是上海工业遗产中极为重要的组成部分。

2.2.1.3　外资出口加工工业的发展

加工工业是指对工业原材料进行加工制造的工业。鸦片战争后，外国资本一方面把中国作为推销工业品的市场，一方面又通过不等价的交换方式掠夺中国的农产品和工业原料。他们从中国廉价获取的资源，除传统的茶叶和丝绸这两类主要商品外，生丝、蛋品、皮革、棉花等也开始逐步增长。由于很多商品并不能直接作为产品输出，往往需要经过一定程度的初步加工，后期才可以方便地载运出口，因此推动了缫丝工业、蛋品加工业、制革工业、轧花工业等加工工业在上海的发展；上海熟皮公司、英美德合办的上海机器轧花局、上海禽毛刷洗厂以及位于港口沿岸的打包厂等不同规模和类型的加工工业公司先后出现。

随着上海商贸活动的日益发展，以及租界地区公共基础设施的进一步完善，1880年代至甲午战争爆发前，上海开始发展以缫丝工业为主的外资出口加工工业（图2-2-11），纺织业（此处指缫丝和轧花加工）成为当时最为突出的加工工业（表2-2-3）。

表 2-2-3　甲午战争前上海外资加工业略考

设立年份	厂名	类别	所属国家
1861年	纺丝局	缫丝厂	英国
1866年	缫丝局	缫丝厂	法国
1872年	上海熟皮公司	制革厂	英国
1878年	旗昌丝厂	缫丝厂	美国
1878年	瑞纶丝厂	缫丝厂	德国
1881年	上海机器轧花局	轧花厂	英美德
1882年	公平丝厂	缫丝厂	英国
1882年	怡和丝厂	缫丝厂	英国
1888年	怡和丝头厂	缫丝厂	英国
1891年	宝昌丝厂	缫丝厂	法国
1892年	乾康丝厂	缫丝厂	美国
1893年	信昌丝厂	缫丝厂	法国

（资料来源：祝慈寿，《中国近代工业史》，1989）

---

①1863年原英租界和美租界合并为英美租界，1899年以后正式改称公共租界。

图2-2-11　19世纪末上海缫丝局图景
（资料来源：吴友如，《申江胜景图》，1884年）

出口加工工业是开埠早期西方资本在上海较为直接的工业投资，可满足上海作为商贸中心的出口需要，同时方便西方资本在华进行廉价劳动力和原料资源的掠夺以及商品的推销，其出现满足了上海作为中国商贸中心、西方资本对于进出口产品的需求。它们不但是中国近代工业的重要组成部分，也是外资在华投资最大、雇佣工人最多的工业类型。

2.2.1.4　轻工业的萌芽

上海开埠后，外商还开始在上海成立一些小规模的轻工业，像火柴工业、造纸工业、卷烟工业、印刷工业等。如1850年代，上海率先建立了一些食品工业和化学工业，像面粉厂、汽水厂、制药厂等；而1880年代以后，更多外资在上海创立近代轻工业，并形成一个短期的工业投资热潮，其中包括很多后来规模相当大的企业，像1880年英商美查兄弟在上海设立的第一家火柴厂——燧昌自来火局，还有制造卷烟的美国烟草公司等。

从工业的投资和目的性来说，这个时期的轻工业与前面几种工业类型已经有所不同。外国资本通过在中国境内掠夺原料和雇佣廉价劳动力，最终将生产出的商品直接销售于中国市场，这表明外国资本向中国进行独立的工业投资活动已开始萌芽。

2.2.2　上海民族工业的兴起

2.2.2.1　官办资本经营下的工业建设

19世纪后期，清政府洋务派采取官办、官督商办、官商合办等形式，创办了近代军事企业和民用企业，这一时期的近代工业受洋务运动思想影响极深。

洋务运动（又称"自强运动""同治维新"），是1860年代由清政府及当权的洋务派发起的、在中国展开的、持续35年的工业运动。洋务运动以"师夷长技以制夷"为理念基础，主张"自强""求富"，通过学习和引进西方先进的技术和思想，促进中国近代化和工业化的发展。这是中国近代历史上第一次全国规模的现代化工业运动，虽然该运动是在封建专制背景下发生的，且存在对西方产品的过度依赖，但中国通过洋务运动引进了西方的先进技术和科学，促进了工业技术和科学水平的发展；同时培养了一批留学童生，为中国近代化的进程提供了人才储备，打开了西学之门。

从工业发展的角度看，以李鸿章为代表的官办近代工业在这一时期陆续兴建，强化了中国自身的工业生产势力，促进了中国近代工业的发展，这一时期创立的江南造船厂、轮船招商局等至今依旧是中国极为重要的制造企业。

1. 官办军用工业的产生（1860年代以后）

洋务运动早期，受到两次鸦片战争及太平天国运动的影响，清政府洋务派对军事的重视得以提高，官办军用工业是这一时期洋务运动兴建工业的主体。洋务派以"自强"为口号，以曾国藩、李鸿章、左宗棠等为代表，通过引进大机器生产技术，在各省兴建军事工业，以加强军事力量。

最早的近代军事工业，为1861年曾国藩在安庆所创立的安庆内军械所。1862年，李鸿章在上海创立了上海洋炮局。不过，最具代表性的还是1865年，李鸿章和曾国藩一起在上海创办的江南制造总局。

江南制造总局是近代中国第一个大型军工厂，也是中国自办的最早使用新式机器生产的近代工业企业。厂址原在虹口，后因场地狭窄无法安置众多机器，且虹口租界内洋人担心军火制造危及安全，遂于1867年夏将厂址迁往上海城南高昌庙镇，即今2010年上海世博会园区所在地（图2-2-12）。

作为清政府经营的规模最大的近代军工厂，江南制造总局下设许多分厂，包括锅炉厂、机器厂、熟铁厂、铸铜铁厂、木工厂、轮船厂等；后又在龙华镇等地扩建弹炮厂、火药厂等；至1891年，共拥有13个工厂和1个工程处，占地400余亩。据史料记载，至甲午战争时期，江南制造总

图2-2-12 江南制造总局内部机器
（资料来源：上海市档案馆）

局已有一座中型船坞、十几座装备精良机器的大厂房，员工甚至已达2 000余人。

据统计，自1861年至1890年，洋务派从沿海到内地先后创办了21个军工厂局，专门制造枪支弹药，以及轮船、机器等。军工业的发展不仅为清政府的军队提供了新式武器，巩固了清政府的统治，也为中国后来的工业发展打下了重要基础。

然而，随着近代军事工业的开办和进行，李鸿章等人越来越发现，在缺乏民用工业的基础下，原料和经费已经成为制约军工发展的因素；因此，需要发展完整的近代工业体系，创造丰厚的经济基础。

2. 官办民用工业的产生（1860年代以后）

至1870年代，洋务派为维持和发展早年经营的军用工业企业，需要配套发展为工业生产提供必备的原料、燃料、交通运输工具等的生产工业；与此同时，彼时清政府的财政已经处于枯竭阶段，洋务派也迫切需要通过民用工业的发展来带动经济，达到致富的效果。这一时期，洋务运动的口号由"自强"转为"求富"，这样的转变表现为在工业发展上带动了官办民用企业。

由于洋务派创办的军事工业和外国资本经营的工厂，对于钢、铁等物质的需求均很大，因此，清政府从1870年代开始便积极推动采矿、纺织等民用工业的发展，它们数目不多，但规模较大，且所需资本全部或大多数由清政府所筹。如1876年开始创办的基隆煤矿，是中国台湾最早使用机器开采的煤矿；由唐廷枢创办、1878年建成投产的唐山开平煤矿，采用了当时最先进的西法建井开采，生产规模迅速扩大，其影响远远超过基隆煤矿，发挥了使用机器开采煤矿的带头示范作用；1880年，左宗棠在兰州创办的兰州织呢局竣工投产，开启了我国机器毛纺织工业的发展之路。

这些民用工业都位于资源丰富的边区城市，而上海本身虽占据地理位置优势，本地资源却很有限。因此，洋务派在上海域内创办的近代民用工业，基本上是以纺织业、缫丝业为主的，其中又以上海机器织布局（图2-2-13）为重要代表。1878年，李鸿章主持筹建上海机器织布局，过程甚是艰辛，直至1890年才得以开工，1891年全场建设工程基本完工，投产后利润较高，但在1893年10月被一场大火所毁。1894年，李鸿章、盛宣怀在原有基础上兴办华盛纺织总厂，机器织布局也由原本的商贾集资创办成为李鸿章、盛宣怀等洋务派的私人产业。

值得一提的是，洋务运动后期，不仅洋务派创办的产业类型由早期的军工业逐渐向民用生产转变，在厂房的运营方式上，也逐渐由原本的全部官办工业逐渐转为开始较多出现官督商办的形式。这样的运营方式让工业生产更多地以市场为导向，既在一定程度上抵制了西方资本对华的商

图2-2-13　上海机器织布局旧照
（资料来源：上海市档案馆）

品输出，促进了中国近代工业资本市场的完善，也推动了上海民营资本工业的兴起和发展。

2.2.2.2 民营资本经营下的工业发展

中国近代民营资本工业开始于1870年代，主要原因在于，原本华商多以中外合资或官督商办的形式参与近代工业的生产，发展至这一时期，外资工厂规模不断扩张，开始打压中国民族资本；且洋务运动进行到后来，官僚资本对民营资本的剥削日益加重，导致中外合资或是依附官办的空间逐渐减小。此外，社会舆论开始追求民族振兴和反对西方在华势力，民众希望能够从西方资本手中逐渐收回权利。

一开始民营资本创办的近代工业类型，主要是轻工业和小规模的采矿业，并以机器缫丝业出现得最早。这一时期的民营工业生产规模小，数量也较少，受到外资工厂和官办资本的双重打压。

而上海作为彼时中国重要的对内对外港口，航运条件日趋完善，原材料、技术人才和机械设备在经历了外资工业的发展和洋务运动的影响后，日渐成熟；因此，上海成为民营资本初期经营的近代工业较为集中的地域。由于时局动荡，部分民族资本家甚至故意把工厂开设在上海租界里，意图寻求外国殖民者在政治上所谓的"保护"。这些因素使得自1870年代开始，上海民营工厂开始逐步发展，至1890年代得到较为明显的扩张（表2-2-4）。

表 2-2-4　1869—1894年上海民营工厂统计表

单位：间

行业类型	开厂数量				现仍遗存工厂数量
	1869—1880年	1880—1890年	1890—1894年	合计	
船舶与机器修造	4	9	1	14	10
冶炼	—	1	—	1	1
木材加工	1	—	—	1	1
玻璃	—	1	—	1	0
造纸	—	1	1	2	1
印刷	2	9	—	11	7
缫丝	—	2	6	8	8
棉纺织	—	—	3	3	3
轧花	—	—	3	3	3
面粉	—	3	—	3	1
制冰	—	1	—	1	0
皮革	—	1	—	1	0
火柴	—	—	3	3	1
合计	7	28	17	52	36

（资料来源：根据徐新吾、黄汉民《上海近代工业史》整理，1998）

上海的民营工业在产业上以轻工业为主，包括缫丝业、轧花业、棉纺织业、面粉与火柴业、造纸业、印刷业等，重工业领域非常薄弱。根据1894年上海民族工业31家工厂的投资估算（表2-2-5），可以看到民办资本在上海所经营的工业类型状况。

由此表可以看出，缫丝业和棉纺织业是上海民营资本经营最为重要的产业，共占总投资额的80.3%。之所以如此，其中一个重要原因是纺织工业本身的市场较大，且技术要求相对较低，能够较为迅速地筹建和投入生产。此外，上海紧邻江浙，这些地区是中国历史上产丝和种棉最兴盛的地区之一，比如明万历年间（1573—1620年）棉花就已成为上海地区首要的农作物，因此在原料的取得上比较方便。同时，在开埠前，上海的纺织手工业已相对发达，由传统手工作坊转化为工厂，相对容易。

近代上海的纺织工业是从缫丝业开始的。据1881年的海关报告，清同治元年（1862年），有人在上海试办备有100台缫丝机的机器缫丝工厂，虽然后来失败了，但对于中国缫丝业的发展具有一定的历史意义[1]。棉纺织业的经营稍晚于机器缫丝业，1878年，上海几个绅商联名呈请南、北洋大臣批准，倡议兴办了当时主要的官督商办的上海机器织布局。1894年，道台朱鸿度在上海创办裕源纱厂，这是中国创办的第一家商办纱厂。

除纺织工业外，上海的民营面粉工业也在1870年代后期发展起来。如1882年商人陈可良在上海创办了裕泰恒火轮面局，采用机器磨面、碾米，在当时具有很大的影响。

火柴公司也自1880年代开始在上海陆续出现，规模不等。其中，1890年叶澄衷、宋炜臣创办的上海燮昌火柴公司的规模较大。

表2-2-5　1894年上海民族工业31家工厂投资估算

序号	业别	厂数		投资额		
		数量（间）	占总厂数比例（%）	银两（万两）	折合银元（万元）	占总投资额比例（%）
1	船舶与机器修造业	7	22.6	13.5	18.8	3.1
2	造船业	1	3.2	30	41.7	6.9
3	印刷业	7	22.6	10	13.9	2.3
4	缫丝业	8	25.8	206.1	286.3	47.3
5	棉纺织业	3	9.7	144	200	33
6	轧花业	3	9.7	26.5	36.8	6.1
7	面粉业	1	3.2	1	1.4	0.2
8	火柴业	1	3.2	5	6.8	1.1
	合计	31	100	436.1	605.7	100

（资料来源：左琰、安延清，《上海弄堂工厂的生与死》，2012）

---

[1] 祝慈寿. 中国近代工业史 [M]. 重庆：重庆出版社，1989：302.

造纸业、印刷业和出版业也因为印刷技术的引入、上海报刊业的迅速发展及外商在这些行业的投资获得丰厚回报而开始发展。清光绪十年（1884年），上海机器造纸局建成投产，这是近代上海第一家机械造纸工厂，然而由于洋纸倾销，连年亏损，其于光绪十八年（1892年）易主，更名伦章机器造纸局，后来又一度长期停工（图2-2-14至图2-2-16）。这是近代上海民营资本投资造纸业的共同命运，在甲午战争之前，由于外国纸企的竞争与倾销，上海造纸业大多处于亏损状态。

当时的印刷业以1882年由徐鸿复、徐润等集股设立于上海的同文书局为代表，它是中国人自办的第一家近代石版印刷图书出版机构，因后期印书销路不广，积压渐多，遂于1898年停办。

除上述类别以外，上海这个时期民营资本所创办的新式轻工业还有一些玻璃厂、制冰厂、制药厂等，但规模都较小。

图2-2-14　1882年上海机器造纸局大门
（资料来源：上海市地方志办公室）

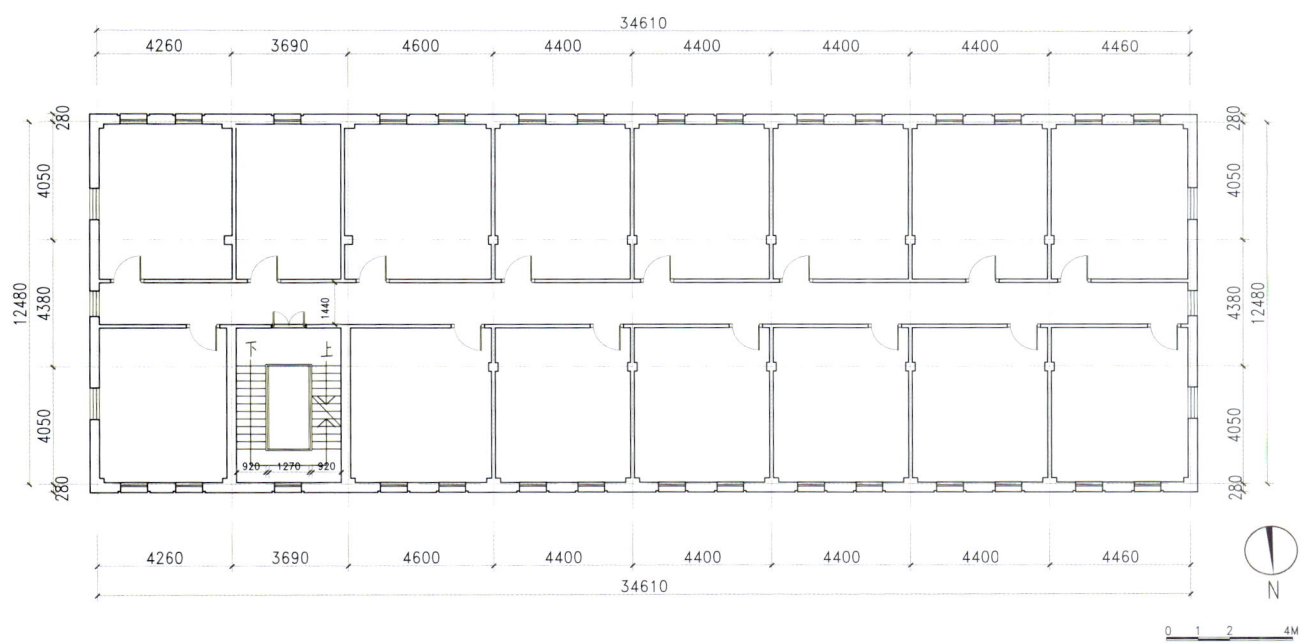

图2-2-15　上海机器造纸局旧址二、三层平面图

图2-2-16　上海机器造纸局旧址2008年状况

而重工业领域就更是薄弱。当时上海仅有零星几家为配合外国来华轮船装配和修理而建立的船舶修造厂,其中,1882年李松云创办的均昌船厂在当时属于规模较大的船厂,曾修造过9艘汽船。也有几家机器制造业,但规模都很小,只能进行一些简单的机器修理、配置零件和一些铁工工作。另外,由于上海地理位置的特殊性和资源的匮乏,上海地区并未出现过采矿业。

总体而言,甲午战争之前,上海民营资本经营的近代工业类型和企业较少,规模也较小,取得成功的也很少(表2-2-6)。

表 2-2-6　上海民营资本创办的近代工业

企业名称	设立年	创始人	情况简介
建昌铜铁机器厂	1875年	待考	能修造小汽船
高记木厂	1878年?	张子尚	初设时规模较小,后逐渐发展,在浦东及苏州河有大厂,使用机器从事木材生产
上海机器织布局	1879年	戴恒、郑观应等	最初资本为50万两,1893年增加至1 020 290两,雇佣工人约4 000人,有纺机3.5万锭、布机530台,1893年10月毁于大火;1894年重建,改名"华盛纺织总厂"

续表

企业名称	设立年	创始人	情况简介
公和永缫丝厂	1881年	黄昨卿	资本10万两,创办时有缫丝机100车,后增至数百车,1882年开车生产
和昌机器厂	1881年	待考	注册资本3 000元
同文书局	1882年	徐鸿复、徐润	影印古书,石印书籍,1898年停闭;徐润后又设立广百宋斋,从事铅印
上海玻璃制造厂	1882年	待考	雇佣英国技师,1884年失败。1888年厂房为上海英商福利公司所并
裕泰恒火轮面局	1882年	上海商人	机器磨面粉和机器碾米
均昌机器船厂	1882年	李松云	能造小型汽船,后改名为"发昌机器船厂"
源昌机器五金厂	1883年	祝大椿	资本10万元(有人称该厂为虚构)
坤记缫丝厂	1884年	待考	资本24万两,雇用工人500人
广德昌机器造船行	1885年?	何德顺	能造小型汽船
中国机器轧铜公司	1886年	福建商人	熔铜与轧铜
上海制冰公司	1886年	待考	租用外国人的机器、厂房制冰,资本数千元
蜚英馆石印局	1887年	李盛铎	石印书籍,规模较大
中西大药房	1887年	顾松泉	制药并售药,最初资本数千元
源昌碾米厂	1888年	祝大椿	后为美国资本投资的"上海碾米厂"所吞并
公茂机器厂	1888年	待考	资本2万元,情况不详
鸿文书局	1888年	凌佩卿	石印书籍
富文阁	1888年	待考	石印书籍。至1889年,上海已有石印书局四家,同时期的石印书局还有拜石山房等
燮昌火柴公司	1890年	待考	资本5万两,1906年雇佣工人约800人。至1893年,上海共有华商火柴厂3家
顺记翻砂厂	1890年	顾丕善	不详
裕慎缫丝厂	1890年	待考	资本20万两,缫机200车
上海棉利公司(轧花厂)	1891年	待考	资本1.5万两,轧花机40台
新华纺织新局	1891年	唐松岩	资本29万两,纱锭约7 000枚,布机50台
上海源记公司(轧花厂)	1891年	待考	资本20万两,轧花机120台
炽丰机器厂	1891年	待考	资本4 000元
伦张造纸厂	1891年	李鸿章等	资本15万两,雇佣工人100人
延昌缫丝厂	1893年	待考	资本10万两,雇佣工人600人
礼和永轧花厂	1893年	待考	资本5万两,轧花车42台

续表

企业名称	设立年	创始人	情况简介
正和缫丝厂	1894年	待考	资本不详,工人400人
纶华缫丝厂	1894年	待考	资本10万两,工人2 000余人
源昌缫丝厂	1894年	祝大椿	资本50万元
裕源纱厂	1894年	朱鸿度	纺机2.5万锭
中英大药房	1894年	上海商人合伙	资本数万两,后增至10万两

(资料来源:祝慈寿,《中国近代工业史》,1989)

2.3 上海近代工业的繁盛期(1894—1937年)

甲午战争对上海来说是近代工业发展的转折点。清政府在甲午战争战败后,被迫签订了《马关条约》,允许日本资本家在中国设立工厂。此后,英、美、法、德等列强援引"利益均沾"这一片面的最惠国待遇,都先后获得在华设厂的特权。从此,资本主义对中国开始从原本的商品输出为主转为以资本输出为主,中国丧失了工业制造专有权,但民族资本也在逐渐崛起。

经过前期的发展,上海已经成为当时中国的贸易中心,具有在当时的中国处于领先地位的金融行业;而且由于国内大部分地区连年战乱,上海作为开埠港口和租界所在地,其政治经济相对稳定,难民开始大量涌入,上海整体人口激增,为上海带来了充裕的劳动力。这些内外因素的结合,使得上海已经具备优越的工业发展环境,无论是外资工业还是民族工业,都随着上海商业地位的不断提升而进入快速发展阶段,上海因此逐步成为中国乃至东亚地区庞大的工业生产中心。

需要认识到的是,上海工业的发展,仍明显受到国际贸易市场的影响。自甲午战争以后,国内外局势处于一种不稳定状态,上海工业的发展并不是持续增长的;尤其是上海的民族工业,一直较多地受到上海外资工业的压制和影响,虽然在经历了一战后工业发展的黄金时期、北伐全国统一后工业的发展,以及"孤岛时期"的繁荣等几个阶段后,已经基本形成相对完整的工业体系,但与外资工业和官僚资本工业相比,依然处于相对劣势的地位。

2.3.1 外资工业的扩张

2.3.1.1 甲午战争后外资工业的迅速崛起

甲午战争前,西方资本虽然有在中国进行贸易往来的权利,也促进了外资工业一定程度的发展,但并没有被明确允许在中国境内开设工厂。《马关条约》签订后,清政府被迫开辟长江中游沿线多处口岸,允许外商在通商口岸开设工厂。

在这样的条件下,外资工业获得了工业发展的保障基础,包括:①机器设备自由输入及机器设备输入的特惠税率,保护了外国资本利益;②获得交通自由,保障了外资工业与内陆原料产地和销售市场的运输畅通,让西方资本得以控制内地销售市场;③进一步控制中国关税,让西方资本能够在中国获得廉价原料;④保证了外资工业可以自由雇佣劳动力等。在此影响下,外资工厂迅速占领了上海市场。再加上戊戌变法(1898年)、义和团运动、庚子事变(1900年)、辛丑条约(1901年)等一系列政治事件,让当时的清政府管控能力日渐衰弱,也给外资工业的发展带来更大的机会。

自甲午战争至一战这一时期，上海外资工业由以辅助内外贸易为重点的工厂投资，改为以在中国市场销售产品为重点的工厂投资，组织方式、管理体制更加完善，规模也日趋庞大，呈现出国际化特点。刘大钧在《上海工业化研究》一书中将这一时期称为上海工业发展的"外人兴业时期"。

此时，西方各国包括英、美、日、德等在华投资迅速增多，其中以英国、美国在上海的工厂投资最多。据统计，至一战前夕，英、美、日、德等国商人开设的工厂共有69家，涉及13个工业类型。其中，英商最多，有40家，占58%；美商次之，有15家，占21%。日本随着其本国市场的逐渐饱和，也开始在上海寻求新的资本扩张，20世纪初开始在上海投资工厂并迅速得到发展。

这一时期上海的外资工业类型多样，纺织工业、面粉工业、烟草工业、食品加工业、机器制造业等均有所发展（表2-3-1）。不过由于上海本地资源相对匮乏，上海的外资工业仍然以轻工业为主，像钢铁、煤矿这类重工业，往往分布在河北、东北三省等地区。

纺织工业方面，随着英国四大外资纱厂在上海先后开厂，其棉纺织力量在上海迅速扩张；日本也随着八大系棉纺织工厂在华的逐渐开设，加速了对上海纺织业的占领。

面粉工业方面，甲午战争后的第二年，英商在上海设立增裕面粉厂，1917年被日本三井制粉工厂收购，英商在华的面粉工业就此结束。日本内外棉株式会社也在上海经营面粉公司，如1906年设立了华商裕顺面粉公司。

烟草工业方面，这一时期的上海烟草工业受到英美烟草公司和日商东亚烟草株式会社的操纵和控制，中国民族资本烟草工业的发展基本处于被垄断状态。1902年，英国的帝国烟草公司与美国烟草公司合并，成立英美烟公司，总部设在伦敦，1919年在上海设立驻华英美烟公司总部（图2-3-1、图2-3-2），1936年迁至香港。

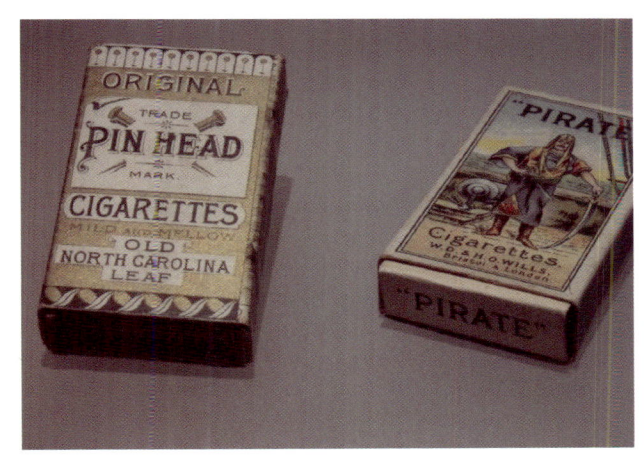

图2-3-1　英美烟公司生产的"老刀牌"香烟
（资料来源：上海市历史博物馆）

表2-3-1　1895—1913年上海外资企业各类工业企业数量及资本规模统计

类别	矿业	船舶修造	水电	纺织	食品	其他	总计
数量/间	32	7	19	16	39	23	136
资本/千元	49 969	2 895	11 514	12 515	17 148	9 112	103 153

（资料来源：汪敬虞，《中国近代工业史资料》，1957）

食品加工业方面，碾米、汽水等产业逐渐兴起，英商正广和汽水厂就是其中的代表。该公司由英商于1864年在上海设立，原本以酿酒为主，后来转为制作汽水（图2-3-3）。

此外，船舶修造工业依旧在上海占据重要位置。西方资本在上海开办的船舶修造厂在数量和规模上都有一定的提升，如1900年新创办了英商瑞镕机器轮船工厂；而早期已经形成行业垄断的祥生船厂和耶松船厂，也在这一时期进行了扩张和调整。耶松船厂1906年再次整顿后，改名为耶松有限公司，从此开始了对上海船舶修造业三十余年的垄断，成为当时英帝国主义在华投资的最大企业之一（图2-3-4）。

图2-3-2　英美烟公司旧址现状

图2-3-3　正广和汽水厂旧址现状

图2-3-4 耶松船厂在浦东设立的轮渡码头
（资料来源：上海船厂）

2.3.1.2 一战后外资工业的再次扩张

第一次世界大战的爆发，让欧美资方在华的资本扩张趋缓；但在战争结束后，由于经济危机爆发，欧美国家加速了在世界各地的掠夺和竞争，以缓解其本国国内的危机，这也造成一战后西方资本在上海的工业建设进入了新一轮的扩张。

由于战争对西方国家的打击程度不同，英商受到的打击比较大。一战前英国在上海的地位原本远远领先于其他列强，然而，从1914年开始，英商在华发展趋缓，在上海的英国工业资本势力逐渐衰落；原来上海最大的英商棉纺织工业，逐渐被日本企业取代。

1905年爆发的日俄战争，让日本实力迅速崛起，其对华的工业拓展也开始加速。日本在上海的工业投资迅速扩张，主要以纺织工业为主，八大纺织系统先后打入上海，兼并华资纺织厂和英资纺织厂，日本纺织工业在上海逐渐趋于垄断地位（表2-3-2）。据统计，一战前日本在上海的纺织工业的资本只有英资势力的81.2%；然而到1925年，日资纱锭已达到93.9万枚，英资纱锭却只有20.5万枚，英、日资势力完全颠倒过来，英资势力只及日资势力的21.8%[1]。

表2-3-2 1914—1925年上海新设日资纱厂情况

设立年份	厂名	厂址	投资会社在华名称	备注
1914年	内外棉五厂	澳门路	内外棉株式会社	—
1916年	上海纺织三厂	杨树浦路90号	上海纺织株式会社	—
1918年	日华纱厂一厂	浦东陆家嘴	日华纺织株式会社	收买美商鸿源纱厂
1918年	日华纱厂二厂	浦东陆家嘴	日华纺织株式会社	—

---

[1] 徐新吾，黄汉民. 上海近代工业史[M]. 上海：上海社会科学院出版社，1998：154.

续表

设立年份	厂名	厂址	投资会社在华名称	备注
1918年	内外棉七厂	西苏州路	内外棉株式会社	收购华商大纯纱厂
1918年	内外棉八厂	西苏州路	内外棉株式会社	—
1918年	内外棉九厂	麦根路60号	内外棉株式会社	收购华商裕源纱厂
1920年	东华纱厂	华德路8788号	东华纺织株式会社	—
1921年	公大纱厂一厂	平凉路100号	钟渊纺织株式会社	—
1921年	日华纱厂三厂	劳勃生路98号	日华纺织株式会社	—
1921年	日华纱厂四厂	劳勃生路98号	日华纺织株式会社	—
1921年	内外棉十二厂	西苏州路	内外棉株式会社	—
1921年	内外棉十三厂	劳勃生路62号	内外棉株式会社	—
1921年	东洋纺织一厂	待考	东洋纺织株式会社	—
1921年	东洋纺织二厂	待考	东洋纺织株式会社	—
1921年	东洋纺织三厂	待考	东洋纺织株式会社	—
1921年	裕丰纱厂	杨树浦98号	东洋纺织株式会社	—
1921年	同兴纱厂一厂	戈登路181号	同兴纺织株式会社	—
1921年	同兴纱厂二厂	杨树浦路90号	同兴纺织株式会社	—
1921年	丰田纱厂一厂	极司菲尔路200号	丰田纺织株式会社	—
1921年	丰田纱厂二厂	待考	丰田纺织株式会社	—
1922年	内外棉十四厂	劳勃生路62号	内外棉株式会社	—
1922年	内外棉十五厂	戈登路46号	内外棉株式会社	—
1922年	大康纱厂一厂	腾越路2号	大日本纺织株式会社	—
1923年	大康纱厂二厂	腾越路2号	大日本纺织株式会社	—
1924年	日华喜和纱厂	劳勃生路76号	日华纺织株式会社	收买华商宝成纱厂
1924年	日华纱厂八厂	吴淞蕴藻浜	日华纺织株式会社	收买华商华丰纱厂
1925年	公大纱厂二厂	杨树浦路40号	钟渊纺织株式会社	收买英商老公茂纱厂

（资料来源：根据唐振常《上海史》整理，1989）

1916年，美国花旗银行在上海外滩开张，此后，各大金融势力包括美丰银行、运通银行等，相继于1921年前后落户上海。这些美国金融资本在上海的推进，让美国的工业资本也开始迅速在上海扩展。美国在上海的工业投资，侧重在电气能源等新兴工业部门。根据金融财团在上海进行资本扩张的数据统计，1916—1925年，美国资本在上海开办工厂大约10家，其中就包括后来影响较大的沙利文食品厂。美国还兴建了上海电力公司（图2-3-5），垄断了上海电力市场，成为外商在华资力最雄厚的外商独资企业，即今杨树浦发电厂。

图2-3-5　美商上海电力公司在黄浦江畔的工厂及其竖起的醒目招牌
（资料来源：上海市档案馆）

德国在上海的工业资本势力的发展，如英国一样以一战为临界点：战前德国在上海的工业资本势力发展迅速，然而一战后大都撤出了上海，只有建厂初期的部分工业投资保存了下来。

当1920年代上海经济飞速增长时，恰好遇上1929—1933年的世界经济危机，中国在这次金融灾难中受的影响远比欧美等国家要小。而后，欧美等国开始向中国源源不断地大量倾销各类建材，这期间又有外资以在上海设厂的形式掠夺原料和倾销商品，或者进行较大规模的工厂扩建及固定资产投资。如英商上海自来水公司（杨树浦水厂）不断扩建，1920年代占地面积已较建厂初期增加3倍，各类建筑面积达到11 000多平方米①。

进入1930年代，先后爆发的"九一八事变"（1931年）和"一·二八"淞沪抗战（1932年）导致口国国内社会动荡不安，整个东南市场大受影响。此时，尽管社会政治混乱，经济恐慌，工商业不景气，但上海建筑业仍呈现出"蓬勃向荣、蒸蒸向上的气象"②，大量涌入的劳动力使当时以劳动密集型工业为基础的上海经济得以维持。到1936年，上海全市的工厂总数达到5 525家，突破历史上工厂数量的纪录。

2.3.2　民族工业的快速扩展

2.3.2.1　甲午战争至一战前民族工业的不断发展

甲午战争中国的战败及《马关条约》的签订，宣告了"洋务运动"的失败；但洋务运动将西方的先进技术、制度和思想引入中国，促进了中国工业化向前推进。

这一时期，官僚资本工业在军事和民用两方面都有所发展。在军事工业方面，像江南制造总

---

① 黄琪. 上海近代工业建筑保护和再利用［D］. 上海：同济大学，2007.
② 海声. 新年对新建筑之展望［M］. 申报，1934//赖德霖. 中国近代建筑史研究［M］. 北京：清华大学出版社，2007.

局这样的工业依然存在，并有所扩建。及至1906年，时任两江总督周馥奏请将船坞与制造局分开，改名为"江南船坞"；1912年，再次改名为"江南造船所"，从此船坞与制造总局完全脱离联系。1912—1921年，江南造船所共造船240艘。当时的美孚火油公司分公司、亚细亚火油分公司以及其他著名的外商在华企业，都曾向江南造船所订购船只。

在民用工业方面，辛亥革命以后，原清政府所办的民用工业大多被北洋政府接收并成为军阀时期的官僚资本。在上海的主要代表是华盛纺织总厂，其前身是毁于1893年的上海机器织布局，后李鸿章派盛宣怀在其原址设立一个官督商办的机器棉纺织厂，最终该厂成为盛宣怀的私有财产。辛亥革命后，盛宣怀怕该厂被查封，几经改名，最后出售给申新纺织公司，改建为申新九厂。

此时的民营工业也得到了一定的发展，民族资产阶级作为一个新兴的阶级，开始登上中国历史舞台。

中国民族工业的创办有两次高潮：

第一次是甲午战争的惨败，导致国人对于洋务派推行的"官办"和"官督商办"政策非常不满，于是清政府不得不对商办工业控制有所放松。1903年，清政府宣布设立"商部"，推崇商业发展，一定程度上刺激了全国工业的发展。从甲午战争到民国初年，西方社会对华人的歧视事件频发，造成中国国内抵制洋货运动愈发激烈，如：1905年由于美国禁止华工入境，中国国内爆发了抵制美货运动；1908年，因日本的"二辰丸"号走私军火事件，又爆发了一次抵制日货运动。社会舆论愈发提倡实业兴国，社会团体的建立和相关杂志的创办，为兴办民族工厂提供了有利的舆论环境。于是，甲午战争前就已萌发的民族资本，迎来了第一个工业设厂小高潮（表2-3-3）。

表2-3-3　1872—1913年中国近代民族工业企业创办人或主要投资人身份统计表

行业名称		棉纺工业	面粉工业	七种工业*	轮船航运	工业
时期/年		1890—1913	1895—1913	1872—1913	1872—1913	1872—1913
企业数量/家		25	28	80	12	145
创办人或主要投资人类别人数/人	地主和官僚	26	11	67	9	113
	买办	10	15	21	4	50
	商人	5	15	15	2	37
	华侨	—	2	—	—	2
	共计	41	43	103	15	202
各种身份人员占总人数比例/%	地主和官僚	63.4	25.6	65	60	55.9
	买办	24.4	34.9	20.4	26.7	24.8
	商人	12.2	34.9	14.6	13.3	18.3
	华侨	—	4.5	—	—	1

（资料来源：旧中国的资本主义生产关系编写组，《旧中国的资本主义生产关系》，1977）
*注："七种工业"指缫丝、毛纺、卷烟、水泥、榨油、水电、煤矿工业。

第二次是辛亥革命成功后，中华民国的成立让彼时常年战乱的中国出现了一个相对稳定的政治环境，为上海民族工业的发展提供了较为适宜的社会基础。与此同时，上海自1843年开埠后，经过几十年的发展，原料、劳动力、资金、市场已经形成一定气候，也为上海民族工业的全面崛起提供了硬件基础。此外，上海在辛亥革命后开始地方自治活动（非租界地区），包括拆除城墙、修筑环城马路、闸北开始大规模筑路造桥等，大大改善了上海的工业环境。相对有利的政治环境为上海民族工业的发展提供了良好的条件，较短时期内，民族面粉工业崛起，缫丝工业持续发展，棉纺织工业稳步发展，相关加工业开始出现，上海工业产业结构趋向完善，民族资本工业迎来第二次建设高潮（表2-3-4）。

从该表可以看出，中国民族资本工业在甲午战争前后发展的程度有所不同，对于战前就已存在的缫丝业、棉纺工业、火柴工业这类工业，其发展速度相对较低；而战后出现的面粉工业、电力工业等行业，发展速度则很快。不过从投资规模来看，仍然以缫丝业、棉纺等工业类型为主。由于前期上海民族资本纱厂和外资纱厂曾在1896—1899年突然大增，而市场扩大有限，导致产品大量滞销，所以在1900—1904年间，上海没有新增一家纱厂。而1896—1910年设立的19家纱厂中，位于上海的只有5家，其中3家是中外合办，不是纯粹的民族资本。在1905—1913年的统计里，全国范围内新增中外纱厂14家，其中上海新增7家。这表明，这时期新增的棉纺工厂已经不限于上海一地，而开始逐渐向内地城市发展。缫丝业也有这样的发展趋势，此时广东顺德缫丝厂的数目，甚至超出上海一倍多（表2-3-5）。

表2-3-4 1894—1913年上海民族工业发展概况

项目		1894年	1895—1913年增加额	1913年	平均年增长率/%
工矿业	工业资本额/万元	754.1	10 517 7	11 271.8	15.3
	矿业资本额/万元	391.6	1 257.5	1 649.1	7.9
	工矿业资本额/万元	1 145.7	11 775.2	12 920.9	13.6
棉纺织业	资本额/万元	67.1	1 018.5	1 085.6	15.8
	纱机/锭	170 338	339 226	509 564	5.9
缫丝业	资本额/万元	520.8	1 133.3	1 654.1	6.3
	白厂丝出口额/担	27 056（1895）	39 025	66 081	5.1
面粉业	资本额/万元	47.2（1900年）	884.7	931.9	25.8
	日生产能力/包	3 000（1900年）	72 815	75 815	28.2
火柴业	资本额/万元	58.1	302.4	360.5	10.1
水电业	资本额/万元	197.2（1903年）	2 522.8	2 720.0	30.0
	发电容量/千瓦	300	11 713	12 013	50.7

（资料来源：根据许涤新、吴承明《中国资本主义发展史·第2卷 旧民主主义革命时期的中国资本主义》整理）

表2-3-5 甲午战争后我国各地新设缫丝工厂情况统计表

地区	厂数		资本金额		平均每厂资本额（千元）
	实数（家）	占比（%）	实数（千元）	占比（%）	
上海	21	21.6	7 247	62.6	345.1
广东顺德	51	52.6	1 209	10.4	23.7
江苏	15	15.5	2 050	17.7	136.7
浙江	4	4.1	840	7.2	210
其他	6	6.2	238	2.1	39.7
共计	97	100	11 584	100	119.4

（资料来源：汪敬虞，《中国近代工业史资料》，1957）

对于面粉工业而言，由于进口面粉逐步打开了中国内地市场，使得传统粉坊受到打击，也扩大了机制面粉的销路。1896—1912年间，全国范围内新设立面粉厂47家。甲午战争以后，以长江流域和东三省的机制面粉工业发展最为迅速；而长江流域的面粉工业，以上海为主要中心。不过，虽然这个时期上海民族资本的面粉工业发展较快，但其设立的面粉厂一般规模都比较小。以下为上海地域内1896—1926年设立的面粉工厂（表2-3-6）。

表2-3-6 1896—1926年上海设立的面粉工业

公司名称	性质	设立年	资本（元）	每日制粉数（包）
三井制粉	日商	1896年	300 000	2 500
阜丰面粉公司	华商	1898年	1 000 000	6 000
华新面粉公司	华商	1902年	—	4 800
裕丰面粉公司	华商	1904年	200 000	2 000
立达面粉厂	华商	1909年	200 000	3 000
申大面粉公司	华商	1910年	200 000	4 000
福新第一面粉厂	华商	1913年	500 000	4 800
立成面粉公司	华商	1913年	50 000	1 000
福新第四面粉厂	华商	1913年	200 000	6 000
华丰面粉公司	华商	1913年	300 000	3 500
福新第二面粉厂	华商	1914年	900 000	12 500
长丰面粉公司	华商	1916年	400 000	2 500
福新第六面粉厂	华商	1917年	400 000	3 800
中华面粉厂	华商	1918年	100 000	2 000

续表

公司名称	性质	设立年	资本（元）	每日制粉数（包）
元丰面粉厂	华商	1918年	300 000	1 500
福新第八面粉厂	华商	1919年	800 000	14 500
福新第七面粉厂	华商	1920年	2 500 000	14 000
祥新面粉公司	华商	1921年	500 000	2 500
信大面粉公司	华商	1924年	500 000	3 000
福新第三面粉厂	华商	1926年	300 000	6 000
裕通面粉公司	华商	1926年	—	60 000

（资料来源：陈真，《中国近代工业史资料》（第四辑），1961）

民族资本经营的重工业，则主要包括电力工业、机器制造业等。中国民族资本创立的电力工业起步较晚，及至1908年才出现由民族资本兴办的上海闸北水电公司。此时全国范围内中国自己创办的电力公司，都只能供给城市照明之用，以代旧的煤油灯，却很难为工业生产提供动力。

机器制造业是随着民族资本经营的内河航运业的兴起而扩展的，民族资本机器制造业最早的一家大厂，是朱志尧等人于1902年在上海创办的求新机器制造轮船厂（图2-3-6），该厂占地70亩，1907年开始造船，其代表产品为大通轮船公司的"大新轮船"。截至1910年，该厂共造船20余艘。此外，缫丝机器制造业也随着民族资本缫丝工业的发展而迅速扩大规模。纺织工业的建立、轧花机的仿制、碾米机等加工机器的试制成功，为民族机器制造业销路的打开创造了条件。1896—1926年上海机器制造业工厂分类统计表见表2-3-7。

不过总体而言，上海这一时期的民族资本制造业基础较为薄弱。1895—1913年，上海的民族资本机器制造业共增设86家机器制造厂，加上之前设立的12家，减去停业的7家，到1913年一共实存91家，然而其创设资本仅为当时外资船厂资本的1/60。

表2-3-7 1896—1926年上海机器制造业工厂分类统计表

类　别	工厂数
船舶制造业专业	19个
轧花机器制造专业	16个
缫丝机制造专业	8个
纺织针织机修配专业	8个
机器安装及公用事业机器修配专业	5个
印刷机及其他机器制造	35个

图2-3-6 求新机器制造轮船厂旧址
（资料来源：黄浦区档案馆）

2.3.2.2 一战爆发后上海民族工业发展的黄金时期

第一次世界大战爆发后，一方面，欧洲的英、法、德等国由于战乱无暇东顾，放松了在远东的经济竞争，被迫减少了对中国的经济侵略和商品输出。据统计，"大战期间，外国商品对华的进口数量，仅相当于1913年的70%多一点，1918年曾低至66.1%"[1]。外国商品对华进口数量的骤减，大大益于中国民族资本工业在国内的崛起和发展。另一方面，辛亥革命后，国内出现军阀混战的局面，各地税收财政混乱，地方富商、军阀、官僚为防止资金流失，将部分资金投入工业生产，一定程度上为工业的发展提供了资金支持。此外，1915年日本提出丧权辱国的"二十一条"，激起大规模的抵制日货运动，1919年又爆发"五四运动"，这期间上海的商人实行罢市等抵制日货运动。这些爱国活动的展开，让这一时期民族主义情绪高涨，国内国货运动盛行，极大促进了民族工业的发展。

1915—1924年是上海民族工业发展的黄金时期，上海逐步由开埠早期的内外贸易中心，开始成为国内最大的制造业中心。这一时期，上海的机制工业品进口减少，出口增长，使得工业持续高增速发展。中国政治局势的变化（辛亥革命利好政策的影响），加上国外战争和经济危机，也让海外华侨将目光投向国内市场；上海作为华侨投资工厂的重点地区，工厂数量迅速扩张，也将先进技术和企业管理方式带回了国内。据统计，第一次世界大战前后，上海华侨资本有44.7%投资于工业[2]。

这一时期，上海的民族资本棉纺工厂数量大幅增加。一方面，因为在第一次世界大战之前，上海甚至全中国范围内的棉纱市场主要被英国进口棉纺织品占领；而受一战影响，欧洲尤其是英国的纺织品再难以大幅度对中国进行倾销。加上这一时期的爱国民族运动促进了国货的盛行，进一步有力抵制了西方尤其是日本对华的纺织品倾销。另一方面，中国调整了进口棉纱关税策略，中国棉纱进口量开始大幅度减少，这为民族纺织厂带来了极大的获利空间，刺激了民族资本开设棉纺织厂的积极性。

面粉工业方面，当时一直依赖欧美先进国家输入的中国面粉工业，由于西方资本输入的减少，民族业开始设厂自给自足，并将产品运输至交战国。据统计，从1915年至1920年，中国面粉输出连续增加，面粉输出贸易激增。民族工业面粉厂如雨后春笋般设立（表2-3-8），典型代表如荣宗敬、荣德生兄弟在1914年设立的福新面粉二厂（图2-3-7），1920年代先后租办上海的长丰面粉厂、裕通面粉厂、祥新面粉厂、信大面粉厂以及无锡的泰隆面粉厂从而形成阜丰系统的阜丰面粉厂（图2-3-8），它们在当时都是很有影响力的面粉工业。福新面粉厂至今依然是上海工业遗产中最为重要的代表之一。

---

[1] 祝慈寿. 中国近代工业史［M］. 重庆：重庆出版社，1989：447.
[2] 林金枝. 近代华侨投资国内企业史研究［M］. 福州：福建人民出版社，1983：101.

表2-3-8　1900—1930年代上海面粉工业资本与设备概况

年份	资本类型	厂数（间）	资本额（万元）	钢磨数（部）	面粉年生产能力（万包）	面粉年产量（万包）	年产值（万元）
1901年	民族资本	1	41.7	16	75	62.5	210.6
	外国资本	1	21	7	24	20	67.4
	合计	2	62.7	23	99	82.5	278
1912年	民族资本	8	214.5	101	621	414	1 395.2
	外国资本	1	21	12	60	40	134.8
	合计	9	235.5	113	681	454	1 530
1920年	民族资本	17	541.1	244	1 887	1 573	5 301
	外国资本	1	30	12	75	62.5	210.6
	合计	18	571.1	256	1 952	1 635.5	5 511.6
1926年	民族资本	19	785.3	432	3 375	2 298	7 744.3
1933年	民族资本	15	854.2	454	3 588	3 370	11 356.9
1936年	民族资本	13	1 096	438	3 033	2 045	6 891.7

（资料来源：徐新吾、黄汉民，《上海近代工业史》，1998）

图2-3-7　福新面粉二厂车间大楼
（资料来源：上海市档案馆）

图2-3-8　阜丰面粉厂沿苏州河岸立面
（资料来源：上海图书馆）

火柴工业也在世界形势的影响下，开始出现进口销量猛减的局面，上海民族资本经营的火柴工业得到迅速发展（图2-3-9、图2-3-10）。1911年，宁波人邵尔康集资5万元，开办上海荧昌火柴公司，至1915年增设荧昌火柴二厂。及至1919年，在全国抵制日货爱国行为的刺激下，上海燮昌、荧昌和杭州光华火柴厂合资在上海开设华昌火柴梗片厂。1930年，"火柴大王"刘鸿生将其所经营的荧昌、鸿生、中华这三家火柴公司合并，成立了当时中国最大的大中华火柴公司。此外，上海的中华铁工厂制成了排梗机、单贴机等制造火柴的机件。这一时期上海火柴工业资本和产量、产值统计如表2-3-9所示。

机器工业的发展与一般的工业有所区别，第

图2-3-9 当时上海各火柴公司标识

图2-3-10 创建于1923年的日商遂生火柴厂（后发展为上海火柴厂，现已被改造利用为商标火花收藏馆）

表2-3-9 1890—1930年代上海火柴工业资本和产量、产值统计表

年份		1895年	1911年	1925年	1927年	1933年	1936年
厂数（间）	民族资本	1	2	5	5	5	5
	外国资本	1	—	1	1	1	1
	合计	2	2	6	6	6	6
资本额（万元）	民族资本	6.9	33.9	104.6	92.6	244.7	244.7
	外国资本	6.9	—	30	30	165	165
	合计	13.8	33.9	134.6	122.6	409.7	409.7
火柴产量（箱）	民族资本	6 000	18 000	79 984	82 384	73 500	121 277
	外国资本	6 000	—	15 000	15 000	43 627	20 881
	合计	12 000	18 000	94 984	97 384	117 127	142 158
火柴产值（万元）	民族资本	30.1	90.4	401.5	413.6	369	608.8
	外国资本	30.1	—	75.3	75.3	219	104.8
	合计	60.2	90.4	476.8	488.9	588	713.6

（资料来源：徐新吾、黄汉民，《上海近代工业史》，1998）

一次世界大战期间,上海各个工业的发展都取得一定的进展,唯有机器工业未见即时兴起。这是由于当时国内机器工厂资金较少、经验不足,加上国内民族企业家对于国内的机器并无信心,导致当时上海乃至全国范围内的机器大多从国外购入。这期间,上海机器厂的发展几乎停滞,到1915—1916年,上海才开始有新机器厂出现,1925—1926年,设立新厂的幅度最大(表2-3-10)。

上海民族工业的发展,使得上海的工业类型迅速拓展,近代上海的工业门类日趋完善(表2-3-11)。根据龚骏对这一时期上海"各业创设之沿革"的统计:"上海民族工业在1915年到1925年间,新开辟的行业有:丝织、油漆、调味、油墨、水泥、牙刷、搪瓷等七种。"[1]民族工业的发展,也让上海涌现出一批具有时代特色的企业家和民族企业,甚至催生出了一些新的生产技术。

表2-3-10 1910—1930年代上海机器工业资本与产值概况

	年份	1911年	1925年	1931年	1933年	1936年
厂数（间）	民族资本	70	284	457	494	570
	官僚资本	1	1	1	1	1
	外国资本	3	8	14	15	19
	合计	74	293	472	510	590
资本额（万元）	民族资本	71.8	233.3	317.4	548.6	519.1
	官僚资本	—	—	—	—	—
	外国资本	838.9	1 057.7	1 916.7	2 000	2 500
	合计	910.7	1291	2 234.1	2 548.6	3 019.1
产值（万元）	民族资本	90.6	347	1 000	830	750
	官僚资本	114.2	367	428.7	559.7	500
	外国资本	140	600	812	801.2	801.2
	合计	344.8	1 314	2 240.7	2 190.9	2 051.2

(资料来源:徐新吾、黄汉民,《上海近代工业史》,1998)

表2-3-11 1921年上海工厂类型略考

类别	数量/个	类别	数量/个	类别	数量/个
纱厂	46	面粉厂	16	榨油厂	6
布厂	7	碾米厂	41	木厂	2家大厂及数家小厂
烟草厂	3家大厂及数家小厂	蛋厂	1家大厂及多家小厂	罐头厂	8

---

[1] 龚骏. 中国都市工业化程度之统计分析[M]. 北京:商务印书馆,1993:29-32.

续表

类别	数量/个	类别	数量/个	类别	数量/个
汽水厂	4	酿酒厂	1	造船厂	5
煤气厂	1	污水厂	1	油墨厂	1
化妆品厂	2	制面厂	1	玻璃厂	2
纸厂	6	印刷厂	6	猪油厂	1
肥皂厂	1家大厂及数家小厂	化学厂	1	皮革厂	3
自来水厂	4	电气厂	5	油漆厂	1
铅笔厂	1	电泡厂	1	火柴厂	2

（资料来源：商务部，"第一批中华老字号名录"，2006年10月8日）

在上海民族工业迅速发展的黄金时期，仍然需要认识到，虽然受到一战的影响，英、法、德等欧洲国家无暇东顾，但这一时期上海的日资和美资工厂却迅速扩张和壮大起来，并且在部分领域形成垄断的趋势。前文提到，日本迅速占领上海棉纺织业的主导地位（八大系）并开始兼并华资、英资工厂，而美国侧重在电力、能源及新型工业上垄断了上海的电力产业。

2.3.2.3 "五卅"运动后民族工业的进一步发展

1925年，上海爆发"五卅"运动，之后至1930年代，上海的民族工业得到进一步的发展和完善，这是上海近代民族工业走向成熟的时期。国际方面，世界经济在1920年代末出现经济大萧条，银价下跌，但这样的局面却促进了银本位国家中国的经济发展。1928年北伐（国民大革命）基本完成，国民政府颁布相关措施，如币制改革、设实业部（1928年改组为工商部）、1929年确定关税自主权、1929年颁布《工业法》等，对民族工业发展有较大的利好作用。上海作为中国重要的贸易口岸，其政治环境从全国来看更为稳定，为工业发展创造了较为良好的条件。此外，在"五卅"运动影响下，全国爱国抵制日货运动如火如荼地开展，为上海民族工业发展提供了舆论支持。

这一时期上海的民族工业，在原有民族资本集团的基础上有所发展；与此同时，新技术、新型工业涌现，名牌产品出现，日用百货工业蓬勃发展，民族资本工业类型逐渐趋向多元化（图2-3-11）。根据1928年上海特别市工厂分布情况可以看到，这些工厂在苏州河沿线、黄浦江沿线地区均有较为密集的分布（图2-3-12）。当然，大部分的民族工业仍以轻工业为主，资本来源以帝国主义资本和买办资本为主；总体上，外资企业和中外合资企业在资金的投入上要大于纯粹的民族工业。

上海作为工业中心的地位在这一时期得到明显的体现，当时全国范围内总的工业发展水平依然相对脆弱，但其中主要的近代工业都集中在上海。据1932—1937年全国工厂登记的数据，当时上海的工厂达1 235家，占全国工厂总数的31.39%。1936年是上海近代工业年产总量最高的一年，上海全市的工厂总数达到5 525家，突破历史工厂数的纪录（图2-3-13）。美国学者罗兹·莫菲在《上海：现代中国的钥匙》一书中，从外贸和工业关系的角度出发，将这一时期（1930年代）的上海描述成"由中国经济体制商业化的首要中心，发展成为中国经济体制工业化的首要中心"。

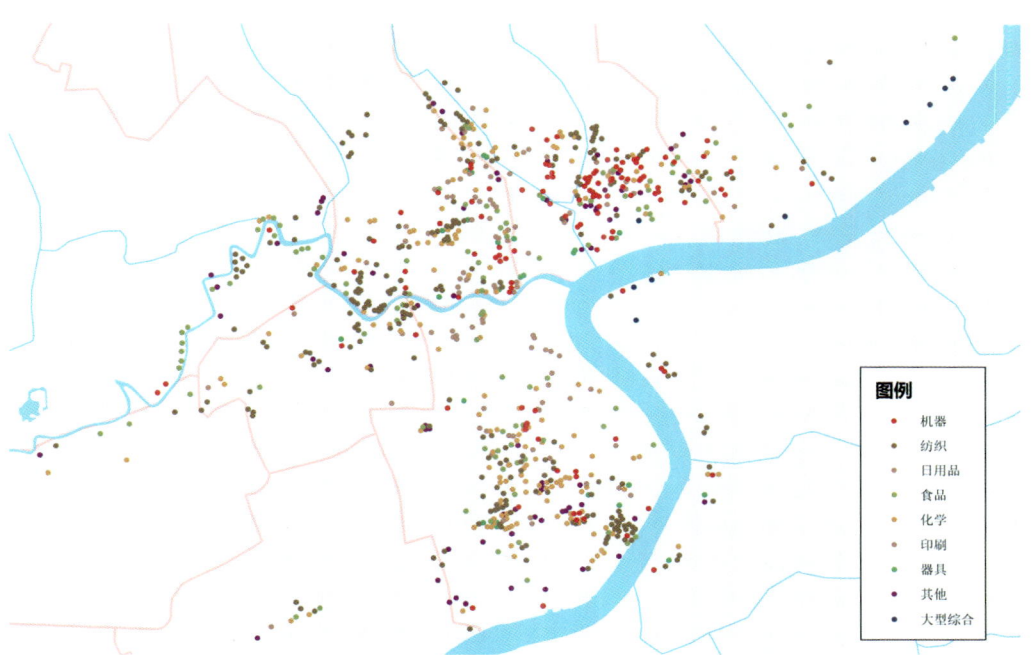

图2-3-11 1928年上海特别市各类型工厂（民族资本）分布情况图
（资料来源：根据《1928年上海特别市工厂分布地图》重新绘制）

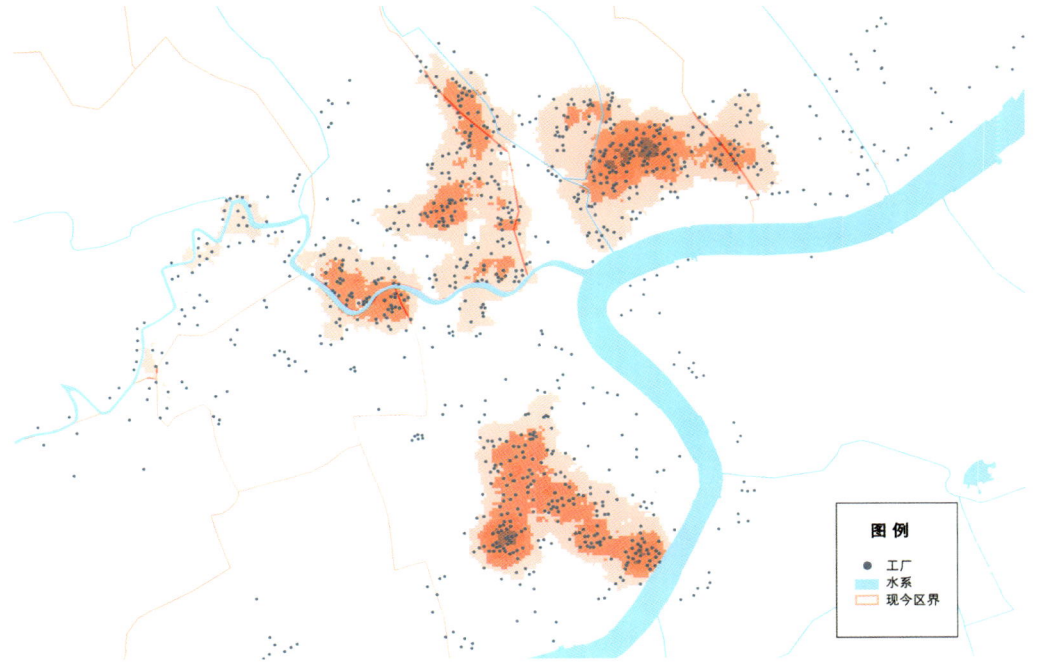

图2-3-12 1928年上海工厂分布密度图
（资料来源：根据《1928年上海特别市工厂分布地图》重新绘制）

中国工业遗产史录　上海卷

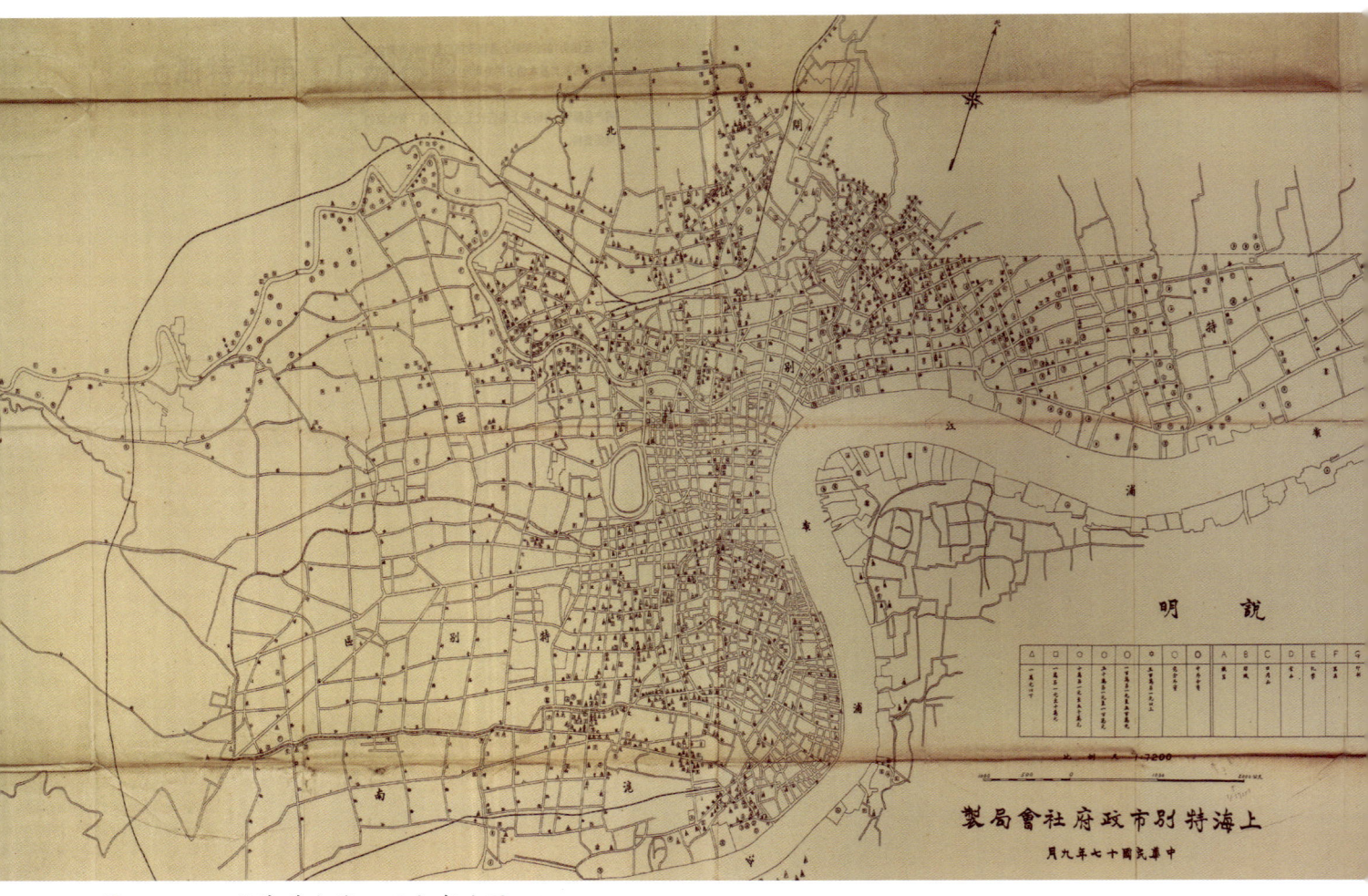

图2-3-13　抗战前上海工厂分布地图
（资料来源：孙逊、钟翀，《上海城市地图集成》，2017）

　　但是，随着欧洲战争和经济危机的结束，以及1933年美国白银政策的推出，西方资本对上海工业的控制依旧。日本通过"九一八事变"直接造成了东北地区的沦陷，让上海民族工业失去了重要的原料来源，民族工业产值和销售量受到严重影响[1]；"一·二八"淞沪会战，日本对当时地处华界的闸北、虹口等地区实行狂轰滥炸，导致上海的民族工业受到重创，大批工厂被迫关闭；美国通过上海电力公司，完成了对上海基础电力事业的垄断；英国也从战乱背景下恢复元气，继续加大在上海的投资。同时，从1930年代开始，国内的战乱局面也对货物商品的流通产生影响。

---

[1] 上海市粮食局等. 中国近代面粉工业史[M]. 北京：中华书局，1987：141.

2.4 上海近代工业发展的艰难期（1937—1949年）

从抗战结束到新中国成立这段时间，上海工业处于艰难发展时期。

1937年全面抗日战争爆发，中国整个工业都受到前所未有的重创，一些沿海和沿江的工业损坏尤其严重。1937年8月13日，日军向上海发起进攻，至11月11日，上海除租界以外的地区全部沦陷。战争中，上海5 000多家工厂有2 000多家全部被毁，2 000多家受到不同程度的破坏，上海的工业发展全面停滞。

淞沪会战三个月后，上海部分没被破坏和没有内迁的工厂，在外资的庇护下开始投入生产。特殊环境加上当时外货进口渠道的断绝，使得上海工业在1941年太平洋战争爆发前夕，经历了非常规、相对快速的发展时期，甚至一度有超过战前水平的工业鼎盛时期，不过这也仅是昙花一现。

抗战胜利至上海解放前，上海工业企业中基本形成了国家垄断资本，工业发展已经达到了一定规模，但尚未形成完善的系统，且存在一系列发展失调现象。

2.4.1 "孤岛时期"上海工业的畸形繁荣

从1937年到1941年太平洋战争爆发前，日占区的华资工厂几乎全被日本攫取，"以战养战"政策下上海日资工厂在数量、产量、产值上全面增加。日本对上海工厂的攫取方式主要包括"军管""中日合办""租赁"和"收买"四种。国民政府为保存实力，将上海原有非租界地区的工厂大举内迁，这是上海近代第一次大规模支援大后方的工业建设事业。

而租界地区（苏州河以南地区），由于租界政治"苟安"成为"庇护地"，且欧洲正经历第二次世界大战，产品输入减少，东南亚地区产品需求增加，导致了战时商品需求及价格大幅度上涨；加之特殊时期劳动力过剩造成劳动力价格低廉，致使工业生产利润极高；因此，上海的民族资本家乘机开办各种工业，工厂设备及工业产量激增，民族工业出现了"孤岛时期"的畸形繁荣（表2-4-1）。据统计，上海在1940年及1941年的进出口贸易数额均打破了历年纪录，输入的贸易数额比1936年增加了5～6倍，输出的贸易数额也增加了3～5倍[①]。

表2-4-1 战时上海工业生产指数统计表

行业	1936年	1937年	1938年	1939年	1940年	1941年
棉纺行业	100	69.8	81.7	104.5	99	63.3
缫丝织业	100	72.6	95.4	116.8	104.2	97.3
面粉工业	100	77.5	72.5	112.1	49	22.3
毛纺织业	100	89.1	59.5	164.8	173.1	149.5
橡胶工业	100	65.9	29.3	42.1	45.9	50.9
染料及木业	100	81.9	73	213.9	231.9	196
机器工业	100	99.6	56	121.1	153.9	123
造纸工业	100	115.6	147	242.5	380.5	390

（资料来源：朱斯煌，《民国经济史》，2016）

[①] 朱斯煌. 民国经济史[M]. 郑州：河南人民出版社，2016：774.

其中，1939到1940年为上海战时工业最发达的阶段。根据1940年上海公共租界工部局的调查报告，1936年上海公共租界内有工厂1 305家，而到1940年增加了近400家（表2-4-2）。

表2-4-2　1940年上海公共租界内各类工厂情况统计表

单位：家

行业	工厂总数	工人百人以上工厂数量	华商工厂数量	日商工厂数量	英美商工厂数量	其他工厂数量
棉纺织业	49	49	12	25	10	2
印染工业	96	27	82	9	3	2
杂纺工业	159	23	155	2	2	0
毛纺工业	21	6	15	2	4	0
丝织工业	269	20	267	2	0	0
造纸工业	18	18	12	2	2	2
机器工业	280	14	240	23	10	7
冶炼工业	44	0	44	0	0	0
电器工业	54	8	48	1	4	1
金属工业	101	5	93	2	4	2
五金工业	15	1	15	0	0	0
面粉工业	6	4	5	0	1	0
蛋品工业	33	3	2	1	5	0
卷烟工业	28	15	17	7	4	0
火柴工业	1	1	1	0	0	0
橡胶工业	16	9	12	3	0	1
肥皂工业	7	2	2	4	1	0
皮革工业	7	2	5	1	1	0
纸制工业	30	2	23	4	1	2
化学工业	35	10	23	2	7	3
木材工业	12	5	7	2	3	0
印刷工业	182	19	157	7	16	2
公用事业	13	9	0	0	13	0
其他工业	198	22	152	10	25	11
总计	1 674	274	1 389	109	116	35

（资料来源：朱斯煌，《民国经济史》，2016）

这一时期的上海工业以造纸业尤为繁荣，其次为燃料、棉纺织业等。由于战前的洋纸来源被断绝，加上需求的不断攀升，上海新的造纸厂如雨后春笋般兴起，最兴盛时全市约有30多家造纸厂。

面粉工业的发展相对稳定，据统计，在太平洋战争发生以前，华商面粉厂有8家，日商在华的面粉厂有7家。不过后来随着太平洋战争的开始，面粉工厂完全由日军管治，这时候虽有部分面粉厂投入生产，但大部分的面粉都被日军用以补给军用，市场供售寥寥无几。当时在上海郊区附近，小型面粉厂开始兴起，大型面粉厂几乎绝迹。

缫丝业则在当时已被日军掠夺，被破坏摧残得最为明显。当时日本华中蚕丝公司的茧行，在上海属于垄断性的存在。"抗战初期（笔者注：指1937年全面抗战后），上海有小型丝厂14家，到1941年则仅剩3家，月产生丝仅180担。至同年6月完全停工，而处于溃灭状态"[①]。

化学工业方面，随着吴蕴初于1930年建成的我国第一家生产盐酸、烧碱和漂白粉等基本化工原料的氯碱天原电化厂，还有建于1933年的中孚染料厂（图2-4-1至图2-4-3）、建于1934年的天利氮气制品厂等化工业厂陆续被毁或者被日商占领后，上海境内重要的化学工业基本归零。由于当时外来工业原料几乎被断绝，于是华商开始积极寻找出路，到1941年，上海华商经营的小规模电解厂已达20余家；然而因设备简陋，大部分化工厂属于投机型工业，并没有对上海的化学工业产生实质性的推动作用。

"孤岛时期"上海租界地区工业的繁荣实际上是在特殊的战争背景下，由于上海租界的特殊身份的作用而得以苟且发展的结果；此时国内除

图2-4-1　中孚染料厂厂区大门旧照
（资料来源：上海市文物管理委员会，《上海工业遗产实录》，2019）

图2-4-2　中孚染料厂闵行厂旧址保存现状

[①] 朱斯煌. 民国经济史［M］. 郑州：河南人民出版社，2016：478.

图2-4-3　中孚染料厂闵行厂旧址保存现状

上海以外的其他地区均处于生产停滞状态。这一时期的发展对上海工业的结构完整和良性发展并没有起到积极作用，反而成为资本家囤积资本的手段，造成战争后期大量工业资本转做投机囤积局面的发生。

2.4.2　太平洋战争爆发后至抗战胜利前的工业衰微

1941年12月8日太平洋战争爆发，上海全面沦陷，"孤岛"局面不再。日本加大对上海工厂的占领，一切与美商、英商合资甚至以外商为掩护的民族工业都被日军所没收和垄断，连上海对内地的产品输出也被日军封锁；最终导致上海与欧美贸易中断，生产萎缩，工业基本陷于瘫痪，工业生产与1936年的相比只剩不到1/4。该时期的工业生产量可以用工业用电量的数字来推测（表2-4-3），表中的数据表明了自1941年以后工业生产逐步减弱的状况。据统计，到1943年，上海市民族资本创办的工企业倒闭了约2/3，只剩下约1 145家。

抗战末期，日本由于对外侵略导致其本国国内资源极度困缺，遂将日商在上海境内所控工厂的机器都拆卸了运回日本制造军火。加上当时盟军反攻，上海有遭受炮轰的可能，导致上海人心惶惶，上海华商工厂几乎全部处于停顿状况。

表2-4-3　战时（1931—1943年）上海工业用电量指数统计表

年份	工业用电量指数	年份	工业用电量指数
1936年	100	1940年	105.5
1937年	82.4	1941年	80
1938年	72.5	1942年	50
1939年	102.9	1943年	40

（资料来源：祝慈寿，《中国近代工业史》，1989）

2.4.3　抗战胜利后至上海解放前的工业停滞

抗战胜利后，国民政府接收了在上海的敌伪工业企业，国家垄断资本基本形成，国营事业机构相应形成，其中以中国纺织建设公司（图2-4-4、图2-4-5）、中国蚕丝公司、中国农业机械公司、中国植物油公司最为典型。

国际背景下，战争结束后纱布作为生活必需品的需求增长，加上英、日等国战后生产暂未恢复，以及美国商品和原料的倾销，促成了上海棉

图2-4-4　中国纺织建设公司第五仓库外观现状

图2-4-5　中国纺织建设公司第五仓库内部再利用现状

纺织业以及橡胶、火柴等日用品制造工业的发展。抗日战争胜利后，随着国民党当局政府管制进口与输入限额分配以控制美货倾销以及其他措施的跟进，上海工业整体上得以复苏。

不过，棉纺织业等行业的短暂繁荣，实际上是战乱背景下投机囤积之风的体现。随着后期国共内战的战况持续扩大，国民党当局采取了"八一九"限价政策，导致上海棉纺织业遭受重击，国内恶性通货膨胀，物价飞升，投机囤积风气盛行，上海的工业趋向瘫痪和停滞。

至上海解放前，上海的工业发展虽然已经具备一定规模，但并没有形成一个完善的系统：工业结构不合理，轻重工业比例失调，厂房经营规模小，生产技术落后，设备陈旧，厂房简陋，难以持续经营，这些是上海民族工业在这一时期的发展常态。

纵观上海工业在近代的发展，可以看到其严重依赖国外资本，原料、燃料多从国外进口，关乎工业生产的公共事业则长期被外资行业垄断。在这样的背景下，民族工业虽然有所发展，但与官僚资本和外资工业相比，仍然处于劣势地位。据统计，1949年上海仍在经营的13 647家民营工业中，仅有约3/4能勉强继续维持生存，其余都处于停产状态。

2.5　1949年以后上海工业的全面发展

中华人民共和国成立后，通过多次工业大改组，对上海的工业发展进行了适应性的调整，使上海工业不断趋向全面发展。

一方面，上海的产业结构随着社会发展不断调整：新中国成立后，上海改善轻重工业比例，集中发展重工业产业和高精工业，如设立了上海石化（图2-5-1、图2-5-2），上海宝钢的建立，以及上海第一汽车厂建成投产；改革开放后，上海一二三产业结构进一步优化调整，第三产业增长的同时伴随着工业产值占比的整体下降，尤其是传统纺织轻工业的产值出现整体压缩。

另一方面，上海工业布局不断调整："一五"期间以及后期，上海在空间分布上发展出了新的工业区；在备战备荒的战略背景下，上海为支援大、小三线建设造成工厂整体内迁；改

图2-5-1　1974年1月1日，上海石化打下第一根热电厂电桩

图2-5-2　上海石化现状

革开放后，在市区内环线以内"退二进三"政策的影响下工厂大面积从市区外迁，这也造成了上海中心城区工业遗存的出现。

整体来看，1949年以后上海工业发展是在政策引导下不断全面发展和完善的过程，其发展特点与近代上海工业的发展有较大的不同，因此，遗留下一些独具特色的工业遗产。

2.5.1　新中国成立初期上海工业的恢复与发展

1949年至1952年，是新中国国民经济的恢复时期。

1949年5月27日，上海解放，上海市军管会财政经济委员会对上海的官僚资本企业进行接管，对外商企业进行管理和监督，通过壮大国营经济、扶持有利于国计民生的资本主义工业等一系列措施，基本刹住了上海的工业颓势，并且确立了国营经济在上海经济市场中的领导地位。以轻工业为例，上海解放之初，上海轻工业企业有20 307家，其中大中型企业只有46家，工业职工总数却有53万多人。当时占全市工业总产值

88.2%的轻工业，主要是纺织、面粉、卷烟、造纸、橡胶、皮革、肥皂、火柴8个行业。

在1950—1952年三年经济恢复时期，通过没收官僚资本企业以及依法接管外企等方法，上海市政府整合、接管了众多轻工业工厂，恢复了生产。1951年政务院财经委员会发布《关于统购棉纱的规定》，宣布将上海棉纱生产纳入国家计划，产品完全由国家支配。这使上海境内以棉纱为原料的工业得到切实有效的快速发展[1]。1949年，上海轻工业总产值只有4.7亿元，固定资产只有419万元，有工业企业3 600家，职工4.6万人。经过三年恢复，1952年上海已拥有轻工业职工93 330人[2]。

1953—1957年是中国"第一个五年计划时期"，"一五"期间对国民经济进行了有计划的建设，完成了对生产资料私有制的社会主义改造，近代外资运营的公共事业基本收归国营，部分规模较大的私营工厂先后实行公私合营[3]。然而，上海不是"一五"时期社会主义工业化重点建设的地区，"一五"期间上海工业总产值平均每年增长14.5%，甚至低于全国18%的发展速度。特别是1955年，全国的工业总产值比上年增长5.6%，上海反而下降了2.8%，其中纺织业下降11.1%，轻工业下降1.4%，上海工业总产值在全国中的占比从1952年的19.8%下降至1955年的17.4%[4]。1956年，上海进行第一次工业改组后，上海工业工作部整合了上海大量分散落后的小作坊、小工厂，增加大中型企业数量，初步改变了工业企业分散落后的状况，使得上海境内的工业面貌有了很大的改观[5]。

值得一提的是，1950年代中期，在"以钢为纲"背景下，为了改善上海的工业布局，上海开辟了有重点建设项目落地的多个工业区，包括以化学工业为重点的桃浦、吴泾、高桥3处化学工业基地，以钢铁、化工、玻璃工业为重点的蕰藻浜基地，以机械工业为重点的彭浦工业区，以仪表工业为重点的漕河泾工业区，和以重型机械和电机制造工业为主的闵行工业区，后续又增加了松江、嘉定、长桥、安亭等工业基地（表2-5-1）。

表2-5-1　中华人民共和国成立初期上海新建扩建的工业区统计

名称	工业基地定位
南部的闵行	以重型机械和电机制造工业为主
南部的吴泾，市区北面的桃浦、高桥工业区	以化学工业为主
西南部的松江	轻工业和机床工业为主
西北的嘉定	科研基地
西面的漕河泾	以精密仪表工业为主
南面的长桥	以建筑材料工业为主
背面的彭浦	以大型机械工业为主
西面的安亭	汽车工业基地
东北角的吴淞、蕰藻浜，南部的周家渡	钢铁工业基地

（资料来源：中共上海市委党史研究室，《上海社会主义建设五十年》，1999）

---

[1] 上海市经济委员会. 上海工业四十年：1949—1989 [M]. 北京：生活·读书·新知三联书店，1990：210.
[2] 上海市经济委员会. 上海工业四十年：1949—1989 [M]. 北京：生活·读书·新知三联书店，1990：133.
[3] 上海市经济委员会. 上海工业四十年：1949—1989 [M]. 北京：生活·读书·新知三联书店，1990：222.
[4] 中共上海市委党史研究室. 上海社会主义建设五十年 [M]. 上海：上海人民出版社，1999：159-160.
[5] 中共上海市委党史研究室. 上海社会主义建设五十年 [M]. 上海：上海人民出版社，1999：162.

随着社会主义改造结束，上海工业得到稳定发展。至1957年，上海工业总产值达到15.3亿元，比1952年增长了近1.26倍，平均每年增长17.8%，提前一年完成了第一个"五年计划"。

2.5.2 "大跃进"至改革开放前上海工业的发展

2.5.2.1 "大跃进"时期

1958年5月，党的八届二次会议提出"鼓足干劲，力争上游，多快好省地建设社会主义"总路线，掀起"大跃进"序幕。1958年至1960年三年的"大跃进"时期，是中国第二个"五年计划"的前三年，也是上海第二次工业改组时期。这一时期上海重工业进一步发展，工业发展突出了钢铁生产，重工业在整个工业中的比例显著上升；但由于对城市第三产业发展的必要性以及对轻工业生产的忽视，造成上海工业整体比例失调，经济发展幅度下降。

"大跃进"时期的冒进政策，给上海的工业发展带来巨大的负面影响，出现了生产资源严重浪费、产品质量严重下降、物资消耗上升、亏损严重、工业结构失调、许多工程质量低劣等问题。但不可否认，"以钢为纲"的政策一定程度上促进了上海重工业的发展，许多重要工厂在这一时期得以兴建，也为上海留下了社会主义发展时期的工业遗产。

据统计，在"大跃进"的三年中，上海全民所有制企业基本建设投资总额达到34.28亿元，其中工业基本建设投资达21.79亿元，比上海"一五"期间的总投资增长了2.9倍，其中88%的投资用于建设钢铁、机械等重工业[①]。

2.5.2.2 国民经济调整时期

经历了三年"大跃进"时期后，上海市政府积极地进行了反思。1961年，党的八届九中全会提出将"调整、巩固、充实、提高"作为国民经济建设的指导方针，进入国民经济调整时期，同时，上海进行了第三次工业改组。

受到"大跃进"影响，上海轻工业遭受到较大打击，不少产品出现质量严重下降、出口金额连年下降的现象。最终政府通过对原产品结构和质量的调整，以及新行业的发展规划，最大限度地挽回了轻工业的损失。1962年至1963年，上海对623家工厂实行整顿，约占全市全民所有制工业企业总数的1/5，"关、停、转、并"了多家工厂，对上海国民经济的调整起到了较大作用。

1963年底，中共上海市第三届代表大会进一步提出了把上海建设成为我国先进的工业和科学技术基地的战略目标[②]，相对利好的政策让上海工业发展趋于稳定增长。这一时期，上海重点建设两个重要基地：国家新产品试制重要基地和新技术研究重要基地；同时，上海进一步推进周边地区新型工业区的建立，对上海形成了环绕型布局。

总体来看，国民经济调整时期，上海工业及时调整了前期冒进的指导方针，工业发展趋向稳定增长，重工业得到较为稳定的发展，轻工业也进行了适应性的调整，恢复了活力。以化工业为例，从"大跃进"至"文化大革命"（1958—1966年）前是上海化工大发展时期，上海建立了石油化工、高分子合成材料等新型化工企业。这段时间内完成投资4.16亿元，并在吴泾、高

---

① 中共上海市委党史研究室. 上海社会主义建设五十年［M］. 上海：上海人民出版社，1999：178.
② 黄坚. 1949—1965年毛泽东工业化战略构想的演变及其在上海的实施［J］. 上海党史和党建，2014（2）：23-26.

桥、吴淞、桃浦开辟了4个新的化工区，新建了一批化工企业如高桥化工厂、吴泾化工厂（图2-5-3）等，扩建了原来的天原化工厂和上海炼油厂等企业，迁建了上海硫酸厂、振华造漆厂等企业。1966年，上海化工局已完成工业总产值20亿元，比1957年增长了2.29倍。

2.5.2.3 "备战备荒"时期

1960—1970年代，中苏之间的矛盾和冲突加剧，国际局势逐渐紧张，国家在工业发展的过程中处于备战备荒的状态。这一时期，为响应和支援国家大、小三线建设工作，上海作为彼时全国工业发展水平较高的地区，大量工厂内迁内地省市。

工厂内迁自1964年开始，至1973年搬迁工作才宣告结束。上海自身的"抽血效应"促进了内陆地区工业的发展，但就上海本身而言，内迁阻碍了自身工业的发展，也给20世纪90年代产业结构调整后的民生发展埋下了一定的隐患。

1966年，"文化大革命"运动对上海乃至全国都产生了巨大的打击，上海工业发展整体倒退、停滞，发展规划被打乱，工业技术水平与国际先进水平差距增大，延缓了上海工业现代化的进程。大部分企业的管理规章制度被破坏，产品质量下降；到1976年，全市主要工业产品质量达到历史最高水平的只有39.5%。

不过，备战备荒的状态，依旧让上海的重工

图2-5-3 上海吴泾化工厂现状

业得到了一定的发展。事实上，位于金山卫的上海石化总厂和位于宝山的上海宝钢（图2-5-4）就是在这一时期开始筹备的。

2.5.3 改革开放后上海工业的发展与调整

"文化大革命"结束后，上海进入社会主义现代化建设新阶段。1979年4月，党中央召开工作会议，会上提出了对整个国民经济实行"调整、改革、整顿、提高"的新八字方针。随着1979年至1984年上海第四次工业大改组，上海工业生产建设大幅度调整，加快了消费品生产，调整了重工业服务方向，同时对工业进行改组。

1980年代，由于消费品缺乏造成需求的增长，上海轻工业在这一时期得到恢复发展。1989年，上海制定了关于工业结构调整的新方案，使上海从依靠物质资源投入转向主要依靠技术进步。在这样的背景下，上海的工业发生了重大调整，包括工业格局、产业布局以及所有制形式、管理方式的调整等。

至1990年代，上海工业经过调整逐步稳定发展，1992年底中共上海市第六次代表大会将上海经济发展产业顺序从"二三一"调整为"三二一"。这一战略性调整，让工业在上海经济发展中的地位逐渐下降，上海的产业结构发生重大改变。上海中心城区在"退二进三"政策的影响下，大量的企业关、停、并、转、迁，其中以上海的纺织工业

图2-5-4　上海宝钢现状航拍

调整最为巨大,其被大规模压缩。1998年1月23日,中国第一家棉纺织厂——上海申新九厂,一位工人举锤砸毁纱锭,被认为是全国纺织业国企压锭减员分流第一锤(图2-5-5)。

随着城镇化进程的推进,传统工业不再成为上海经济发展的重点,原本发达的工业体系遗留下了大量的工业遗产,它们原先是容纳工业生产活动以及机器运作的空间,有着较好的结构以及较大的空间,有着更多灵活运用的机会。如何在新的城市发展环境下保留这些工业遗产,使其重新焕发生机,如何对上海这些老旧工厂遗留物进行价值挖掘、改造利用,乃至老旧工业地段的改造更新等,成为上海城市发展新的课题。

图2-5-5 上海申新九厂工人举锤毁纱锭
(资料来源:庆祝中华人民共和国成立七十周年主题图片展)

第 3 章

上海工业遗产的调查与统计分析

上海工业遗产的保存状况，一直处于动态变化的过程中。本书对于上海工业遗产现状的梳理，基于近十几年来作者带领的研究团队针对上海老工业建筑、不可移动文物的普查和实地调研。

从2008年至今，我们的研究团队针对上海工业遗产开展过三次集中性的田野调查以及多次区域性补调和查漏补缺：

第一次集中性的田野调查主要在2008年暑期，是针对浦东地区工业遗产的摸底调查，通过资料查找、人物访谈等方式，筛查走访了浦东地区1978年前兴建并留存的厂房及工业设施约60处，形成了《浦东工业遗产调研文本》。

第二次集中性的田野调查，是在2009—2010年。得益于第三次全国文物普查工作的开展，团队有幸能够依托文物普查工作之便，到上海多处老旧工业厂房及工业设施中进场调研，在此期间获得了大量宝贵的数据资料，并在调研基础上出版了《上海工业遗产新探》一书，该书至今依旧是上海工业遗产研究中的重要资料。

第三次集中田野调查时间为2016—2018年，是在前两次工业遗产调研的基础上，对上海工业遗产进行的再一次摸底复查。这次复查，整合了团队自2008年以来的工业遗产调查资料和其他文献资料，形成工业遗产初步复查名单400余处；通过历时一年多的现场调查，筛除了已拆除或灭失的工业遗产，利用GIS软件辅助信息的整理，最终形成311处工业遗产名单。

除上述三次集中的工业遗产调查外，在这十多年中，也陆续对上海局部地区的工业遗产进行了小规模的补查和复核，每一次调查工作，都严格执行了文献梳理、现场记录、表格填写、资料整合这一标准流程；针对部分典型工业遗产，还进行了详细的测绘和病害调查工作。此外，团队也在遗产普查之外承担了一些工业建筑遗产的修缮改造工作。

在我们开展工业遗产调研、保护工作的这十多年间，上海加快了城市更新的进度，这座具有厚重工业文化底蕴的城市正经历着快速的发展和更迭，使得我们调查过的许多工业遗产在这十年间发生了较大的改变：在2008年调查中闲置的厂房空间，到了2018年或是现在，可能已经成为城市中的网红打卡景点；十年前作为城市老工业建筑典型改造案例的创意产业园，如今可能正经历再一次的更新换代和功能转换。

这十多年来，我们研究团队的调查工具也进行了升级，调研方法也不断优化，团队成员也愈加积累了工作经验，所获得的调查资料也在不断更新，最终达成了对上海工业遗产现状相对完整的梳理和总结。

工业遗产的现状与文化产业的发展、城市形态的升级、功能的活化与创新等多方面都有着千丝万缕的联系，我们也在这十多年的时间跨度中，看到了上海这座城市工业遗产保存状况的变迁、管理措施的更替以及保护体系的发展，工业遗产也正越来越成为上海城市发展的丰厚资源与文化孵化地。

2003年7月，国际工业遗产保护协会（TICCIH）通过了保护工业遗产的《下塔吉尔宪章》，宪章中定义："工业遗产由工业文化的遗留物组成……这些遗留物具体由建筑物和机器设备，车间，制造厂和工厂，矿山和处理精炼遗址，仓库和储藏室，能源生产、传送、使用和运输以及所有的地下构造所在的场所组成，与工业遗产相联系的社会活动场所，比如住宅、宗教朝拜地或者教育机构都包含在工业遗产范畴之内。"

上海工业遗产的遗产类型多样，既包括了建筑物、构筑物遗产，也存在较多设施设备。由于上海城市发展迅速，很多遗存的工业遗产可能仅剩单体建筑，尤其是仓库、车间；而有的则有一个相对完整的厂区留存，厂区里面包含了不同类型的建筑、构筑物遗产，调研、统计中把这种统称为建筑群。通过对上海229处工业遗产的调研可知，工业建筑类型包括：建筑群66处，办公楼及使用场地35处，车间工厂工场27处，货栈仓库19处，附属生活服务设施空间12处；设施设备中，有交通及其基础设施25处，其他设施4处①（图3-1-1）。下文将从工业类型、时间分布、空间分布、遗产特征、价值评估等方面对上海工业遗产现状进行分析总结。

图3-1-1　上海229种工业遗产的建筑类型分布情况

3.1　上海工业遗产的类型特征

1840年鸦片战争爆发，中国从此由封建社会逐步沦为半殖民地半封建社会。《南京条约》的签订，使上海成为中国第一批开埠城市。先后开辟的英租界和法租界，让殖民者在租界区内开展了各类市政建设，也将现代化工业带入上海。

自1843年开埠后，上海逐渐发展成为远东地区最重要的贸易和经济口岸，作为中国最为重要的"近代新兴城市"，上海工厂数量多，工业类型丰富，在1949年以前已经成为当时全国的"新式工业中心"。1949年以后，上海在原有工业类型的基础上发展机械重工业，进一步优化了工业类型。发达的工业活动，使上海留下了工业类型多样的工业遗产（图3-1-2）。

3.1.1　不同历史背景下工业类型的差异

3.1.1.1　上海开埠及租界开辟带来最早的工业类型

上海因其优越的水路运输条件，兼具江浙地域之利，又在长江的入海口处，占有最佳的地理位置，在开埠后就成为中国最重要的贸易通商港口，逐步发展成为外资工业集中的城市。殖民者在租界区内陆续建造起为之服务的各类建筑，包括工部局、领事馆、银行、洋行、工厂、教堂、饭店、俱乐部，以及大量的住宅建筑等。从工业角度看，船舶修造厂和原料加工厂是最早在上海出现的工业类型。

3.1.1.2　洋务运动开启官办军事工业

1860年代，洋务运动揭开了中国近代工业的序幕，清政府利用西方生产技术投资创办了一批官办军事工业。李鸿章在上海创办江南制造总局，是晚清时期中国最为重要的军工厂，也是清政府洋务派开设的规模最大的近代军事企业。江南制造总局内包括军火工业、船舶制造业、冶炼业等与军工密切相关的产业。

3.1.1.3　民国时期相对宽松的工业经济政策促进了工业门类的丰富

自1912年始，北洋政府开始了为期16年的统治，北洋政府采取自由主义的工业经济政策，制定了一系列鼓励私营工业的政策，加之这一时期欧美国家由于世界大战无暇东顾，整个工业界呈

---

① 此处按照遗产的主要建筑类型进行统计，并非确切数值，因在调研过程中，出现一个建筑群中存在多种遗产类型的情况，在本次统计中全部统计为建筑群。

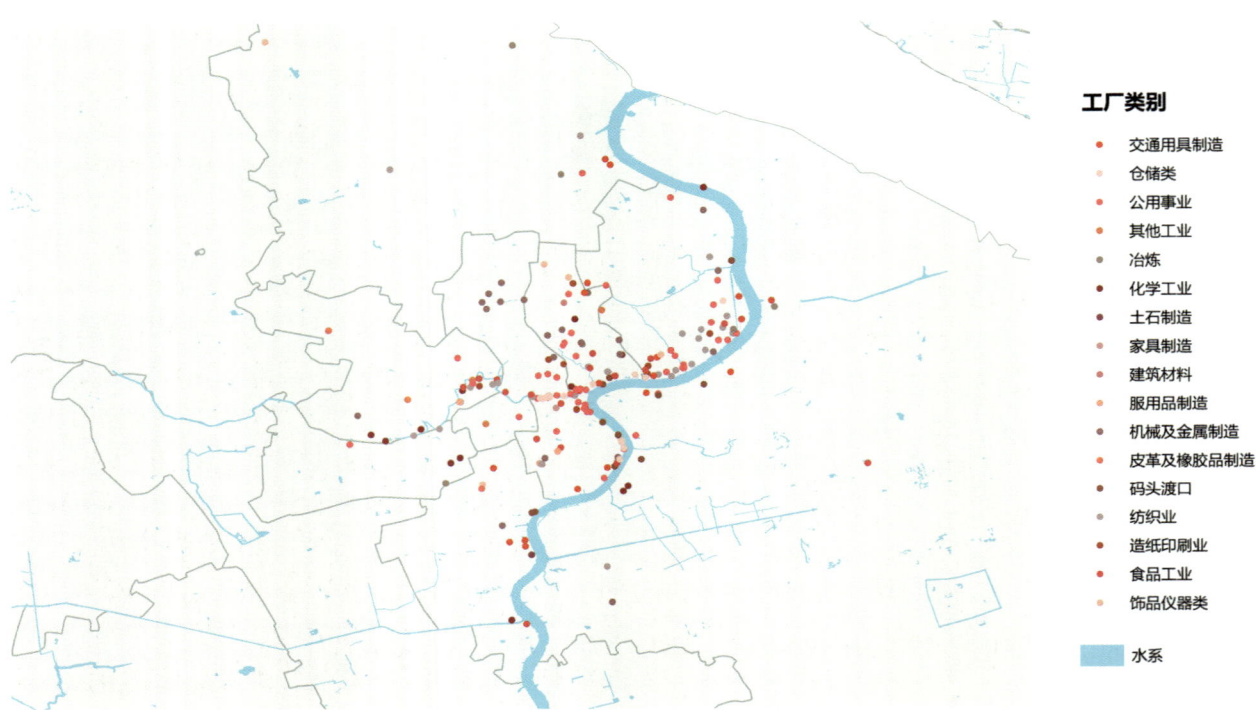

图3-1-2 上海工业遗产的工业类型分布情况

现出自由竞争、全面发展的局面。商业资本大量转向工业，中资中小工厂快速发展，促成了这一时期民族工业发展的繁荣，也让上海的工业类型进一步丰富完善。

1927年国民政府建立并迁都南京，中国的政治、经济中心南移，上海在中国近代工业史上的地位更加举足轻重，逐渐成为中国工商业和文化的中心。国民政府在这一时期更加注重基础工业的建设和交通设施的优化，增修铁路和公路，开辟航空线路，加速了交通业的发展。

3.1.1.4 新中国成立初期工业结构的调整促进了重工业类型的发展

1949年以后，国家在政策上一定程度地调整了工业结构，1950年代初，按照优先发展重工业的方针，加快发展原材料工业；1979年后，重点发展冶金、石油化工、汽车制造等工业，上海的工业类型进一步完善和全面[①]。上海的冶炼、机械及金属制造等类型的工业遗产，多是1949年以后，在"一五"计划、社会主义改造时期政策影响下兴建创办的产业，在地域分布上则多集中在近郊工业区。

3.1.2 工业遗产的工业类型分布统计

目前上海工业遗产的工业类型多样，包括纺织业、机械及金属制造业、食品工业、化学工业等，同时也留存有大量的仓储业、公共事业类型的工业遗产。1949年以前的工业遗产，以船舶修造业、丝绸纺织业、码头仓储业等为主要的工业

---

① 上海通志编纂委员会编. 上海通志：第十七卷 工业[M]. 上海：上海人民出版社，上海社会科学院出版社，2005.

类型；1949年以后的工业遗产，更多的是重工业类型，如石油化工、机械制造等工业类型[①]。

根据现有的调查结果，在上海229处具有保护身份的工业遗产中，包括纺织、服用品制造、化学工业、机械及金属制造、家具制造、交通用具制造、建筑材料、皮革及橡胶品制造、食品工业、饰品仪表制造、土石制造、冶炼、造纸印刷及其他产业，其中，纺织类29处、机械及金属制造业26处、食品工业类22处、交通用具制造业20处，在上海工业遗产中占比较大。

此外，除上述工业类型外，在上海工业遗产的调查统计中还收录有大量公共事业类、码头渡口类及仓储类工业遗存，其中，公共事业类遗产53处、仓储类遗产17处、码头渡口类遗产11处。这些类型的工业遗产也是上海工业遗产类型中重要的组成部分，它们不能完全归属于某一特定的产业，多建于1949年以前，是上海早期城市现代化以及上海近代贸易繁荣的见证（图3-1-3）。

3.1.3 工业遗产的类型分布特征

3.1.3.1 轻工业类型遗产较多而重工业类型遗产较少

作为中国最早的工业生产基地，上海工业发展全面，产业种类丰富多样，但受地域特征影响，上海本身工业原料不足，而水网运输发达，让上海的产业结构中轻工业比例高，重工业比例低。

在上海工业发展的早期，工业发展更多受当地地域特点影响，因地制宜，且受到资本投入影响，更多以制造业、加工业为主，很多轻工业类型工业遗产有较为悠久的发展历史，工业基础深厚，工业遗产的数量多。纺织类工业遗产、机械制造类工业遗产、食品生产类工业遗产等数量较多，其中最为典型的便是上海的纺织类型工业遗

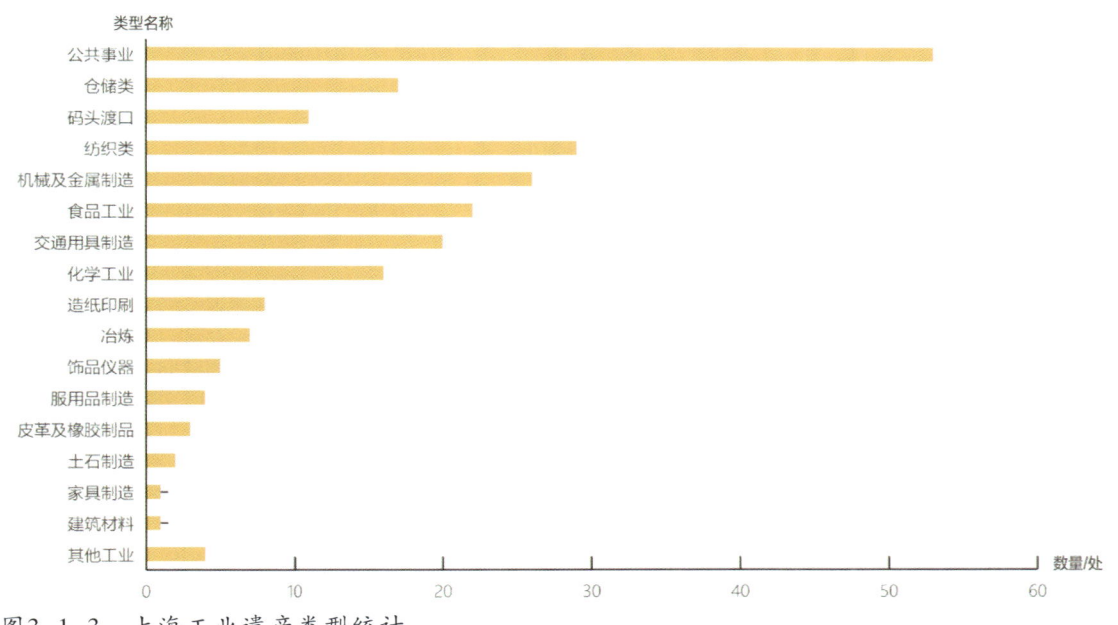

图3-1-3　上海工业遗产类型统计

[①] 上海通志编纂委员会编. 上海通志：第十七卷　工业 [M]. 上海：上海人民出版社，上海社会科学院出版社，2005.

产，其遗产数量多，年代久远，类型多样，分布广泛，是上海工业遗产的重要代表（图3-1-4）。

新中国成立后，在扶持重工业发展政策的影响下，产生了一批重要的重工企业，也促成了一批重工业类型工业遗产的形成。这类工业遗产中，多是由于工业结构调整而兴起的重工机械制造业，这类工业遗产多是大型国有企业，较为完整地保留了厂内的工业建筑和工业设施的变迁历程，是中华人民共和国早期工业发展的重要见证。

此外，上海缺少资源型产业，以原料冶炼为主导的工业类型在上海留存很少。

3.1.3.2 船舶修造类、仓储类工业遗产留存较多

上海水运发达，航运发展兴盛，一江一河的地理格局以及长江出海口的重要位置，让上海在近代以来成为中国最为重要的贸易中心。因其港口优势和水运便利，上海最早出现的工业类型便是沿黄浦江产生的船舶修造业。商贸的发达，促进了上海仓储业的发展，在沿苏州河及黄浦江一带，建造起大量各类型的仓库、堆栈。

上海留存了较多的船舶修造类工业遗产和仓储类工业遗产。船舶修造类工业遗产历史悠久，但经历长期的发展，现存工业遗产经过维修、改造、更新换代，很多已经不能窥探厂区当年的全貌。仓储类工业遗产多集中在沿苏州河一带和浦东滨黄浦江一带，多是单体工业建筑或是工业建筑群，建筑类型多样，其中苏州河沿岸堆栈仓库林立，现已成为上海重要的风景线（图3-1-5至图3-1-8）。

图3-1-5　中国实业银行仓库旧址建筑沿北苏州路（南立面）外墙现状

图3-1-4　1932年建于上海崇明岛的富安纱厂现状航拍图

图3-1-6　位于苏州河边的中国实业银行仓库（沿苏州河由西向东）鸟瞰

（资料来源：静安区档案馆）

图3-1-7 1980年代中国实业银行仓库（沿苏州河由东向西）鸟瞰
（资料来源：上海图书馆）

3.1.3.3 城市公共事业类工业遗产留存较多

公共事业类型的工业遗产包括水、电、煤产业及公路、铁路等交通类型产业，包含自来水厂、发电厂、煤气厂以及桥梁工业遗产、铁路工业遗产、码头遗产等。

公共事业是一个城市现代化、工业化过程中最基础的保障。上海是全国最早进行现代化、工业化的城市之一，其公共事业的发展早期几乎完全由外国殖民者创办，水、电、煤气工业中的三大巨头分别是上海工部局电气处、上海自来水公司和上海煤气公司。近代城市化建设，也让桥梁、铁路、码头这些当时的工业化产物在上海次第出现。

目前，上海的公共事业型工业遗产数量多、年代早、富有特色，多具有较高的价值，其中杨树浦路沿线是公共事业遗产最为集中的区域，现

图3-1-8 太古洋行浦东站仓储码头仓库旧貌
（资料来源：John Swire & Sons Ltd.）

留存英商自来水厂、杨树浦电厂（图3-1-9）、杨树浦煤气厂三处重要的工业遗产类型，是研究上海公共事业发展史的重要载体。

桥梁类型的工业遗产典型如外白渡桥、浙江路桥（图3-1-10）、乍浦路桥（图3-1-11）等，代表了当时钢结构、钢筋新混凝土等先进的建造技术。码头遗产多集中在黄浦江滨江一带（图3-1-12）。铁路类型工业遗产包括上海火车站、淞沪铁路遗址（图3-1-13）等。

图3-1-9　英商自来水公司（杨树浦水厂）沉淀池现状

图3-1-10　浙江路桥现状

图3-1-11　乍浦路桥现状

图 3-1-12 位于黄浦江下游南岸的洋泾港码头现状

图 3-1-13 淞沪铁路改造利用后现状

3.2 上海工业遗产的时间分布

3.2.1 不同时期的分布概况

上海是全国最早进行工业化生产的城市,近代工业发展有150多年的历史。作为早期中国工业发展的代表,上海以近代开埠后留存的工业遗产为多。

根据对229处有保护身份的上海工业遗产的调查结果,上海工业遗产的建设时间分布广泛,从上海开埠前至改革开放以后都有涉及,除7处无法确定建设年代的工业遗产外,其余以1895年至1949年(即《马关条约》签订以后至中华人民共和国成立之前)时间段设立的工业遗产分布最多,共145处,占60%以上;开埠早期设立的工业遗产有13处,占比约5%;1949年以后设立的工业遗产有46处,占比约20%。

表3-2-1是近代以来上海各时期工业遗产数量统计表对时间进行细分,可以看到1912—1928年时间段的工业遗产分布最多,达53处;其次为1928—1937年,达47处;再次为1949—1966年,达28处。

3.2.2 不同时期的分布特征

总体来看,上海工业遗产在时间上出现阶段性聚集的特点:早期受到世界政治经济局势影响较大,而在1949年以后受到国内政策影响较大。

1949年以前,上海工业的发展受到当时西方世界政治经济的影响较大,开埠早期的工业遗产主要以外商为主,在遗产类型上也是公共设施等居多。

《马关条约》签订至抗日战争爆发前,是上海工业遗产留存最多的时期,其中留存数最多的1912—1928年,正是西方世界经历第一次世界

表 3-2-1 上海近代以来各时期工业遗产数量统计表

年代	清朝		民国时期				中华人民共和国		
发展阶段	开埠前	开埠早期	《马关条约》签订后的近代工业发展				中华人民共和国成立后		
年份	—1843	1843—1895	1895—1912	1912—1928	1928—1937	1937—1946	1946—1949	1949—1966	1966—1978	1978—1999
数量（共计229处）	2	13	25	53	47	12	8	28	2	1
	38（不可确定具体年代）									

大战、无暇东顾的时期，也催生了民族工业的蓬勃发展；1928—1936年，国内政治局势相对稳定，促进了上海工业的繁荣，这一时期同样留存了较多价值较高的工业遗产。

1949年以后，上海工业的发展受国家政策的影响，工业遗产以1949年至1966年留存居多，是"一五"时期和社会主义改造时期工业发展成果的重要体现。

1956年，全市首次工业调整改组，按政府部署，部分混杂居民住宅区的小厂并入大厂，或几家、几十家小厂合并迁至近郊，形成漕河泾、北新泾、彭浦、五角场、高桥、庆宁寺、周家渡、长桥等8个有行业特点的工业区；1962年，上海基本建成闵行、吴泾、安亭、嘉定、松江等5个卫星城集中工业生产；1971年，在金山县金山卫建上海石油化工总厂（图3-2-1、图3-2-2）；1978年在宝山设立上海宝山钢铁总厂，连工厂所在地区，分别形成上海第六、第七个卫星城，成为全国石油化工和钢铁工业基地[①]，也造成这一时期的工业遗产以大型建筑群厂房居多。

与空间结合来看，上海工业遗产由市中心向外逐渐扩张，越是早期的工业遗产越集中在中心城区，越是晚期的工业遗产越往城市外延发展。1949年以前的早期工业遗产分布的中心区域主要

图3-2-1 上海石油化工总厂旧景
（资料来源：上海石油化工总厂）

在杨浦、虹口、黄浦等区，而1949年之后（现代工业）的工业遗产分布主要集中在宝山、闵行、浦东新区等地区（图3-2-3）。这和上海工业发展在空间上的趋势相近，也是上海逐渐由原中心地区向外扩散发展的体现。

3.3 上海工业遗产的空间分布

工业遗产的空间分布往往与各时期工业的空间布局有关，不同时期的工业空间布局决定了上海工业遗产的空间分布现状。

工厂的选址对于城市发展和工厂自身发展来

---

① 上海通志编纂委员会编. 上海通志：第十七卷 工业[M]. 上海：上海人民出版社，上海社会科学院出版社，2005.

图3-2-2 上海石油化工总厂现状航拍图

说都至关重要，它涉及交通、环境、能源及扩建等许多方面，便利的交通、好的投资环境、方便获取的原材料、水源等因素都会影响厂址选择。

从调研的229处工业遗产来看，上海工业遗产分布对水路运输高度依赖，此外，不同时期的政策调控对工业遗产的空间分布也有较大影响。同时，租界时期上海工业的布局与工厂投资者的关系也非常密切，租界开辟后，外资企业工厂多集中在靠近租界、运输便利的地区；官办企业则多集中在上海老城厢地区。

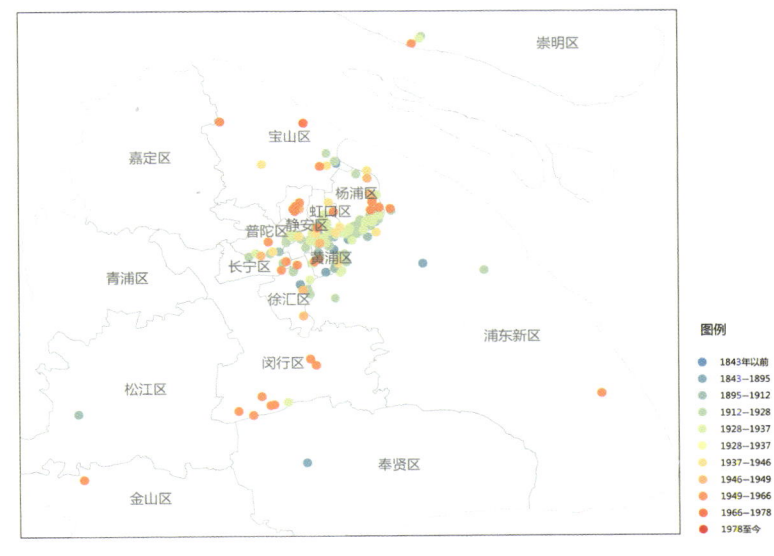

图3-2-3 上海近代以来各时期工业遗产分布图

3.3.1 与水系关系密切，集中分布在重要河道周边

上海的大型工业企业大都紧邻河道，很少接近铁路和公路，表现出对水路运输的高度依赖。在调研的229处工业遗产中，滨河滨水的工业遗产达140处，占工业遗产总数的61%；其中，黄浦江、苏州河、虹口港（包括其支流沙泾港和俞泾浦）这三条上海主要的水系，工业遗产沿岸分布最为密集，沿黄浦江有80处，沿苏州河有38处，沿虹口港（包括支流沙泾港和俞泾浦）有13处，占调研中140处滨水分布的工业遗产的90%以上（图3-3-1）。

这样的空间分布特点显然与上海工业化发展以水路运输作为其最重要的运输方式密不可分。水运交通便捷，价格也很低廉，在近代公路、铁路运输尚不够发达的时期，价廉而稳定的水上航运是兴办工业的基础，能够大大压缩原料和制成品运输的成本[①]。因此，虽然上海有现存全国最早的淞沪铁路，且市区也有沪宁杭铁路等重要铁路线，但其与上海工业发展的密切程度远不及黄浦江和苏州河这两条贯通内陆与海外的重要水道。在调研的工业遗产中，沿铁路及与铁路相关工业遗产仅9处。

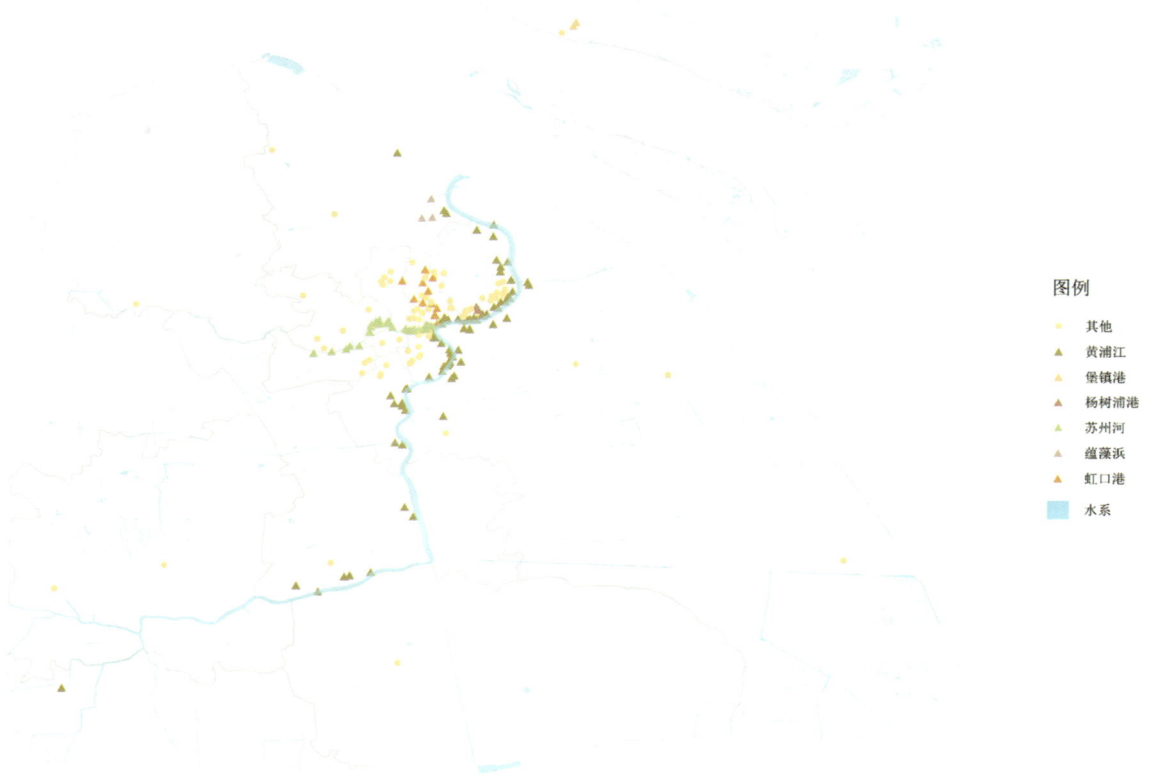

图3-3-1 上海工业遗产与水系的空间关系

---

① 黄琪. 近代上海工业建筑保护和再利用［D］. 上海：同济大学，2007.

3.3.2 不同的地理区位，形成不同的工业类型

虽然上海工业遗产沿河分布的特征，很大程度上是上海早期依赖运输条件和资源条件自然形成的分布特征；但若是将尺度缩小至上海的三条主要水系（黄浦江、苏州河、虹口港），则会发现这些河流的不同流域所形成的工业遗产聚集空间，也因其不同的地理区位而形成工业类型分布上的区别。其中，黄浦江西岸杨树浦地带和苏州河两岸近代工业遗产的规模最大。

3.3.2.1 黄浦江

1. 杨树浦地带

上海开埠初期，对资源和运输条件的依赖比较大，黄浦江是上海早期最为重要的运输河道，它既可以作为工厂的水源，也是天然的排水道。当时上海还没有进行明确的现代化的城市规划，城市中没有确定工业区的地块规划，工厂选址大多取决于资源丰富与运输便利与否，因此所建工厂多集中在黄浦江边。

因此，黄浦江成为上海城市的标志性空间，也是上海近代工业的发源地，其中浦江西岸的杨树浦滨江区是上海最重要也是历史最悠久的工业地段[1]。

杨树浦滨江区位于上海中心城区的东北部，地处黄浦江下游，临近吴淞口，是进入长江的必经之地，因区域内穿越的杨树浦港而得名。以杨树浦为代表的浦江两岸是上海近代工业发展最早最集中的地带，这里不仅航运条件优越，而且地价低廉，这一点非常重要，因为土地成本是建设工厂前期投入的最大制约因素。上海土地级差很大，学者对此多有研究（表3-3-1）；又如1910年，杨树浦路两侧地价每亩317两银，而同一时期的南京路外滩，地价高达每亩10万两银，汉口路、江西路的地价每亩5万两银[2]。因此，工厂纷纷选址滨水而地价相对低廉的区域。

另外，便利的交通路网也是杨树浦地区工业兴盛的重要原因。杨树浦的马路网是公共租界筑路工程最重要的业绩之一。1869年，租界工部局从外滩沿黄浦江修马路至杨树浦，名为杨树浦路，公共租界也随之扩展到今日的复兴岛边。杨树浦路也是上海最先开始开通有轨电车的道路之一。1909年，杨树浦工业区的主要干道都已基本贯通，筑路工程的进展为工厂落户杨树浦提供了便捷的交通条件。1883年6月29日，中国第一座现代化水厂在杨树浦正式建成，此后，杨树浦

表3-3-1 1925年上海公共租界土地地价表

地产类型	地价	地产类型	地价
外滩头等地产	每亩25万~35万两	外国住宅地产	每亩0.45万~2.5万两
头等洋行地产	每亩14万~25万两	最远之码头沿浦江地产	每亩0.5万~2.5万两
中区大商店地产	每亩7万~15万两	头等工厂地产	每亩0.5万~1.8万两
普通商店地产	每亩2万~13万两	普通工厂地产	每亩0.2万~0.6万两
界外田地	每亩0.02万~0.3万两		

（资料来源：张仲礼，《近代上海城市研究》，2014）

---

[1] 上海市杨浦区文化局，上海市杨浦区档案局. 杨浦百年史话[M]. 上海：上海科学技术文献出版社，2006：2.
[2] 黄琪. 近代上海工业建筑保护和再利用[D]. 上海：同济大学，2007.

地区相继出现了规模巨大的发电厂、煤气厂（图3-3-2），极大地推动了上海近代工业的兴起和发展。如今，沿杨树浦路一带依旧留存有大量的工业遗产（图3-3-3、图3-3-4）。

除杨树浦地区外，在黄浦江两岸，还有三处工业遗产较为密集的区域，包括南市沿黄浦

图3-3-2　上海煤气公司杨树浦工场旧址现状

图3-3-3　杨树浦路670号英商怡和纱厂旧址现状

图3-3-4　杨树浦地区工业遗产分布情况

江地区、徐汇龙华滨江地区以及浦东滨江地区（图3-3-5）。

2. 南市沿黄浦江地区

南市是上海已撤销的一个市辖区，位于黄浦区西岸老城厢地区。南市近代工业的创办，始于洋务运动期间。清同治六年（1867年），李鸿章把江南制造总局由虹口迁到高昌庙一带，随后城厢周围出现南市电厂、南市水厂和求新造船厂等工业企业。在近代工业的影响下，南市滨江的众多码头仓库形成规模，组建成交易市场网络[1]。目前，原南市区遗存的工业遗产主要为沿黄浦江的码头、货栈及驳岸等（图3-3-6、图3-3-7）。

图3-3-6　南市沿江地区工业遗产分布情况

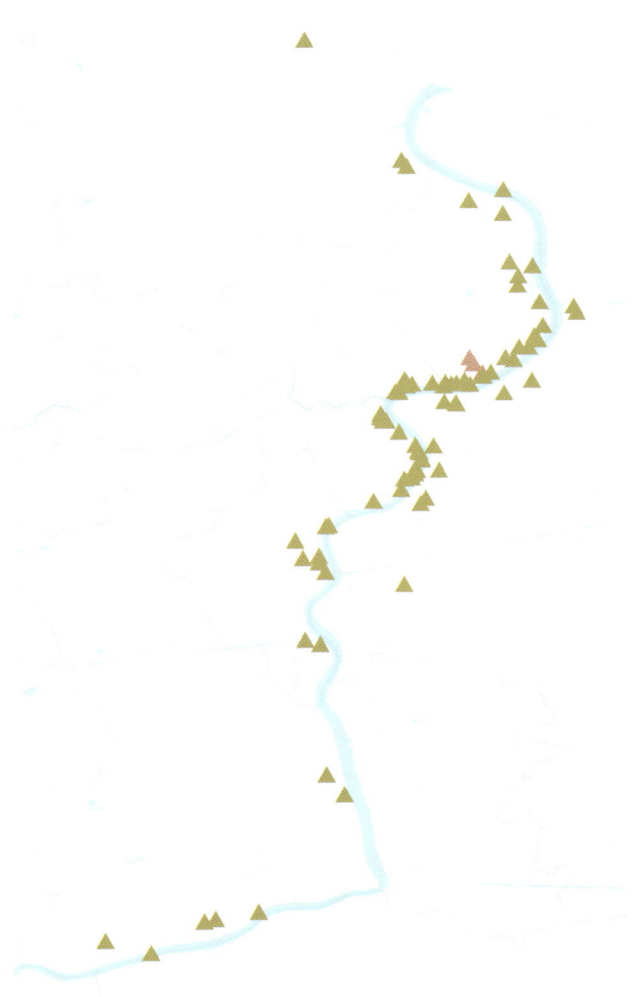

图3-3-5　黄浦江工业遗产分布情况（局部）

图3-3-7　南市大储栈仓库现状

---

[1] 孙卫国. 南市区志[M]. 上海：上海社会科学院出版社，1997：3.

3. 徐汇龙华滨江地区

徐汇龙华滨江地区因其地势开阔，河网密布，聚集了一大批重要的民族工业企业。清同治十三年（1874年），江南制造总局在龙华开设龙华火药厂，为境内第一家近代官办工厂。国民政府时期，在大力开展基建工程的背景下，龙华地区兴建有中央航空公司航空总站（龙华机场）、南浦火车站等重要工程。至上海解放前夕，境内有龙华兵工厂、中国航空公司和中央航空公司的航空总站等重要企业，是上海早期最主要的交通运输、物流仓储和生产加工基地[①]。目前，龙华一带的历史老旧工厂均已搬离，区域内原来的飞机制造厂、火药厂的厂房在场地内有较多遗留，多已改造为美术馆、博物馆、产业基地等公共空间或办公空间（图3-3-8、图3-3-9）。

图3-3-8　徐汇滨江工业遗产分布情况

4. 浦东滨江地区

浦东滨江地区由于近代航运业依黄浦江水利之便得到了极大的发展，在此基础上发展出大量的码头仓储产业，同时船舶修造业、油料业、化学工业及公共事业等进一步得到发展和强化，带动了陆家嘴、塘桥、南码头、东沟、洋泾等市镇的发展，其漫长的滨江沿线是上海重要的港口码头运输基地[②]。这里有浦东沿黄浦江一带历史最为悠久的工业遗存，空间分布上也较为密集（图3-3-10）。目前，浦东滨江一带也在进行黄浦江贯通工程，位于陆家嘴街道一带的船厂码头等现今由于市政开发的需求，已经逐渐改变了其使用功能（图3-3-11至图3-3-13）。

图3-3-9　被改造利用为创意空间的江南弹药厂

---

①上海市徐汇区志编纂委员会. 徐汇区志［M］. 上海：上海社会科学院出版社，1997：66.
②俞菲. 黄浦江东岸滨水地区工业建筑遗产调查研究［D］. 上海：上海交通大学，2018.

图3-3-10 浦东滨江工业遗产分布情况

图3-3-11 上海船厂（英联船厂和招商局机器造船厂）旧址外观现状

图3-3-12 上海船厂旧址内部（已被更新利用，此室为演出场所）

图3-3-13 上海船厂旧址内部被改造时保留的原构件

3.3.2.2 苏州河

苏州河是上海的"母亲河"，是吴淞江在上海市区从北新泾到外白渡桥的一段。近代以来，苏州河沿岸一直是上海乃至中国近代民族工业发展的重要基地。当浦江两岸的岸线被占用完毕后，苏州河两岸便成了工厂选址的理想之所：一是苏州河南岸商业区的干道网，早在1854—1865年就已初步形成，当时工部局筑路26条，有了便利的交通条件；二是苏州河沿岸能满足工业生产工艺流程对水源的需求，比如棉纺织工厂、面粉工厂和仓储工厂等在生产和储存过程中需要大量水源，因此很多此类工厂选址于此，还有一些丝厂设在这里，也是既能满足水运需求，又能为工厂的蒸汽锅炉提供充足的水源[①]；三是苏州河沿河地价虽然比杨树浦滨江区地价稍高，如1933年公共租界与华界内地价分布图显示，杨树浦滨江区地价每亩平均10 000～20 000元，苏州河以南区域地价每亩平均20 000～50 000元，均远低于外滩沿岸及法租界地区的地价。

因此，随着上海租界的扩张，输入到上海的外国资本剧增，加上长江沿线城市工业的发展，令苏州河两岸工厂数量迅速增加。国内相对宽松的经济政策，也让民族工业纷纷在苏州河两岸建厂。苏州河沿岸码头和仓储业迅速发展，使苏州河西段（普陀区、长宁区）也形成了较为集中的工业区。

如今，在苏州河南北两岸仍留存着大量价值颇高的工业遗产。由于地理位置及历史发展等因素，不同区段的苏州河沿岸的工业遗产体现出不同的遗产特色（图3-3-14）。

---

① 黄琪. 近代上海工业建筑保护和再利用[D]. 上海：同济大学，2007.

1. 苏河湾至河口地区

该地区位于原公共租界范围，也是苏州河流域最早开始工业化的区域，由于靠近公共租界的核心商业地区，苏河湾至河口地区设立了大量的仓库堆栈，供银行或厂房存放物资，其中包括著名的四行仓库、中国实业银行仓库堆栈等重要的仓库遗址（图3-3-15、图3-3-16）。此外，苏河湾至河口地区有较多桥梁，也代表了近代上海最为先进的桥梁工艺，包括外白渡桥、浙江路桥等。

图3-3-14 苏州河沿岸工业遗产分布情况

图3-3-15 由上海交通银行仓库旧址改造而成的创意仓库

图3-3-16 苏河湾至河口地区工业遗产分布情况

2. 苏州河M50艺术产业园及周边地区

该区段为苏州河重要的工厂分布区，近代时期大量的纺织厂、面粉厂均在该区段分布，是上海早期重要的轻工业发源地。该地区在地理位置上靠近租界且租金相对低廉，聚集了大批民族企业，包括申新纺织厂、阜丰面粉厂、福新面粉厂（图3-3-17）等。该地区留存有较多完整的老旧厂区（图3-3-18），现多改造为创意园区，其中以M50艺术产业园最为典型，其原本为英商信和纱厂，后改造为创意园区，园内保留有完整的工业设备和建筑遗产（图3-3-19）。

图3-3-18 苏州河M50艺术产业园及周边地区工业遗产分布情况

图3-3-17 福新第三面粉厂旧址，可见其与苏州河的位置关系

图3-3-19 M50艺术产业园21号楼现状

3.3.2.3 虹口港

虹口港沿岸包括其支流俞泾浦和沙泾港沿线，是上海除黄浦江及苏州河外工业遗产留存最多的水岸。

虹口是上海近代工业创办最早的地区之一，近代以来境内外资、官办、民族资本创办的近代工业持续发展。第一次世界大战后，境内工业发展迅速，虹口港东岸工厂密布，尤以船舶制造产业最为密集；沙泾港、俞泾浦则分布较多中小型工厂，行业遍及机器、缫丝、印染、纺织、金属制品、电器等10多类[①]。现今虹口港流域依旧保存着较多的工业遗存，其中不乏工部局宰牲场旧址等具有极高价值的工业遗存（图3-3-20）。

3.3.3 集中于中心城区，与城市化水平正相关

上海工业遗产的空间分布，呈现市中心地区集中分布而郊县地区分布稀疏的特点，整体密度由市中心区域向郊区逐渐减小。通过上海工业遗产分布空间热力分析图（图3-3-21），能够对上海工业遗产分布的密度有更为直观的认识，可以看到上海工业遗产主要集中于中心城区，呈放射状向外辐射，在空间分布上存在多个集中分布

图3-3-20 虹口港及其支流工业遗产分布情况

---

① 上海市虹口区志编纂委员会. 虹口区志[M]. 上海：上海社会科学院出版社，1999：203.

图3-3-21 上海工业遗产空间分布热力分析图

地区的情况，工业遗产集中地区包括杨树浦地区、苏州河两岸、老彭浦工业区、老闵行工业区等。

上海工业遗产的分布位置与上海城市化程度呈正相关，分布密度与人口密度也成正相关。作为中国早期的工业化城市，上海的工业化最早是由外资企业带来的，工业布局与工厂投资者的关系十分密切。租界开辟后，外资企业工厂多集中在靠近租界、运输便利的地区，官办企业则多集中在上海老城厢地区，因此造成了上海工业遗产更多位于上海人口集中、航运便利的租界地区及周围区域，也就是现在的中心城区。

1949年以后，上海在中心城区边缘及远郊地区设置工业区，工业遗产的空间分布也向市中心外延拓展。此外，上海郊县地区本身城市化发展滞后，工业遗产多散落在部分受到市中心城市化影响的城镇中，整体价值也相对一般。

虽然上海工业分区更多是受到地理区位条件因素影响而自然形成，但国家政策规划与调控也具有重要影响，尤其是近代城市规划下的工业分区理念及中华人民共和国成立初期的工业布局，对其的影响都很深远。

1. 近代城市规划影响下工业区的出现

1920年代，公共租界、法租界相继提出相关城市功能分区区划；1927年国民政府成立后，上海市工务局提出的"大上海计划"中，也提出了市分区计划，这些关于上海城市区域划分的文件章程都对上海工业区的形成产生了一定影响。

上海城市区划的雏形见于1845年出台的公共租界《土地章程》，但直到1926年6月，工部局交通委员会才提出公共租界现代城市规划意义上的第一个上海市分区计划。该计划提出两条具体建议：①有关商务区中的仓库设置：仓库不能设于商务区，目的是在商务交通繁忙的区域减少货运交通；商务区的具体范围将不加限定，因此这个仓库限制区的范围也最好及时调整以适应商务区未来的发展。②有关居住区和工业区：东区和西区各有一片区域专门留作住宅区发展，这些区域内将不再允许工厂和低档住宅的建造。

法租界在20世纪初租界大范围扩张之初，就形成了和公共租界不同的城市管理理念；1900年法租界扩展时，就开始对法租界内的城市空间发展进行干预。1928年公董局通过《分类营业章程》，按照对周边环境在卫生、消防、公共交通等方面的妨害状况，对各类营业进行分类，并对其中妨害严重者进行区域规定，大体上确定了法租界内干扰较大的工业区。

租界区之外，1927年国民政府成立，颁布《特别市组织法》与《市组织法》，将城市管理统一纳入国家视野；同年设上海为特别市，提出了《大上海计划》，借由市府搬迁有效连接闸北、上海县城等华界区域。1928年10月，上海工务局编制的《全市分区计划草案》将上海城市分为行政区、工业区、商业区、商港区、住宅区五种功能区，对上海近代乃至之后工业遗产的布局都产生了一定的影响。

2. 中华人民共和国成立初期工业布局的影响

1950—1960年代，上海对市区工业布局做了较为完善的设想，最初设定了闵行、吴泾、松江、安亭、吴淞5处工业基地。其中，位于上海南部、距中心城区30公里的闵行，作为以机电工业为主的工业基地（图3-3-22、图3-3-23）；位于上海南部、距中心城区25公里的吴泾，作为以煤炭化学工业为主的工业基地；位于上海西南部、距中心城区40公里的松江，作为以轻工业和机床工业为主的工业基地；位于上海西北部、距中心城区33公里的安亭，作为汽车工业基地；位于上海东北角、距中心城区18公里的吴淞，则是钢铁工业基地。

1960年代末，上海中心城区边缘相继新建高桥、五角场、彭浦、北新泾、漕河泾、长桥、周家渡、庆宁寺等8个工业区，远郊建成闵行、吴泾、松江、嘉定、安亭、吴淞、金山卫等7个卫星城工业区。这些工业区在当时是上海重要的工业基地，在现今也留下了一定数量的工业遗产。

3.4 上海工业遗产的建筑特征

工业遗产中最为重要的遗产类型是工业建筑，在229处上海工业遗产中，建筑遗产类占比近90%。

工业建筑本身是西方工业文明的产物。工业建筑尤其是厂房建筑需要先进的工艺和设备，对

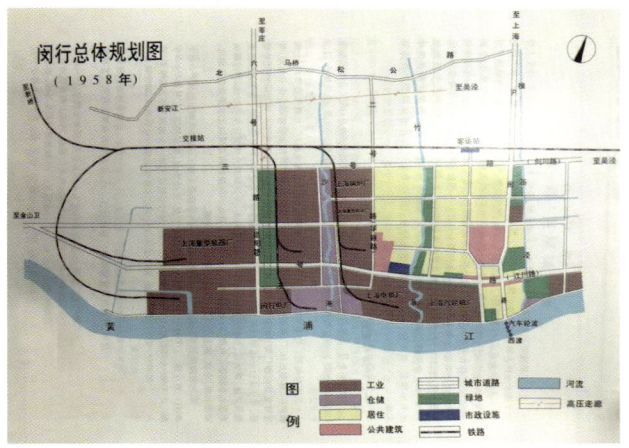

图3-3-22　1958年闵行总体规划图
（资料来源：孙平、陆怡春等，《上海城市规划志》，1999）

图3-3-23　1958年，上海锅炉厂在闵行的新厂房在建造中
（资料来源：闵行区档案馆）

空间、采光、通风、抗震等方面有较高要求，如需要更高的层高、更大的跨度、更明亮的光线、恒定的温湿度等，是传统手工作坊建筑无法相比的。

上海的开埠、租界的设立，促进了西方建筑科学技术和新的建筑类型传入中国，中国建筑开始接受西方文化的影响，由传统中式建筑向现代化风格转型。其中，工业建筑由于对建筑性能的要求很高，更少受到传统中式建筑制式的影响，因此相比其他建筑类型，能够最先采用新型的建筑材料和先进的建筑结构形式。

上海工业建筑无论在结构类型还是在风格特征上都缺乏相对统一的规律，造成这一现象的主要原因在于：①上海工业的发展时间悠久，从19世纪中后期至1960年代，建筑的结构特性和风格特征均发生了巨大改变；②作为中国近代以来最重要的贸易中心和港口城市，上海的开埠造成西方各国均在此开设工厂，加之民族工业的兴起，以及1949年以后社会体制的变革，工业建筑的风格特征包罗万象；③上海工业遗产中工业建筑的类型多样，不仅有传统的仓库建筑、厂房建筑，也存有办公楼及生活附属设施等，最终使上海工业建筑呈现出丰富多样的特质。

3.4.1 建筑结构

近代上海，租界建筑与旧城厢传统建筑、新材料新技术与传统木结构建筑技术、西方现代建筑思潮与传统封闭的因循祖制之间充满了对立与统一的矛盾，各种元素相互融合；反映在建筑结构上，则构成了工业建筑结构类型的多样性和复杂性，使得现存工业建筑遗产广泛涉及传统土木结构、砖木结构、钢结构、钢筋混凝土结构等各种结构类型。

3.4.1.1 传统土木结构

土木结构建筑是以泥土和木材为主要材料的建筑，其优点是用料较易采集，施工难度小，缺点是承载能力低，且容易失火，耐久性较差。我国传统建筑大多为土木结构，在上海工业发展早期，土木结构在工业建筑结构体系中仍有一定应用，一是多见于中资企业，包括早期洋务派官办工业及远郊地区的乡镇工业，外资企业采用土木结构的较少；二是多用于次要的生产建筑、生产辅助建筑，如办公楼、工厂的船坞、水厂的滤池等；三是多为单层厂房，有的在构造上采用中国传统的抬梁、穿斗结构和传统坡屋面的形式，门窗为木作。

如江南制造总局早期建造的衙门、二号船坞以及建于清代的新和酱园店（图3-4-1）等，都是较为典型的土木结构工业建筑。另外，建于1948年上海远郊的罗店利用锁厂老厂房，沿街办

图3-4-1　新和酱园店外观样式

公楼是较为传统的中式江南水乡建筑，歇山顶，木立贴（图3-4-2）。此外，杨树浦水厂早期的滤池也是土木结构形式（图3-4-3）。

3.4.1.2 砖木结构

砖木混合结构在19世纪晚期至20世纪初，成为上海工业建筑主要的结构形式。这些建筑采用砖墙与木柱、木梁木楼板承重，多为三角形木屋架或木桁架屋架或坡屋面。这种结构类型的工业建筑在上海现存工业遗产中仍大量存在，如苏州河两岸的众多仓库建筑，都属于砖木结构形式。

砖木结构形式的工业建筑有砖木单层结构建筑和砖木多层建筑，单层工业建筑包括1895年建造的英商怡和纱厂工厂（图3-4-4）、1907年建造的浦东亚细亚火油栈仓库、1953年建造的上海汽轮机厂（图3-4-5）等。砖木多层工业建筑在上海整个近代发展时期都占有较高比例，1920—1930年代，砖木多层结构技术更为成熟，至今留存有较多的典型工业建筑案例，如福新面粉厂一厂厂房、中法求新机器制造轮船厂办公楼（图3-4-6）、南苏州河路的1908粮仓（图3-4-7）等。此外，砖木结构也较多运用在早期厂房的配套住宅建筑中，这类建筑多为里弄建筑或是花园洋房，建筑结构与一般住宅建筑几无差别，典型案例如澳门路660弄内外棉株式会社的职工住宅（图3-4-8）。

图3-4-2　罗店利用锁厂老厂房内部木结构

图3-4-3　杨树浦水厂1933年丙组滤池内部结构

图3-4-4　英商怡和纱厂旧址厂房状况

图3-4-5 上海汽轮机厂

图3-4-6 中法求新机器制造轮船厂办公楼

图3-4-7 南苏州河路的1908粮仓

图3-4-8 澳门路660弄一隅

以歇浦路8号亚细亚火油栈为例，该处现存的三栋砖木结构仓库建筑均属于单层厂房，其中一栋为联排单层厂房，余下两栋为单排单层厂房。以其中规模最大的4号仓库为例，该建筑三角桁架的整体跨度达到40.9米，三角木桁架的高度超过7米；在设计中采用了与上肩型木桁架相似的一种结构，将桁架分为上下两个区间，整体架设在外墙42根砖柱以及内部的20根木柱之上，共同形成整体的承重体系（图3-4-9、图3-4-10）。这在砖木结构的工业生产建筑中是较为少见的。

图3-4-9　亚细亚火油栈4号仓库内部结构

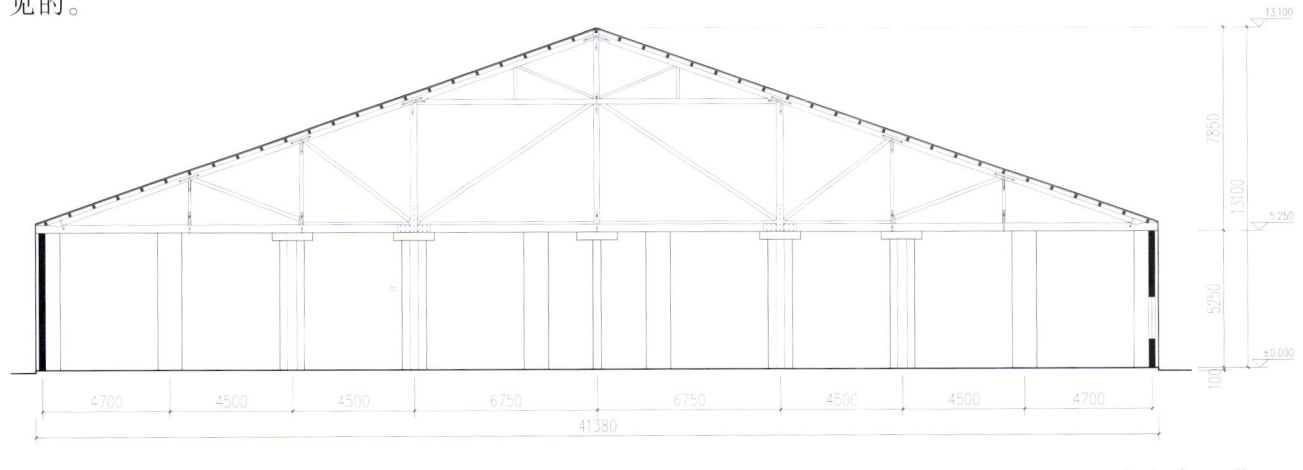

图3-4-10　亚细亚火油栈4号仓库内部结构立面图

砖木多层工业建筑，外部由砖墙或砖墩承重，内部则由木柱承重，上铺木制楼板，屋顶的木屋架多为两坡顶或开气楼。这类建筑在上海轻工业厂房中有较多留存，典型案例如上海的面粉厂制粉车间，由于面粉工业自身的工艺流程、生产组织形式、使用功能等多方面的特殊需求，全国各地的面粉厂制粉车间建筑多层化的倾向日甚一日。其中，苏州河沿岸1899年建造的福新面粉厂一厂5层制粉楼（图3-4-11）和1898年的上海阜丰面粉公司4层制粉楼是如今保存较好的多层砖木结构制粉楼。

图3-4-11　福新面粉厂一厂5层制粉楼外观

砖木结构工业建筑存在一些天然缺陷，如空间比较狭小、防火及安全性能较低、热工性能较差等，不能够适应新形式、规模较大的工业生产要求。因此，随着西方建筑技术的传入，它们开始渐渐被弃用，只会用在一些工厂的附属建筑上。但不可否认的是，砖木多层厂房的出现，是上海近代工业建筑发展的一个进步。

3.4.1.3 钢结构

钢结构技术在19世纪末传入中国，新兴的建筑技术往往最先用于工业建筑，钢架的单跨跨度较大，更为符合工业建筑对于大空间的需求。

早期上海的钢材主要依靠外国进口，在建筑上很少运用，上海第一次出现钢铁这种新的建筑材料，是租界内建于1863年的大英自来火房炭化炉房的储气柜。同时期还有一座运用了钢铁这类新材料的重要工业建筑，就是建于1876年的江南弹药厂旧址车间。清同治九年（1870年），李鸿章责成丁日昌、冯骏光等在龙华寺北购地80亩，创建龙华黑药厂，即江南弹药厂旧址前身，它是中国最早制造近代火药和枪弹的军工厂之一。其最早建造并使用的车间之一为铁柱厂房，占地面积为933平方米，建筑面积为727.9平方米。该厂房的工业建筑采用了中国传统的建筑形式，双坡屋顶及黛瓦加上部分屋顶突出采用重檐的形式引入小天窗，但其最独特的建筑工艺要数特殊的钢柱结构了。其外墙为砖砌，屋架全部铁制，内有24根德国克虏伯厂原产的铁柱支撑屋面，房屋结构至今完好无损，这也是当时上海工业建筑中唯一的钢柱样式。此车间曾为7315兵工厂翻砂车间，现作办公场所使用（图3-4-12至图3-4-16）。

随着洋务运动后中国炼钢技术的逐渐成熟，20世纪初开始，上海钢结构建筑建造开始增多，甚至出现了钢框架结构的多层工业建筑。钢结构虽然坚固，但由于其易于生锈，使用受到一定

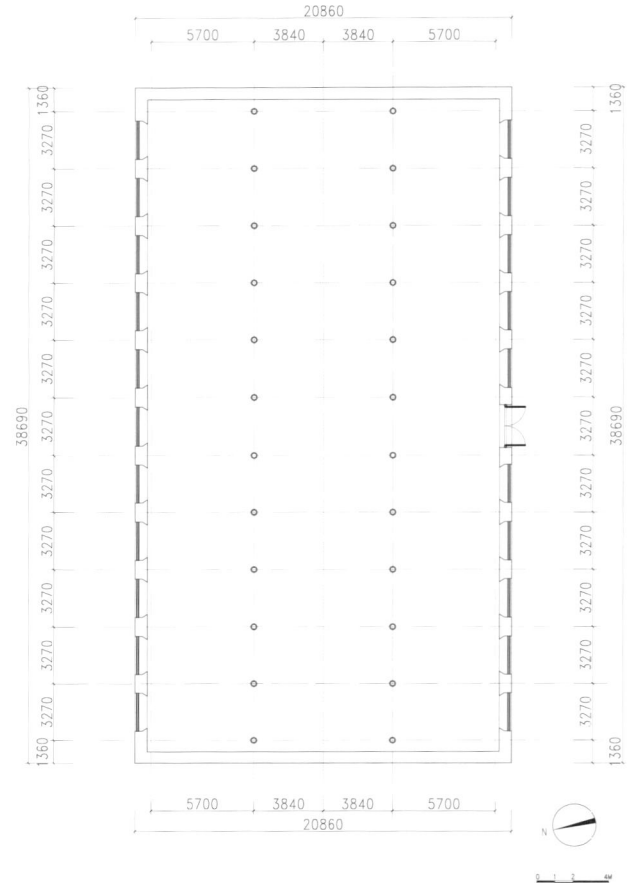

图3-4-12　江南弹药厂旧址车间平面图

图3-4-13　江南弹药厂旧址车间立面图

的限制。目前留存的钢结构工业建筑建筑数量较少，但却相当具有特色。

如1924年建造的美商慎昌洋行的车间（现为上海电站辅机厂），就是典型的钢框架结构工业建筑：车间为连续三跨的厂房，中间一跨较高，旁边两跨较低，二者的高差处自然形成气窗，钢梁和钢柱都为工字钢，并且在交接处设托脚加固（图3-4-17、图3-4-18）。

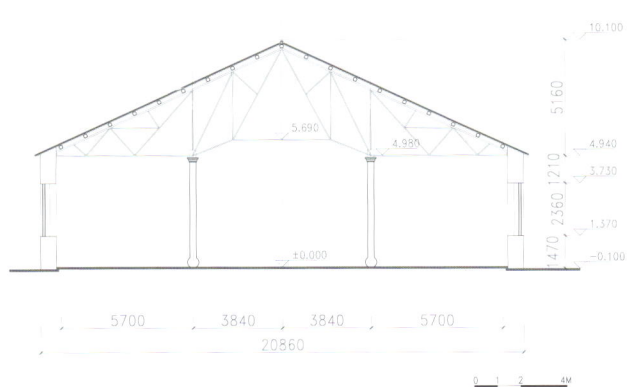

图3-4-14 江南弹药厂旧址车间剖面图

图3-4-15 江南弹药厂旧址车间室内原状

图3-4-16 江南弹药厂旧址车间钢屋架

图3-4-17 上海电站辅机厂（原慎昌洋行工厂）东厂厂房钢桁架样式

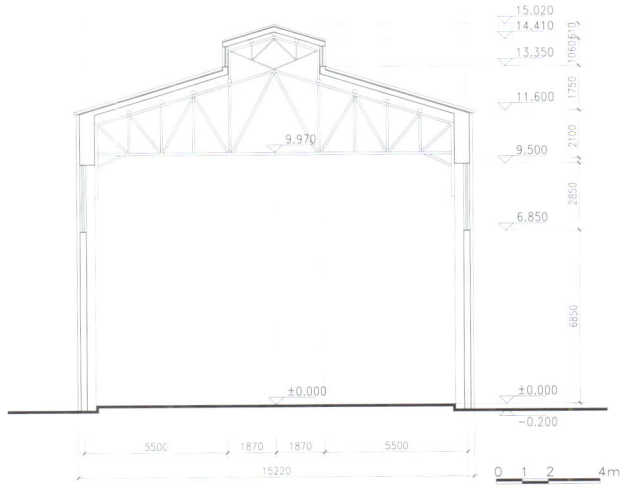

图3-4-18 上海电站辅机厂东厂厂房钢桁架样式图

图3-4—19　上海杨树浦电厂汽轮机房钢桁架样式

1910年建造的上海杨树浦电厂汽轮机房（图3-4-19）的钢桁架跨度达到了20米，是上海现存最大的钢结构厂房之一。钢柱为工字钢，由于早期钢结构技术不发达，钢柱上仍可见较多用以加固的铆钉。

除了厂房建筑外，钢结构工业遗产还多见于桥梁、铁路。典型的钢结构桥梁是苏州河口的外白渡桥，建造于1907年，是中国第一座全钢结构铆接桥梁和当前仅存的不等高桁架结构桥。此外，浙江路桥也是典型的钢结构桥梁。

3.4.1.4　钢筋混凝土结构

在近代时期，新的建筑技术最开始时多用于工业建筑，与钢结构技术一样，钢筋混凝土混合结构技术也是最先被用于工业建筑。与传统木结构相比，其稳定性更强，结构强度更大，使用寿命也高于传统砖木结构建筑；而与钢结构相比，混凝土结构更为经济实用，在稳定性上也有一定优势。钢筋混凝土结构技术于19世纪末传入中国，早期见于外资企业工厂，位于上海杨树浦地区的英商自来水厂（现杨树浦水厂）是国内最早使用水泥和混凝土结构的工业建筑。

1. 排架结构

排架结构是单层厂房结构的重要结构形式，至今仍然在厂房建筑中大量运用。排架结构由屋架、柱和基础组成，这三者构成横向平面排架，通过屋面板、吊车梁、支撑等纵向构件将平面排架联结起来，构成整体的空间结构。上海钢筋混凝土结构的排架工业建筑在20世纪初即有运用，典型案例如杨树浦水厂的滤池泵房建筑，就在工程中率先采用了混凝土排架结构，其结构优美线条流畅，展现出工业遗产独特的美学风格（图3-4-20）。

图3-4-20　上海杨树浦水厂泵房钢筋混凝土排架

上海鼓风机厂的金工车间也是较有特色的排架结构建筑。该厂前身为创建于1947年的中国柴油机股份有限公司，1957年改名为上海鼓风机厂，其金工车间为两座左右并置，形式相近，一大一小。其中，北侧车间占地面积6 600平方米，南侧车间占地面积6 020平方米。建筑结构为钢筋混凝土结构，室内矩形柱，有吊车梁，吊车梁由柱头向中间逐渐向下凸起，完全符合其受力原理。拱形桁架，预制混凝土屋面板，整体结构清晰合理（图3-4-21至图3-4-24）。

2. 框架结构

进入20世纪，钢筋混凝土结构技术在中国开始普及，近代钢筋混凝土结构的工业厂房以现浇施工较多，预制楼盖板使用较少。其中框架结构是上海工业遗产中常用的一种结构形式，较多运用于高层和多层的厂房、仓库建筑中。1910年以后，钢筋混凝土框架结构的工业建筑开始出现，并在1920—1930年代得到普遍发展。目前上海工业遗产中的框架结构厂房，即以1930年代最多。

图3-4-21　上海鼓风机厂金工车间侧立面外观

图3-4-22　上海鼓风机厂金工车间吊车梁

图3-4-23　上海鼓风机厂金工车间屋架结构

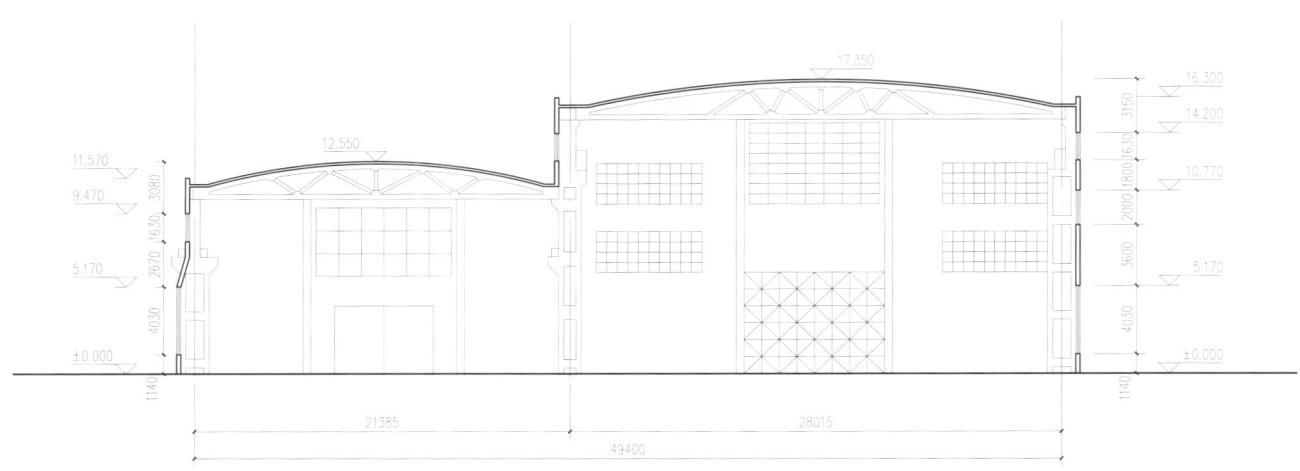

图3-4-24　上海鼓风机厂金工车间剖面图

框架结构通过楼板、梁、柱往基础传递荷载，建筑内部空间开阔，室内可进行较为灵活的分割，施工方便简单，寿命相对较长，对于工业生产而言经济实用，至今依旧被大量运用在工业建筑的建造中。

上海早期的混凝土框架结构工业建筑有一定的风格特色，其承重结构与墙体维护结构都暴露在外，承重为钢筋混凝土结构，墙体维护结构多为红砖砌筑。常用的柱距为4.8~6.5米，7~7.4米的柱距也有使用。

框架结构工业建筑早期的典型案例如民生仓库、浦东蓝烟囱码头仓库、大储栈仓库等。以大储栈仓库为例，该建筑位于黄浦区外马路574号，建于1906年，为钢筋水泥框架结构、青砖填充墙体的三层老建筑。有库房两栋：北栋建于先，名大储西栈；南栋建于后，名大储新栈，两库均为三层。每层立柱顶部向外扩展呈倒梯形，以增加楼板支撑面。在南、北两幢楼的二楼之间建有一凸出平台，使两栋库房二层以上连通。建造之时，因考虑工人人力挑、抬、背、扛等劳作，仓库内楼梯宽、坡度小，台阶踏板宽、间距短，楼梯中间设平台供工人休息，两栋库房之间空地上方搭建有遮雨棚以防货物被雨淋湿（图3-4-25至图3-4-28）。

图3-4-25　大储栈仓库改造前（2008年）

图3-4-26　大储栈仓库内部立柱形式

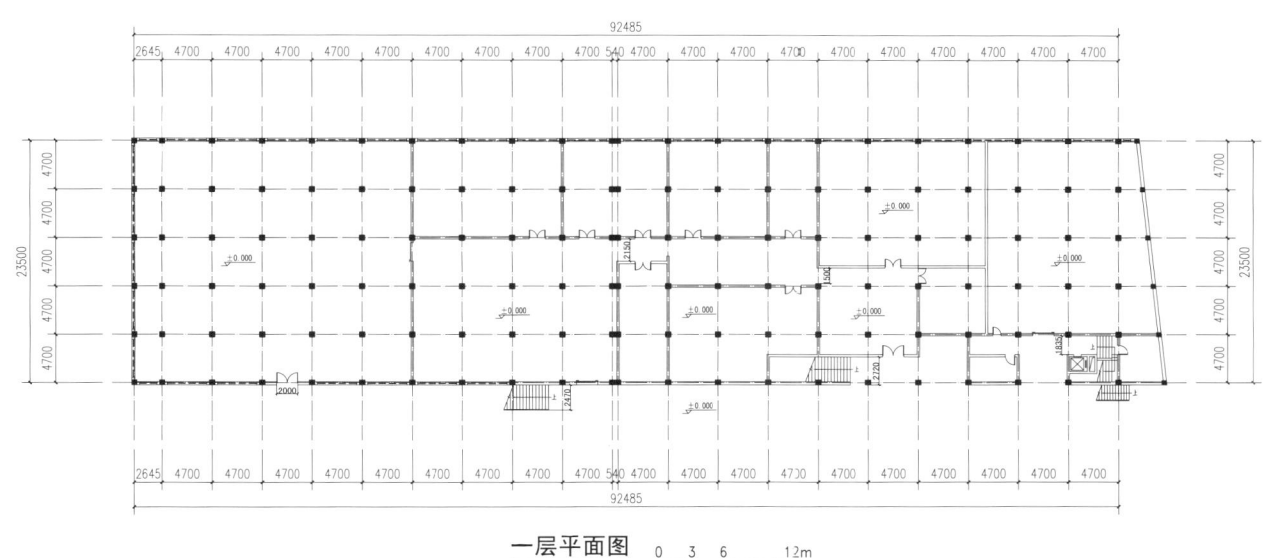

图3-4-27 大储栈仓库一层平面图

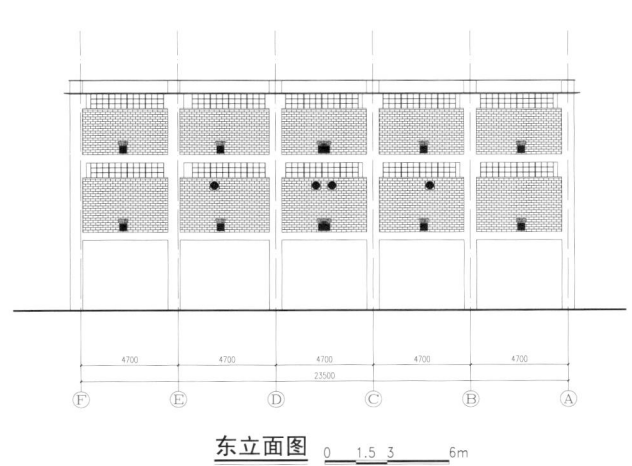

图3-4-28 大储栈仓库东立面图

3. 板柱结构（无梁楼盖体系）

钢筋混凝土无梁楼板（盖）结构也是常用于工厂、仓库等各类工业建筑中的结构形式。它与框架结构较为相似，但无梁楼板（盖）结构中的柱子直接与楼板相连，不设梁，这样的结构形式让建筑的净空高度增加，在工业建筑中更加有利于仓储。无梁楼盖的出现使得工业建筑的内部空间更为简洁完整，设备布置更为灵活，在上海工业遗产中出现较多，是早期混凝土结构中一种相对成熟的结构形式。

上海工业遗产中，早期的无梁楼盖体系多在柱上设有柱帽，典型案例如英商怡和纱厂麻袋车间、瑞镕船厂内厂房车间、上海工部局宰牲场旧址、东码头仓库等。

英商怡和纱厂麻袋车间建造于1915年，是国内较早采用无梁结构的工业建筑，建筑内钢筋混凝土柱子的柱头放大成四角形台体，其上又设正方形的钢筋混凝土薄板，薄板上再铺钢筋混凝土楼板，是上海较为典型的无梁楼盖建筑结构（图3-4-29）。

上海工部局宰牲场旧址的一大特色是其伞状柱帽，超过三百根的宽大伞状柱均匀分布在建筑方形的外围体量中，柱帽有八角形和四边形两种

图3-4-29　英商怡和纱厂麻袋车间的无梁结构形式

图3-4-30　工部局宰牲场内部伞状柱帽

类型，八角形伞状柱帽主要分布于建筑外围的西侧，四边形伞状柱帽主要分布于建筑外围的其他部分（图3-4-30）。

东码头即黄埔码头旧址，位于杨浦区秦皇岛路32号，处于黄浦江下游北岸，是上海市黄浦江两岸综合开发的重要组成部分。该码头原为一废旧码头，1908—1910年被日本南满洲铁道株式会社①收购，并委托日本邮船株式会社代为经营管理。码头1911年9月开始营业，专靠上海至大连、青岛航线的日本船只和日商班轮。1920年后，改由大连汽船株式会社所有。1934年改建为水泥钢筋混凝土固定码头。"八·一三"战役期间成为日军的登陆点，码头停靠军舰、运输舰，仓库堆存军事装备。抗战胜利后，由海关接管交中央信托局经营。中华人民共和国成立后，划归上海港务局第三装卸区管辖，后归属上海市申江集团。

东码头旧址内A、B仓库，始建于1934年，坐西朝东，三层钢筋混凝土结构，14米高，为现代主义风格建筑。建筑平面为矩形，正面两钢筋混凝土楼梯直通二楼，开两门。平屋顶，均为钢筋混凝土无梁楼盖（图3-4-31至图3-4-33）。

2009年初，黄浦码头旧址（即东码头）被市政府设立为"世博水门"之一，A、B仓库经更新利用后，也在世博会期间承办了多次文化交流活动。世博会后，仓库基本闲置。2011—2013年进行的保护和再利用设计，使其完成了从具有百年历史的"黄浦码头"到"世博水门"、再到浦西滨江岸线上重要公共空间"东码头"的功能与空间的转变。其现作为高档办公场所利用，建设面积为12 000平方米（图3-4-34、图3-4-35）。

3.4.2　特殊屋顶形式

中国传统建筑多采用坡屋面的结构形式，上海工业建筑中有很多采用坡屋顶，但也出现了一些特殊的屋顶形式。这种变化体现了工业发展对建筑形式的新要求，展现了形式服务于功能的发展原则。

1. 锯齿形屋顶

锯齿形屋面的建筑是上海纺织类工业建筑的标志，这种屋顶有利于空间采光、通风以及控制

---

① 日本南满洲铁道株式会社，是日本帝国主义推行大陆侵略政策的"国策会社"，是日本在我国东北进行政治、经济、军事等方面侵略活动的指挥中心，1906年成立，总部设在大连。

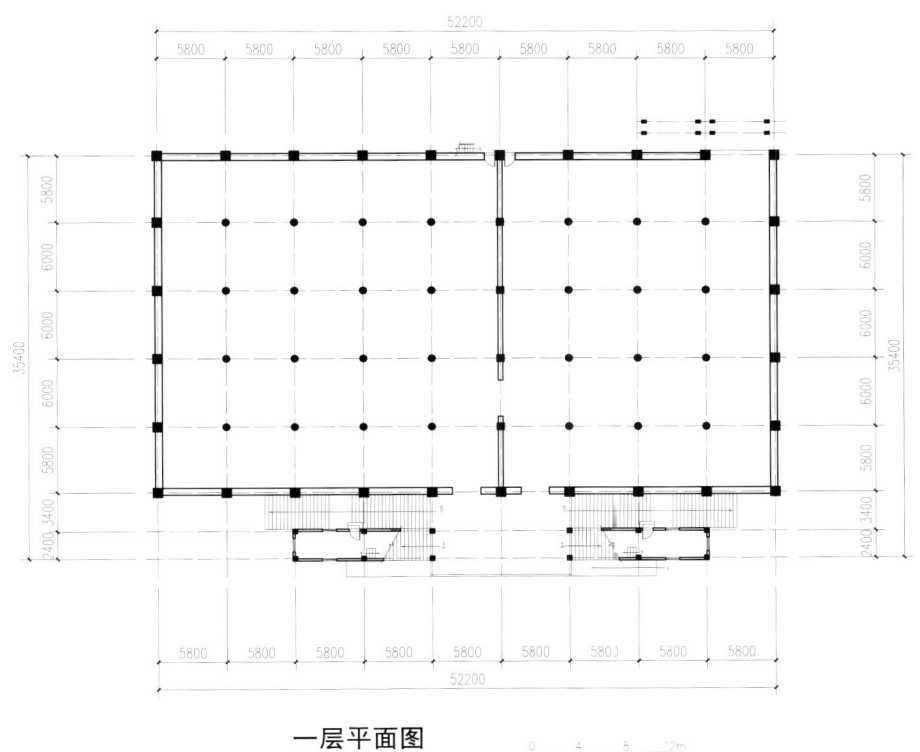

图3-4-31　东码头B仓库一层平面图

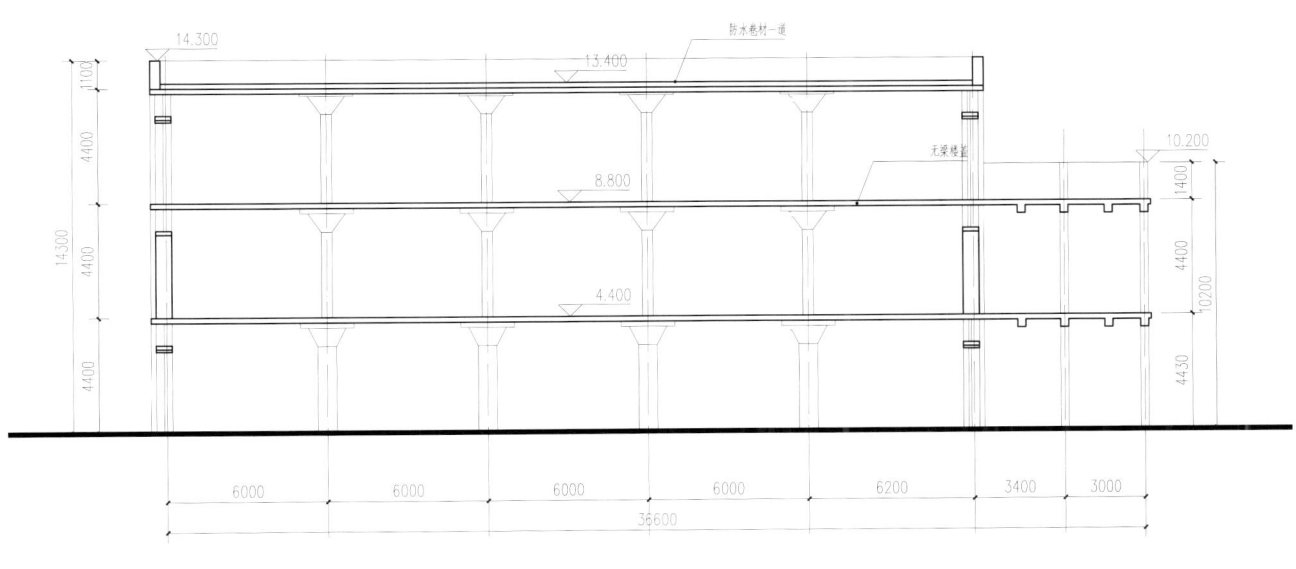

图3-4-32　东码头A仓库剖面图

图3-4-33 东码头A、B仓库的无梁楼盖结构

图3-4-34 东码头A仓库修缮前后外观对比（2009年与2018年）

图3-4-35 东码头B仓库修缮前后外观对比（2009年与2018年）

室内温度，而纺织厂为使纱线不易断头，要求厂房内光线稳定、均匀，无直射光进入室内，避免产生眩光，因此这种形式的屋面被纺织厂厂房广泛使用。

锯齿形通常采用窗口向北或接近北向的锯齿形天窗，厂房不仅由天窗透入光线，还由于屋顶表面的反射增加了反射光，采光效率高，在满足采光标准的情况下最大程度地降低了建筑成本，朝北开窗也能够防止室内过热。

上海现存的锯齿形屋面工业建筑，基本为单层厂房，占地面积大，纺织厂中较多留存，但也在一些其他轻工业类型的工业建筑中有一定的案例保存。最早出现的锯齿形屋面工业建筑是砖木结构建筑。据记载，1895年建造的英商怡和纱厂工厂为"砖木结构—瓦楞铁皮覆盖"的锯齿式屋顶。此外，1922年建造的上海日商纺织株式会社（现上海时尚中心）现存的部分厂房也是砖木结构的锯齿形屋顶单层厂房（图3-4-36）。

随着水泥技术的推广，锯齿形厂房更多地采用钢筋混凝土结构进行建造。但在1940年代，依旧可以在上海郊县地区的工业建筑中看到砖木结构锯齿形厂房的应用，如1943年迁建顾村的俭丰

图3-4-36　上海日商纺织株式会社（现上海时尚中心）砖木结构锯齿形屋顶

图3-4-37 俭丰织染厂车间锯齿形屋顶外观

图3-4-38 俭丰织染厂车间室内三角形木屋架

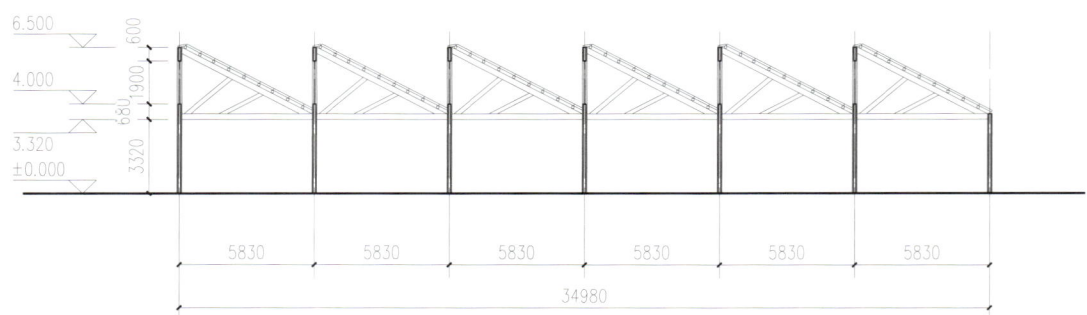
织染车间剖面图

图3-4-39 俭丰织染厂车间剖面图

织染厂东侧车间,就是砖木结构锯齿形屋顶单层厂房(图3-4-37至图3-3-39)。

水泥技术逐渐成熟后,钢筋混凝土结构的锯齿形屋顶在纺织类型工业建筑中使用更为广泛,并逐渐成为纺织厂建筑的标志之一。如1911年建造的上海日华纱厂和上海新怡和纱厂的纺车间是中国工业建筑中最早采用钢筋混凝土结构锯齿式屋顶的单层厂房之一;1932年竣工的上海申新纺织第九厂的布厂是两层钢筋混凝土结构的建筑,屋顶同为锯齿形。

在本次调研的工业遗产中,崇明大通纱厂厂房车间(图3-4-40)、崇明富安纱厂厂房车间(图3-4-41)、上海火柴厂旧址(图3-4-42)等采用的都是钢筋混凝土单层锯齿形屋顶结构,目前整体保存较为完整。

此外,钢结构锯齿形屋顶在厂房中也有运用;但由于上海工业建筑中钢结构建筑整体数量相对较少,钢结构锯齿形屋顶厂房留存数量也相对较少,典型如上海日商纺织株式会社中的部分厂房车间、杨树浦慎昌洋行车间等。

图3-4-40 崇明大通纱厂锯齿形屋顶鸟瞰

图3-4-41 崇明富安纱厂车间室内结构

图3-4-42 上海火柴厂旧址锯齿形屋顶

2. 气楼屋顶

气楼就是在建筑的平屋面、坡屋面或弧形墙面上做局部凸起，并在凸起处开窗，以利于大面积厂房内部的采光和通风。工业建筑遗产中常见的气楼屋顶，其实是矩形天窗构造，一般都支撑在屋架上弦节点上，配合天窗形成一个用于工业建筑采光通风的空间。

上海工业遗产中气楼屋顶的运用很常见，尤其是在单层大面积工业建筑中较为常见。典型案例如新安电器厂旧址现存的厂房车间、上海汽轮机厂三跨厂房车间（图3-4-43）以及三林镇恒大纱厂钢筋混凝土厂房车间（图3-4-44）等。

图3-4-43 上海汽轮机厂三跨厂房车间气楼屋顶外观

图3-4-44 三林镇恒大纱厂钢筋混凝土厂房车间气楼屋顶外观

3. 双曲砖拱屋顶

1949年以后，从苏联聘请专家顾问、引进先进技术成为中国政府当时的一项重大战略。1952—1956年，通过苏联援建的"156"项目，中国向苏联和东欧各国学习技术超过4 000项，双曲砖拱技术便是其中的一项工业技术。这种结构靠砖进行屋顶搭建，稳定性一般，但用材节省，能够缓解当时建筑物资匮乏的燃眉之急。

这一屋顶结构技术在我国存在的时间较短，但因其造型特殊，存量较少，已成为上海工业建筑中特殊屋面形式的重要案例。典型工业建筑有上海电站辅机厂西厂（图3-4-45）、同济大学原电工馆（图3-4-46、图3-4-47）等。

图3-4-45 上海电站辅机厂西厂拱形厂房室内

图3-4-46 同济大学原电工馆旧照
（资料来源：陆敏恂，《同济老照片》，2007）

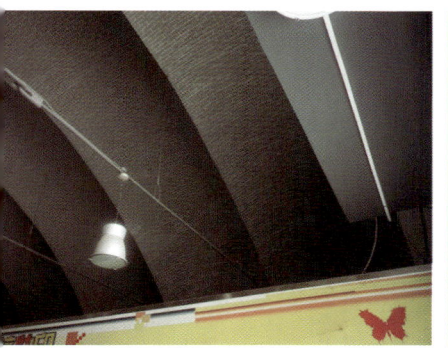 

图3-4-47 同济大学原电工馆室内外现状

3.4.3 风格特征

工业本来就是西方工业革命后的产物，因此上海的近代工业建筑遗产深受西方影响。上海近代工业发展的时期，是中国近代工业建筑活动的鼎盛时期，也是西方建筑思想的活跃期，彼时西方建筑界正经历从传统古典主义复兴到现代化的转型。上海作为当时接受西方文化较深的沿海城市，在建筑风格上表现出多样化的特征，虽然工业建筑整体上追求实用主义，但多元化的建筑风格特性依旧在上海的工业建筑遗产，尤其是办公楼建筑、住宅建筑中等得到体现。

1949年以后，由于学习苏联、东欧热潮，这一时期的工业建筑体现出一种不同于上海早期工业建筑的风格，在设计思想上既注重实用性，也体现出当时的时代特色。整体来看，经历了从最开始的单纯重视功能，到实用性与形式相结合的过程。

1. 传统中式建筑风格

传统中式建筑风格在上海工业遗产中可以找到一些案例，这类风格多见于中国民族工业建筑或传统手工业厂房建筑，采用传统中式结构建筑，体现出中式建筑风格。

洋务运动初始时，清政府建造的新式厂房虽然很多都使用了西方的结构技术，但厂区里的非生产性辅助建筑依然有一些采用中国传统技法，外观也是中国传统样式。从一些历史照片可以看到，在一些非工业用途的建筑如大门等，在建筑风格上基本保持了传统建筑风格，如洋务运动早期的江南制造总局大门（图3-4-48）。

也有一部分建筑在内部结构的处理上采用了一定的西方现代结构，但外观风貌依旧保持传统中式建筑特色，以传统青瓦、木材为材料，以坡屋顶为表现形式。目前上海的工业遗产中，中式建筑风格多存在于上海远郊工业遗产案例中，如奉贤神仙酒厂（图3-4-49）、罗店利用锁厂办公楼等。

图3-4-48 江南制造总局大门
（资料来源：上海市档案馆）

图3-4-49　奉贤神仙酒厂厂房

2．古典复兴风格

古典复兴风格运用在上海工业发展早期的工业建筑以及一些重要的公共建筑中，其中最为典型的是上海造币厂，以罗马爱奥尼柱式和希腊式山花体现出风格特征。

上海造币厂位于普陀区光复西路17号，南临苏州河，于1922年建成。厂房主体建筑由通和洋行与美籍建筑师赫维特设计，厂房办公大楼南立面设两层高的古罗马爱奥尼柱式门廊，上面设有希腊式山花，窗檐有装饰，建筑内部也采用了古典式风格，建筑整体体现出古典复兴建筑风格（图3-4-50）。

图3-4-50　上海造币厂办公楼

图 3-4-51　杨树浦水厂原2号、4号车间

3. 浪漫主义风格

浪漫主义风格工业建筑的典型代表是杨树浦水厂。杨树浦水厂始建于1881年，由英商公和祥洋行设计，在1910年代和1920年代曾多次扩建，建筑整体呈现出城堡般的浪漫主义风格，墙体为清水砖砌镶红砖饰带，屋檐有雉堞式压顶，门窗洞采用四心尖券（图3-4-51）。

4. 折中主义风格

折中主义风格又称集仿主义风格，是19世纪上半叶至20世纪早期在欧美一些国家流行的一种建筑风格。折中主义风格意在模仿历史上各种建筑风格或自由组合各种建筑形式，在建筑的外观上讲究形式美感和整体平衡。上海的折中主义风格建筑众多，在工业建筑上也有较多的留存。典型的案例包括上海阜丰面粉厂厂房（图3-4-52）、上海邮政总局办公楼等。阜丰面粉公司厂房建于1898年，砖木结构四层楼，主体采用框架结构，开间五间，进深三间。屋面为青瓦坡顶，上开天窗，以增加采光。清水青砖外墙，饰以红砖壁柱及线脚；底层入口门采用半圆拱券，其余窗采用弧形砖券，矩形木窗。整栋建筑为比较典型的折中主义风格。

图 3-4-52　上海阜丰面粉公司四层制粉楼外观

5. 巴洛克风格

巴洛克风格起源于17世纪文艺复兴后期，意为"畸形的珍珠"，其风格特征是在文艺复兴建筑风格的基础上，更加追求新奇变幻，打破文艺复兴和古典主义的常规模式。巴洛克风格体现在建筑上，通常为采用大量的线角装饰，通过强烈的明暗效果等体现出夸张奇幻的效果。巴洛克风格在工业建筑中的运用比较少见，但依旧存在案例，典型的如阜丰面粉厂办公楼。该楼建于清光绪二十五年（1899年），砖木结构二层，巴洛克装饰风格。外围青砖墙壁，坡屋顶红色机平瓦。南面为主入口，东西侧各有次入口。南立面使用柯林斯柱式，雕饰精美。主立面五开间，正中三开间后退成廊，一层隔扇长窗，开有矩形木窗，有壁柱，其他立面开矩形窗，水刷石窗套，雕饰简单，局部有百叶残存。东北、西北墙角有转角石，屋面采用天沟排水，铸铁落水管（图3-4-53）。

图3-4-53　阜丰面粉厂办公楼

6. 外国民族风格

在上海开办的外资企业通常聘请外资本国的建筑师来进行设计，这样的建筑往往带有外国的民族特色。在工业建筑领域，这样的民族特色风格在附属的办公楼、职工住宅中有较为明显的体现。

1949年以前，上海有一定数量的日资工厂，部分日资工厂的工业建筑体现出日本风格，类似于日本近代建筑风格的和洋式建筑，在一些细节的装饰和材料的运用上体现出与西式风格的区别，典型案例如澳门路660弄内外棉株式会社职工住宅（图3-4-54）。中华人民共和国成立初期，由于受到苏联东欧建筑风格的影响，上海部分工业建筑在装饰上也会体现出东欧建筑的特色，典型案例如上海汽轮机厂职工宿舍（图3-4-55），受到捷克斯洛伐克技术支持，体现出东欧建筑装饰特色。

图3-4-54　澳门路660弄内外棉株式会社职工住宅

图3-4-55　上海汽轮机厂职工宿舍

7. 现代主义风格

上海工业建筑中最为突出的风格特征是现代主义风格。1920年代开始受现代主义运动影响，这种建筑风格鼓励建筑师要摆脱传统建筑形式的束缚，大胆创造适应于工业化社会条件和要求的崭新建筑。现代主义风格追求不做或少做专门的装饰性构件，强调建筑结构以及构造配件本身的视觉效果。工业厂房因为功能主导的建筑需求，与现代主义简洁实用和注重实效的风格特色相契合，随着建筑技术的不断成熟，现代主义风格被越来越多地运用在工业建筑上。

在上海留存有较多现代主义风格的工业建筑，包括四行仓库、上海啤酒厂、上海东区污水处理厂泵房等。上海啤酒厂建于1933年，由匈牙利建筑师邬达克设计。厂区包括灌装大楼、机修车间、办公大楼、果酒车间、啤酒大楼及一幢连体的糖化车间等。厂区内建筑整体外观简洁，一律采用方窗，窗户大小依内部空间的使用要求而定，完全摒弃了古典建筑依立面美观而开窗的做法，是工业建筑中现代主义风格的典型代表（图3-4-56）。1949年以后的工业遗产，在建筑风格上更多地向简洁实用的风格靠拢。

值得一提的是，工业建筑最大的特征在其实用性上，大量的工业建筑尤其是厂房，其最主要的目的并不是满足建筑的独特性，而是需要满足工业生产最基本的实用功能，因此建筑风格往往显得更加简洁、利落和实用，这也造成很多工业建筑很大程度上并没有特别明显的风格特征趋向，这类工业建筑形式单一、缺乏特色，以厂房、仓库建筑居多。实际上，这种纯粹功能性的工业建筑，是上海工业建筑的主要类型；而这类设备陈旧、建筑简陋的中小型厂房，由于本身条件的缺陷，往往没有办法得到较好的保留，多已经消失。

图3-4-56 上海啤酒厂厂房外立面

此外，工业建筑在实用性上的要求较高，往往为满足一定的功能需求而兴建，无所谓风格流派。在实用主义的大前提下，工业建筑因应功能需求而形成的一些特殊的结构、造型，本身也具有强烈的美学特色，如筒仓、运输栈桥等，民生港码头筒仓（图3-4-57）、上海工部局宰牲场牛道（图3-4-58）、上海渔场水滑车（图3-4-59）等都是这种工业美学的特殊体现。

3.4.4 建筑材料

工业建筑的发展，得益于新的建筑材料的引入和运用，新型建筑材料是工业建筑发展和现代化的基础。西方工业革命为建筑业带来了钢铁材料、水泥材料和钢筋混凝土技术以及机制砖瓦、玻璃材料等，都是工业建筑遗产形成如今之特征的重要因素。

开埠初期，水泥、钢铁、机制砖瓦、玻璃等材料开始由西方引入中国。上海近代工业初步发展的时期，由于当时国内生产技术有限，造成建筑材料的产量有限，多是依靠进口建筑材料进行建筑兴建。20世纪以后，国内工业飞速发展，由

图3-4-57 民生港码头筒仓
（资料来源：大舍建筑）

图3-4-58 上海工部局宰牲场牛道

图3-4-59 上海渔场水滑车

于国内钢筋混凝土技术、钢结构技术、大跨度结构技术等建筑技术发展快速，对于新型建筑材料的市场需求也随之加大，建筑材料工业亦随之发展。与此同时，工业设备制造、建筑安装产业都得到迅速发展，共同促进了工业建筑的发展。

1. 传统材料的运用

上海的传统建筑材料包括土、木材、石材、青瓦等，是可以通过传统人力进行简单加工的传统建筑材料，这一类材料在传统土木结构中式建筑中运用广泛。一方面，传统建筑材料在传统中式土木结构工业建筑中有广泛运用，但随着上海城市化工业化发展，传统中式建筑在工业建筑中的运用逐渐减少。另一方面，砖木结构建筑中的木桁架、木楼板等都仍然采用了木材（值得注意的是，在木材的选用上，不完全采用本地材料，进口的木材会较多地运用在砖木结构工业建筑中）。此外，在一些工业设施，如船坞、滤池等，上海工业发展的早期都较多地采用木材，典型案例如上海祥生船厂船坞、英商自来水厂的滤池等。

2. 水泥材料的引进、普及和应用

1824年英国发明了"波特兰水泥"，水泥的发明推动了建筑工业的快速发展。水泥材料在19世纪末传入中国，在上海工业发展初期，中国的水泥主要依靠外资的洋灰厂或直接从国外进口，国内的水泥厂只有唐山启新洋灰公司等少数几家厂商，国产水泥的产量有限，水泥价格也相对较高，无法满足建筑工业的需求。早期工业建筑中钢筋混凝土结构多运用在上海的外资企业中，典型案例包括上海杨树浦水厂的滤池、英商怡和纱厂厂房等，都是早期外商投资下的钢筋混凝土结构工业建筑遗产。

进入20世纪，中国工业的空前发展为水泥生产带来了机遇，中国水泥生产工业得到发展，全国范围内，除已经建立的唐山启新洋灰公司、广东士敏土厂、湖北大冶水泥厂这三家大型水泥生产厂外，又陆续建立江苏龙潭中国水泥公司、广东西村士敏土厂、济南致敬水泥公司、太原西北水泥厂以及四川水泥厂等。在上海，刘鸿生、朱葆三等于1920年集资创办华商上海水泥股份有限公司，1923年投产，年产水泥能力为10万吨（图3-4-60）。

1949年之前，尽管民族水泥工业已有了很大的发展，水泥仍然是较昂贵的建筑材料之一，水泥的使用多是用于中大型工业建筑中，小型普通企业的工业建筑对于水泥的使用依旧较少。不过从工业遗产的调查现况来看，使用水泥材料的工业建筑遗产留存较多，这与钢筋混凝土结构更加易于保存，有较高的稳定性有关。

3. 钢铁材料的引进、普及和应用

相比于水泥，钢铁材料更早引入中国。在19世纪末，上海就已经有炼制钢铁的能力，1865年在上海兴建的江南制造总局在1867年和1890年分别开设铸铜铁厂和炼钢厂用于建造军工产品以及铁路轨道，但早期国内制钢铁品质欠佳，产量不多，炼制的钢铁很少用于建筑材料；早期在工业建筑、桥梁中使用的钢铁材料，几乎完全依靠进口。

相比于20世纪水泥产业在中国的发展，钢铁工业技术在1949年之前一直处于一种相对缓慢发展的状态。中国钢铁工业在进入20世纪后虽有一些发展，但技术依然落后，总产量也极为有限。整体来看，上海钢铁生产装备简陋，产品技术含量低，生产能力小。当时几乎所有的重要工业建筑工程皆使用进口钢材，甚至直接在国外完成预制构件后来华安装。1949年以前，中国本土钢铁工业薄弱，需要大量依赖进口，抑制了需要以

图3-4-60 华商上海水泥股份有限公司（上海水泥厂）旧址石灰石预均化库立面（2009年）

钢铁为材料的结构技术在中国的发展。这也导致了上海的工业遗产中钢结构工业建筑留存较少。1949年以后，在国家经济政策的影响下，上海的钢铁工业技术得到较好的发展，公私合营改组后，上钢一厂、二厂、三厂……十厂（图3-4-61）等分别成立，1978年宝钢的建立，让上海钢铁产业得到了全面的发展。

由于钢结构的稳定性相较于混凝土结构而言较低，现存的工业遗产中钢结构厂房相对较少，早期的钢结构桥梁、厂房因其本身的稀缺性，也成为上海工业遗产的重要代表。但钢铁材料在钢筋混凝土结构厂房中作为基础材料的运用，极大促进了工业建筑的发展。

4. 机制砖瓦、玻璃、陶瓷的普及和应用

机制砖瓦、玻璃、陶瓷是工业建筑大量使用的建筑材料，这些材料的发展是上海工业建筑由传统建筑向现代化转型的重要标志。

（1）机制砖瓦工业

砖瓦的需求是随着上海砖混结构工业建筑的广泛运用而发展的，上海的机制砖瓦工业最开始由外商在上海开办。随着砖混结构的工业建筑对机制砖瓦需求的扩大，中国民族工业的机制砖瓦工业也在这样的背景之下发展起来。从另一角度来说，上海机制砖瓦工业由手工生产转向机械化工业制造也极大促进了上海工业建筑的发展，大幅度提高了工业建筑的质量，满足了工业建筑的需求。种类多样的砖能够满足工业建筑对不同工业类型的特殊需求。如现存的工业遗产中，杨树浦电厂的烟囱就采用了开滦矿务局生产的鱼纹砖，以解决烟囱这类特殊工业构筑物对耐高温的需求。

图3-4-61　上海第五钢铁厂旧址航拍图

（2）玻璃工业

玻璃制品在建筑中的应用广泛，包括建筑的门窗、天窗、地板、装饰等处。1949年以前，上海的玻璃制造业在全国处于领先地位，1920年代，上海的玻璃制造厂商不下20家，在建筑上使用的主要产品有平板玻璃和花纹玻璃。随后，上海的玻璃制造技术愈发成熟，发展出夹丝玻璃、化学玻璃、玻璃砖等适用于工业建筑的类型。在杨树浦电厂的开关室中，就可以看到夹丝玻璃的应用。玻璃制造厂中，以天津的耀华机器玻璃公司最为成熟，1947年购得美国制平板玻璃引上机一套，由当时的国民政府行政院救济总署指定在上海设厂，即上海耀华玻璃厂。此外，上海的协昌玻璃厂、中华凤记玻璃厂都是当时较为大型的玻璃制造厂。

（3）陶瓷工业

陶瓷工业生产的各种瓷砖、马赛克、缸砖等产品，都是重要的建筑材料，对于工业建筑的现代化发展具有重要的意义。中国建筑陶瓷工业在1920年代获得较大的发展，唐山启新洋灰公司在厂内建设陶瓷厂，采用德国原料生产卫生陶瓷，作为当时中国最大的陶瓷生产厂商，在1930年代后，启新洋灰公司已能生产各种缸砖、耐火砖、瓷砖、电瓷瓶、卫生设备、马赛克等。在上海，沪北协昌花砖红瓦厂、华新砖瓦花砖公司等是当时较为重要的砖瓦制造公司。在工业建筑遗产中，花砖的采用多见于办公楼、职工住宅等处，典型的如1924年建成的上海电力公司（杨树浦电厂），其控制室室内地面采用的花砖（图3-4-62）就是中国制造的。

图3-4-62　杨树浦电厂控制室地面马赛克砖

3.4.5　工程技术

1．施工方法

上海的地质条件较差，随着近代时期工业建筑技术的不断提高，建筑高度不断增加，建筑结构形式不断优化，在建筑施工上产生了一些新的施工方法。

基础工程做法方面，出现了比如木桩基础、钢筋混凝土基础、砂沉基础等做法。木桩基础的做法在上海的典型代表建筑是中国银行堆栈仓库，吴景奇、陆谦受《中国银行堆栈》一文记载了其做法："用40尺圆桩平钉入板桩之内，外墙用夹板板相连，使勿脱出；在建筑7层和12层相连部分打1比5斜桩；由于仓库南临苏州河，木桩割平后，在地基填6寸碎砖与桩面齐平，内设地沟，使水不至上涌，在碎砖之上再平铺3寸水泥三合土，待干燥后，再平铺5层柏油油毡，再平铺水泥三合土2寸作为防护避潮层"[①]。随着钢筋混凝土技术的成熟，现浇钢筋混凝土桩工

---

① 吴景奇，陆谦受．中国银行堆栈［J］．中国建筑，1936（26）：19-23．

程逐渐取代传统木桩基础；据文献记载，现浇混凝土桩工程包括"法兰基桩""雷蒙式桩"等。此外，砂沉基础是指在基坑挖掘一定深度后灌入沙子，沙的密度大于地下水含量较高的液化土和淤泥，利用沙子可增加基地土壤的密实度和摩擦力。

2. 工程设备

工程器材设备方面，在施工测量过程中使用了水平仪、经纬仪，在基础施工中采用了打桩机，在码头、船坞施工过程中采用了挖泥机等，钢筋混凝土技术的不断成熟，也让混凝土搅拌机和砂浆搅拌机的应用得到推广。

1949年以后，中国在第一个五年计划期间从苏联和东欧国家引进156项重点工矿业基本建设项目，即"156项工程"，虽然上海本身并没有直接涉及重点项目建设，但苏联援建工程也为上海的工业建设带来了相应的施工、设计设备，成为上海在中华人民共和国成立初期开展工业建设的技术支持。

在工业遗产中，包括上海汽轮机厂、上海电辅机厂、彭浦机器厂（图3-4-63、图3-4-64）等的厂房都可以看到苏联或者东欧建筑技术的缩影。

3.4.6 营造人员

1. 建筑师和设计机构

上海工业发展初期，开埠后一批外国设计师进入上海，工业建筑主要由外国建筑师设计，尤其上海的外资工业建筑多由外资设计机构参与设计。外资的通和洋行、公和洋行、德和洋行、邬达克洋行、哈沙德洋行等，都是当年上海建筑界重要的外资建筑设计机构。如通和洋行于1898年成立，其建筑风格延续了西方复古主义建筑特色，主要参与的工业建筑包括上海南市自来水公

图3-4-63　彭浦机器厂厂房外观

图3-4-64　彭浦机器厂厂房内部结构

司、龙华造纸厂、阜丰面粉厂、上海福新面粉公司苏州河沿岸厂房等。

法国工程师雷尼·米吕蒂于1930年代在上海设计了桥梁（乍浦路桥）、水塔、货栈、仓库等。匈牙利建筑师邬达克·拉斯洛除了在上海设计住宅外，也设计了上海啤酒有限公司和闸北水电厂这两处工业建筑。

图3-4-65　上海裕丰纺织株式会社办公楼现状

此外，上海也存在一些由日本建筑设计师设计的工业厂房，其中典型代表为平野勇设计的上海裕丰纺织株式会社办公楼（图3-4-65）。日本由于明治维新走上西化道路，在工业建筑的风格上多体现出现代主义特征。

19世纪末20世纪初，从事正规建筑设计的中国人并不多，目前所知最早的中国人自营建筑设计机构于20世纪初出现在上海。在这些早期的建筑设计机构中，出现了最早一批从事工业建筑设计的中国设计师，但他们通常都不是建筑设计专业科班出身，而是来自结构、土木等专业。

参与工业建筑设计比较多的有楼道魁、施嘉干、姚长安等。其中，楼道魁参考外商在上海建造的厂房，结合上海的具体情况摸索出一套较为成熟的纺织企业厂房设计方法，设计了众多民族企业的丝厂和纱厂。施嘉干1924年获麻省理工学院土木工程系硕士学位，参与设计的工业建筑包括北苏州路中国银行总库、荣氏面粉厂（图3-4-66）等。姚长安是首批获得"上海市工务局建筑工程师登记"资格的工程师之一，以安记建筑工程师事务所的名义设计了崇明大通纱厂（图3-4-67）、上海永豫纱厂等。

图3-4-66　荣氏面粉厂2010年状况

图3-4-67　崇明大通纱厂办公楼现状

1920年代后，大批建筑设计专业留学生学成回国，开始走上建筑设计的舞台，这一批建筑师在上海留下众多作品，其中也包括大量工业建筑，使长期被外国建筑师垄断的建筑设计行业发生了改变。

这些归国建筑师还创办了一批理念上与国际接轨的设计机构，如庄俊建筑师事务所、基泰工程司、华盖建筑师事务所等。1930年建成的中央造币厂财政部部库由庄俊设计，1935年竣工的中华书局上海印刷所办公楼由上海泰利建筑有限公司设计建造，1928年建成的阜丰面粉厂圆筒形麦仓和1936年建成的欧亚航空公司龙华飞机库由启明建筑事务所的奚福泉设计。

同时，他们还创办建筑设计刊物，将西方建筑思潮传入中国，如《中国建筑》《建筑月刊》等，这两本是1930年代中国最重要的建筑杂志。

近代中国已经拥有了一支庞大的以土木专家为主的队伍，在1952年推动公私合营时期，组建了上海建筑设计公司，同年与华东工业部建筑工程公司设计组等合并，定名为华东建筑工业部建筑设计公司（简称"华东院"）。这是上海在1949年以后第一家直属建工部的中央设计公司。1950年代，华东院承担的工业建筑项目约370项，包括江南造船厂等，涉及造纸厂、机械厂、轧钢厂等，是中国重工业生产高速发展的缩影。

2．施工队伍

上海工业建筑数量多、技术先进，与上海施工队伍的壮大也有重要的关系。1949年以前，上海的施工队伍在全国属于领先地位，1920—1930年代是上海施工队伍发展的高峰时期，原本传统的建筑工匠和鲁班坊的模式正式被营造厂和建筑公司代替。这一时期，上海的施工队伍（包括营造厂、建筑公司、土木作坊等）超过3 000家。营造厂和建筑公司包括中资和外资，中资营造厂和建筑公司则是这一时期上海工业建筑施工的主力。除施工队伍外，与建筑有关的油漆装饰、打桩行业、石料工程等都形成了一定的规模。上海中资营造厂及其工业建筑代表作品如表3-4-1所示。

表3-4-1 上海的中资营造厂及其工业建筑代表作品（1895—1937年）

名称	成立时间	创始人	工业建筑项目
周瑞记营造厂	1895年左右	周瑞庭	上海杨树浦发电厂一期
姚新记营造厂	1905	姚锡舟	崇明大通纱厂、吴淞大中华纱厂
裕昌泰营造厂	1910	张裕田、乐阿唐、谢秉衡	上海日华纱厂
楼源大营造厂	1910	楼道魁	美亚集团久成一、二、三丝厂，祥纶丝厂、丰泰丝厂、震丰丝厂等
协泰洋行（中外合资）	1910年左右	姚锡舟、穆勒、德利	中央造币厂等
新金记营造厂	1920	谢秉衡	杨树浦煤气厂、密丰绒线厂、怡和啤酒厂、虬江码头、正广和汽水厂、南洋兄弟烟草公司等
陶桂记营造厂	1920	陶桂松	永安纺织公司兰州路第一厂房、吴淞第二厂房、淮安路第三厂房
仁昌营造厂	1927	应兴华	天原电化厂、天厨味精厂、中英制药厂等

续表

名称	成立时间	创始人	工业建筑项目
安记营造厂	1928	姚长安、陈松龄	浦东光华火油公司厂房、码头、油池等，上海银行仓库
陆福顺营造厂	1929	陆鸣升	大丰纱厂、杨树浦煤气厂、安达纱厂等
利源合记营造厂	1930	朱顺生、叶宝星	上海啤酒厂
久泰锦记营造厂	1931	徐锦章、唐永夔	阜丰面粉厂机房和圆筒形麦仓
久记营造厂	1899	张效良	公和祥码头、其昌栈码头、内外棉株式会社杨树浦厂房

（资料来源：娄承浩、薛顺生，《老上海营造业及建筑师》，2004）

随着上海解放、中华人民共和国建立，建筑施工队伍发生了根本性的变化，私人营造厂逐步被国营建筑队伍所取代，国营建筑公司成为建筑施工的主力。

1949年8月，华东行政区工业部在上海成立华东建筑工程公司，是上海地区第一家国营建筑公司，公司吸收了两家规模较大的营造厂职工共约700人。同时，在原有工务局修建队伍、房产局房修队伍、军队基建队伍、商业基建队伍的基础上，组建了5家国营企业。

1952年，上海市财政委员会建筑工业处以上述6家单位为基础，组建了一支大型的国营建筑施工队伍，定名为华东建筑工业部。1953年，上海市地方国营建筑队伍上海市建筑工程局组建，1958年，华东、上海两支队伍合并。上海市建工局在中华人民共和国成立初期上海的工业建设高潮中发挥了主力作用，承担了工业新区、工人新村等的建设工作。

3.5 上海工业遗产中的设施设备情况

设备设施是工业遗产的另外一个重要组成部分。上海工业遗产中的设备设施主要包括码头设施、防火防盗设施、运输设施、铁路设施、仓储设施、生产设备等，在现有的调查中，码头渡口设施较多，这也从一个方面印证了上海的工业发展以水路运输为重这一特点。此外，调研中发现的工业设施还包括烟囱、塔吊、船坞、筒仓、生产机器等。

3.5.1 电梯、运输栈桥

近代时期，中国使用的电梯设备主要依靠进口。由于厂房对于运输的需求，上海的工业建筑也是最早使用电梯、运输栈桥等设备的建筑类型之一。

早期主要的进口电梯供应商包括奥的斯、迅达等，如1935年建造的上海沪南仓库（民生仓库）为方便货物上下运输，设有平坦扶梯，梯宽2.44米；另有电梯两部，电梯设备由奥的斯电梯公司承办，每部载重量近1 996千克，速度每分钟35米，装有自平机，能自动与每层楼板靠平。设有卸货吊车，载重量为762千克，借人力操作，这在当时国内仓库中属于开创之举，吊车间装拉门，运货汽车可直接驶入屋内[1]。

运输栈桥在工业建筑中极为常见，在上钢一厂旧址、杨树浦发电厂、大中华纱厂旧址（图3-5-1）等工业遗产处都有遗存。

---

[1] 陈卓. 中国近代工业建筑历史演进研究（1840—1949）：后发外生型现代化的历程[D]. 上海：同济大学，2008.

图3-5-1 大中华纱厂内的运输栈道

3.5.2 烟囱、塔吊、高炉

工业遗产的历史职能中，包含冶炼、锻铸、焚烧、起重等环节的不在少数，这些生产过程往往需要依靠特殊的设备和特定的构筑物来完成，烟囱、塔吊、高炉等形象显著的构筑物就是其中常见的。它们具有极强的视觉冲击力，能够强烈地还原历史场景。因而，在活化中应积极地利用这些构筑物，顺应景观先行的保护开发方式，使它们成为现代场景中的点睛之笔，从这里打开历史的另一扇视窗。

如位于黄浦江畔的南市发电厂（图3-5-2），其165米高的电厂烟囱曾经是黄浦江的地标性存

2008

2010

2012

图3-5-2 不同时期的南市发电厂大烟囱
（资料来源：同济原作设计工作室）

在，2010年上海世博会期间被改造为气象景观塔，烟囱变身为超尺度温度计，将气象功能和景观功能融为一体，成为独特的风景线。世博会结束之后，随着南市发电厂被重新利用为上海当代艺术博物馆，烟囱又被改造为螺旋式画廊，并在底层扩建了两层停车库。

中国早期最大的橡胶工业企业——大中华橡胶厂，1926年由旅日侨商余芝卿和橡胶工业专家薛福基等人创办于上海，起初主要生产"双钱牌"胶鞋；1935年开始批量生产汽车轮胎，是我国最早制造轮胎和出口轮胎的近代民族工业企业；1949年以后，发展成为中国生产汽车轮胎的重点企业。该厂后迁往郊区，原厂区拆除后，原址成为供市民休闲的徐家汇公园。为保留民族工业印迹，原厂区内具有大中华橡胶厂典型特征的烟囱被留存下来，成为公园的时尚新地标。该烟囱建于1926年，原高28米，改造时加高了11米，顶部安装了不锈钢锥状、镂空且内部布满光导纤维的新装置，烟囱表面也包裹了一层特殊材料，以便防蚀加固（图3-5-3）。

塔吊也是上海工业遗产中常见的工业设施，如北漂码头保留的塔吊，已经成为滨江景观的一部分（图3-5-4）；杨树浦电厂的卸煤机塔吊，也已经被改造为杨树浦电厂遗迹公园中的艺术品"起重机的对角线"（图3-5-5）。

冒着烟的高炉场景经常用于工业宣传画，是大众印象中工业形象的代表，因此也成为工业遗产保护中独具特色的构筑物。比如位于宝山区吴淞工业区内的宝钢不锈钢厂，2015年被纳入工业遗存风貌街坊。在更新设计中，原生产设备中的高炉被作为重点设计单元：该高炉高度达几十米，其转运站没有外立面的覆盖，结构框架和每层楼板都裸露在外，内部的传送带交错延伸，具有一定的工业美学价值，因而成为城区整体有机

图3-5-4　北漂码头塔吊现状

图3-5-3　大中华橡胶厂烟囱现状

图3-5-5　杨树浦电厂的卸煤机塔吊被改造为艺术品"起重机的对角线"

（资料来源：同济大学原作设计工作室）

图3-5-6 宝钢不锈钢厂高炉及烟囱现状

更新的重要组成部分（图3-5-6）。

3.5.3 码头、渡口、船坞

上海的工业发展离不开水运的发达，在黄浦江和苏州河沿岸，码头、渡口设施众多，也是上海重要的工业遗产。从调研情况来看，早期的土木结构码头、渡口几乎不存，现存的码头、渡口以混凝土结构为主。

以码头设施为例，其结构形式可分为重力式、高桩式和板桩式三类。土质松软地区，所建码头多为高桩式结构，此类结构的承重体系可分为上部高出水面的平台部分以及下部深入土壤的桩基部分，荷载通过上部平台、桩基最后传入地基部分。高桩式码头整体为透空结构，水流可从下部通过，不影响泄洪，且能够减少淤积[1]，如原陆家嘴轮渡码头（图3-5-7）。

此外，滨水的工业设施除码头渡口外，船坞

图3-5-7 原陆家嘴轮渡码头现状

---

[1] 黄津. 某高桩码头设计研究［D］. 上海：同济大学，2008.

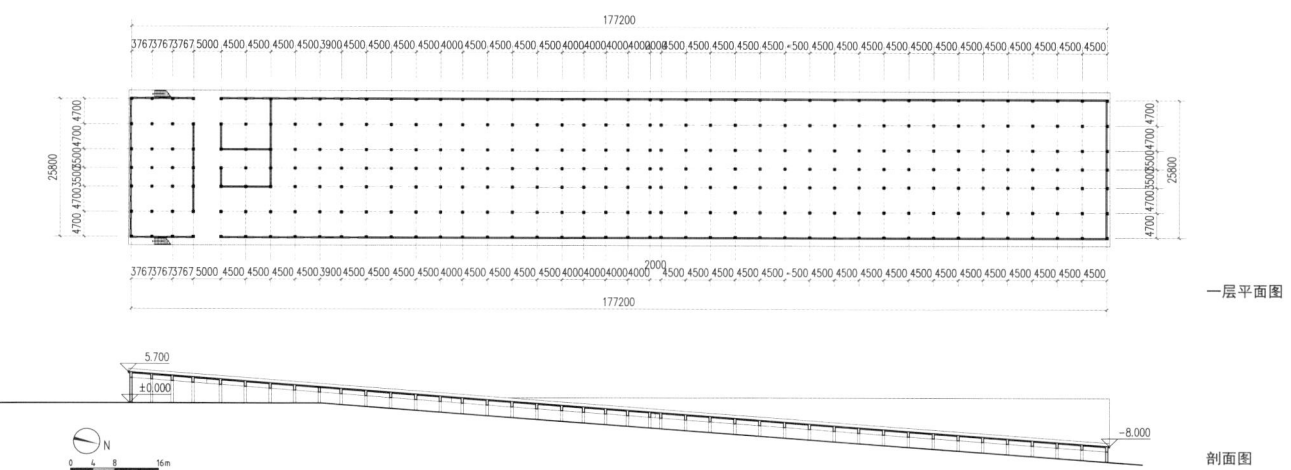

图3-5-8 原上海船厂（浦东）船台平面图与剖面图

设施也是上海重要的工业遗存。船舶修造业作为最早在上海发展起来的工业类型，至今在黄浦江两岸留存了一些较为重要的船坞设施。

为方便船舶修造，船坞在空间布局上往往垂直于河道。早期的船坞多是土木结构，现存的船坞多以钢筋混凝土结构为主，典型的船坞遗产包括瑞镕船厂船坞、浦东耶松船坞、原上海船厂（浦东）船台（图3-5-8）、原江南造船厂2号船坞（图3-5-9）等。

3.5.4 防火防灾设施

新的建筑技术往往都在工业建筑中最先使用，作为全国最早开始工业化、现代化的城市，上海对于防火问题越来越重视。工业建筑中加强消防保障的措施，体现在对专门消防设备的使用上。如上海沪南仓库（民生仓库）中采用了当时较为先进的消防设施：扶梯、办公室等凡是与堆栈货栈接通的门口都设置有防火门，防火门可自动关闭以防止火灾的蔓延；房屋四周设有救火电梯五处，每层设有救火台，以方便火灾时救火人员上台施救（图3-5-10）；同时还设有救火龙头系统（消防栓）以及自动消防灭火器。

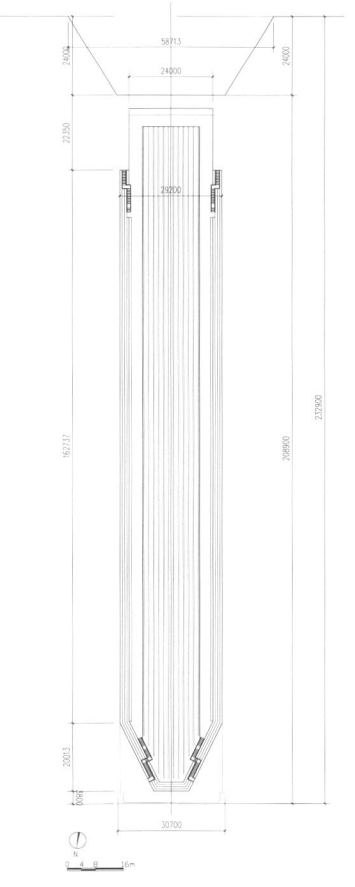

图3-5-9 原江南造船厂2号船坞平面图

库等。为了与工业建筑中的其他工艺流程相结合，筒仓、煤仓的底部往往收缩成一个小型的收口，可与其他运输设备相连接，同时控制输出量。

上海现存的大型筒仓工业设备包括浦东民生港区的两处筒仓和徐汇上海第六粮食仓库共三处（图3-5-11至图3-5-13），煤炭仓库中较为典型的是原上海国际港务（集团）煤炭分公司的煤仓（图3-5-14）。

图3-5-10　上海沪南仓库吸壁式逃生铁梯

建筑防盗在上海的工业建筑中也有运用。典型的如上海造币厂，由建筑师庄俊设计的上海中央造币厂财政部金库，即装有三樘钢制防盗门，其中两樘由慎昌洋行置办，每樘均需对字转锁，并备有时间锁轮机关；而另一樘由华商上海协成银箱厂承包制造。这三樘防盗库门即耗资国币两万余元。

3.5.5　筒仓

一些厂房仓库因其特殊的工业需求，在结构形式上也表现出特殊的形态，例如筒仓及煤炭仓

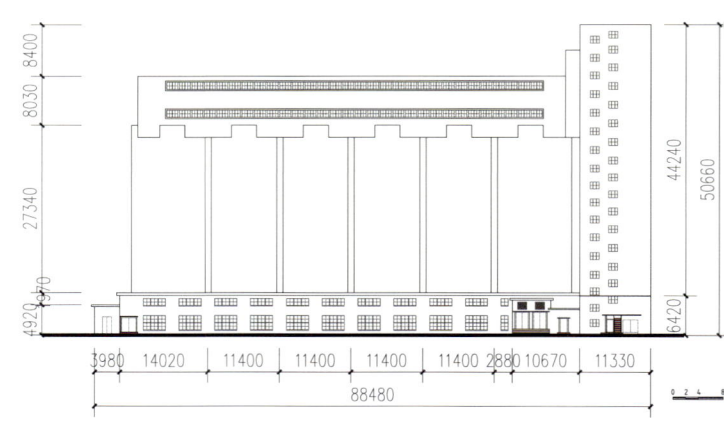

图3-5-11　民生港区1号筒仓外观与立面

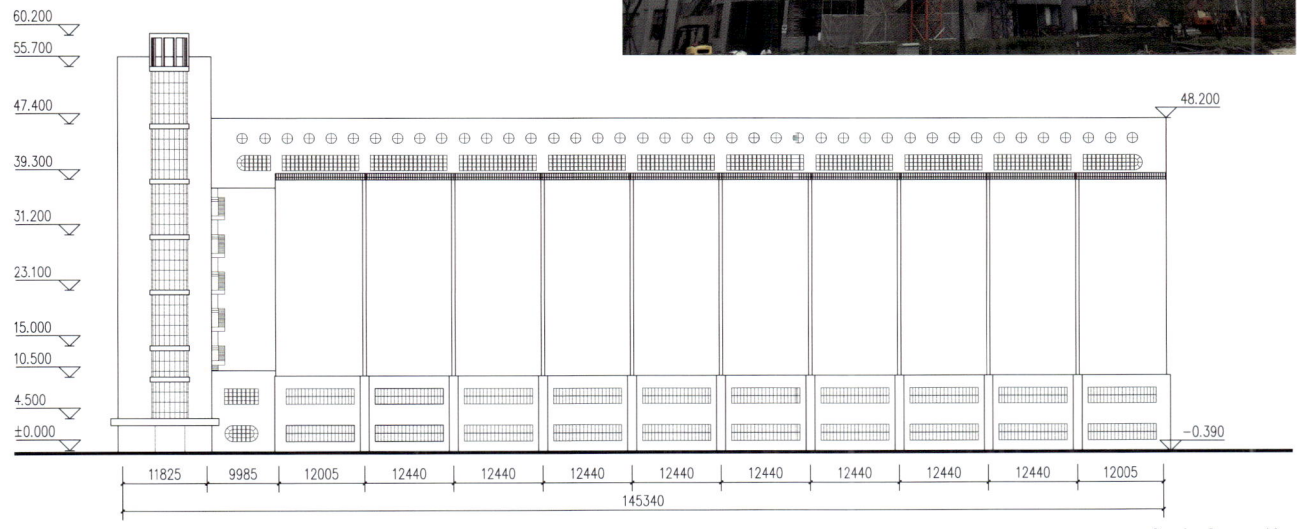

图3-5-12　民生港区筒仓2号外观与立面

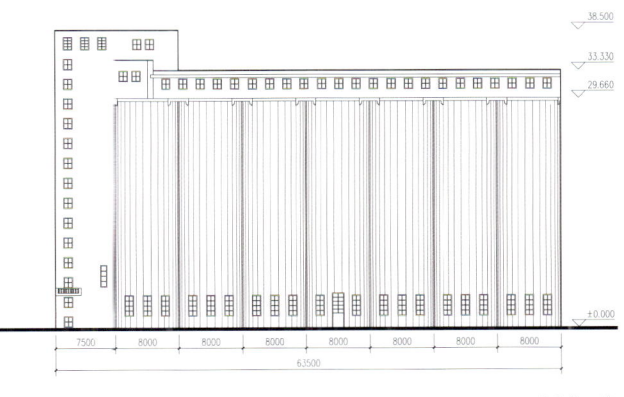

图3-5-13　上海第六粮食仓库立筒库远观与立面

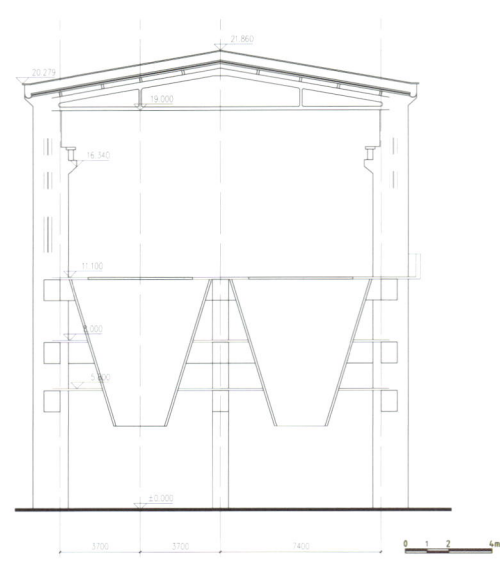

图3-5-14　原上海国际港务（集团）煤炭分公司煤仓外观局部及剖面

3.5.6 生产设备

由于上海的工业遗产多数是上海"退二进三"政策影响下厂区转移而形成的产物，原本的工厂搬迁至其他地区，相关设备随着工厂迁移而迁移，这就造成上海工业遗产中的原始生产设备留存很少，这一情形在原本上海最为发达的纺织工业中表现最为明显。

上海工业遗产中较多的商业化利用，也使得很多工业遗产留下的仅仅是建筑空间，而失去原本作为工业生产空间的活力。此外，也不乏部分依旧在运行的厂房，但由于设施更新换代较快，虽然保留了其外部的建筑结构，但内部设施经过多次更新升级，出现了原有厂房的设施被替换了的情况。

不过在上海工业遗产中，依旧可以看到部分具有价值的工业生产设备得到了较好的保留和展示。通过兴建博物馆、历史档案馆的方式，可以对厂区的部分设备设施进行保留，如上海纺织集团将原申新纺织厂改建为上海纺织博物馆，馆内陈列厂内原有的生产机器展示了申新纺织厂的生产状况；丰田纱厂铁工部改造为工厂博物馆，其中也留存有一些设备，以利参观者更为深入地了解生产流程；杨树浦水厂改建为自来水博物馆，保留了部分设备，展示和宣传净水过程；上海造币厂博物馆展出了部分造币工艺设备（图3-5-15、图3-5-16）等。

图3-5-15　1928年的上海造币厂

图3-5-16　上海造币博物馆展出的造币工艺设备

3.6　非物质工业文化遗产特色

上海工业发展历史久远，是全国最早开始工业化、现代化的城市。如今的上海，虽然已经在城市发展的进程中逐渐完成"退二进三"的产业转型，但经历几百年的工业发展，上海终究是一个有着较为浓厚工业底色的城市，这也为上海留下了较多非物质工业文化遗产，主要体现在工人文化和品牌文化两个方面。

3.6.1　工人文化

工人文化是上海工业文化的重要体现，在产业转型之前，上海一直是一个以工业发展为重的城市，工人文化也是上海重要的文化之一。

上海最早的一批近代工人产生于19世纪中叶外国资本主义企业中，他们的出现甚至要早于上海民族资本家。上海开埠后，航运和船舶修造业在上海形成，船舶修造厂的陆续建立培育了上海最早的一批工厂工人；与此同时，上海远洋运输业的发展，也催生了上海最早的海员工人。

随着外商在上海不断开设工厂发展公共事业，上海工人数量不断壮大。至1894年，外国资本在上海开设的工业企业有45家，雇佣工人约1.9万人。1860年代开始，清政府洋务派开始集资举办军事工业，江南制造总局和华盛纺织总局开办后，也雇佣了大量工人。1870年代开始，民族工业得到发展，上海民族资本陆续创办了一批纺织、轧花、面粉、火柴、印刷等行业的近代企业，工人数量持续增加。1889年建成的中国第一家机器棉纺织工厂——上海机器织布局（图3-6-1），在当时有工人4 000人之多。

据统计，到中日甲午战争爆发前，上海共有工业企业77家，工人约3.7万人，占当时全国工人总数的40%。

近代时期，上海工人经历了几次大的发展：①甲午战争之后几年，由于中国战败被迫签订《马关条约》，正式允许外国在华设厂，外国资本在上海投资设厂激增，工人数量上涨；②第一次世界大战爆发后的几年，上海民族工业发展进入黄金时期，不仅工厂数量增加，而且有些工厂

图3-6-1　上海机器织布局工厂旧景
（资料来源：上海市档案馆）

图 3-6-2 上海码头工人生活旧景
（资料来源：上海市档案馆）

规模大、工人多，工人数量大幅上涨；③1920—1930年代，上海行业规模基本形成，上海成为全国金融中心，推动了城市全面发展。上海职工人数也逐步增加，其增长率高于全市人口的增长率，至1936年，上海工厂总数达5 500多家，工人数量约46.4万人。图3-6-2为上海码头工人生活旧景。

不过，虽然上海在19世纪就出现了工人阶级，但当时的工人普遍缺乏身份认同和阶级意识，工人阶级的文化地位和特色并不突出，也未引起人们过多的关注。直到五四运动之后，在部分知识分子的引导下，伴随着"以俄为师"社会思潮的兴起，中国共产党开始组织"工人运动"和开展工人阶级的文化教育活动，"工人文化"才在中国进行实践和发展。

中华人民共和国成立之前，上海的"工人文化"最突出的表现是工人运动。上海作为中国工人阶级的摇篮，工人运动的发源地，长期以来一直是中国工人运动的中心，上海工人阶级和工人运动在中国近现代史上有着重要的地位和作用。邓小平同志指出："上海工人阶级长期以来一直是中国工人阶级的带头羊。"（1993年1月23日《人民日报》）

1921年，中国共产党成立不久，就在上海建立了公开领导全国工人运动的总机关——中国劳动组合书记部（图3-6-3至图3-6-8），揭开了中国工人运动的崭新篇章。作为领导全国工人运动的总机关，在这幢石库门建筑中，党的早期领导人组织中国工人阶级掀起了安源路矿工人大罢工、京汉铁路大罢工等一系列反压迫反剥削的工人运动。中国劳动组合书记部还创建了中国共产党成立后的第一个工会组织——上海英美烟草工会，工人运动的火种从这里熊熊燃起。

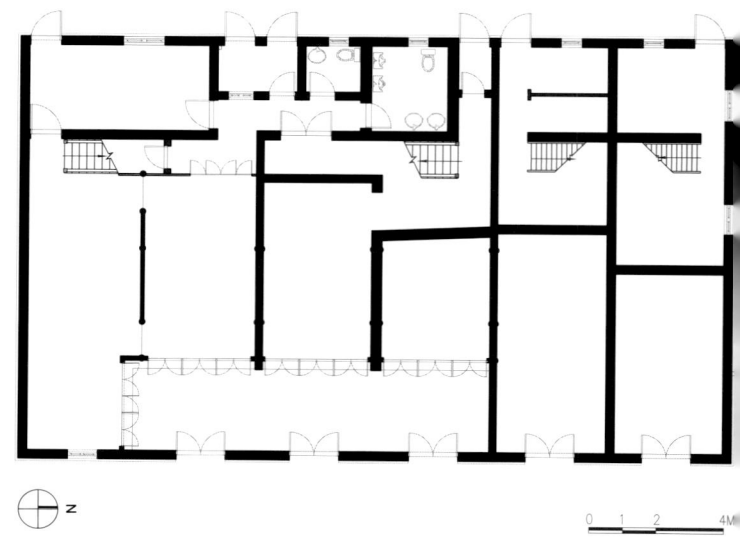

图 3-6-3 中国劳动组合书记部旧址陈列馆平面图

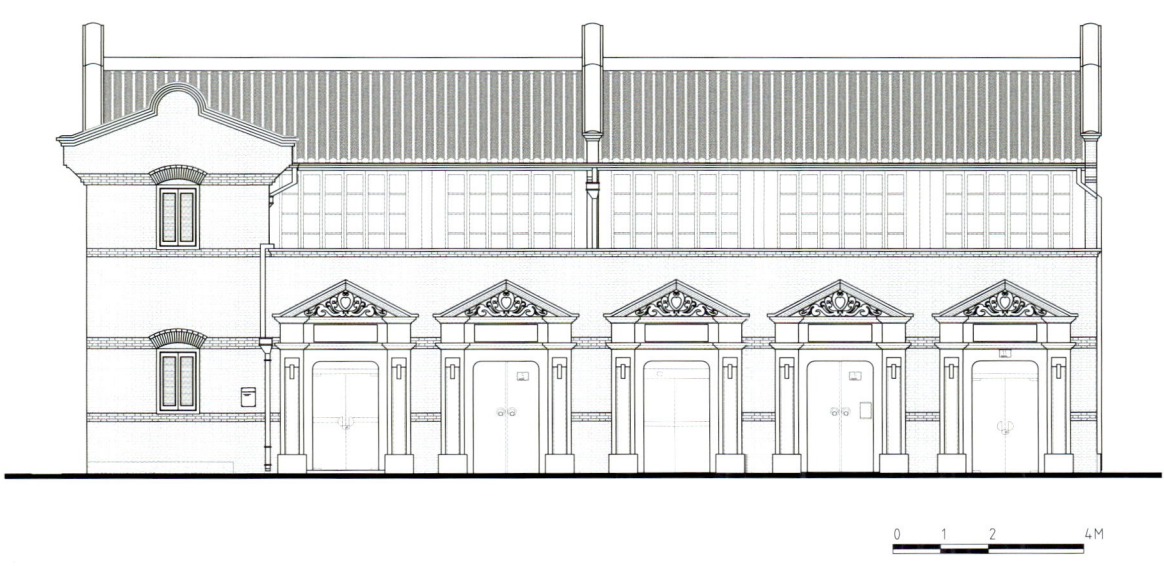

图3-6-4 中国劳动组合书记部旧址陈列馆东立面图

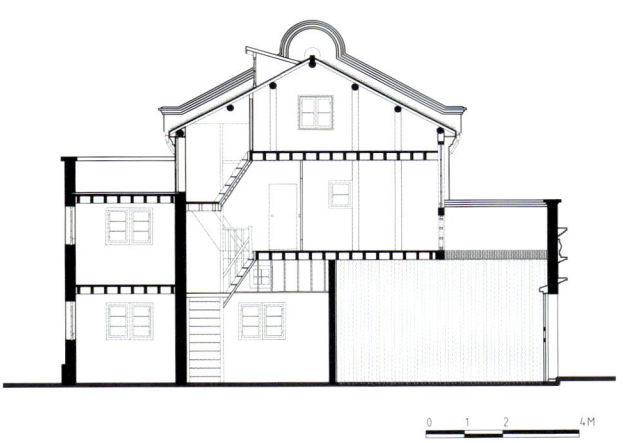

图3-6-5 中国劳动组合书记部旧址陈列馆剖面图

图3-6-6 修缮前的中国劳动组合书记部旧址陈列馆（2012年）

图3-6-7 修缮前的中国劳动组合书记部旧址陈列馆石库门细部样式（2012年）

图3-6-8　修缮后的中国劳动组合书记部旧址陈列馆

1925年，"五卅"运动（图3-6-9）初期，中共中央召开紧急会议，决定成立上海总工会，地址设在宝山路宝山里2号（今宝山路393号，图3-6-10），公开领导全市各界群众进行罢工、罢课、罢市斗争。宝山里2号上海总工会会所原是砖木结构的二层石库门住宅（图3-6-11），坐北朝南，于1932年"一·二八"淞沪抗战中为日军炮火所毁，后在原址另建一座三层砖混楼房，已彻底不复当初石库门样式。如今，宝山里弄内虽尚存有部分当年的房屋，但已经多次重

图3-6-10　"五卅"运动初期上海总工会旧址区位示意图

图3-6-9　"五卅"运动爆发时上海总工会的游行队伍

图3-6-11　宝山里历史照片
（资料来源：静安区档案馆）

修，亦不复原来的面貌（图3-6-12）。1980年8月26日，上海市人民政府批准将该旧址列为革命纪念地（图3-6-13）。

1927年3月22日，上海工人第三次武装起义胜利后，上海总工会迁入湖州会馆（今会文路201弄内），3月至4月间，这里成为上海工人第三次武装起义指挥部和上海总工会总会所（图3-6-14）。湖州会馆始建于1900年，由浙江湖州人集资兴建，在上海工人第三次武装起义前，湖州会馆为北洋军阀盘踞。1932年"一·二八"事变中，湖州会馆大部分建筑毁于日军炮火（图3-6-15）。1977年12月，上海市革命委员会批准其为革命纪念地。2020年，上海静安区总工会、宝山路街道党工委共同启动对遗址重新布展工作，湖州会馆修缮一新（图3-6-16至图3-6-18），现作为宝山街道党群活动中心使用。

上海工人阶级在近一个半世纪以来艰苦奋斗、救亡图存、开拓创业的历程中，涌现出众多革命烈士与先进模范人物，彰显了上海工人阶级在长期斗争和建设实践中形成的革命精神、崇高品质和优良传统。比如1937年"八一三事变"前

图3-6-12　宝山里弄2018年状况

图3-6-13　"'五卅'运动初期的上海总工会遗址"文物铭牌

图3-6-14　上海工人第三次武装起义胜利后，工人纠察队在湖州会馆门前列队守卫

（资料来源：静安区委党史研究室）

图3-6-15　湖州会馆遭日军轰炸后，毁坏殆尽
（资料来源：静安区委党史研究室）

图3-6-17　重建后的上海总工会旧址湖州会馆内景
（资料来源：上海市静安区人民政府）

图3-6-16　2008年6月12日，上海总工会旧址——湖州会馆纪念地标落成
（资料来源：静安区委党史研究室）

后，上海工人高举党的抗日民族统一战线旗帜，组成各种抗日救亡团体，掀起抗日救亡运动的新高潮。进入"孤岛"时期，上海工人运动遵循中共中央指示，在抗日统一战线的基础上，建立精干的党的秘密组织，在思想文化领域开展斗争，如举办职工夜校、出版职工读物、开展职工戏剧

图3-6-18　重建后的湖州会馆标志性牌楼大门

文化活动等①。解放战争时期，上海港码头工人在党的领导下，积极开展反蒋反美的斗争，大来码头、公和祥码头、招商局码头等地的工人在党组织的领导下举行罢工斗争；上海解放前夕，码头工人对航政局、招商局等航运机构进行了大量统战工作，争取到一批高层人士留在上海支持解放；在上海战役期间，码头工人组成工人纠察队、人民保安团队等组织，从国民党手中夺过了码头仓库及其储备物资，整体移交给解放军，为上海解放做出了重要贡献②。

除了工人运动、革命斗争以外，解放前上海工人阶级的贡献和业绩，还表现在城市建设方面。上海自开埠以来，经过百年来的建设，成为一座东方大都市，近代化的上海是上海人民包括上海工人阶级建造起来的。上海的近代化在1920—1930年代有长足发展，这段时间正是上海工人阶级队伍有较大发展的阶段。当时，上海的工人阶级既肩负着民主革命、推翻旧的社会制度的使命，同时也承担着进行生产劳动、建设近代化城市的职责。也正因为上海是当时中国最为重要的工业城市之一，是西方列强侵入中国的桥头堡，也是受列强压迫最为深重的地方，在长期的斗争和大生产锤炼中，才形成了上海独特的工人文化。

1949年以后，工人阶级和工会的地位发生了根本变化，工人阶级由旧社会被统治、被奴役的阶级变为国家的领导阶级和企业的主人，成为社会主义革命和建设的主力军③。1949年6月27日，中华全国总工会举行主席办公室会议讨论并确定起草《中华全国总工会关于出版〈工人日报〉的决定》，7月15日《工人日报》正式创刊。这是一份专门代表中国工人阶级说话的报纸，用于指导广大职工工作、生活和学习，其创刊也从侧面说明当时的中国工人阶级翻身做了主人，开始逐渐掌握文化的主导权。

新中国成立后的上海工人生活也进入历史新时期，政府明确了上海发展的策略是将"消费性城市改造为生产性城市"，工人地位得到了空前的提高；随着工业化的发展，上海工人的数量也得到极大扩充。1949年上海市区职工人数为93.7万人，1952年达到125.1万人，第一个五年计划时期又增加了39万人，平均每年增长7.8万人，1958年底职工人数达203.0万人，1959年职工人数203.3万人④。可见，上海一直都是我国工人阶级最重要的集中地之一。

我国此时开始发展以工人阶级为主体的文化建设工作。为了在全国有效落实，在共和国国情的基础上，学习苏联文化建设经验，决定以工人文化宫、俱乐部为组织形式在全国推行"工人文化"建设工作，形成了建立工人文化宫和俱乐部的风潮。

工人文化宫是"工人文化"建构中最常见、最普遍的一种社会现象。当时的上海积极响应，于1950年10月1日成立了上海市工人文化宫，占地面积为2 591平方米，其主体建筑始建于1929年。这是全国最早建立的工人文化宫之一，也是全国工人文化宫的典型，具有引导、示范、辅导和组织上海地区的工人文化宫和工厂文艺活动的

---

① 沈以行，姜沛南，郑庆生. 上海工人运动史［M］. 沈阳：辽宁人民出版社. 1991：435-439.
② 曹兆坤. 解放战争时期上海港码头工人运动研究［D］. 上海：上海师范大学，2020.
③ 上海市地方志编纂委员会. 上海工运志［M］. 上海：上海社会科学院出版社，1997：2.
④ 上海市统计局. 胜利十年：上海市经济和文化建设成就的统计资料［M］. 上海：上海人民出版社，1960：114-119.

职能，组织过文艺创作、影视创作、展览、话剧演出、报告演讲、文化交流、各种文艺训练班、职工爱好者联合会等丰富多样的文化、科学及艺术活动，极大地带动了城市市民文化的繁荣发展，被上海市民亲切地称为"市宫"（图3-6-19）。

作为我国重要的工业生产城市，可以说上海市"工人文化"的发展也相当具有代表性，其发展历程也是新中国"工人文化"发展的缩影。

图3-6-19　20世纪50年代的上海工人文化宫
（资料来源：上海市档案馆）

3.6.2　品牌文化

上海工业遗产中的非物质文化遗产，除了传统的工艺流程外，值得留意的还有其品牌文化影响力。

上海工业发展时间较长，许多工厂有着较为悠久的历史，产生了众多知名的商业品牌。就品牌产生的背景来看，上海近代以来经济的发展为商业品牌的兴盛创造了条件。至1930年代，上海工业已占全国半壁江山：据1933年的统计数字，上海工厂数占全国12个大城市工厂总数的36%，资本总额占12个大城市总额的60%，生产净值占全国总产值的66%[1]。中外商人竞相展开以品牌打造为主的营销模式，以推销自家商品，因此造就了众多的品牌商品。

就上海商业品牌的发展特点来看，国货品牌在品牌整体中占有很大比重。因为当时中国受到外国列强的经济掠夺，民族危机进一步加深，爆发了国货运动，国民政府对此也持支持态度，1930年推出了《工业奖励法》，改组工商组织，振兴民族经济。在这种情况下，中外企业间的市场竞争被赋予了爱国图强的意义，民族品牌得以发展。

就上海商业品牌的传播力度和影响力来看，上海出版业和广告业的发展起到了重要作用。自开埠以后，上海地位骤然突出，成为西学在中国传播的中心。当时的上海不仅是经济中心，也是海派文化的发源地，大量接受西式教育的知识分子纷纷移居上海，译介和传播西方文化，各类出版机构及翻译社相继在上海成立；仅1843—1911年，上海出版西书的机构就有64家，上海一地创办的外文报刊计有54种，占全国总数的

---

[1] 熊月之. 上海通史：第1卷·导论［M］. 上海：上海人民出版社，1999：1-3.

39.7%，中文报刊计有460种，占全国总数的26.4%。1920年代初到1930年代末，上海拥有中文报纸1 200种，占整个民国时期中文报纸总数的76%[①]。

新闻出版业的发达催生了广告业的发展。1920—1930年代，我国第一批广告学著作均在上海的商务印书馆印刷出版，这些广告学理论不仅影响着上海商界的营销策略，也推动了专业广告从业队伍的建立。1919年，上海出现了中国第一个广告行业组织"中国广告公会"。当时上海的广告业已达到相当水平，各类商品广告数量极多，五花八门，如1933年12月1日的《申报》，共30个版面，其中29个均刊登了广告，多达540条，可见广告占比之大。而且广告形式花样迭出，将西方的声像技术、光电设备和具有中国特色的艺术相结合，既有传统的招牌广告、楹联广告，也有近代的报刊广告、路牌广告、橱窗广告、广播广告等，甚至出现了专攻广告的留学生[②]。其中有一种重要的广告形式——月份牌，因画面中有插画、年历、商标三种元素，故有此名。月份牌创始于19世纪末的上海，风行于上海，并向全国各地辐射。其画面生动，内容时尚多元，传播效应强烈，在近代上海具有特殊的影响力，被各大民族企业争相使用。1930年代是月份牌制作生产的鼎盛时期，街头巷尾、百货店铺等内比比皆是。也出现了一大批知名的月份牌画家，如郑曼陀、杭穉英（图3-6-20）、谢之光、李慕白等，他们能够拿到很高的薪水，受聘于各大商号企业，为民族品牌的推广发展起到了极为重要的作用。

品牌建立的一个重要步骤是打造具备商家自

图3-6-20　1932年广生行"双妹"花露水月份牌画（杭穉英绘）

（资料来源：杭鸣时粉画艺术馆）

身个性化特征的商品名称，这既是商家自身形象的构建和展示，也能够有效区别于其他商家形象，保护自身利益。其中字号的使用是一种最为常见的应用手段。比如仅以纸商业作为考察对象，这本是上海商业中很小的一个门类，但鼎盛时期字号竟达1 000多个。每个字号都是一种身份属性的代表，在长期的生产经营活动中，这些字号不断积淀自身鲜明的文化特征、历史痕迹，

---

①上海市政协文史资料委员会. 上海文史资料存稿汇编·7：工业商业［M］. 上海：上海古籍出版社，2001.
②王仲. 民国时期上海知名品牌及其营销策略探析［J］. 集美大学学报（哲学社会科学版），2012（1）：113-119.

及独特的工业产品、技艺与服务，最终取得了广泛的社会认同，成为具有良好商业信誉的"老字号"品牌。早期的上海老字号如"真老大房"（1842年）、"邵万生"（1852年）、"老大同"（1854年）等，都是在西方列强的压制下浴火而生的；另外如雷允上药店、王开照相馆、都锦生丝织厂、周虎臣笔墨庄等，也都是上海近代知名的老字号品牌。

据相关资料统计，中华人民共和国成立初期，老字号企业约16 000家；而到了1993年被国家相关部门认定为"中华老字号"的企业只有1 600家左右，其他均破产、倒闭或被兼并收购等[1]。目前经商务部认定的上海老字号共两批，首批公布于2006年，有51家；第二批公布于2011年，有129家；其中有2家已于2017年10月之前被吊销，故目前上海被认定为"中华老字号"称号的共178家，其中，杏花楼、冠生园、老凤祥、恒源祥、百雀羚、双妹等著名老字号至今仍发展良好（表3-6-1、表3-6-2）。

建立品牌的另一个重要步骤是注册商标，品牌只有以商标的形式经过注册，才能得到法律的保护。商标的使用在上海各行业的日常经营中随处可见，在与外国资本企业竞争中发展起来的知名品牌，大多申请了注册商标。

从上海商业品牌中商标命名的特征来看，有的以动植物名为品牌，如"骆驼"牌油墨、"牡丹"牌面粉、"荷花"牌香皂、"万年青"牌运动鞋等；有以政治时事类命名的，如"爱国"牌玩具、"自由"牌和"平等"牌棉织品等；有以风景名胜类命名的，如"长城"牌和"天山"牌棉纱、"泰山"牌汗衫、"衡山"牌印染布等。除了这些比较常见的品牌外，还有一些不常见的品牌名字，比如"地球"牌面粉、"A"字牌毛巾、"A.B.C"牌内衣等，这些品牌在当时也具有良好的口碑（图3-6-21至图3-6-24）。

表3-6-1　截至2011年上海老字号行业分类统计表

单位：家

年代划分	食品类	餐饮类	药品类	服装衣料	生活用品	化妆品类	工业品类	其他	合计
1919之前	23	11	4	2	9	1	3	1	54
1920—1948	18	11	4	26	16	0	17	3	95
1949—1957	7	2	0	7	4	0	6	0	26
年代不详	5	—	—	—	—	—	—	—	5

（资料来源：宋莹莹，《上海老字号包装设计方法研究》，2018）

---

[1] 黄抗生. 中华老字号面临挑战［N］. 人民日报海外版，2004-6-11.

表3-6-2 商务部公布的首批上海"中华老字号"名录

序号	"老字号"企业名称	品牌（注册商标）	序号	"老字号"企业名称	品牌（注册商标）
1	上海三阳南货店	羊牌	27	上海古今内衣有限公司	古今牌
2	上海老大同调味品有限公司	老大同	28	上海黄山茶叶有限公司	叙友
3	上海群力草药店	群力	29	上海沧浪亭餐饮管理有限公司	沧浪亭
4	上海蔡同德堂药号	蔡同德堂	30	上海开开实业股份有限公司	开开牌
5	上海王宝和酒店	王宝和	31	上海立丰食品有限公司	立丰牌
6	上海培罗蒙西服公司	培罗蒙	32	上海蓝棠—博步皮鞋有限公司	蓝棠牌、博步牌
7	上海宝大祥青少年儿童购物中心	宝大祥	33	上海凯司令食品有限公司	凯司令
8	上海王开摄影有限公司	王开	34	上海绿杨村酒家有限公司	绿杨村
9	杏花楼食品餐饮股份有限公司	杏花楼	35	上海新长发栗子食品有限公司	新长发
10	上海杏花楼（集团）有限公司老半斋酒楼	老半斋	36	上海亨生西服有限公司	亨生
11	上海杏花楼（集团）有限公司燕云楼	燕云楼	37	上海乔家栅饮食食品发展有限公司乔家栅食府	乔家栅
12	上海杏花楼（集团）有限公司老正兴菜馆	老正兴	38	上海鼎丰酿造食品有限公司	鼎丰
13	上海小绍兴餐饮经营管理公司小绍兴大酒店	小绍兴	39	上海百联集团股份有限公司上海妇女用品商店	漂亮妈妈
14	上海功德林素食有限公司	功德林	40	上海三联（集团）有限公司吴良材眼镜公司	吴良材
15	上海全泰服饰鞋业总公司	全泰	41	上海三联（集团）有限公司茂昌眼镜公司	茂昌
16	上海老饭店	上海老饭店	42	上海菊花纺织有限公司	菊花牌
17	上海豫园旅游商城股份有限公司南翔馒头店	南翔	43	上海萃众毛巾总厂	钟牌414
18	上海万有全（集团）有限公司	万有全	44	上海华元实业总公司	飞机牌
19	恒源祥（集团）有限公司	恒源祥	45	冠生园（集团）有限公司	冠生园
20	上海老凤祥有限公司	老凤祥	46	上海轮胎橡胶（集团）股份有限公司	双钱
21	上海张小泉刀剪总店有限公司	泉字牌	47	上海凤凰毯业有限公司	凤凰
22	上海卧室用品有限公司	上卧	48	上海家化联合股份有限公司	美加净
23	上海人立服饰有限公司	人立	49	凤凰股份有限公司	凤凰牌
24	上海亚一金店有限公司	亚一	50	上海白猫（集团）有限公司	白猫
25	上海老庙黄金有限公司	老庙	51	上海亚明灯泡厂有限公司	亚字
26	上海朵云轩	朵云轩			

图3-6-21 "荷花"牌香皂

图3-6-23 "天山"牌棉纱

图3-6-22 "牡丹"牌面粉

图3-6-24 "A.B.C"牌内衣

这些商标较多追求写实的效果以及具体的形象表达，侧重图案显示，再配以文字，两者相辅相成，这也是当时上海乃至全国商标设计中比较常见的形式。如上海竞成造纸有限公司的"金熊牌"商标，最醒目的商标正中心是一只硕大的金熊图案，象征着美好吉祥，商标底部还印了"完全中华国货"字样，这是当时众多商家利用爱国情怀抵制洋货、宣传国货、谋取商业利益的常见营销手段（图3-6-25）。

当时很多国货商标都设计得线条细腻、颜色鲜艳，具有较强的艺术性。比如争奇斗艳的火柴商标，不仅商标数量众多，而且艳丽夺目（图3-6-26）。相比之下，很多在上海生产的外国商品商标则比较习惯于突出简洁标识的符号（图3-6-27）。

图3-6-25 "金熊"牌纸板

图3-6-27 英国"三五"牌香烟

图3-6-26 上海的火柴商标

这一时期在中国崛起的民族企业和品牌数不胜数，比如与英美烟草公司竞争的南洋兄弟烟草公司，与英国卜内门公司制碱工业竞争的永利制碱公司，与日本"仁丹"竞争的中国龙虎公司的"人丹"产品等。也有一批民族日化产业，在与西洋倾销产品竞争的过程中脱颖而出，比如广生行生产的"双妹"牌化妆品，自1910年在上海开设分厂后，成为中国日化行业中的元老级企业；方液仙1912年创办的中国化学工业社，生产"三星牌"牙粉、牙膏；陈蝶仙创办了上海家庭工业社，生产"无敌"牌牙粉等日化产品；顾植民创办的富贝康化妆品有限公司，生产"百雀羚"与德国输入中国的"妮维雅"品牌对抗；项松茂斥巨资从德国厂商手中买进上海固本肥皂厂并改造成上海五洲固本皂药厂，生产五洲固本肥皂。除此之外，先施公司的牙膏、永安公司的肥皂等产品，也都赢得了口碑；正广和汽水、英雄牌钢笔、益民食品、永久牌自行车、凤凰牌自行车、上海一汽汽车、宝钢等，也都在自己的行业中发展成为知名品牌。

总之，近代以来上海工业的发展历程中，各个行业都涌现出了很多著名品牌（表3-6-3）。这样的品牌影响力，一方面是遗产本身的价值，另一方面也成为上海工业产品的代表，体现了上海工业文化的精神；它们既提高了城市的知名度，也吸引更多外资及本国民族资本前来投资，使得上海不仅成为国内著名的工商业城市，也跻身于知名的国际大都市之列。

表3-6-3　近代以来上海部分知名品牌统计

行业	品牌名称
食品类	兵船牌、牡丹牌、宝星牌、老车牌、绿炮车、英雄、飞虎等面粉； 冠生园食品、杏花楼月饼、马头牌梳打饼干、金山牌酱菜、三熊牌麦片、安健儿国货奶粉、金狮牌国货奶粉、好立克麦精牛乳粉、华福麦乳精、具客来面包、宝华干牛奶、天厨味精、金船牌啤酒等
药品类	龙虎人丹、乌鸡白凤丸、儿安氏丸、艾罗补脑汁、百龄机补药、加当止疼片、虎标八卦丹、灭苏药皂、良园枇杷膏、威利糖丝戒（戒烟糖）、威廉士医生红色补丸、丹良、福美明达保喉药片、司各脱鱼肝油等
化妆品类	百雀羚、双妹、美加净、自由牌、雅霜、和合牌香粉、旁氏白玉霜、月里嫦娥牌（牙膏、牙粉、花露水、擦面霜）、三星牌（香雪霜、蚊香、肥皂）、无敌牌（擦面牙粉、生发油、白玉霜）、金钟牌（爽身粉、化妆品）、先施化妆品、上海花露水、明星牌花露水、夜都会香水、五桶牌香粉、百雀牌香粉、飞鹰牌香精、美人牌爽身粉、侧影美人牌粉扑、天鹅牌香粉、金牛牌发蜡、蜜月牌生发香油、蜜蜂牌生发水、天女牌香油胶、蔻丹牌指甲油等
烟草火柴类	长城、大喜、金鼠牌、鸳鸯牌、良心牌、梅兰芳牌、中山牌、爱国牌、大吉牌、红金龙、白金龙、美丽牌、大联珠、金马牌、美女牌、白衣人雪茄、大中华火柴、燮昌火柴、大明牌、百子牌、救国牌、七巧牌、大中牌、南京牌、鸡牌火柴等
服装衣料类	阴丹士林布、回力牌球鞋、天山牌棉纱、白猫花布、A.B.C内衣、A字牌毛巾、三角牌毛巾、象球牌丝光袜、蜂花牌丝光袜、龙门牌银丝纱袜、振华织造厂童装、帆船牌辘线团、荣昌祥呢绒西服、培罗蒙西服、双钱牌套鞋、坚固牌套鞋、昌字牌雨鞋、飞艇牌套鞋、万年青牌套鞋等； 1946年著名的上海时装企业有：鸿翔、美云、吉士、新都、造寸、国泰、凤凰、霞飞、大华、云裳等
日用品类	五洲固本肥皂、扇牌肥皂、荷花香皂、万金香药皂、银星香皂、日光肥皂、蓝腰香皂、棕榄香皂等； 中华牙膏、三星牌牙膏、无敌牌牙粉、美加净牙膏、留兰香牙膏、大喜牙膏、爱兰牙膏、必素定牙膏等； 一心牌牙刷、三星牌蚊香、凤凰牌蜡烛、红鸟牌鞋油等

续表

行业	品牌名称
文具器具类	英雄金笔、中华牌铅笔、鸵鸟牌墨水、华生真空金笔、大华铅笔、新民金笔、康克令笔等； 上海牌手表、摩凡陀游泳表、蝴蝶牌缝纫机、飞人牌缝纫机、脱力克眼镜、永字牌热水袋、双鱼牌热水瓶、中华自来牌保暖瓶等； 天球牌·地球牌电灯泡、恩培打字机、吉利保安剃刀、好码牌弹子天秤、矮克发照相器材、胜利唱机、华昌揿钮、增你智收音机、白象牌电筒、金鼠牌电池等； 金钱牌面盆、立鹤牌搪瓷杯、如意牌搪瓷、得胜面盆、益丰牌搪瓷制品、双钱牌轮胎等

3.7 上海工业遗产的价值评价

3.7.1 上海工业遗产的本体价值

上海工业遗产的价值，首先体现在其较高的本体价值上，包括历史价值、艺术价值和科学价值等。上海近代工业的发展历史有180多年，其留存的工业遗产体现了从近代开始上海乃至全国工业文明的发展，是中国百年工业的缩影。

上海工业遗产分布时间跨度大，能够较为系统地展现上海乃至中国工业从初创时期至成熟发展的历史进程，包括洋务运动时期、近代民族工业的发展、抗日战争时期、社会主义改造时期以及改革开放时期等。同时，由于其近代以来港口城市的特性，上海本身就在吸收较多的西方式技术和科技思想；体现在工业遗产上，则呈现出多元化的风格特色。单从建筑遗产的角度来看，上海的工业遗产在风格上体现出了各个时代的特色，在类型上体现出不同产业类型和不同遗产要素的区别。

上海长期以来都代表了全国工业发展的先进水平，既是全中国最早发展公共事业的区域，纺织类工业等轻工业产业一直以来也位居全国前列，1949年以后又开始发展高精工业。上海的工业遗产可以说代表了各个时期上海最为先进的工业生产技术和建造技术，是研究中国工业技术发展的重要资源。

1. 历史价值

上海的工业遗产是上海自近代以来工业现代化发展的重要缩影和集中体现，它们作为一个整体，真实完整地反映了自1843年开埠以来上海工业发展过程中，吸收先进技术和思想、追赶西方工业文明、追求民族自强发展的现代化过程。

上海作为近代以来中国最早开展工业发展、进行工业化的城市，在工业管理、工厂建设等方面都有较新的尝试；在工业区的分布、建筑技术的使用等方面，从近代以来，都吸收了当时的先进思想和先进理念，为中国的工业发展带来了宝贵的经验。上海的工业遗产也反映了不同时期上海居民生活的状况，改变了原本传统的农业社会和封建社会的风貌，彻底改换了原本落后的社会生活状态。

上海作为开埠以来吸收西方先进文明的先锋，工业遗产在上海近现代工业史和经济史上都具有深远的影响，它们是先进技术和先进文化传入中国的重要产物，是近现代文明的集中体现，也是影响上海城市发展的重要因素。上海工业遗存数量多，时间跨度大，从开埠初期到改革开放时期都有分布，见证了上海工业逐步成熟、完善的过程；上海的工业遗产类型多样，从轻工业到重工业及公共事业，从厂区建筑群到工业构筑物均有遗存。目前的工业遗产包括但不限于纺织工业、船舶修造业、食品工业、化工产业等，是上海工业发展逐渐全面、完善的体现，真实地反映了上海城市工业的发展进程，展示了半殖民地半封建社会民族工业与外国资本主义工业复杂的竞争关系如何影响上海城市生活和城市特征的变化。

2. 艺术价值

从宏观的角度来说，上海工业遗产的艺术价值首先体现在工业建筑以及空间规划的审美价值上。工业布局和工业景观形成了上海无法替代的城市特色和特殊的城市肌理，工业建筑遗产及其所构成的空间体系，充分展现了机械时代简洁、明快、高效的大生产特征，这是"阅读城市"的重要物质依托，使得上海具有明显区别于其他城市的独立个性。

从微观的角度来说，这些工业遗产多具有典型的建筑特征，体现了那一历史时期建筑艺术发展史多元化的风格、流派及特点。一方面反映了传统建筑、西方古典主义建筑向现代主义建筑的演化历程；另一方面，工业建筑、构筑物、机器设备等工艺技术代表着当时先进的技术，其造型往往比较新颖独特，有些甚至成为该区域的标志性建筑。比如具有英国哥特式建筑风格的杨树浦水厂3号车间（图3-7-1），又如一度是黄浦江地标性建筑的南市发电厂大烟囱（图3-7-2）。工业建筑遗产所具有的艺术表现力、感染力和美学价值，既表现出一种特殊的时代精神，一种钢铁构建起来的几何美学，也发挥着后人创造性思维的启智价值。

从保护利用的角度来说，废弃的工业场地和工业遗产可以进行景观改造，成为具有全新功能和含义的"后工业景观"。自然要素和工业元素经过组合与再生后，能够被重新挖掘出美感，通过自然的自我调节和净化能力不仅可以治愈工业时代留下的污染，也能够通过设计达到技术与艺术的完美结合，如徐汇滨江（图3-7-3）、杨浦滨江之所以显得弥足珍贵、黄浦滨江等工业场所的景观化改造，已经充分证明了工业遗产所潜藏的艺术美学价值，以及这一价值对海派文化的承接、延伸与强化作用。

3. 科学价值

工业遗产区别于其他文化遗产的关键特质就在于工业的核心——技术，工业遗产价值的核心

图3-7-1　杨树浦水厂3号车间

图3-7-2　南市发电厂老照片，红白相间的大烟囱是当时的地标

（资料来源：黄浦区档案馆）

图3-7-3 保护开发后的徐汇滨江，工业遗产融入景观改造
（资料来源：杨焕敏摄影）

就在于它所承载的技术价值[1]。因此，上海工业遗产的科学价值首先体现为它是先进工业技术及其发展的见证，这里的工业建筑、设备、技术流程及工业产品等都反映了当时科技的进步和创新。上海近代先进技术的引入，往往最先开始于工业生产，因此上海工业遗产就成为吸收西方先进技术的见证。工业遗产见证了科学技术对于工业发展所做出的突出贡献，工业遗产在生产基地的选址规划、建筑物和构造物的施工建设、机械设备的调试安装、生产工具的改进、工艺流程的设计和产品制造的更新等方面具有较高的科技价值。另外，新产业类型的出现，带来了科学技术的进步，也是上海工业遗产科学价值的重要组成部分。

其次，工业建筑所具有的特殊结构、材料构造以及细部装饰做法，代表了当时最先进的施工工艺，记录了特殊的工业生产方式和工艺流程，意义深远。伴随着先进建筑技术和建筑材料的引入，上海最先在工业建筑领域开始使用新型的生产技术，并通过工业建筑技术带动了其他类型建

---

[1] 寇怀云. 工业遗产技术价值保护研究[D]. 上海：复旦大学，2007.

筑技术的更新。比如杨树浦煤气厂的碳化炉（图3-7-4）是中国第一座钢铁结构厂房建筑，此后钢结构单层工业厂房有很大发展；杨树浦电厂在1910年建成的透平车间钢桁架跨度达20米，并设有50吨吊车，成为当时中国拥有最大吊车吨位的车间之一，它的1号锅炉间是一座全国出现最早的钢框架结构多层厂房，5号锅炉间则是当时全国最高的钢框架结构厂房。

保护好建于不同发展阶段、具有突出价值的工业遗产，才能给后人留下相对完整的工业领域科学技术的发展轨迹，从而提高对科技发展史的研究水平；而保护某种特定的制作工艺或具有开创意义的范例，则更具有特别的意义。

图3-7-4　杨树浦煤气厂（原大英自来火房）碳化炉外景
（资料来源：上海年华）

3.7.2　上海工业遗产对城市发展的价值

上海工业遗产承载了上海近代社会的发展，是上海城市现代化的重要标志，也从一定程度上体现出上海本身吸收多方文化不断发展的文化内涵，是上海工业文化和工业发展的重要载体。同时，上海工业遗产更是中国近代工业文明进程的重要体现，代表了中国逐步由原本闭关锁国的传统社会，到开始吸收西方科技、工业和制度，走上工业发展和现代化发展的道路，以及不断调整完善工业结构和工业发展体制的漫长过程。一方面，上海工业遗产作为工业化的产物，追求简洁和实用，反映出科学性、功能性的一面，是现代主义的集中体现；另一方面，上海工业的发展又深受传统中式文化的影响，也造成了上海工业遗产具有一种中西文化交流碰撞的特点，展现出中西文化融合的价值。对工业遗产的保护既能够保持建筑与城市发展的历史延续性，增强城市的历史厚重感，也能为城市发展提供源源不断的发展动力与生态空间。

1. 上海工业遗产是上海城市空间形成的重要因素

上海工业遗产毫无疑问参与了上海城市空间的塑造，真实记录了从1843年以来，经历上海开埠、洋务运动、中华民国成立、民族工业发展、抗日战争、中华人民共和国成立、社会主义改造、改革开放等一系列社会发展历史中城市空间的变迁。在上海工业发展的早期，以黄浦江、苏州河为主要运输航线，围绕工业发展需求，自发形成了一些重要的城市工业地区，包括杨树浦工业区、苏州河沿线工业区、徐汇龙华地区工业区等；1949年以后，又由于国家政策的规定，形成了一系列的工业区，包括闵行老工业区、闸北彭浦工业区、吴泾化工区等。这些工业区的形成极大程度地影响了上海的城市风貌，也带动了工业遗产周边城市化的发展。

随着产业转型的不断完善，上海工业生产逐渐退出中心城区；这些曾经塑造上海城市肌理的工业遗产，在现今这个存量发展的时代，又以一种新的身份，成为城市发展中代表城市历史、上海工业记忆的独特风格，继续延续其作为工业文化的生命力。在上海的黄浦江、苏州河沿线，现存的工业遗产逐渐被改造为城市中的新景观，成为城市新的地标。

2．上海工业遗产是上海城市记忆的标签

上海工业遗产具有不可再生性，未来不可能再产生具有相同价值和历史情感的工业遗产，这使得上海工业遗产成为上海城市记忆的独特标签。

上海工业遗产具有深刻的情感和象征价值，记录了上海自开埠以来，经历民族兴衰、社会转型以及社会主义发展漫长历程中的年代记忆。"城市遗产价值既表现在建筑和空间上，也包含了人们带给城市的各种仪式和传统。"①上海工业遗产作为上海城市遗产的一部分，是上海城市塑造中的重要部分。工业作为上海曾经的主导产业，在很长一段时间中是上海市民生活的重要组成部分，随着20世纪末"退二进三"政策和国有企业机构改革等一系列产业结构的调整，工厂厂房渐渐退出历史舞台，工业生产已经逐步减小其在上海的影响力。作为上海工业发展的遗留物，工业遗产是上海工业记忆的体现，是上海城市发展的一部分记忆载体。它们不仅塑造了上海城市的底色，对于上海城市风貌的形成具有不可替代的作用，同时也是普通工人生活记录的一部分，为上海的工人群体提供了一个集体记忆的场所。

3．上海工业遗产保护是后工业时代城市发展的需要

上海工业遗产的价值同样体现在后工业时代的当下，为上海城市的发展带来了经济和社会上的双重推动。

一方面，工业遗产本身的宽敞空间、简约设计及坚固的结构，是良好的城市更新改造空间，相比于传统的民居建筑能够更好地转换使用功能，成为创新型产业的孵化空间和城市新兴产业的使用空间，在新的时代为城市发展提供了新的动能。

另一方面，在后工业时代追求文化多元化思潮的影响下，工业遗产作为一种工业文化载体，能够在新时代成为人们的一种怀旧倾向，并在逐渐改造更新的当下成为独特的生活空间，吸引人们参与到其新的功能中来。工业遗产所承载的价值，也从原本的工业记忆，丰富到当下人们的生活记忆之中。

---

① 弗朗切斯科·班德林，吴瑞梵. 城市时代的遗产管理：历史性城镇景观及其方法［M］. 上海：同济大学出版社，2017：126.

第 4 章

上海工业遗产典型案例实录

4.1 冶金工业

4.1.1 上钢十厂冷轧带钢车间旧址

地址：长宁区淮海西路570号
建造年代：1956年
占地面积：6 280平方米
建筑面积：约4 700平方米
工业类型：钢铁
保护级别：上海市文物保护单位

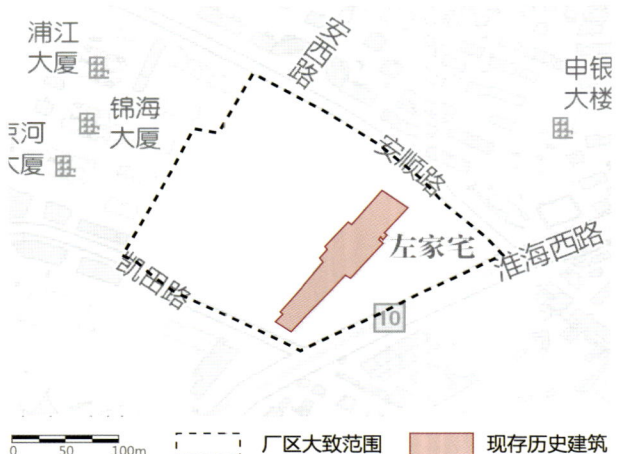

图4-1-1　上钢十厂冷轧带钢车间旧址区位[1]

核心价值：

上钢十厂冷轧带钢车间旧址是上钢十厂保存较为完整的厂房，该厂是1950年代上海大规模公私合营企业的缩影，长宁区最大的国有钢铁企业，被称为"中国带钢行业的摇篮"。

1. 历史沿革

新中国成立初期，中国大力发展重工业，上海的钢铁工业得到了很大发展。基于实现社会主义工业化的目标，国家对大量民族资本主义工业通过公私合营进行了资源整合。1956年，原利民制铁厂、大中华轧钢厂等六家工厂实行公私合营，合并成立上海第十钢铁厂，并于淮海西路570号设立了规模庞大的新厂。

上钢十厂建厂之后，便逐步实现了冷、热轧钢带生产、精密不锈钢带生产、镀锡板带生产等多项技术的专业化，并且通过一次又一次的试验改进，在降低产品成本的同时不断提高质量，满足了航天、仪表、纺织等工业的需求。产品行销国内外，受到广泛好评。由于其重点是攻克带钢生产，故被称为"中国带钢行业的摇篮"。在1980年代的顶峰期，十钢有员工5 000～6 000人，是长宁区最大的国有企业（图4-1-2至图4-1-4）。

上钢十厂也是上海市现代企业制度试点单位之一，国家对其给予高度重视与肯定，江泽民同志曾为上钢十厂题词："希望上钢十厂继续努力探索搞活国有大中型企业发展策略。"

图4-1-2　上钢十厂旧影
（资料来源：上海十钢有限公司）

---
[1] 本文区位图底图均来自于上海天地图。

图4-1-3　上钢十厂旧貌
(资料来源：上海十钢有限公司)

图4-1-4　上钢十厂冷轧带钢生产
(资料来源：上海十钢有限公司)

进入1990年代，上海实行"退二进三"等产业结构调整，位于中心城区的大量工业向外转移，上钢十厂于1989年实行工厂转型，原淮海西路厂区逐渐废弃，厂房空置，厂区内的冷轧带钢车间（图4-1-5）是保存得较为完整的厂房，具有较高的价值[①]。

2005年，上钢十厂淮海西路废弃厂区被改造为新十钢（红坊）上海创意产业集聚区，彼时园区内保留有冷轧带钢车间、酸洗车间等多处厂房，上钢十厂冷轧带钢车间被改造为上海城市雕塑艺术中心（图4-1-6至图4-1-8）。

图4-1-5　2004年的上钢十厂冷轧带钢车间旧址

---

① 宗轩. 上钢十厂的优雅转身——上海红坊国际文化艺术社区更新实践[J]. 城市建筑，2011(08)：52-55.

图4-1-6　新十钢（红坊）上海创意产业集聚区整体鸟瞰图（图片右侧矩形厂房为上钢十厂冷轧带钢车间旧址）
（资料来源：《废弃厂区的景观再生——以上海红坊创意产业集聚区为例》）[1]

图4-1-7　上钢十厂旧厂房的再利用：上海城市雕塑艺术中心室内

图4-1-8　园区内保留的工业遗迹（左：废旧酸洗槽；右：原十钢一号路路牌）
（资料来源：上海十钢有限公司）

---

[1] 徐全. 废弃厂区的景观再生——以上海红坊创意产业集聚区为例[J]. 园林，2016（08）：44-49.

2014年，上钢十厂冷轧带钢车间旧址被公布为上海市文物保护单位。

2017年7月1日起，该园区进行整体更新改造，除上钢十厂冷轧带钢车间外，其余建筑均被拆除。

2. 建筑特征与保存现状

上钢十厂冷轧带钢车间旧址为钢筋混凝土结构，总平面呈长矩形，建筑体量巨大，长度达到180米，宽度为18～35米。建筑框架裸露在外，外墙面为清水红砖砌筑。建筑整体风格粗犷雄健，体现出浓烈的时代感（图4-1-9至图4-1-11）。

3. 非物质文化遗产

上钢十厂生产的产品商标为"三川牌"，借助我国三大江河——黄河、长江、珠江的形象，来表示上钢十厂的三大类主要产品：热/冷轧钢带、镀锡板带、薄壁焊管（图4-1-12）。

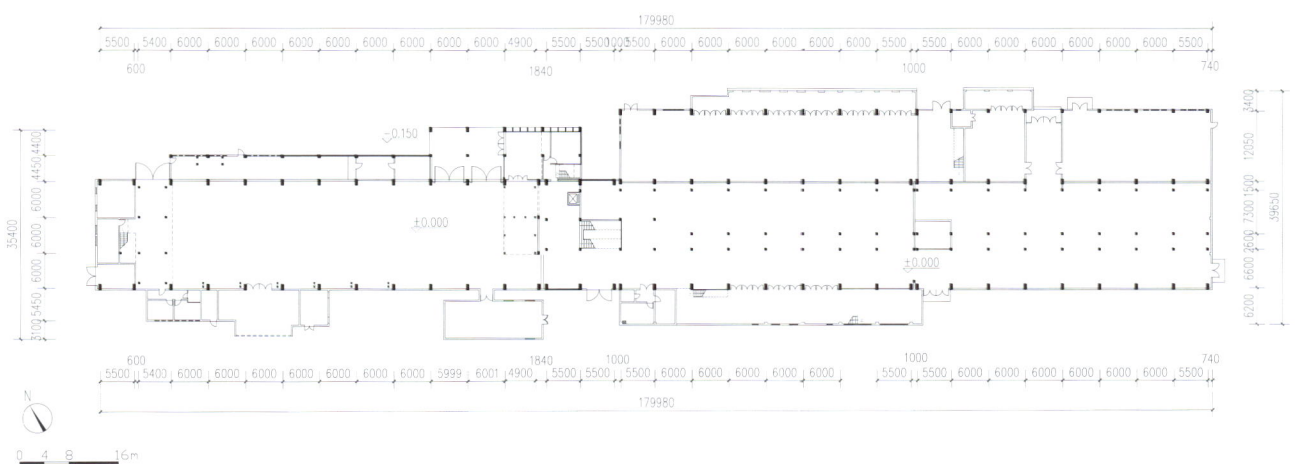

图4-1-9　上钢十厂冷轧带钢车间旧址一层平面图

图4-1-10　上钢十厂冷轧带钢车间旧址西立面

图4-1-11　上钢十厂冷轧带钢车间旧址内部结构

图4-1-12 上钢十厂的产品商标"三川牌"

其产品获得多项国家级、市级奖项：焊管用热轧卷带1981年获冶金部优质产品证书；照相机快门叶片用冷轧钢带1985年获冶金部优质产品证书，1989年获国优银质产品证书；灯头用冷轧钢带1984年获冶金部优质产品证书；手表防震器用精密冷带1986年获上海市优质产品证书。上钢十厂可谓成绩斐然，对中国带钢行业的发展做出了较大贡献[1]（图4-1-13）。

图4-1-13 1971年，上钢十厂建成中国第一座700毫米电镀锡机组
（资料来源：上海十钢有限公司）

1970年代，上钢十厂工会和长宁区工人美术创作组共同编绘了连环画《推钢姑娘》，宣传钢铁厂工人的事迹，并出版有《十钢报》。

4.1.2 上海第一钢铁厂

地址：宝山区长江路580号吴淞工业区
建造年代：1938年
占地面积：3.37平方公里
建筑面积：不详
工业类型：钢铁
保护级别：上海市宝山区文物保护点

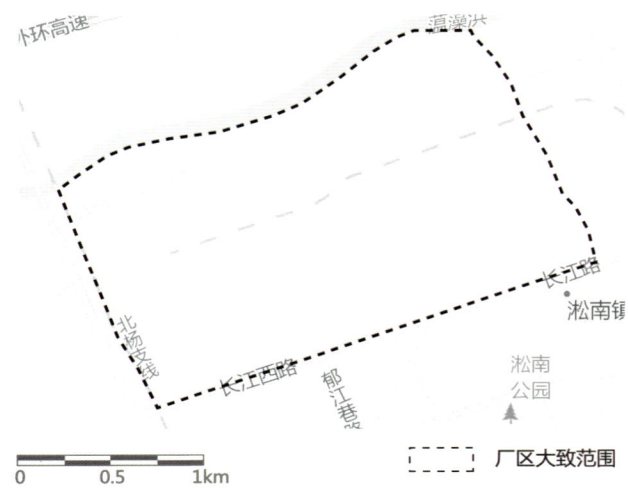

图4-1-14 上海第一钢铁厂区位

核心价值：

上海第一钢铁厂现为上海宝钢集团不锈钢厂，作为上海重要的钢铁工业遗产，在其八十多年的发展历史中，见证了上海吴淞工业区从无到有的发展历程。厂区现保存有上海第一高炉区。

---

[1] 上海市地方志办公室. 专业志>上海钢铁工业志［EB/OL］. http://www.shtong.gov.cn/Newsite/node2/node2245/node4540/node56537/node56545/node56547/userobject1ai43585.html.

1. 历史沿革

上海第一钢铁厂的历史最早可以追溯到1938年。日本日亚制钢株式会社在上海买下由华商在今平凉路开设的兴业制钢厂，成为日亚制钢株式会社上海分工厂。1941年太平洋战争爆发前，株式会社租得吴淞一带土地50余亩，创建吴淞炼钢工厂，1943年日亚钢业场吴淞工厂改为中华制株式会社吴淞工场。抗战胜利后，吴淞工场被国民政府经济部苏浙皖区特派员办公处接收，改名为上海钢铁股份有限公司第一厂，一度恢复生产。

1949年，上海市军管会接管该厂官僚资本部分，改名上海钢铁公司第一厂（图4-1-15），1957年又改名为上海第一钢铁厂（简称上钢一厂），同时进行扩建，逐步扩大规模，成为集炼铁、炼钢、开坯、轧管等一体的大型钢铁联合企业（图4-1-16）。1995年，上钢一厂、新沪钢铁厂、矽钢片厂组建为上海一钢集团。

自1950年代，按照上海"充分利用，合理发展"和"有计划辟建卫星城镇"的发展方针，吴淞工业区成为规划中的十个新兴工业区之一。"大跃进"期间，以钢铁工业为主的一批工厂在吴淞工业区兴建和扩建，使吴淞地区沿长江路、逸仙路、同济路、泰和路一线建成工业带，形成了吴淞工业区的雏形。随着1978年宝山钢铁总厂的兴建，吴淞工业区成为全市最重要的钢铁基地和能源基地。

1998年，宝钢公司合并上钢和梅钢，重新命名为上海宝钢集团公司，上海第一钢铁厂集团有限公司配合国有企业经济体制改革加入宝钢集团，成为上海宝钢集团一钢有限公司。

2000年，国务院正式批准不锈钢工程项目，一钢厂内的钢管厂、轧钢厂、铸造厂等陆续停产，组建新的炼铁厂、炼钢厂，进行不锈钢生产。2005年，一钢公司钢铁主业由宝钢股份收

图4-1-15　解放前夕的上钢一厂（1949年）
（资料来源：上海市地方志办公室）

图4-1-16　1980年代的上钢一厂
（资料来源：宝山区档案馆）

购，成立宝钢股份不锈钢分公司。

随着上海城市更新进度的不断加快，2015年，上海第一钢铁厂（图4-1-17、图4-1-18）被列入上海工业遗存风貌街坊。由于上海市区产业结构的调整，宝钢不锈钢厂也逐渐开始产业转型，2013年正式停炉。

图4-1-17　上钢一厂东区航拍图

图4-1-18　上钢一厂西区航拍图

图4-1-19 上钢一厂原高耸的除尘塔被保留下来，成为宝山后工业景观示范园的一部分

图4-1-20 上钢一厂原上海第一高炉区域改造后
（资料来源：中国宝武钢铁会博中心）

2．建筑特征与保存现状

上钢一厂厂区基本保持了原始风貌，在未来的规划中也有意保留近几十年留存的钢铁工业设施（图4-1-19）。2020年春，上钢一厂不锈高炉区域启动修缮改造工程，原上海第一高炉区域被打造成中国宝武钢铁会博中心（图4-1-20）。

3．非物质文化遗产

上钢一厂经过多年发展，成为上钢工人集体记忆的载体，传承了上钢从1960年代开始不断发展、革新的企业精神，包括：1960年代"一心为公、一丝不苟、一厘钱"的"三个一"精神；1970年代"讲全局、讲风格、讲责任、讲贡献"的"四大讲"精神；改革开放时期的"求实从严、艰苦创业、开拓进取、振兴一钢"等钢铁精神，这些精神都是上钢一厂所秉承的企业文化内涵（图4-1-21）。

上钢一厂的"克浪牌"船板获国家金质奖，"奇力牌"船用钢管获国家银质奖，"上一牌"带肋钢筋被推荐为上海市名牌产品。

图4-1-21 上钢一厂工人正在安装四十吨化铁炉的预热器，为转炉多炼钢创造条件
（资料来源：宝山区档案馆）

在相关文献和资料方面，上钢一厂编纂出版了《一钢发展史》《上海第一钢铁厂厂志》等，记述了该厂历史及各项工作情况，包括生产、经营管理、职工教育、党群工作等。另外还编写了《钢铁化学分析》《碱性侧吹转炉炼钢操作实践》等专业图书。

4.2 机械制造业

4.2.1 上海汽轮机厂

地址：闵行区江川路333号
建造年代：1953年
占地面积：98.93万平方米
建筑面积：42.38万平方米
工业类型：机械制造
保护级别：上海市闵行区文物保护点

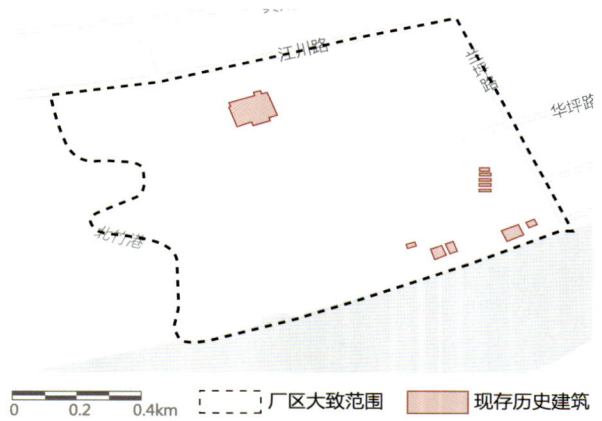

图4-2-1 上海汽轮机厂区位

核心价值：

上海汽轮机厂是中国第一家设计和制造汽轮机的企业，历经几十年的发展，厂区内依旧保留有1950年代由捷克斯洛伐克①支援建设的工业遗产，具有独特的价值内涵。

1. 历史沿革

上海汽轮机厂前身是1946年筹建的通用机器有限公司。1946年，国民政府资源委员会创办通用机器有限公司闵行制造厂，选址在黄浦江北岸，当时占地面积496亩，建筑面积约5 000平方米。1949年5月，通用机器有限公司闵行制造厂改名为华东工业部通用机器厂。

中华人民共和国成立后，1953年，该厂被国家命名为上海汽轮机厂，是中华人民共和国第一家设计和制造汽轮机的企业。同年，中共中央华东局和中共上海市委决定将闵行建成上海市电站设备生产基地，1958年开始有序开展厂区的建设和迁入工作，上海汽轮机厂与其他工厂，包括上海重型机器厂、上海电机厂、上海锅炉厂、新中华机器厂、闵行发电厂等一起迁入该区域（图4-2-2）。

图4-2-2 上海汽轮机厂挂牌
（资料来源：上海音像资料馆）

---

① 今分为捷克、斯洛伐克两个国家。

1950年代，上海汽轮机厂积极引进捷克斯洛伐克的生产技术，一方面，在汽轮机的制造方面获得了重要的突破，于1955年成功制造出中国第一台6 000千瓦汽轮机；另一方面，在厂区的建筑设计上也采用了当时捷克斯洛伐克的设计工艺，这些厂房至今依旧在上海汽轮机厂区得到一定保留。

1960—1966年，闵行工业区进入"调整、巩固、充实、提高"的发展时期，上海汽轮机厂进行了多次扩建（图4-2-3）。

随着1980年代上海新中华机器厂承担运载火箭的总体设计和总装、防控武器系统发控、发射设备的研制和生产任务，闵行工业区成为上海重要的航天基地之一。上海汽轮机厂等机电产业不断得到发展和完善，使闵行工业区成为上海最为重要的机电制造基地（图4-2-4）。

1995年，上海汽轮机厂与美国西屋公司合资组建由中方控股的上海汽轮机有限公司，成为中国汽轮机行业的第一家中外合资企业。1999年，西屋公司将股权转让给德国西门子公司，上汽厂成为西门子公司的全球合作伙伴之一。2014年11月，上汽厂与意大利安萨尔多燃气轮机有限公司在燃气轮机产业上开展全面战略合作。

目前，上海汽轮机厂已发展成为专注火电汽轮机、核电汽轮机和燃气轮机、工业透平机等全系列产品和服务的国内领先的现代装备制造企业，拥有超超临界百万千瓦火电汽轮机等主导产品。

2. 建筑特征与保存现状

上海汽轮机厂至今一直在进行生产，由于生产的需求，许多厂房已经进行了设备置换以适应新的生产技术需求，但依旧保存了一部分工业遗存，包括原始职工宿舍、原始职工餐厅及仓库等。其中年代最早的建筑为1937年建造，原本用作职工饭厅，改造后现利用为企业文化中心（图

图4-2-3　上海汽轮机厂第一金工车间装配汽轮机
（资料来源：上海音像资料馆）

图4-2-4　上海汽轮机厂鸟瞰图
（资料来源：上海市规划和自然资源局）

4-2-5）；其宿舍楼为捷克斯洛伐克援建，带有外国建筑样式的影响，简洁实用（图4-2-6）；专家楼的锯齿形屋顶则别具特色（图4-2-7）。部分建筑细部有着简洁、独特的装饰图案（图4-2-8）。由于汽轮机厂依旧在运营生产，部分使用中的历史建筑经过多次修缮，建筑外立面和结构上发生了一定的变化。

图4-2-5 企业文化中心整体外观

图4-2-6 捷克斯洛伐克援建宿舍楼现状鸟瞰

图4-2-7 专家楼的锯齿形屋顶

图4-2-8 建筑立面上的装饰图案

总体来看，上海汽轮机厂内的历史建筑在厂房依旧处于运营生产的情况下，尽可能地保存了一定的原始风貌，使历史建筑使用功能的延续和建筑价值的保存得到了较好的平衡（表4-2-1、表4-2-2）。

表 4-2-1　园区内部分厂房资料信息

厂房名称	建筑年代	功能类型	占地面积	建筑特征
企业文化中心	1937年	企业文化中心	约1 800平方米	该建筑1937年由国民政府资源委员会筹建，信诚建筑师设计，通用机器厂成立后用于职工饭厅。1953年上海汽轮机厂挂牌后，经多次大修、改造后曾用于职工食堂、职工俱乐部等。2009年在"修旧如旧"改造的基础上规划动工，再利用为企业文化中心，2011年9月正式启用。 建筑为砖木结构单层建筑，建筑内部为三角形木桁架支撑，外墙历史上应为清水砖墙，应有6跨，每跨屋顶为双坡顶，开天窗方便采光，呈现出实用主义的特色
宿舍楼	1950—1960年代	宿舍	约3 000平方米	宿舍楼共4栋，原始为砖木结构2层建筑，外立面为清水砖墙，屋顶为双坡顶。建筑山墙有部分几何形装饰，建筑整体呈现出简洁实用的风格。 目前宿舍楼为方便使用，对建筑的内部结构和外部空间进行了修缮和改建，改建后与原始建筑在建筑风貌上存在一定程度的差别
仓库01	1950—1960年代	仓库	约1 000平方米	该仓库为三跨，屋顶为木桁架排架结构，墙体为混凝土，现存屋顶为彩钢板屋顶。中间一跨屋顶有天窗通风和采光，木桁架保存完整，建筑内部有部分钢架斜撑和传输带设施
仓库02	1950—1960年代	仓库	约3 000平方米	该建筑群为仓库建筑群，砖木结构的单层建筑，有东西两栋，均是三跨厂房仓库，屋顶为彩钢板屋顶，建筑墙体为清水砖墙，部分青砖上有花纹标识
专家楼	1950—1960年代	办公室	约250平方米	该建筑目前为混凝土单层建筑，建筑屋顶独具特色，北部为锯齿形屋顶，南部连接四坡顶，目前建筑屋顶为机坪瓦，立面经过蓝灰色粉刷

表 4-2-2　上海汽轮机厂厂区部分工业建筑遗存照片

厂房名称	建筑特征	
企业文化中心	俯视	内部木结构

续表

厂房名称	建筑特征	
宿舍楼	山墙立面	局部外观
仓库01	俯视图	内部结构
仓库02	俯视图	外观
专家楼	俯视图	
L型仓库	俯视图	外观

续表

厂房名称	建筑特征
框型仓库	俯视图

3. 非物质文化遗产

上海汽轮机厂秉承"万众一心、爬坡登峰；追求卓越、永做一流"的企业文化，创造了中国汽轮机制造史上的多项第一，如制造了中国第一台6 000千瓦汽轮机、第一台引进型30万千瓦汽轮机、第一台31万千瓦核电汽轮机和第一台超临界100万千瓦汽轮机等，并荣获"2007中国国际工业博览会金奖"，产品达到国际先进水平。出版有《上海汽轮机厂厂志》，分综合卷、专业卷2册。

4.2.2 彭浦机器厂

地址：静安区共和新路3201号
建造年代：1958年
占地面积：不详

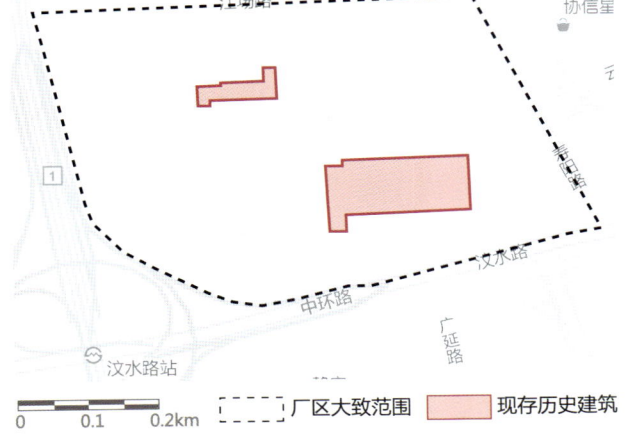

图4-2-9　彭浦机器厂区位

建筑面积：不详
工业类型：机械制造
保护级别：上海市静安区文物保护点
核心价值：

彭浦机器厂是上海彭浦工业区重要的重工产业代表，上海重要的社会主义发展早期的工业遗产代表，也是中国履带式推土机的摇篮。

1. 历史沿革

彭浦机器厂的前身，是1958年10月由上海铸造厂等16家工厂合并组成的上海冶金通用机械厂。1959年改名为彭浦机器厂，是上海市大型骨干企业，也是"大跃进"时期上海重要的重工厂（图4-2-10）。

彭浦机器厂所在地原本是上海重要的机械工业生产基地"彭浦工业区"，这里作为上海"一五时期"开始计划兴建的厂区，自1950年代中后期开始逐渐完善，1958年建设，至1959年该地区已有企业69家，主要包括彭浦机器厂、四方锅炉厂、上海鼓风机厂、上海重型汽车厂、华通开关厂、上海造纸机械总厂等。

彭浦机器厂是中国较早的履带式推土机技术研发和生产制造的企业，是中国推土机生产的重要工厂代表。1964年6月，研制成功当时国内最大马力的推土机"上海100"，1967年，又在"上海100"的基础上研制成功"上海120"。改革开放以后，彭浦机械厂引进国外推土机制造

图4-2-10　20世纪60年代的彭浦机器厂
（资料来源：上海彭浦机器厂）

图4-2-11　彭浦机器厂入口现状

技术，积极改进生产技术，提高产品质量。2004年，由上汽集团和电气集团对彭浦机器厂进行多元投资改制，成立上海彭浦机器厂有限公司（图4-2-11）。

随着上海彭浦地区城市发展的不断加速，原本的彭浦工业区已经失去其工业生产的功能，重要厂区迁至远郊。2015年，位于浦东临港的彭浦机器厂新厂投入运营，位于共和新路的原厂内设施迁至浦东。

原彭浦机器厂所在地连同园区内的工业遗存被分为四块地块出让，在对场地内工业遗产进行整体保留的同时，未来将进行整体规划设计与成片统一开发，推动片区发展。

2．建筑特征与保存现状

厂区调查时处于闲置状态，正在进行地块开发工作。厂区内除留存的三处不可拆除厂房外，均已不存。三处厂房平面均呈矩形，为典型1949年后的大型预制混凝土结构建筑。其中一处为五跨穹顶厂房，中间三跨开天窗，内部为混凝土排架结构建筑，是上海目前留存的较大型的历史厂房空间（图4-2-12至图4-2-15）。

3．非物质文化遗产

彭浦机器厂秉持"坚韧不拔，求实创新，团结奋进，自强不息"的企业文化精神，成为全国机械企业500强之一，曾十多次荣获市级文明单位称号，推土机产品"巨力"牌等多次获全国产品荣誉称号、上海市产品荣誉称号。

出版有厂志《艰难的跨越：彭浦机器厂发展史（1956—1990年初）》，另外仅有小学六年级文化水平的青年工人朱兆金，自1959年进厂以后，在刀具和工夹具上做了100多项革新，编制了三册《定型刀具》和一册《专用刀具》的资料，对生产做出了卓越贡献。

第4章 上海工业遗产典型案例实录

图4-2-12 五跨厂房外观（2017年）

图4-2-13 五跨厂房内部排架结构（2017年）

图4-2-14 另一处老厂房外观

图4-2-15 厂房局部建筑细节

4.2.3 慎昌洋行杨树浦工场旧址

地址：杨浦区杨树浦路2200号
建造年代：1921年
占地面积：不详
建筑面积：约11 000平方米
工业类型：机械制造
保护级别：上海市杨浦区文物保护点

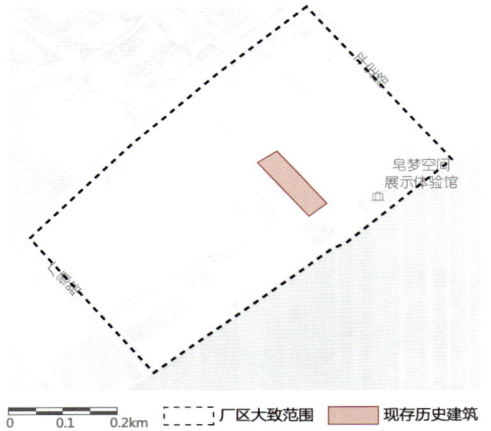

图4-2-16 慎昌洋行杨树浦工场旧址区位

核心价值：

慎昌洋行杨树浦工场旧址有一百多年的历史，经历了从原本的机器制造厂，到上海锅炉厂、上海电站辅机厂的发展过程，是上海机器制造业工业遗产的重要代表，保存有目前上海少有的钢结构厂房建筑遗产。

1. 历史沿革

1906年，丹麦人马易尔连同宝隆洋行的同事安德生和裴德生合伙创办"安德生—马易尔公司"，取名慎昌洋行（图4-2-17），主营进出口业务。经过一段时间的经营，慎昌洋行业务发展顺利，一战爆发后美国摩根财团在上海扩资，给慎昌洋行带来了更多的商机。

随着洋行的发展，马易尔在今杨树浦路2200号购地26亩，建设堆栈仓库，用于货物装卸。1921年，马易尔将原本的杨树浦堆栈扩建为慎昌洋行杨树浦工场，进行机械制造。工场最开始用于修理和装配进口机器，后期开始承接各种钢铁产品，至1920年末，慎昌洋行杨树浦工场已经初具规模，下设车间包括钢窗、铜床、冷作、风扇、翻砂等，已成为专业化的机器制造厂（图4-2-18）。

图4-2-17 慎昌洋行总部
（资料来源：杨浦区图书馆）

图4-2-18 慎昌洋行杨树浦工场厂房正立面
（资料来源：杨浦区图书馆）

全盛时期，慎昌洋行杨树浦工场拥有外籍职员100多人，华籍职员1 000多人（图4-2-19、图4-2-20）。1931年至1938年，承接了包括龙华机场、杭州笕桥机场大楼钢结构、杭州钱塘江大桥桥基钢结构、南京路永安公司新楼、外滩中国银行大楼钢结构等建造。随后慎昌洋行杨树浦工场被日军占领，转做军火生产。

1952年，慎昌洋行杨树浦工场和生产合作工厂合并，改名浦江机器厂，1953年又改名国营上海锅炉厂。随着锅炉厂的不断发展，1958年，在上海闵行区华宁路上筹建闵行工厂（后为上海锅炉厂总厂），原杨树浦路的工厂改名上海锅炉厂杨树浦厂区。同时为适应专业化生产的需要，在厂区内成立上海电站辅机厂。1980年，上海锅炉厂和上海电站辅机厂正式分家，成为独立的上海电站辅机厂。2007年，上海电气电站集团与西门子实施合资，上海电站辅机厂工厂更名为上海电气电站设备有限公司电站辅机厂[①]（图4-2-21）。

2019年，随着黄浦江滨江开发和电站辅机厂自身发展的需求，电站辅机厂搬迁转型，原本的慎昌洋行杨树浦工场旧址成为上海杨浦滨江未来开发的重点地段。

2．建筑特征与保存现状

慎昌洋行杨树浦工场旧址现保留有2处工业建筑遗产，已被列为杨浦区文物保护点（图4-2-22）。最早的一幢为生产车间，建于1921年，钢筋混凝土结构，建筑面积约为8 000平方米。建筑坐西朝东，屋顶为钢桁架，厂房内有吊车梁。屋面凸出高窗，楼外墙有慎昌洋行的标记和部分英文痕迹。该处厂房为钢结构排架体系厂房，是目前上海少有留存的钢结构厂房建筑（图4-2-23至图4-2-26）。

图4-2-19　职员写字间
（资料来源：杨浦区图书馆）

图4-2-20　生产车间
（资料来源：杨浦区图书馆）

图4-2-21　上海电站辅机厂旧景（原慎昌工厂厂房）
（资料来源：杨浦区图书馆）

---

① 上海市杨浦区文化局，上海市杨浦区档案局．杨树浦历史变迁［M］．上海：上海书店出版社，2015．

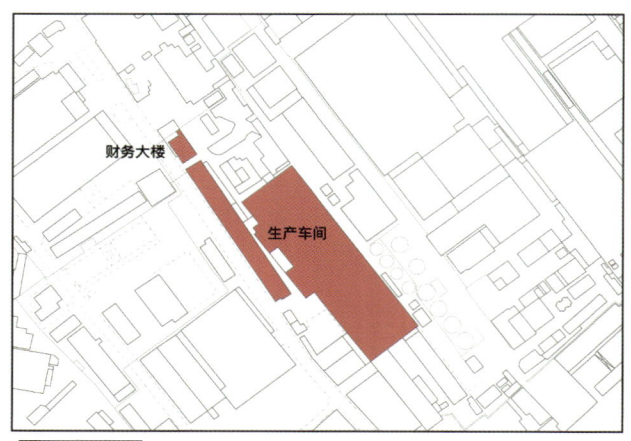

图4-2-22　慎昌洋行文物保护点区位图

图4-2-24　生产车间内部钢桁架（2009年）

图4-2-23　生产车间北部外观（2009年）

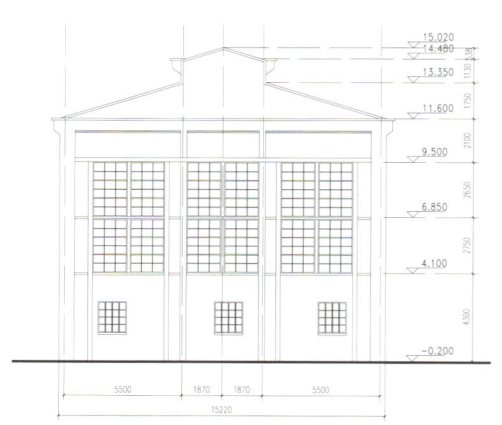

图4-2-25　生产车间立面图

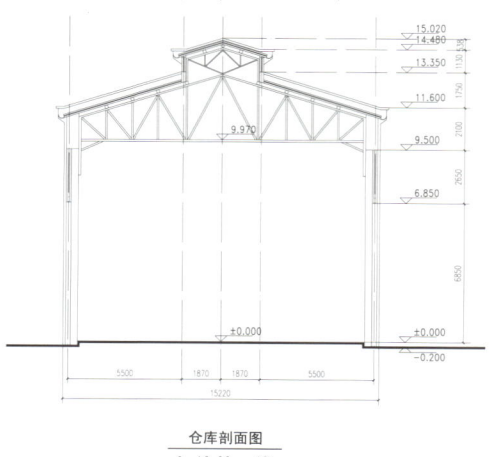

图4-2-26　生产车间剖面图

另一幢为财务大楼（图4-2-27），建于1931年，坐南朝北，占地面积为1 626平方米，建筑面积为3 069平方米，钢筋混凝土框架结构。建筑风格为现代风格，立面开大尺度钢窗，屋顶为平屋顶。该楼最早用作办公室和仓库。

值得一提的是，2004年，中国台湾建筑师登琨艳曾在此创立"上海滨江创意产业园区"，重新规划厂区内的使用空间，将原有厂房改造为集合剧场、画廊、工作室及消费场所的多功能创意产业园区[①]（图4-2-28）。"上海滨江创意产业园区"的开发虽然得到了杨浦区政府的支持，但由于场地出租方上海电站辅机厂长期不能提供园区产权证和租赁凭证，导致入驻园区的公司一直无法在园区注册，同时部分厂房在一段时间内再次投入使用，对园区环境造成较大影响，最终设计师登琨艳于2010年12月31日迁出园区。

目前厂区处于闲置状态，厂区内厂房基本保持了原本的空间布局。

3．非物质文化遗产

慎昌洋行早年生产的产品种类多样，包括电风扇、瓷砖，乃至众多大型的工业设备（图4-2-29）。

其重要的标志是独特的三角形商标。慎昌洋行的三角形商标至今依旧可以在厂区内的厂房建筑中看到。商标作为慎昌洋行的形象表达，不仅仅是产品本身的标志，也成为工厂的文化标志（图4-2-30）。

图4-2-27　财务大楼外观（2018年）

图4-2-28　被利用为上海滨江创意产业园区时的园区入口（2009年）

---

① 段巍，崔华．功能置换：登琨艳设计的上海滨江创意产业园［J］．时代建筑，2007（01）：62-67．

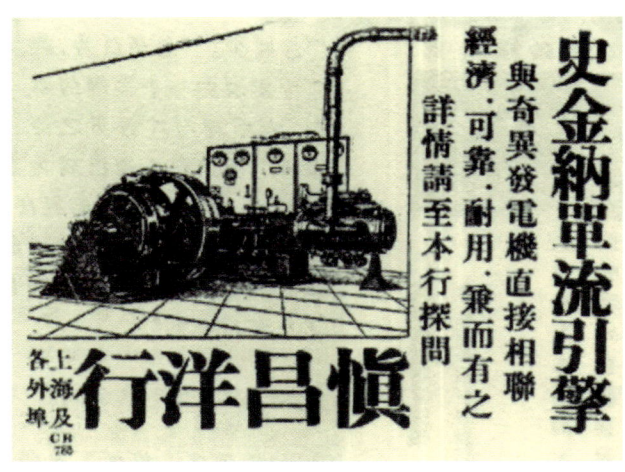

图4-2-29 慎昌洋行产品广告
（资料来源：杨浦区图书馆）

图4-2-30 厂房外立面的慎昌洋行商标

4.3 船舶制造业

4.3.1 中法求新机器制造轮船厂

地址：黄浦区半淞园路168号

始建年代：1902年

占地面积：约 150 000平方米

建筑面积：不详

工业类型：船舶制造

保护级别：上海市优秀历史建筑

图4-3-1 中法求新机器制造轮船厂区位

核心价值:

求新机器制造轮船厂是近代中国民族资本创办的最有实力、最具影响力的民营轮船厂之一,是上海重要的工业遗产。

1. 历史沿革

求新机器制造轮船厂创建于1902年春,是东方汇理银行买办朱志尧筹建的民资船厂,取名"求新",有"器惟求新"的含义。自1904年开始船舶修造,1906年已开始建造小型客货运和浅水快轮,引进国外设备,至1910年,制造出中国第一台火油内燃机,工厂发展到9个,职工增至500多人,还建成船坞1座(图4-3-2、图4-3-3)。

图4-3-2 求新机器制造轮船厂工厂正面图
(资料来源:上海图书馆)

图4-3-3 求新厂制造的潜水快轮
[(资料来源:《上海求新厂之成绩(四)》,中华国货月报,1915,1(3)]

图4-3-4 求新船厂创始人朱志尧
(资料来源:上海档案信息网)

求新机器制造轮船厂最初几年业务发展之所以如此之快,与创办人朱志尧有相当大的关系(图4-3-4)。朱志尧出生于上海董家渡,儿时曾从二舅父复旦大学创始人马相伯就读于徐汇公学。他早年游历欧洲,参观各种机器制造厂,大开眼界。《辛丑条约》签订后,朱志尧响应"振兴实业"热潮,创办了求新机器制造轮船厂,由于与旧官僚方面的各种关系,船厂的业务中政府公用事业、桥梁、车厢等工程占了一大部分。

但因第一次世界大战造成钢铁原料价格暴涨,船厂向银行借贷无力偿还,被迫将大部分股份售与法商,于1919年8月31日改组为中法合营企业,改名"中法求新机器制造轮船厂",其实已被法国资本吞并。抗日战争期间,船厂的生产一度停滞不前,1945年被日军接管,以船舶修造和小型炸弹外壳制造为主要任务;抗战结束后,又被法国人接收,船厂已遭严重破坏。

中华人民共和国成立后,华东工业部于1952年1月10日正式租赁中法求新机器制造轮船厂,改名华东工业部求新机器厂,同年9月改名求新

图4-3-5　造船事业部办公楼全貌及细部（2009年）

造船厂。1954年9月，中国政府代管船厂，求新造船厂完全归属船舶工业局领导[1]。

1988年，为适应南浦大桥的兴建，求新造船厂按照大桥设计方要求退让16米。1999年，上海为申办2010年世博会，拟将毗邻的求新造船厂和江南造船厂合并，2000年8月28日，求新造船厂整体并入江南造船厂，并同江南造船厂一并迁址崇明区长兴岛[2]。

2. 建筑特征与保存现状

由于世博会需要，求新造船厂厂区内的厂房和设施多被拆除，现仅存厂区北部的造船事业部办公楼、原求新厂党委办公楼（红楼）、原求新厂设计大楼等6栋建筑。位于苗江路东北部的厂房为中华人民共和国成立后建造，其余5栋建筑均为1949年前所建。

造船事业部办公楼建于1949年前，占地面积约659平方米，疑为砖木结构2层建筑，外墙为清水砖墙。建筑有东北和西南两栋建筑相连，均为两坡顶，其中西南面建筑外立面为红砖立面，

图4-3-6　造船事业部办公楼修缮后外观现状

三面开窗，东南面为建筑入口，二层为走廊。山墙、门窗及回廊均做有装饰，富有特色（图4-3-5至图4-3-8）。造船事业部办公楼东部尚有3层平房，建于1949年前，占地面积约80平方米，为3层钢筋混凝土结构建筑。

原求新厂党委办公楼（红楼）建于1949年前，占地面积约700平方米，砖木结构2层建筑，平面为"凹"形平面，屋顶为四斜坡屋顶，墙面

---

[1] 上海市地方志办公室. 专业志/上海船舶工业志/第一篇第二章第五节：求新造船厂［EB/OL］. http://www.shtong.gov.cn/newsite/node2/node2245/node4514/node57540/node57545/node57547/userobject1ai44592.html.
[2] 江南造船（集团）有限责任公司/企业概况/企业沿革［EB/OL］. http://jnshipyard.cssc.net.cn/compay_mod_file/mode_3.php?cart=1&typeid=4.

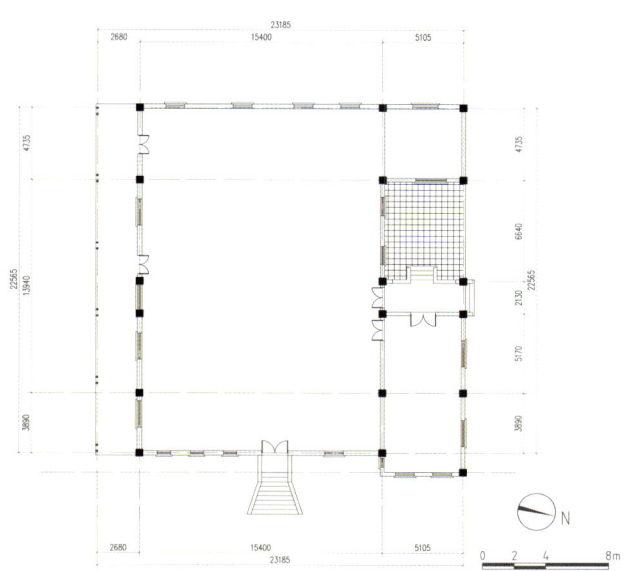

图4-3-7 造船事业部办公楼一层平面图

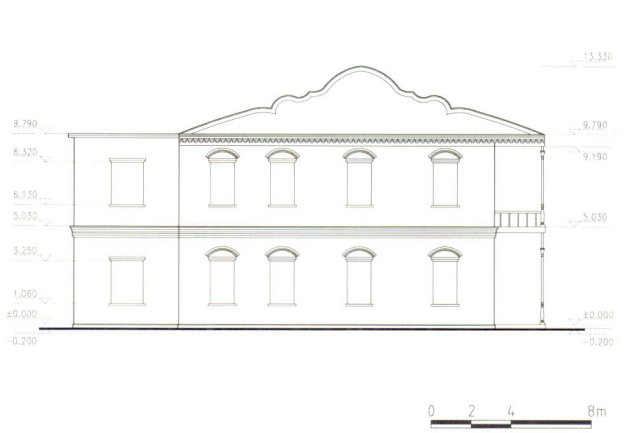

图4-3-8 造船事业部办公楼立面图

为清水砖墙，以红砖作窗框装饰（图4-3-9）。

红楼西侧办公楼建于1949年前，占地面积约350平方米，为砖混结构4层建筑，平面呈两个相连菱形状，外墙为红砖清水砖墙，屋顶为四面坡屋顶（图4-3-10）。

求新厂设计大楼建于1949年前，占地面积约1 800平方米，砖混结构2层建筑，平面原本呈"山"字形，由于城市开发需要，现东侧部分建筑已经拆除。屋顶开天窗，南侧一层加建有回

图4-3-9 求新厂党委办公楼（红楼）现状

图4-3-10 红楼西侧办公楼外观及细部（2009年）

廊，入口装饰富有特色。整体立面简洁明快，呈现折中主义风格（图4-3-11）。

苗江路东侧厂房占地面积约6 000平方米，由一栋单层钢混筒壳结构厂房（北侧）和一栋双层筒壳结构厂房组合而成，为1949年后新建的厂房（图4-3-12、图4-3-13）。

目前求新机器制造轮船厂旧址留存的6栋建筑遗存中，已有4栋被列为上海市优秀历史建筑。现苗江路东侧厂房已改造为主题游戏馆，其余建筑均未对外开放，未开放区域的建筑均已得到修缮整理。

3. 非物质文化遗产

求新机器制造轮船厂发展早期，因为注重国外设备的引进和技术上的创新，不断占领国内技术制高点，逐渐发展成为当时中国最有实力、最具影响力的民族资本创办的船舶修造产业。1906年制造出被赞为"舍木用铁之嚆矢""工业界一发明事业"的全钢趸船和铁料码头；1908年为江苏省督练公所制造的"靖湖"号，装配了用于解决螺旋桨易被缠绕问题的水草刀机；1909年为上海内地自来水公司制造的大型蒸汽动力水泵，甚至得到了外国工程师的高度评价，认为其制作之

图4-3-11　求新厂设计大楼2009年外观（左）与修缮后现状（右）

图4-3-12　苗江路东侧厂房2009年外观（左）与修缮后现状（右）

图4-3-13 苗江路东侧厂房内部结构（2009年）

精良已与西方所制不相上下；1910年更是制造出了中国的第一台火油内燃机，被誉为"我国工业界仿造外洋机器之鼻祖"。1915年，求新机器制造轮船厂制造的飞虹号渡轮模型以及如意牌火油内燃机被送往巴拿马参加万国博览会，并取得良好成绩[1]。

由于求新船厂为华商独资，技师与厂内职工都是华人，完全为国人独立自主经营的品牌，故被舆论盛誉"诚为我国经营实业者所宜取法也"[2]。

中华人民共和国成立后，该厂被国家接管，作为我国船舶工业的大型骨干企业同样做出了亮眼的成绩，除船舶制造业之外，该厂在其他相关配套设备的设计建造、修理改装以及非船舶设备、电气设备、压力容器的制造、室内外装潢及汽车修理等多方面均有所涉足。

4.3.2 瑞镕船厂旧址

地址：杨浦区杨树浦路640号
始建年代：1900年
占地面积：58.9万平方米
建筑面积：不详
工业类型：船舶制造
保护级别：上海市优秀历史建筑，第二批"中国工业遗产保护名录"

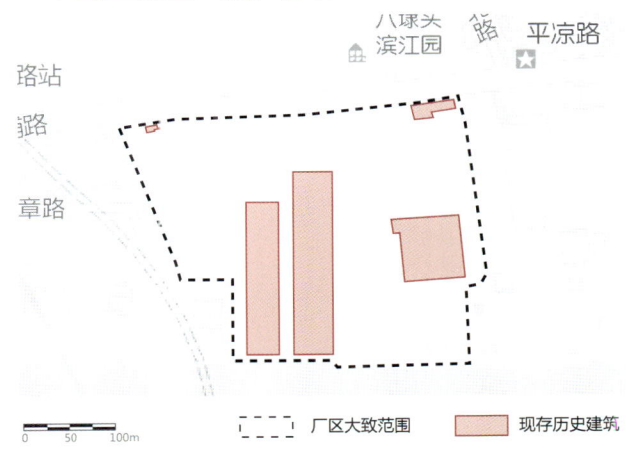

图4-3-14 瑞镕船厂旧址区位

---

[1] 上海档案信息网. 上海记忆/淞沪掌故/朱志尧与求新机器轮船制造厂[EB/OL]. http://www.archives.sh.cn/shjy/shzg/201705/t20170512_43273.html.
[2] 马学强，龚峥. 近代最具影响力的民营轮船厂为何被法资吞并. 澎湃新闻[EB/OL]. https://www.thepaper.cn/newsDetail_forward_1441830.

核心价值：

瑞镕船厂是上海早期规模较大的外资造船厂之一，在整个杨浦乃至上海的造船史上都有很重要的地位，其工业建筑遗存见证了上海船舶修造业的发展历程。

1. 历史沿革

1900年，德商瑞记洋行投资21.8万两白银，于杨树浦路创办瑞镕船厂，专造浅水船、拖船、驳船和游览船等500吨以下船舶。1912年，为扩大规模，瑞镕兼并了当时另一德商船厂——万隆铁工厂，统称瑞镕船厂。

1918年，由于德国在一战中的失败，瑞镕船厂被英商接管（图4-3-15）。为了进一步垄断上海的船舶行业，英商于1936年，将瑞镕船厂与英商耶松船厂合并，称英联船厂，总厂设于原瑞镕船厂（图4-3-16）。

二战中的太平洋战争爆发后，日军接管了英联船厂，原瑞镕船厂厂区被改称三菱株式会社江南造船所杨树浦工场。直至1945年抗日战争结束，英联船厂被国民政府接管，同年9月16日归还英商，并恢复原来的厂名。

1952年8月15日，英联船厂被上海市军事管制委员会征用，改名军管英联船厂。1954年1月1日，军管英联船厂主厂并入原为招商局机器造船厂的上海船舶修造厂。之后几经更名，于1985年定名为上海船厂[①]（图4-3-17）。

2000年以后，为配合杨浦滨江的开发，上海船厂陆续搬迁至崇明岛，原厂于2015年7月正式停产，留下包括船坞、生产车间等工业建筑遗存。2019年，瑞镕船厂被改造利用为上海空间艺术季的展馆场地，受到社会的关注。

图4-3-15　1934年杨树浦码头上的瑞镕公司
（资料来源：上海图书馆）

图4-3-16　英商耶松船厂，后与瑞镕船厂合并为英联船厂
（资料来源：上海图书馆）

2. 建筑特征与保存现状

截至2018年调研时，厂区内留有历史建筑共12幢（现部分已拆除），包括厂房、办公楼等以及两座船坞（表4-3-3）。多数建筑建于1900—1948年间，1949年后也陆续增建了部分建筑。

---

① 上海市地方志办公室，专业志>上海船舶工业志>第一篇行业>第二章造船及配套企业>第三节上海船厂[EB/OL]. http://www.shtong.gov.cn/newsite/node2/node2245/node4514/node57540/node57545/node57547/userobject1ai44590.html.

图4-3-17　上海船厂全景鸟瞰图
（资料来源：上海船厂）

表 4-3-3　瑞镕船厂建筑遗存概览

厂房名称	始建年代	功能类型	建筑结构	占地面积
办公楼1	1911年	办公楼	砖混结构	约840平方米
办公楼2	1900—1948年间	办公楼	（未进入）	约335平方米
厂房1	1900—1948年间	厂房	砖混结构	约1 440平方米
厂房2	1900—1948年间	厂房	混合结构	约1 550平方米
厂房3	1979—1994年间	厂房	钢混结构	约3 080平方米
厂房4	1948—1979年间	厂房	（未进入）	约2 580平方米
船坞1	1994—2006年间	船坞	—	约14 200平方米
船坞2	1994—2006年间	船坞	—	约8 200平方米
办公楼3	1900年代	办公楼	（未进入）	约1 080平方米
办公楼4	1900年代	办公楼	（未进入）	约510平方米
厂房5（施工中，未靠近）	1948—1979年间	（未进入）	（未进入）	约790平方米
厂房6（施工中，未靠近）	1900—1948年间	（未进入）	（未进入）	约1 650平方米

图4-3-18 瑞镕船厂办公楼二层外廊带有卷涡的牛腿支撑

图4-3-19 别致的出挑形式

图4-3-20 独特的无梁楼盖结构

早期的建筑（尤其是办公建筑）多为砖混、砖木结构，在建筑风格上带有西式古典主义色彩，建筑立面上仍留有部分装饰，如壁柱、拱券、卷涡等，大多比较简洁（图4-3-18至图4-3-20）。

后期的建筑包括部分钢混、砖混结构的厂房，这部分建筑以实用为先，较为朴素，无过多装饰（图4-3-21、图4-3-22）。

图4-3-21 简洁的厂房建筑立面

图4-3-22 保留下来的油罐

第4章 上海工业遗产典型案例实录

图4-3-23 瑞镕船厂办公楼转角立面及细部（2008年）

现原厂区内部分建筑已被拆除，从现有保护规划上看，保护建筑有1处，保留历史建筑存7处（其中有两幢正在施工，未进入），另有4幢一般历史建筑。其中杨树浦路640号原瑞镕船厂办公楼（办公楼1）（图4-3-23），于2015年被列入第五批上海市优秀历史建筑，2019年入选第二批"中国工业遗产保护名录"。调研时发现，厂区整体保存状况一般，建筑均存在不同程度的损坏，现状见表4-3-4。

表4-3-4 瑞镕船厂厂区部分建筑遗存照片

建筑名称	现况照片		
办公楼1	现况01	现况02	现况03
厂房1	照片01（现已拆除）	照片02（现已拆除）	照片03（现已拆除）

183

续表

建筑名称	现况照片		
厂房2	照片01	照片02	照片03
船坞1	照片01	照片02	
船坞2	照片01	照片02	
办公楼2	照片01		
办公楼3	照片01	照片02	照片03

3. 非物质文化遗产

近代上海曾有三次犹太人移民高潮，他们利用上海优越的地理区位以及相关战争条约的优惠条件在上海发展贸易活动，对上海的经济发展产生了重大影响。创办瑞镕船厂的瑞记洋行便是近代上海著名的犹商集团之一。

瑞记洋行由英籍犹太人安诺德兄弟和德籍犹太人卡贝尔格合资开设，主营军火、木材、五金交电等进出口贸易，曾通过控股祥泰木行，垄断中国的木材进口。由于受一战影响，瑞记洋行在1919年重新注册，改名安利洋行，后被沙逊家族兼并[1]。现四川中路还保留着安利洋行于1907年建造的安利大楼。

当时杨树浦一带产业工人聚集，瑞镕船厂工人多次参加红色工人运动。1919年为抗议北洋政府，1925年为抗议"五卅"惨案，瑞镕船厂工人都举行了罢工。1932年为反对日军发动淞沪战争，瑞镕船厂工人还曾拒绝修理日本的军舰。

1985年更名为上海船厂后，创造了造船史上的多项纪录，如1970年制造成功的9 000马力6ESDE76/160型大功率船用柴油机，是我国第一台随船出口的大功率柴油机（图4-3-24）。另外还建成了我国第一座半潜式海上石油钻井平台"勘探3号"等。上海船厂多次获得国家发明奖、上海市科技成果奖、优质产品奖等，其中6RND68M柴油机获国家优秀新产品金龙奖，出口的1.23万吨级集装箱船和"勘探3号"钻井平台获国家金质奖。

编纂出版有《上海船厂党史大事记（1949—1990）》《峥嵘岁月：上海船厂船舶有限公司志

图4-3-24 上海船厂职工采取"土洋结合"的办法，加工柴油机部件
（资料来源：上海船厂）

---

[1] 王健. 试论犹太人与近代上海经济[J]. 史林, 1999(03): 87-94.

（1978—2010）》《上海船厂厂庆专刊》等，以及文史资料选辑《英联船厂斗争的日日夜夜》等。

4.3.3 江南制造总局旧址

地址：黄浦区高雄路2号（世博园区地块）
始建年代：1865年
占地面积：约65公顷
建筑面积：不详
工业类型：船舶制造
保护级别：上海市文物保护单位、上海市优秀历史建筑

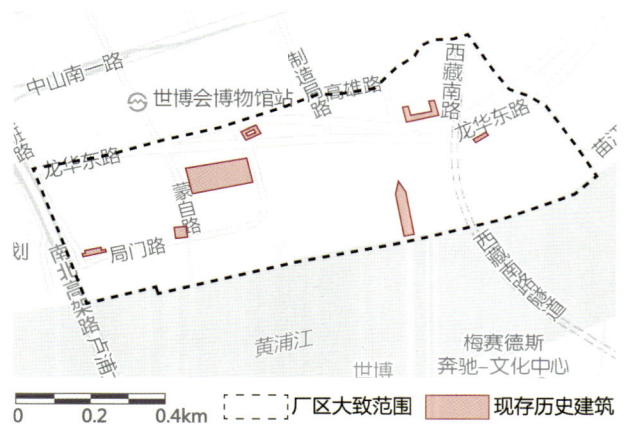

图4-3-25 江南制造总局区位

核心价值：

江南制造总局是中国最早的官办民族企业之一，是洋务运动的重要产物，完整记述了中国近现代工业尤其船舶工业发展的历程，曾代表了我国相当长一段时期内最为先进的工业技术水平。在上海城市更新的过程中，作为上海世博园区的重要地块，对城市面貌也产生了特殊影响。

1. 历史沿革

江南制造总局由清政府创立（图4-3-26、图4-3-27）。1864年（清同治三年）9月27日，江苏巡抚李鸿章致函总理衙门，请准予在上海设厂造船，并准华商购买洋船。10月18日，总理衙门复李鸿章，赞同在沪筹设船厂，并望讲求驾船之法。1865年，清政府购买了外国人在上海虹口地区开设的旗记铁厂，并将原有两洋炮局并入，组成新厂，定名为"江南机器制造总局"，制造船炮军火和各种机器。1867年，江南机器制造总局迁至城南高昌庙现址，并建立了翻译馆。翻译馆不仅成就了徐寿、华蘅芳、徐建寅等中国近代一流的科学家和工程专家，而且成为全面介绍、学习世界先进科学技术的开拓者，对中国早期工业产生了深刻影响。

这一时期的江南机器制造总局生产了中国第一台车床，自行建造了中国第一艘蒸汽推进的军舰"惠吉号"和第一艘铁甲军舰"金瓯号"，研制了中国第一支步枪、第一门钢炮、第一磅无烟火药，炼出了中国第一炉钢等。至19世纪末，江南机器制造总局已发展成为中国乃至东亚技术最先进、设备最齐全的机器工厂。

江南制造总局后期，清政府原拟将该局迁往内地，但由于计划迟迟未能实现，1905年，清政府决定局坞分家，把船坞部分从制造局划分出来，另行成立江南船坞，采用商务化的经营方

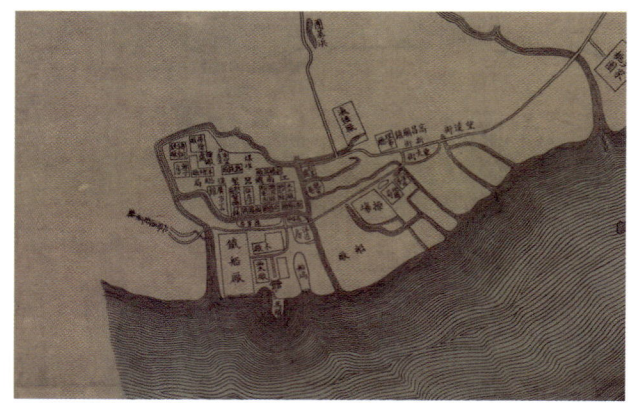

图4-3-26 1884年江南制造总局平面图
（资料来源：1884年上海县城乡租界全图）

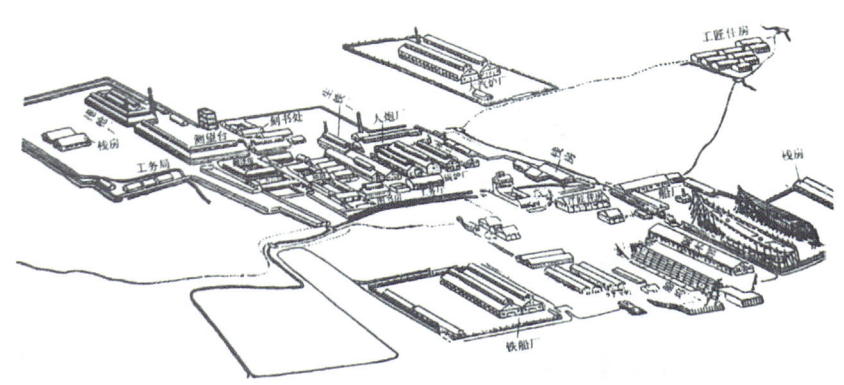

图4-3-27　1890年代江南制造总局鸟瞰图
（资料来源：上海县志）

针。这一改变让江南船坞从原本为清政府专门制造海军军舰服务转变为着重对外营业，江南制造总局时期船坞长期荒废的局面也逐步改观，企业规模和生产设备日益扩充。1912年，江南船坞改称海军江南造船所，在生产经营层面开始大量启用本国技术和管理人员，逐渐改变洋人垄断的局面。1918年至1921年间，江南造船所进行大规模扩建，机器设备、船坞码头、厂用房屋等都进行较大量的基本建设，现今留存的2号船坞就是在这一时期兴造的。1927年以后，江南造船所隶属于国民党海军，修造海军舰艇比例显著增加，同时为配合修造海军舰艇需要，进行了一定程度的军事性扩建，现存的海军司令部旧址、飞机库、将军楼等都于这一时期修建。1937年，日军占领江南造船所，合并兵工厂厂区，改名为"三菱重工江南株式会社造船所"，现存的三菱重工江南株式会社造船所办公楼就是这一时期留存的工业建筑。

1949年5月28日，陈毅同志签署上海市军管会第一号命令，正式接管江南造船所，1952年江南造船所正式改名为江南造船厂。1996年改制为江南造船（集团）有限责任公司。2000年，毗邻的百年老船厂求新造船厂整体并入江南造船厂，并同江南造船厂一并迁址崇明区长兴岛。2005年，江南长兴造船基地开工，随着上海世博会的举办，江南造船厂高昌庙老厂区于2008年结束造船，整体搬迁（图4-3-28）。世博会时期，原有车间厂房作为世博会中国船舶馆实现改造。世博会后船厂内部分建筑作为公共设施使用，江南造船厂建造的我国第一代航天测量船"远望1号"被赠予江南造船（集团）有限责任公司，现作为厂区内2号船坞旧址景观。

图4-3-28　动迁中的江南造船厂一角
（资料来源：陆杰摄影）

2. 建筑特征与保存现状

由于2008年江南造船厂已经结束造船整体搬迁，厂区整体空间格局与原有空间存在较大的差异，但在现有世博园区场域内依旧留存有多处历史工业建筑，包括办公楼、仓库、车间厂房等，工业建筑类型较为丰富。江南制造总局旧址内现存历史建筑包括翻译馆旧址、制造局2号船坞旧址、飞机库、将军楼、海军司令部旧址、三菱重工株式会社江南造船所办公楼、船体联合车间等，从最初建立至上世纪末，时间跨度近130年，见证了厂区的历史变迁和发展过程。其中翻译馆和2号船坞为清末时期建筑，是厂区内现存工业建筑中历史最为悠久的建筑，具有极高的历史价值。

翻译馆旧址建于1867年，占地面积2 406.3平方米，建筑面积5 006.62平方米。建筑单体坐北朝南，为二层十三开间砖木结构，外廊式布局。柱梁、屋架等以木材为主，外墙体主要为砖墙，拉毛灰抹面，屋顶为红色波形瓦（图4-3-29、图4-3-30）。

图4-3-30 翻译馆2008年（上）与现状（下）

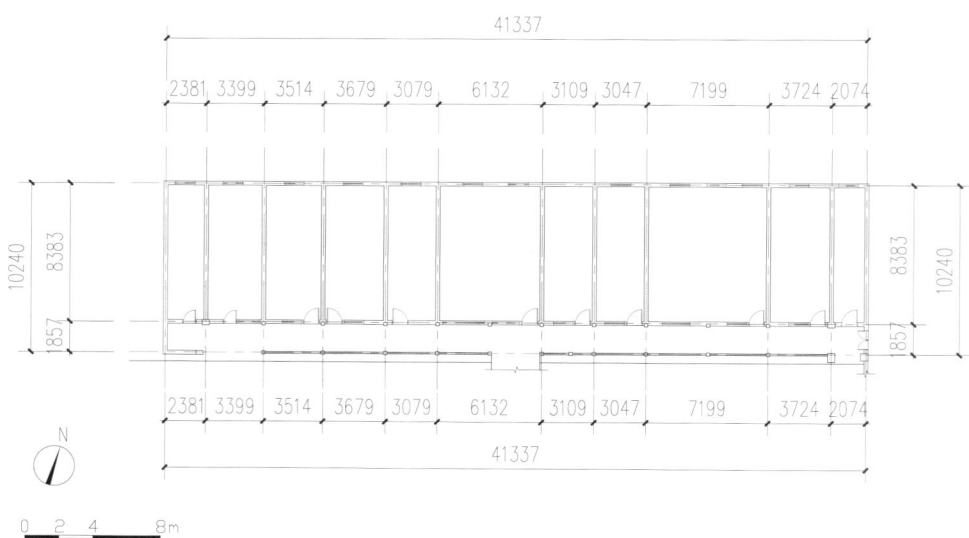

图4-3-29 翻译馆平面图

制造局2号船坞旧址（图4-3-31、图4-3-32）建于1872年，占地面积5 670.05平方米，建筑面积5 670.05平方米，混凝土、砖木混合结构；船坞长153米，宽18.6米，深7.1米。现停放"远望1号"作为滨江景观空间。

飞机库（图4-3-33、图4-3-34）建于1930年，占地面积1 082.65平方米，建筑面积1 632.27平方米。建筑单体坐北朝南，单层厂房，部分二层，厂房屋架结构形式为排架结构。主要采用钢筋混凝土结构，外墙体为清水红砖墙，水泥线角，山墙采用水刷石。屋顶为红色波形瓦。

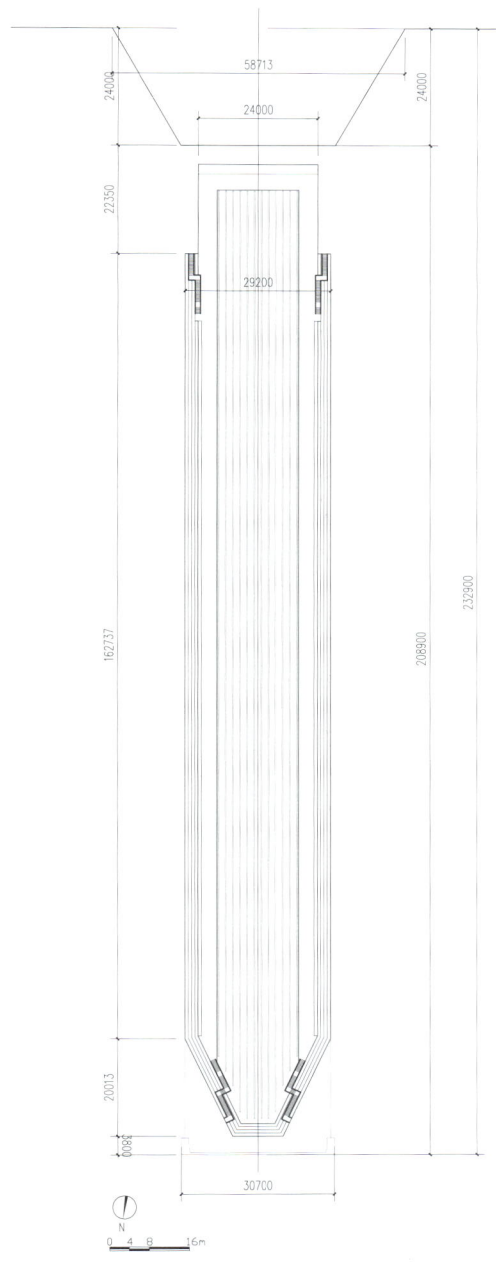

图4-3-31　制造局2号船坞旧址图纸

图4-3-32　制造局2号船坞旧址2008年（上）与现状（下）

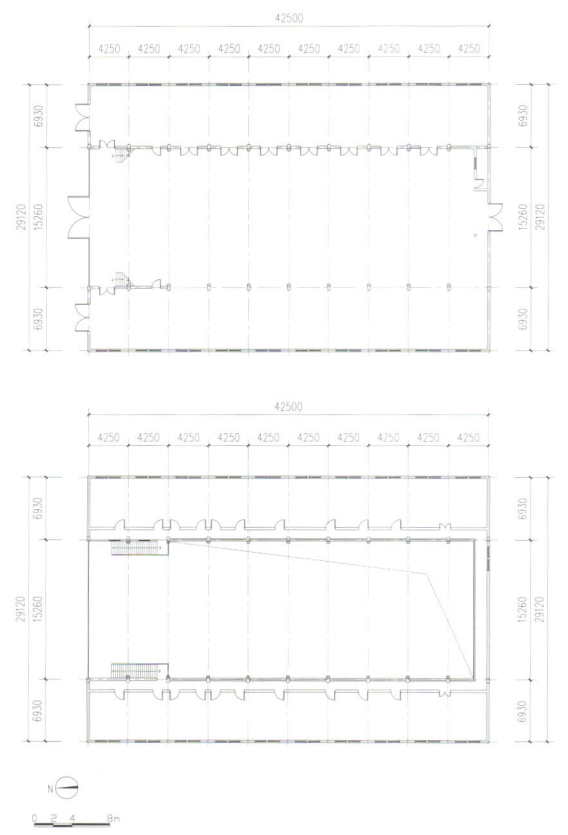

将军楼（图4-3-35、图4-3-36）又称红楼，建于1933年，原为大公职业学校（现江苏科技大学前身）。占地面积7 581平方米，建筑面积8 322平方米。砖木结构，三层，外墙体为清水墙、红色涂料，阳台、走廊为砖砌栏板、黄色涂料，屋面为红色机平瓦。

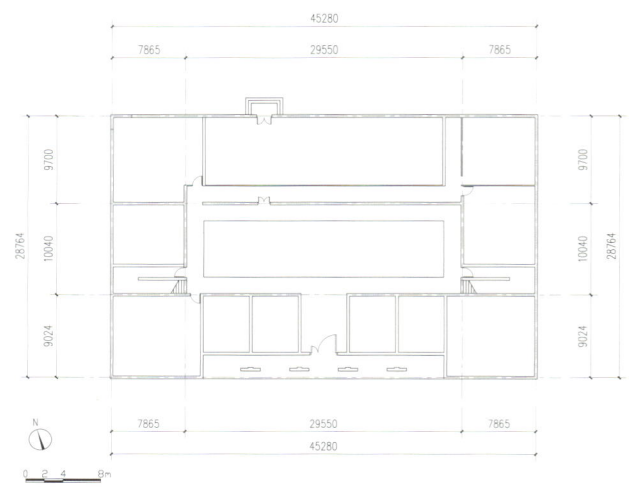

图4-3-33 飞机库图纸

图4-3-35 将军楼图纸

图4-3-34 飞机库2008年（左）与现状（右）

图4-3-36 将军楼2008年（左）与现况（右）

海军司令部（图4-3-37、图4-3-38）建于1930年代，曾作为试航时的指挥通讯楼，1940年代末曾作为国民党海军司令部。建筑结构主要采用砖混结构，外墙体主要为砖墙，水泥砂浆砌筑，屋顶为红色波形瓦。

三菱重工株式会社江南造船所办公楼（图4-3-39、图4-3-40），为1940年日军侵占时期建造的办公楼，占地面积2 406.3平方米，建筑面积5 006.62平方米，为砖混结构二层建筑。建筑结构主要采用混凝土，外墙体主要为混凝土墙，浅黄色涂料，屋顶为波形瓦。

船体联合车间（图4-3-41、图4-3-42）于1990年代末建成，单层，建筑面积约13 036.8平方米，建筑高度约26.55米，平面呈矩形。建筑纵向长度约168米。现作为世博园区思科馆使用。

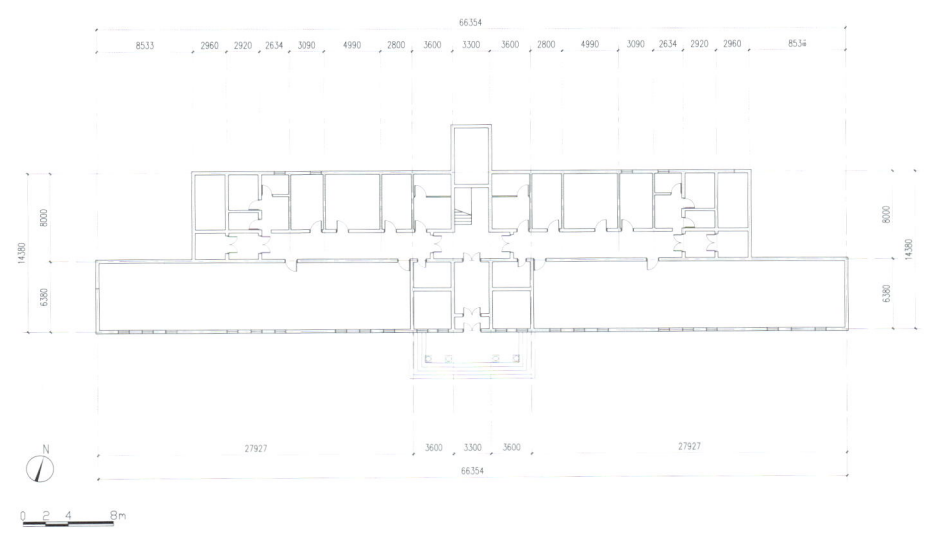

图4-3-37 国民党海军司令部旧址图纸

图4-3-38　国民党海军司令部旧址2008年（左）与现况（右）

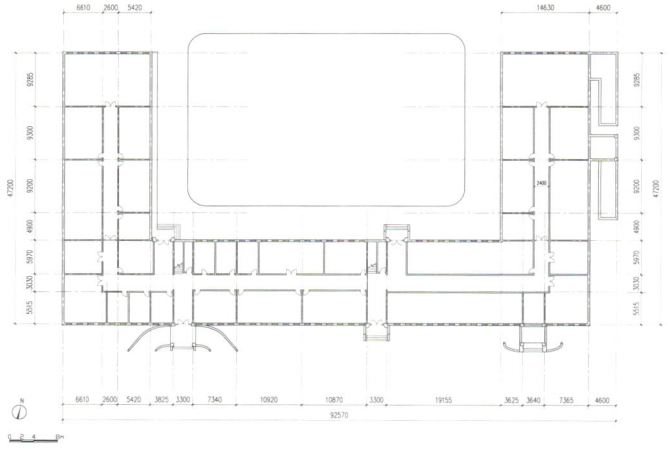

图4-3-39　三菱重工株式会社江南造船所办公楼图纸

图4-3-40　三菱重工株式会社江南造船所办公楼2008年（左）与现况（右）

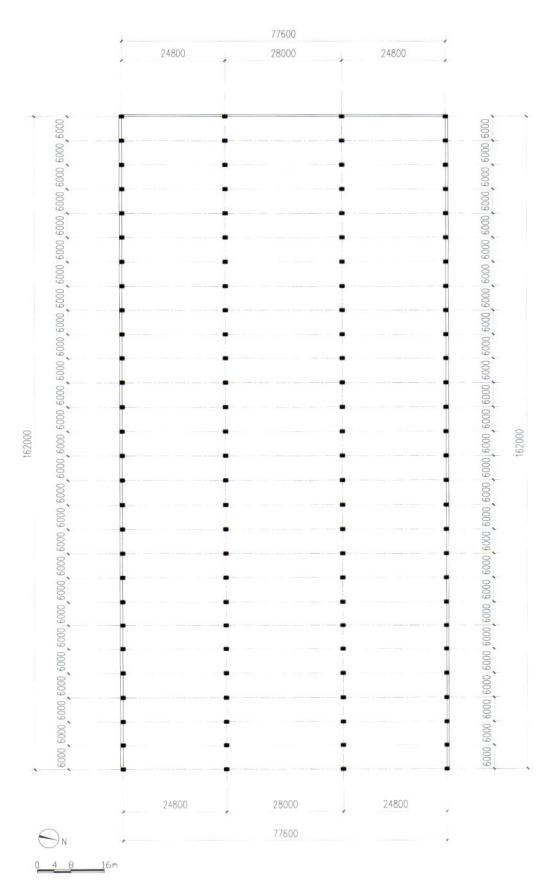

图4-3-41 船体联合车间图纸

图4-3-42 船体联合车间2008年（上）与现况（下）

3. 非物质文化遗产

江南制造总局是晚清洋务派以"自强""求富"为目标，创办的中国第一个大型官办企业，是中国近代工业的开端、中国民族工业的发祥地。其发展始终与国家存亡、民族命运紧密联系在一起。从江南机器制造总局到江南船坞，从江南造船厂到江南造船集团，经历历史的风雨，江南造船厂"励志复兴、自强不息"的奋斗精神一直引领企业发展，也是上海工业遗产重要的活体标本。

一方面，江南制造总局开中国民族工业之先河，在中国近现代史上创造了诸多第一，包括制造了第一艘蒸汽推进的军舰"惠吉号"（1868年）、第一门钢炮（1878年）（图4-3-43）、中国第一艘自行研制的国产万吨轮"东风号"（1960年）、中国第一台1.2万吨级锻造水压机（1961年）（图4-3-44）、中国第一代航天测量船"远望1号"（1978年）等。

另一方面，江南制造总局的工人一直走在中国产业工人阶级前列，发挥着中流砥柱的作用，形成了中国产业工人爱国奉献的光荣传统，是船舶修造业工人红色基因、军工基因、创新基因的体现。

清同治七年（1868年），江南制造总局设立

图4-3-43 1878年生产的第一门钢炮
（资料来源：江南造船厂）

图4-3-44 1961年生产的第一台1.2万吨锻造水压机
（资料来源：上海黄浦区档案馆）

翻译馆（图4-3-45），这是中国最早的专业技术翻译机构，聘请英、美传教士，同时邀请制造局内专业技术人员参与数学、化学等专业技术领域的西方图书翻译工作。同年10月，上海外国语言文字学馆、广方言馆并入江南制造总局，设立翻译学馆，翻译西方图书，以介绍近代科技知识为主，兼及各国政治、历史。先后翻译出版《海防新论》《水师操练》《航海简法》《轮船布阵》《化学鉴原续编》《三角数理》《光学》《爆药纪要》等图书23类、159种、1075卷[①]。

光绪三十一年（1905年），魏允恭等纂修《江南制造局记》，详细记录了江南造船厂的建制布局以及枪械制造、火药制造、炼钢等厂内生产技术，是中国近代史上最早用于专门记载单一

图4-3-45 江南制造总局翻译馆旧照
（资料来源：江南造船厂）

---

① 江南造船厂史编写组．江南造船厂史：1865—1949［M］．上海：上海人民出版社，1975.52-57.

工厂历史及发展的图书。

江南造船厂还编纂出版了《江南造船厂志：1865—1995》《江南造船厂史：1865—1949》等，记述了不同时期的历史发展及各项生产工作情况，包括生产、经营管理、职工教育、党群工作等，同时编写了《上海江南造船厂工人运动史》《中国共产党在江南造船厂80年》，记录厂内的工人运动及党建运动的历程。此外，还出版有《世纪江南：江南造船厂珍贵历史图集：1865—1949》《江南长兴：纪念江南造船厂建厂一百四十周年》《中国第一厂：纪念江南造船厂建厂130周年：1865—1995》等摄影图集。另外还编写了《江南造船厂生产技术经验》《江南造船厂技术革新成果》《江南造船厂先进经验汇编》《江南造船厂革新成果选编：1981—1983》《江南造船技术》《气体溶剂黄铜堆焊工艺》《江南船舶设计》等多部专业类图书。

4.4 交通运输业

4.4.1 龙华机场

地址：徐汇区黄浦江西岸龙华地区
始建年代：1922年
占地面积：不详
建筑面积：不详
工业类型：航空交通
保护级别：上海市优秀历史建筑
核心价值：

上海龙华机场是上海滨江工业遗产中仅有的航空类工业遗产，目前依旧留存有跑道、候机楼、机场修理车间等航空相关建筑元素，既见证了中国近代以来航空事业的发展，也代表了中国近代机场建设工业的发展和成长。

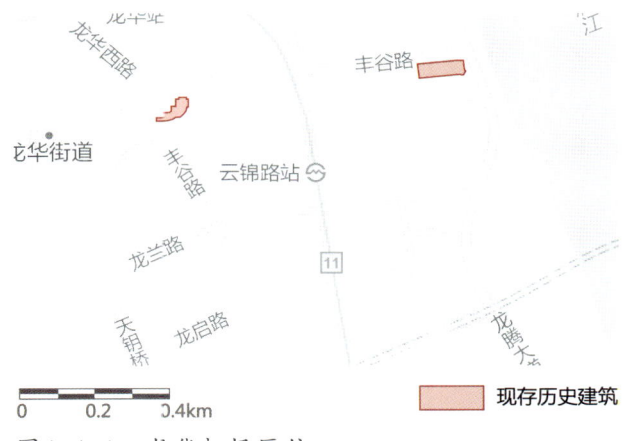

图4-4-1 龙华机场区位

1. 历史沿革

龙华机场是上海第一个陆军管辖的军用机场，经历不断发展和完善，成为中国规模最大、设施完备的民用机场之一，也是远东民用航空的总站，一度成为新中国的航空门户。

这里最早为北洋政府淞沪护军使署江边的龙华大操场，占地约2.2平方公里。淞沪护军使署于1915年在龙华镇百步桥一带兴建营房、操场等，1916年建成。鉴于航空业的重要性，北洋政府曾制定《全国航空线路计划纲要》，并考虑在北京、上海等地设置航站。至1922年，德国人舒德勒协助皖系军阀卢永祥在龙华修建机场，北洋政府驻上海陆军第十师因军事训练需要，向国外订购6架飞机，后增加到8架，以大操场作装配之地，并建造6间竹屋、3间大瓦房以存放飞机。龙华大操场正式辟为机场，成为上海第一个陆军管辖的军用机场。

上海是中国近代航空运输业最为发达的城市，1929年成立的中国航空公司（中美合资）和1931年成立的欧亚航空公司（中德合资）先后将其航空基地设置在上海地区，中国与欧美国家先进的航空公司之间的合作，相应地带来了时新的航空技术和前所未有的航空站建筑形制。

1929年6月，经国民政府军政部批准，淞沪警备司令部的龙华机场改为民用机场，由航空署接管龙华机场。1930年8月后，龙华机场拨给交通部作为中国航空公司的飞行基地，利用黄浦江水面起降水陆两用飞机，同时在场地内建造飞机棚厂。1932年，龙华机场不再驻军，场地内开始修建陆地机场各项设施，至1933年末，龙华水陆两用机场初步建成。1934年起，龙华机场开始兴建大型机棚。此后，欧亚航空公司从虹桥机场迁至龙华机场，开始兴建机库厂房等设施。至1936年，龙华机场落成。

此时的龙华机场经过多年建设，已配备有飞行指挥调度、通信电台、机务维修、器材供应及乘客候机室等较为齐全的设施设备，成为当时中国设施最好、功能最全的民用机场，是拥有中航、欧亚航两大航空公司基地的大型机场之一（图4-4-2、图4-4-3）。

1937年上海沦陷，龙华机场被日军占领。至1944年，日军先后两次强圈民地扩充机场，

图4-4-3 龙华机场旧景
（资料来源：上海徐汇区档案馆）

增建2条碎石跑道，其中一条长5 000余英尺（约1 524米），停机场地扩至可容纳100余架重型轰炸机，但这一时期，民用航空运输建设基本停滞。

抗战胜利后，机场一度由国民党空军接管，供美国陆军部、海军部使用，至1945年底，中国航空公司、中央航空公司先后迁入，在机场内进行南北跑道改建工程、兴建混凝土停机坪、建设航站综合楼等（表4-4-1、图4-4-4、图4-4-5）。

图4-4-2 1930年代中期的龙华机场（当时机库十分贴近黄浦江面，许多大型设备和部件都是由水路运抵）
（资料来源：airspacemag.com）

图4-4-4 "中央航空公司"旅客排队上机时情景
（资料来源：《艺文画报》1948年第2卷第7期）

表 4-4-1　近代上海龙华机场候机室的建设历程

航空站		建设时间	建设主体	主要建设特征
政府建设	飞行港站屋	1935年	上海市工务局	四面围合式方形单层建筑，平、立面对称
	航站大厦	1947—1949年	国民党政府交通部民航局	六型航站综合楼，集候机、办公、空管、服务等多功能于一体
航空公司建设	木制板房	1929年	中国航空公司	临时性的简易木制板房
	附设候机室	1935—1936年	欧亚航空公司	机库内设置设施精美的待客室
	改建候机室	1937年	中国航空公司	双坡顶平房改建而成
	专用候机室	1947年	中国航空公司	在原有候机室右侧并排扩建一幢青砖砌筑的新候机室
	增建候机室	1947年	中央航空公司	在原有欧亚航机库西侧加建一座矩形候机室

（资料来源：欧阳杰，《上海龙华机场近代航空站的建筑形制研究》，2018）

1949年上海解放后，龙华机场由上海市军管会接管。1950年5月，民航局上海办事处成立清产核资管理委员会，开始机场的整顿、清资和恢复，机场由民航和空军合用。此后，龙华机场逐步对场地内的候机楼、跑道等设施进行修复，同时兴建飞机修理厂等空间，包括修复东西跑道、兴建民航一〇二厂等（图4-4-6）。

随着1964年虹桥国际机场建成，虹桥国际机场成为上海民航的飞航基地，龙华机场国内航班逐渐向虹桥机场迁移，至1966年8月，龙华机场起降的国内航班全部转移至虹桥机场，龙华机场成为民航上海管理局的训练基地和航班飞机的备降场。

1972年，民航上海管理局全部搬迁至虹桥，

图4-4-5　20世纪40年代，"中央航空公司"在龙华机场机库修理引擎
（资料来源：上海徐汇区档案馆）

图4-4-6　龙华机场机械修理厂历史照片
（资料来源：上海徐汇区档案馆）

此后龙华机场主要用于飞行训练及民航一○二厂试飞。由于净空、航空噪音、用地等约束性因素影响，龙华机场航空功能逐渐退化，由原本的水陆两用机场演变为通用航空机场（通用航空机场是指专门为民航的"通用航空"飞行任务起降的机场，是专门承担除个人飞行、旅客运输和货物运输以外的其他飞行任务，比如公务出差、空中旅游、空中表演、空中航拍、空中测绘、农林喷洒等特殊飞行任务）。

2008年，龙耀路隧道开工建设，为配合隧道工程，机场内跑道被拦腰截断，后将原机场内跑道改建为一条道路，即现今的云锦路，至2013年，机场内大部分设施被拆除，2018年降级为直升机起降点。

目前留存候机楼、飞机库（余德耀美术馆）、原有跑道（云锦路跑道公园）等。

2. 建筑特征与保存现状

龙华机场现存较有价值建筑主要有两处，分别是上海龙华机场候机楼、上海龙华机场飞机维修库（现余德耀美术馆）。

（1）上海龙华机场候机楼

现存龙华候机楼为1947年兴建的上海龙华机场航站大厦，地处龙华西路1号，建筑面积约7 500平方米，建筑平面呈弧形对称布局，钢筋混凝土建筑，满足了汽车陆侧停靠、飞机空侧停泊的长度需求。

航站大楼全长500英尺（约152.4米），宽84英尺（约25.6米），主体部分四层，底层包含包裹处、检查处、领取行李处、行李储存处等，二层为候机厅（图4-4-7），三层设有气象站、点包房等办公空间，四层为近台工作室和器材储藏室。两翼为对称布局，主要用作办公。大楼空侧面环以弧形的高大柱廊及宽敞平台，在其候机厅的空侧面设有大面积的落地玻璃长窗，其外侧是长300多英尺（约91.4米）的眺望阳台，供人们迎送旅客之用。建筑外墙为大面积水泥抹面的混水墙，并饰以水刷石装饰带进行材质对比。整个航站大楼的建筑造型充分体现了现代机场航空站建筑的时代特征（图4-4-8）。

总体来说，上海龙华机场航站大厦功能齐全，是当时远东地区的一流水平，是中国近代民用机场建筑发展史上的里程碑式建筑。

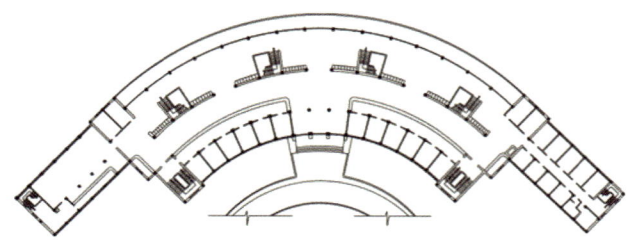

图4-4-7　上海龙华机场候机楼/航站大厦/航站大楼平面图
[（资料来源：中国第二历史档案馆馆藏档案（卷宗号四九一，89卷）]

图4-4-8　龙华机场候机楼旧景
（资料来源：上海徐汇区档案馆）

图4-4-9　候机楼外立面现状（2017年）

图4-4-10　候机楼内部空间现状（2017年）

目前龙华机场候机楼在外立面上基本保持建筑原本样式（图4-4-9），然而由于早年被改造为饭店（绍兴饭店），建筑内部的空间分布发生了一定程度的变化（图4-4-10）。

2005年，龙华机场候机楼被列为上海市第四批优秀历史建筑。为配合徐汇滨江地区整体规划需求，未来龙华机场候机楼将在保持历史风貌的基础上改造为西岸图书馆，成为徐汇滨江地区重要的公共服务文化中心。

（2）上海龙华机场飞机维修库（余德耀美术馆）

1949年以后，上海龙华机场被上海市军事管制委员会接管，进行了较大规模的改造。为了解决部分飞机的大修问题，民航总局于1958年在龙华机场候机楼右侧的荒地，清理出一大片场地开始建造机库厂房，兴建了上海龙华机场飞机维修库。

维修库为大跨度钢架结构屋架，混凝土墙体，大门由多扇移动钢门组成（图4-4-11）。2014年，经藤本壮介设计改造为余德耀美术馆，场馆总建筑面积约9 000平方米，老机库改建的主展厅面积约3 000平方米（图4-4-12、图4-4-13）。

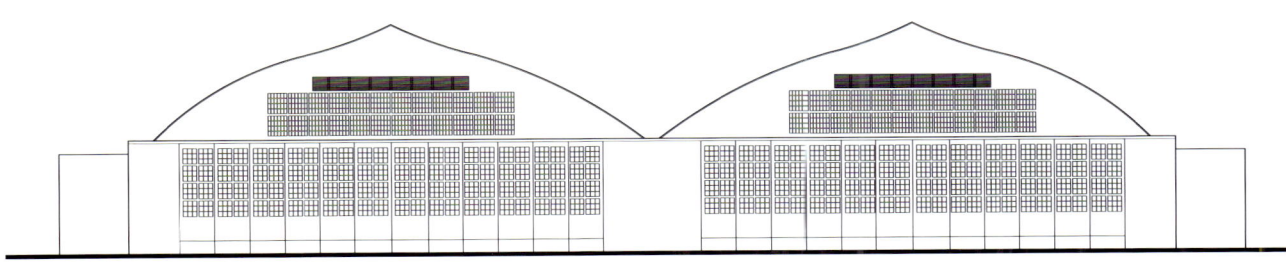

图4-4-11　飞机维修库外立面测绘

图4-4-12 飞机维修库改造为余德耀美术馆前（左）后（右）外观

图4-4-13 飞机维修库改造为余德耀美术馆前（左）后（右）室内状况

3．非物质文化遗产

龙华机场是上海最早建成的大型机场，它代表了上海民用航空事业的发展历程。1930年代，龙华机场是全国设施最完善、最先进的航站。其中，中国航空公司的航线是贯通中国东西南北的主要干线，沪蓉线（后改名沪署线）、沪平线、沪粤线均以龙华机场为起点；此外，欧亚航空公司开辟国际航线，包括从上海经南京、天津、北平及满洲里经亚洲（俄国）至欧洲一线，从上海经南京、天津、北平及库伦以外之中国边境经亚洲（俄国）至欧洲一线，及从上海经南京、甘肃及新疆之中国边境往亚洲（俄国）或遇必要时经中部亚洲至欧洲一线。龙华机场的各条航线以载客、运邮为主，同时承办新闻纸及货物的运输，并开辟特航和游览飞行等多种业务，在多方面展现出其高效快捷的优势。龙华机场实际上已成为远东民用航空的总站（图4-4-14）。

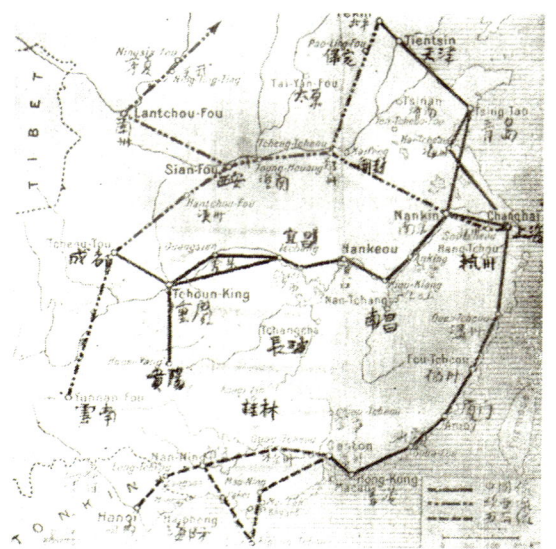

图4-4-14 中国航空路线图
（资料来源：L. Irschaure，《中国航空旅行》，1937[①]）

---

① L.Irschaure. 中国航空旅行[J]. 金满成，译. 生百世，1937，1（8）．4-7.

抗战胜利后，龙华机场的各条航线业务逐渐恢复，随着世界民用航空事业的迅速发展，龙华机场的航线和运输量也在不断拓展，在恢复原有航线的同时进一步增辟多条航线，包括至加尔各答、马尼拉、冲绳岛、旧金山等地的多条国际航线，以及至香港、台湾、厦门、北平、广州、昆明、成都、兰州、西安、贵阳、衡阳等地的多条国内航线，让上海与国内外大城市的联系愈发密切。1930年代《申报》《航空杂志》等均对龙华机场有很多报道，另有《1947年交通部民用航空局龙华机场南北跑道竣工纪念册》出版。

虽然随着虹桥国际机场的建成，龙华机场逐渐失去其作为上海民航枢纽的作用，但作为早年上海最为重要的航空枢纽基地，龙华机场见证了上海乃至全国航空事业的发展。

4.4.2 上川铁路川沙站旧址

地址：浦东新区川沙镇华夏东路与北市街交叉口
始建年代：1926年
占地面积：不详
建筑面积：不详
工业类型：铁路运输
保护级别：浦东新区文物保护单位

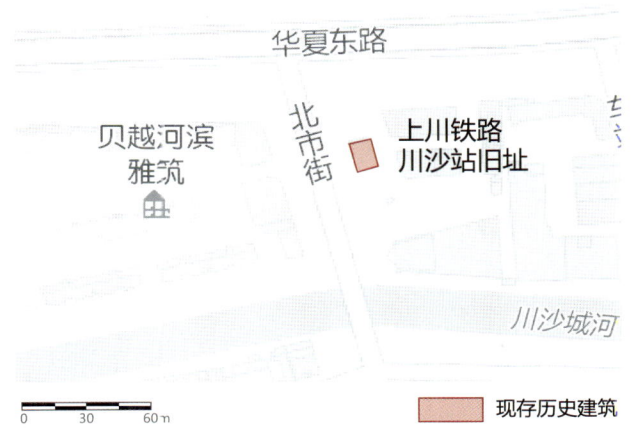

图4-4-15 上川铁路川沙站旧址区位

核心价值：

在近代早期多以水道进行交通运输的上海郊乡地区，上川铁路川沙站是近现代时期上海为数不多的郊乡铁路站，具有一定的代表性。

1. 历史沿革

直至20世纪初，川沙与上海市区之间的交通运输仍然以水道为主，陆路运输十分落后，仅依靠木制独轮车作为主要交通工具，交通十分不便。1921年，黄炎培、张志鹤等人通过组建有限公司公开招股的形式，筹资建造上川铁路（图4-4-16），旨在"保运输之权利，图沿海实业之振兴"。1922年

图4-4-16 上川铁路起点庆宁寺站，民众在等候乘坐小火车
（资料来源：上海浦东档案馆）

2月，上川铁路破土动工，线路经过原上海、川沙、南汇三县县境。至1936年，已修筑至南汇县的祝桥镇，全长达到35.35公里。川沙站即为上川铁路的一个重要站点，原址是华夏东路、车站路口（图4-4-17）。

1975年，上川铁路拆除，川沙站亦遭到拆除，不久又于原址重建。2008年，为修建浦东国际机场北通道华夏东路高架道路，重建的川沙站被再一次拆除。2013年6月，川沙新镇人民政府于华夏东路与北市街交叉口重建"川沙站"，同时在该址复原了原位于王桥街的川沙铁路旱桥——"飞虹复道"，将二者合一①。

2. 建筑特征与保存现状

上川铁路川沙站旧址分两层，首层为复原重建的旱桥——"飞虹复道"。该桥建于1926年，原位于北门外街南端与华夏东路交界处，为修筑上川铁路时解决城区北门交通而建。这是浦东第一座立交桥，钢筋混凝土结构，长11米，宽12米，拱形桥孔阔约8米，最高处离地2米多，可行人，也可通车，桥面北侧铺设铁轨，南侧宽约4

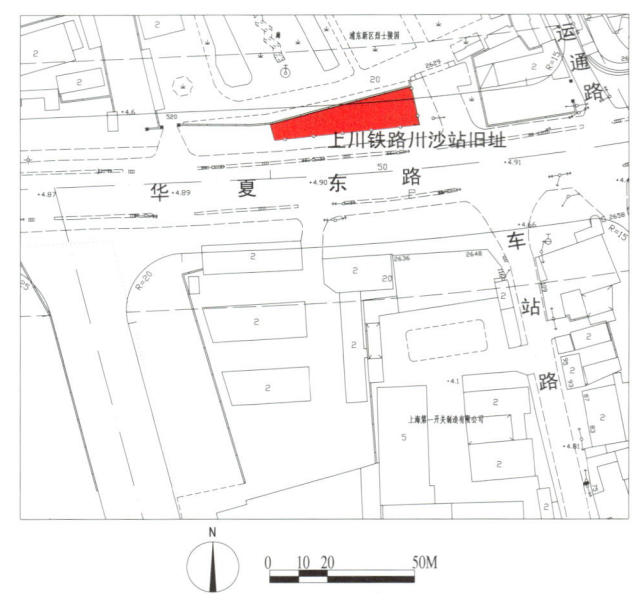

图4-4-17 上川铁路川沙站旧址区位图

米，为人行道。时任川沙县县长李冷为此桥题名"飞虹复道"（图4-4-18）。该桥雕饰精美，是上海第一座上铺设铁路轻轨、下设人行道的旱桥，具有很高的历史价值。而长期以来，"飞虹

图4-4-18 "飞虹复道"原址旧貌

---

① 吴乃良. 沪上最早立交桥[N]. 新民晚报，2014-08-24（B04）.

图4-4-19 上川铁路小火车
（资料来源：浦东图书馆）

复道"历经各种加建、改建，其原始风貌也已遭受较大破坏，亟待保护。

当时的铁路为1 000毫米轨距的窄轨客运铁路，故称小火车（图4-4-19），由4到6节车厢组成，它是浦东早期开发的重要见证。上川铁路拆除后，小火车头长期存放于川沙烈士陵园内，无人管理，荒草丛生，后移至浦东图书馆保存。小火车与"飞虹复道"同为原上川铁路的重要组成元素，二者分开存放，导致了历史信息的割裂。

因此，在对川沙铁路川沙站旧址进行重建设计时，将二者合二为一，旧址首层为"飞虹复道"，二层为重建的川沙车站，复原了一段铁路并放置了一节小火车头（图4-4-20至图4-4-23），这种保护设计方式不仅能够展现上川铁路的原始风貌，恢复二者作为物质载体的意义，也更容易引起公众的重视，增强川沙居民的归属感。

2003年6月，上川铁路川沙站旧址被公

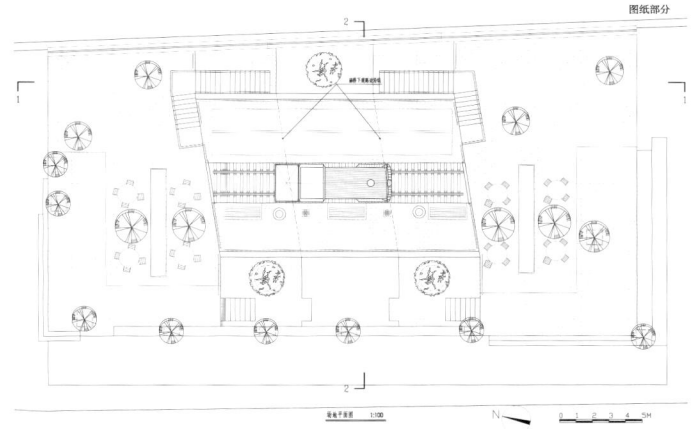

图4-4-20 川沙站旧址场地平面图

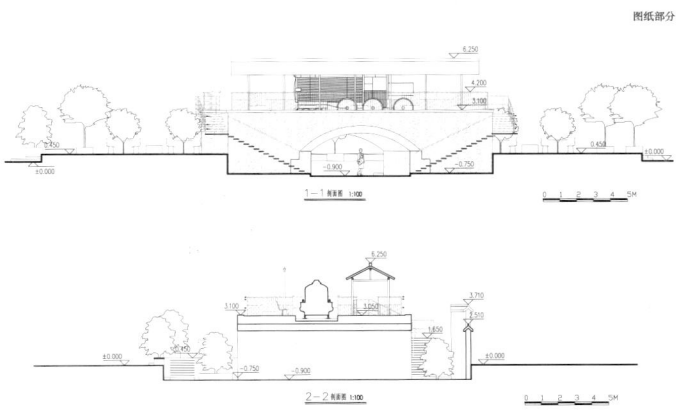

图4-4-21 川沙站旧址剖面图

图4-4-22 重建后的飞虹复道现状

图4-4-23 旧址二层火车头及铁路模型

布为浦东新区文物保护单位。现址于2013年6月完成重建，以纪念上川铁路的历史（图4-4-24）。

3．非物质文化遗产

上川铁路的建造发起人之一黄炎培曾在他编纂的《川沙县志·交通志》概述中写道："自上川铁道通行，遂成强有力之交通主干，四乡公路、邻区航运，相继而兴。邦人君子，对于交通公益，发生浓厚之兴趣，有集会醵资，分年兴筑者。一时私人筑路建桥，蔚然成风。循是以进，若干年后，蕞尔川沙，当有较速进展。"

善于经营的上川铁路公司还将小火车铁路班车与黄浦江边的轮渡相连接，出售水陆联票，便捷了川沙与上海市区的经济往来。可以看出，上川铁路的建成对于川沙地区的发展起到了重要作用，翻开了浦东社会经济发展的崭新一页。

图4-4-24 重建后的川沙站旧址近景（左）与沿北市街立面（右）

4.4.3 南浦火车站旧址

地址：徐汇区兆丰路最南端
始建年代：1907年
占地面积：1.94万平方米
建筑面积：13.3万平方米
工业类型：铁路运输
保护级别：暂无

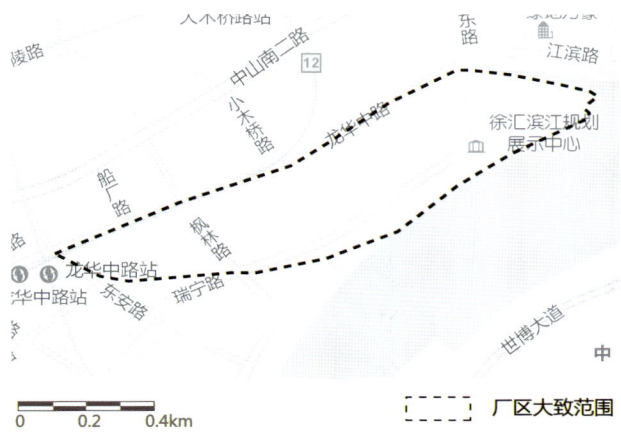

图4-4-25 南浦火车站旧址区位

核心价值：

南浦火车站是上海最早的铁路货运站之一，历经了一百多年的变迁，仍保留了一定的仓库遗存，丰富了上海铁路遗产。

1. 历史沿革

南浦火车站位于黄浦江畔，清光绪三十三年（1907年）建成，原名日晖港货栈。日晖港货栈的兴建源于沪杭铁路以及新日支线的建立。沪杭铁路最初的起点站是上海南火车站（现上海半淞园路附近），光绪三十二年（1906年）沪杭铁路兴建时，先在新龙华站至日晖港码头建成一段铁路，用于运输从水路运来的修建沪杭铁路用的大量钢轨、钢梁、水泥、枕木等铁路物资。

随着1916年上海北站至新龙华站间的沪宁、沪杭接轨铁路通车，沪杭铁路起点站由上海南火车站改至上海北站，上海南火车站用于客货运输。车站初建时，只是一个仅有2.5股线路的小站，其依托黄浦江及江边的码头设施，经办煤炭、木柴等装卸工作，是上海连接铁路运输与水路运输的节点。为节省经费，所用材料和施工质量均较低劣，路基宽度仅5.5米，道闸颗粒大，厚度不足，没有排水系统。

1937年"八一三"事变，因日军轰炸上海南站火车站，导致南站火车站毁坏严重，于是将剩下的铁路设备迁出，将南站火车站原本的货运业务转移至日晖港货栈，日晖港货栈改名日晖港站，新龙华站至日晖港站的铁路称为新日支线。抗日战争胜利后，专营整车货运。至1949年，已从原本2.5股线路的小站发展成10.5股线路，日均装卸车约30辆，年到发货物量约10万吨（图4-4-26）。

1949年以后，日晖港站于1953年、1956年分别进行改建和扩建，至1958年，日晖港站更名

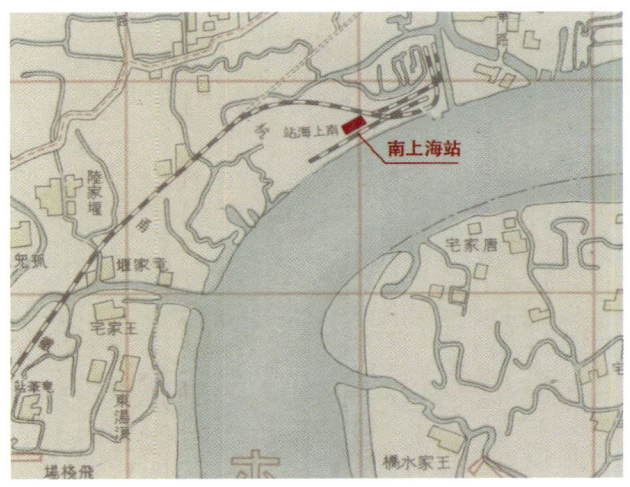

图4-4-26 1943年日本出版的上海地图，其中"南上海站"即为铁路南浦站

（资料来源：Hong Kong University of Sciences and Technology - Digital Collections）

为"上海南站"（原本位于半淞园路的上海南火车站不再复建）。"上海南站"在原有的基础上扩建成为办理全国范围整车到发以及上海水陆联运中转的大型货运站（图4-4-27）。

至1980年代，全站总面积323万平方米，其中货场仓库和站台各9座，露天堆场23处，货场房屋37栋，硬面化货位面积11.7万平方米，且拥有水上码头1座，是上海铁路地区惟一拥有自备专用码头的车站。浦江码头大规模改建后，能够停泊排水量达2 000吨级的货轮。

2000年，随着新上海南站的启用，原上海南站更名为南浦站。由于南浦站站址位于2010年上海世博会规划展区范围内，南浦站（图4-4-28）于2009年6月28日关闭，场地内的货场设备及直属站迁至闵行站。

2．建筑特征与保存现状

南浦火车站旧址现存的主要工业遗存包括南浦十八线仓库、南浦八线仓库两处仓库遗存，此外还留存一部分车站设备（图4-4-29、图4-4-30）。

图4-4-28　2005年的南浦站
（资料来源：郭源彪摄影）

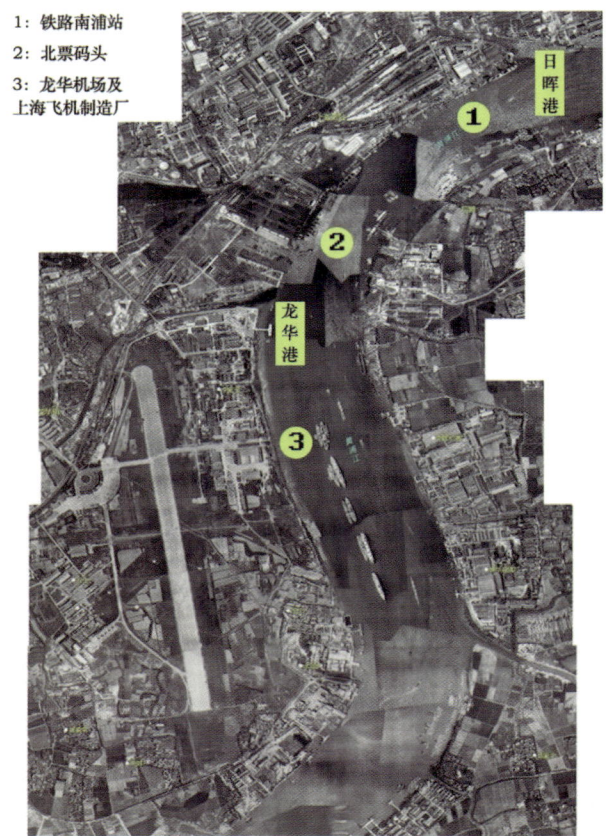

图4-4-27　1979年航拍地图中徐汇滨江岸线及相关重要节点位置

图4-4-29　南浦站保留的塔吊（2017年）

南浦十八线仓库现已被改造为星美术馆，成为徐汇滨江景观步道的起点，在保存建筑原始的建筑结构外，建筑外立面和室内空间都发生了较大变化。

南浦八线仓库建于1957年，平行于黄浦江分布，占地面积约5 063平方米，建筑高度约8.63米。建筑结构为砖木结构单层仓库建筑，屋顶为三角形木屋架，由青砖砌筑方柱支撑，从北至南共三跨，总跨度约26.1米。建筑平面为矩形，北侧一跨为月台，中间一跨为轨道，南侧一跨为仓库。坡屋顶，上铺红色机平瓦，中间铁轨部分的屋顶略高于两侧屋面（图4-4-31至图4-4-36）。调研时南浦站八线仓库为闲置状态，存在一定的建筑病害，未来有可能改造为公共使用空间。

图4-4-30　南浦站保留的铁轨和绿皮火车（2017年）

图4-4-32　南浦站八线仓库剖面图

图4-4-31　南浦站八线仓库南立面

图4-4-33　南浦站八线仓库西立面

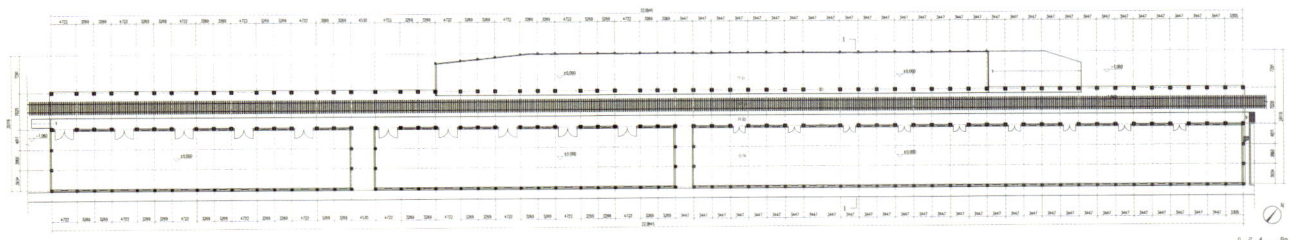

图4-4-34　南浦站八线仓库平面图

图4-4-35　南浦站八线仓库木屋架

图4-4-36　南浦站八线仓库内部铁轨

3．非物质文化遗产

南浦火车站旧址与上海铁路的建设历史有着重要的联系，见证了沪杭铁路、新日支线等上海早期铁路建设的发展。沪杭铁路东起今上海火车站，西南向经浙江省嘉善、嘉兴、海宁、余杭等市（县）至杭州站，长190公里，为原沪杭甬铁路的一段。1906年始建，1909年8月13日原上海南站至杭州段建成通车，称沪杭线。

新日支线为沪杭铁路支线，位于今上海市区南部。西起新龙华站，东至日晖港站（今南浦火车站旧址），长4.2公里，1907年建，为沪杭铁路的一段，1937年以当时起讫站（新龙华站—日晖港站）名首字命名。

4.4.4　外白渡桥

地址：黄浦区中山东一路与大名路之间的苏州河上

始建年代：1907年

占地面积：不详

建筑面积：不详

工业类型：桥梁设施

保护级别：全国重点文物保护单位、上海市优秀历史建筑

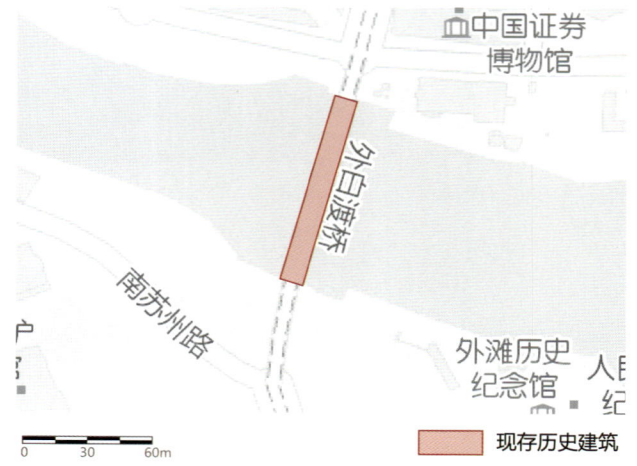

图4-4-37　外白渡桥区位图

核心价值：

外白渡桥坐落在黄浦区中山东一路与大名路之间的苏州河上，是上海重要的近现代建筑标志。作为钢结构桥梁，外白渡桥是上海外滩重要的地标建筑。

1. 历史沿革

上海开埠前，苏州河上有一座建于明代后又于清康熙年间重建的三洞石闸，闸上设有浮桥，供人通行。乾隆年间老闸被废弃后，两岸交通只能以渡船为主。

随着英美租界的不断扩张，原先的摆渡方式早已满足不了需求。英国人威尔斯看准契机，集资1.2万元组建"苏州河桥梁建筑公司"，并向工部局申请，1856年在苏州河"外摆渡"口，建造了苏州河上第一座木结构大桥，长120.17米、宽4.88米，被称作"威尔斯桥"（图4-4-38）。此桥使得两岸交通往来更加便捷，但因征收桥税引起公众不满，而且经过多年的江水冲刷，部分桥桩腐烂，给通行造成危险。

1873年，工部局以四万两白银的价格收购了苏州河桥梁建筑公司的一切财产和权益，在威尔斯桥的西侧建成了一座长约118米、宽约12米、两侧有2米多宽人行道的大木桥，因为大桥毗邻当时刚刚开放不久的公家花园（今黄浦公园），所以就命名为"花园桥"（Garden Bridge）。由于过桥不再支付过桥费，上海方言以"白"字表示不用付钱之意，"白"又与"摆"的发音近似，所以公众喜欢叫它"外白渡桥"。1876年，为了扩大苏州河口附近的通行容量，工部局在原址重建新的木桥，较旧桥略大（图4-4-39）。

19世纪末期，因为城市发展需要开设有轨电车，外白渡桥是重要的交通要冲，而木质的桥梁无法满足通过电车的荷载要求，工部局决定拆除木桥，新建一座铁桥取而代之。

图4-4-39 1876年建的第二代"外白渡桥"，木结构的"花园桥"
（资料来源：上海市档案馆）

图4-4-38 1856年建的第一代"外白渡桥"，中间设吊桥的木结构"威尔斯桥"
（资料来源：上海市档案馆）

1906年，新加坡霍沃思·厄斯金公司（Howarth Erskine Ltd. Co）以1.7万英镑承揽了桥梁钢结构工程，钢结构件由英国克利夫兰桥梁公司制造，威斯敏斯特市的帕利和比德公司代表工部局在英国督造。1907年，现存外白渡桥正式竣工（图4-4-40、图4-4-41）。1908年3月5日，第一辆有轨电车顺利驶过外白渡桥（图4-4-42）。

1949年后，外白渡桥先后经历了大小十余次修护加固和检测。其中在1964年的大修中，拆除了原先有轨电车路轨，重新铺设了钢筋混凝土桥面。图4-4-43为1950年代的外白渡桥。

2．建筑特征与保存现状

外白渡桥是我国第一座全钢结构铆接桥梁，也是现存唯一一座不等高桁架结构桥，所有钢材料均由英国进口。整桥长104.24米，车行道宽11.2米，两侧人行道各宽3.6米，桥身总重约900吨，荷载等级20吨。上部结构为下承式简支铆接钢桁架，下部结构为木桩基础钢筋混凝土桥台和混凝土空心薄板桥墩。桥下2孔，跨径组合52.12+52.12米，通航净宽度50.90米，梁底标高5.75米[①]（图4-4-44）。

图4-4-40　建造中的外白渡桥
（资料来源：上海市档案馆）

图4-4-41　1907年，木制的外白渡桥改建为钢架
（资料来源：上海市历史博物馆）

图4-4-42　外白渡桥上开始通行有轨电车
（资料来源：黄浦区档案馆）

---

① 上海市地方志办公室．专业志＞上海市政工程志＞第三篇市区桥梁、公交＞第二章跨苏州河桥梁及市区其他桥梁＞第一节跨苏州河桥梁［EB/OL］．http://www.shtong.gov.cn/newsite/node2/node2245/node68289/node68296/node68348/node68354/userobject1ai65878.html.

图4-4-43 1950年代的苏州河及外白渡桥
（资料来源：黄浦区档案馆）

图4-4-44 外白渡桥钢结构

钢桥所采用的铆接技术，据工程师称："在欧洲使用起来也非常地难"。这个在外籍工程师看来都比较棘手的问题，却通过中国人的巧手顺利解决，"当时的工人们在桥面上将铆钉烧红后向上一扔，上面的工人用桶接住，再用铁钳塞进预先留好的眼中，'当当'几下，将铆钉铆牢"[1]。

这座桥虽然采用"纯西方"的新技术，但设计师在桥梁设计中借鉴了中国传统的"空灵"理念，因为外白渡桥地处江河交汇地带，选择通透的结构方式，能够使桥与河口环境密切地融合起来，人们的视线可以通透江河，获得更广的视野。

1994年2月15日，上海市人民政府将外白渡桥列为优秀历史建筑。1996年11月20日，包括外白渡桥在内的上海外滩建筑群由国务院公布为全国重点文物保护单位。

2008年，外白渡桥实施整体移桥至上海船厂进行全面修缮，经过10个月"修旧如旧"的整修，于2009年4月10日又在原位置恢复交通（图4-4-45），且桥的寿命有望再延长50年以上[2]。2018年1月外白渡桥被收录于第一批中国工业遗产保护名录（图4-4-46、图4-4-47）。

3. 非物质文化遗产

外白渡桥负载着沧桑的历史，具有深厚的文化底蕴，科学家爱因斯坦、艺术大师卓别林、哲学家罗素、美国总统格兰特，以及梁启超、鲁迅、张爱玲等都曾漫步或来往于外白渡桥。著名

---

[1] 上海公共租界工部局工务处关于外白渡桥的文件. 上海档案馆藏档（U1-14-6199），1906.
[2] 毛安吉. 上海外白渡桥保护修缮的技术措施和施工流程[J]. 中国市政工程，2010（03）：38-40+94.

图4-4-45 2008年外白渡桥拆卸大修,图为外白渡桥南北桥回搬
(资料来源:宁志超摄影)

图4-4-46 外白渡桥现状

作家茅盾就是以上海外白渡桥为开端写下了不朽作品《子夜》。

1937年淞沪抗战时期,外白渡桥成为难民的"生命桥",他们在日军的炮火轰炸中如潮水般地涌入外白渡桥,逃往当时更为安全的租界区(图4-4-48)。

1949年5月,陈毅司令员指挥解放上海战役时,国民党将烈性炸药埋伏在外白渡桥桥墩下,解放军27军一连战士在猛烈的炮火中,利用战友的遗体作为掩护,在千钧一发之际剪断了导火索,保住了外白渡桥,也保住了上海这座城市(图4-4-49)。

图4-4-47 外白渡桥桥铭

1960年代上海成千上万的知识青年奔赴祖国农村时，每人都被赠送了一个行李袋，而行李袋上就印有外白渡桥这一上海符号[1]。

4.5 纺织工业

4.5.1 日商上海纺织株式会社

地址：杨浦区杨树浦路2086号
始建年代：1922年
占地面积：约700平方米
建筑面积：不详
工业类型：纺织
保护级别：上海市优秀历史建筑、杨浦区登记不可移动文物

图4-4-48 淞沪抗战期间，难民涌过外白渡桥逃往租界
（资料来源：黄浦区档案馆）

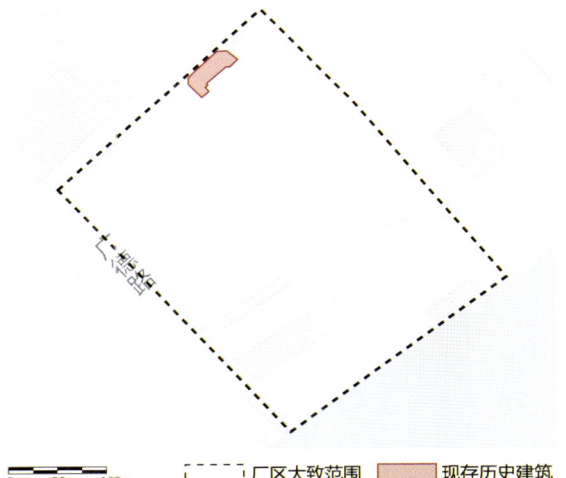

图4-5-1 日商上海纺织株式会社旧址区位

核心价值：

日商上海纺织株式会社是上海杨树浦地区纺织工业的代表，见证了近现代纺织工业的发展，其办公楼是杨树浦路上保存较为完整的历史建筑之一。

图4-4-49 1949年，行进在外白渡桥上的解放军骑兵
（资料来源：上海市历史博物馆）

---

[1] 张此吾. 摇啊摇，摇到外白渡桥：历经百年风雨的上海老桥[J]. 地图, 2008 (06): 78-85.

1. 历史沿革

1895年，官督商办大纯纱厂创立，最初为华盛纺织总厂的一分厂。后由于外商纱厂大量涌入，导致连年亏损，于1906年正式被日商山本条太郎以40万两白银收购，改名三泰纱厂。1908年12月，三泰与兴泰合并，改名日商上海纺织株式会社（简称为上海纱厂），原三泰纱厂改为上海纱厂二厂（图4-5-2、图4-5-3）。

图4-5-2　日商上海纺织株式会社旧景
（资料来源：上海年华）

图4-5-3　日商上海纺织株式会社旧址办公楼旧照
（资料来源：上海市档案馆）

此后直至1937年全面抗日战争爆发前，上海纱厂迅速发展，扩建至六个分厂。期间，为满足军需，二厂曾一度改为制麻厂。抗战胜利后，上海纱厂一至六分厂均被国民党接收，二厂被改为中国纺织建设公司上海第二制麻厂纺织工厂[1]，日商上海纺织株式会社被国民党接受为中纺十厂。

1949年后，该厂改称为中国纺织建设公司上海第二制麻厂，后又与中国纺织建设公司上海第十四纺织厂合并为上海第九棉纺织厂。1950年更名为国营上海第九棉纺织厂。1999年，原在沪西的上棉一厂和四厂迁入，与九棉联合组成新一棉纺织有限公司。现已停产。

2. 建筑特征与保存现状

旧址内绝大部分厂房均已拆除，仅余一座办公楼以及一座水塔（图4-5-4）。

办公楼建于1922年，三层砖木结构。建筑总平面呈矩形，整体为新古典主义风格，屋顶为平屋面，清水红砖外立面，局部辅以垂直向水刷石条做装饰。建筑北立面为横向三段式立面，基本中轴对称。主入口上方悬有方形雨棚，其上设半圆形腰窗，建筑顶部中央有带卷涡的弧形山花，山花上饰数字1922。建筑西侧部分为弧形，南立面设有铸铁细柱外廊（图4-5-5至图4-5-7）。室内基本恢复其原始风貌，包括镶板式木质墙裙、楼梯等[2]。

水塔靠近广德路，总平面呈方形，混凝土结构。顶部有一巨大的水箱，塔身装饰有横向线脚及拱券，四角壁柱凸起，四面均有小弧度拱形长窗，整体造型简洁精致（图4-5-8、图4-5-9）。

---

[1] 上海地方志办公室. 地情资料>地情书籍>解放前的杨浦工业2000>附录：12家工厂概况，日商上海纺织株式会社［EB/OL］. http://www.shtong.gov.cn/Newsite/node2/node4429/n107749/n95446/n95452/n95459/index.html.
[2] 邵宁. 杨浦滨江，多少老建筑可以阅读？［N］. 新民晚报，2017-05-19（A07）.

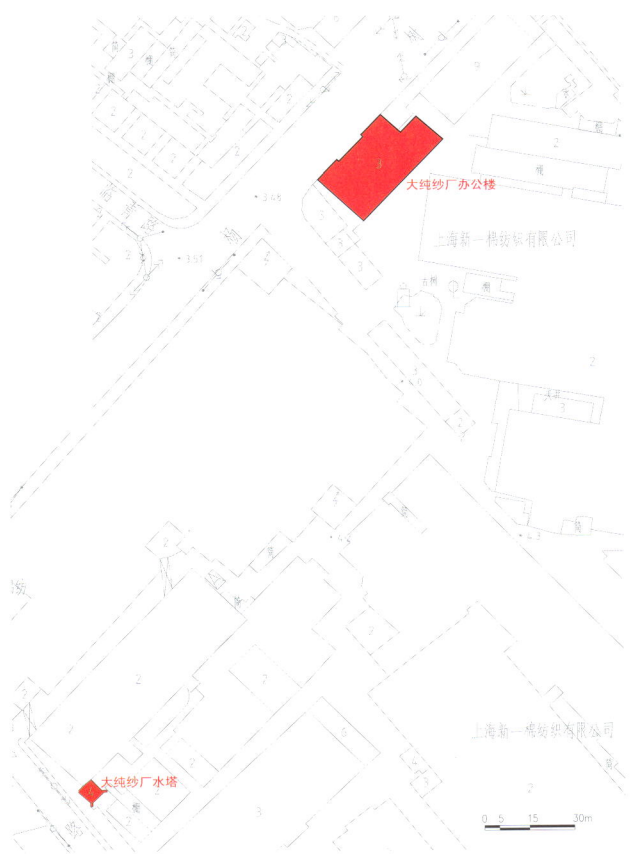

图4-5-4 日商上海纺织株式会社（原大纯纱厂）总平面图

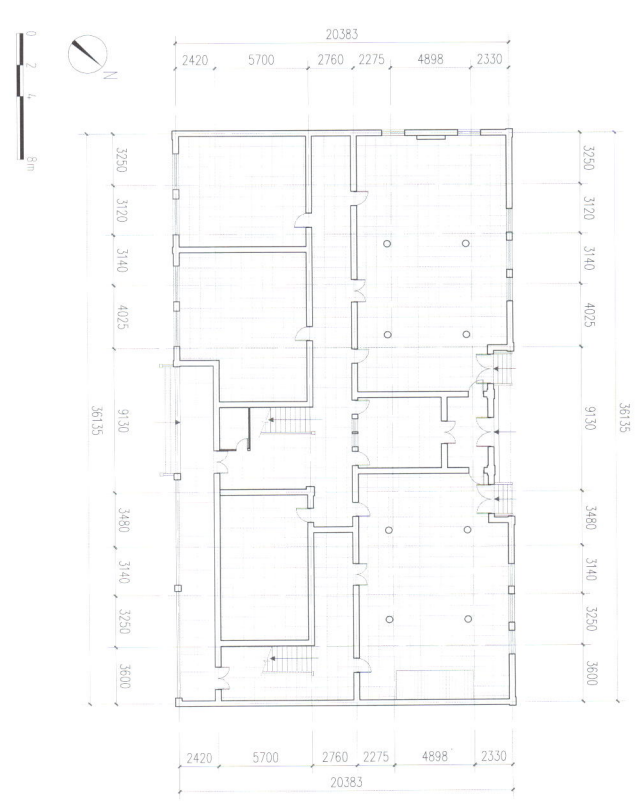

图4-5-5 办公楼一层平面图

图4-5-6 办公楼南立面图

图4-5-7 办公楼修缮前

图4-5-8 水塔保存状况

旧址内办公楼在修缮后作为上海市黄浦江杨浦段滨江指挥部的办公及展示中心使用，整体保存状况良好，大量细部均得以保存、复原（图4-5-10至图4-5-14）。水塔现仍处于废弃状态，整体尚算完好，局部破损。

2011年2月22日，日商上海纺织株式会社旧址被列为杨浦区不可移动文物，2015年9月22日，被上海市政府列为上海市第五批优秀历史建筑。

3. 非物质文化遗产

杨树浦地区自上海开埠以来便凭借其优越的地理位置成为工业汇集之地，其中纺织工业占有重要地位。1878年，清政府于杨树浦路以南创立上海机器织布局，开我国近现代纺织工业之先河，自此杨树浦地区逐渐开办了大量纺织厂，其中就包括官督商办裕晋、大纯等纱厂。

1895年，中日签订《马关条约》，为日商提供大量优惠条例，自此，大量日商纷纷涌入杨树浦地区，收购原有纺织厂，并创立新厂，包括日商上海纺织株式会社（上海纱厂）（图4-5-15）、同兴纱厂、大康纱厂等[1]。因此日商在周边建立了大量配套的纺织职工住宅，极具日式风格。

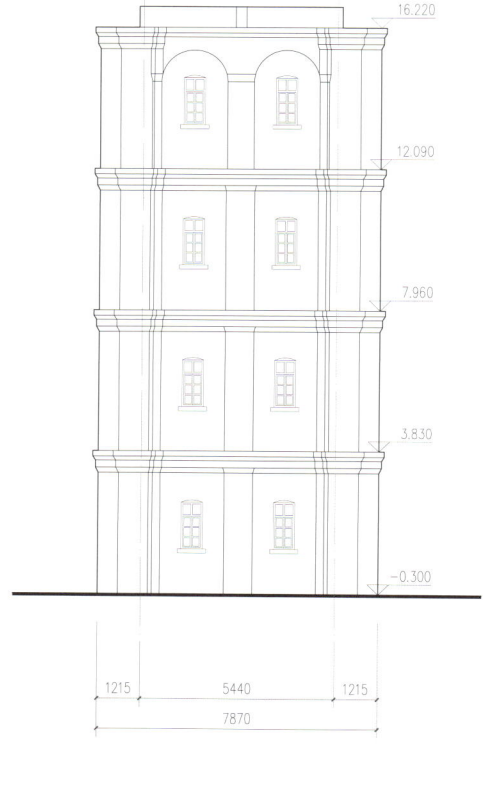

图4-5-9 水塔立面图

图4-5-10 建筑沿杨树浦路（北立面）外墙

---

[1] 毛剑锋. 杨树浦工业区研究1880—1949 [D]. 上海：上海师范大学，2006.

图4-5-11 建筑沿杨树浦路（北立面）外墙细部

图4-5-12 建筑南立面外墙

图4-5-13 建筑南立面铸铁细柱外廊

图4-5-14 建筑内部门厅

图4-5-15 日商上海纺织株式会社的车间
（资料来源：上海年华）

4.5.2 恒大纱厂旧址

地址：浦东新区三林镇上南路3120号

始建年代：1919年

占地面积：约1.2万平方米

建筑面积：不详

工业类型：纺织

保护级别：上海市浦东新区文物保护点

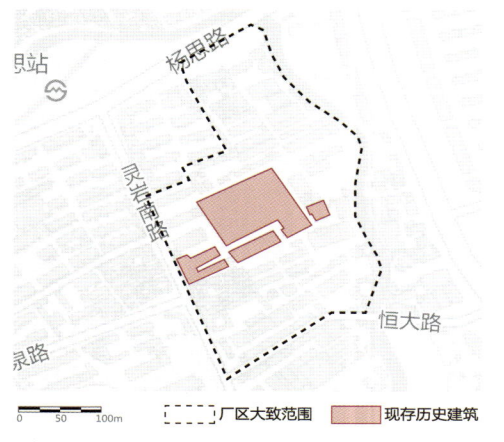

图4-5-16 恒大纱厂旧址区位

核心价值：

恒大纱厂是上海较为重要的民办纱厂，其旧址为上海三林地区最早的工业建筑之一，也是目前浦东地区保存较为完整的纱厂工业遗产。

1. 历史沿革

上海恒大纱厂建于1919年，位于杨思港附近，由著名的爱国企业家穆湘瑶（图4-5-17）同陈子馨集资50万两银创办。穆湘瑶出生于上海杨思乡，光绪年间赴南京应试，中举人。清末任江苏咨议局议员，民国初任上海警务长以及杨思乡经董、乡董和上海市政委员等职。

1928年，由于恒大纱厂一直经营不善，改名恒大隆记，后又改为恒大新记，于1933年停工，1934年继续投股扩充开工。

厂区于1960年行业性改组，恒大纱厂转产，

图4-5-17 穆湘瑶
（资料来源：苏社成立大会摄影照相，《苏社特刊》，1922年第1期第11页）

与上海分马力电机厂合并成上海微型电机厂。目前处于闲置状态。

2. 建筑特征与保存现状

恒大纱厂旧址厂房整体沿河分布，厂区东侧为杨思港，厂区建筑基本呈现坐北朝南的排列形式，其中留存的2幢厂房、2幢办公楼和1幢大礼堂具有较高价值。

两幢厂房均建于1925年。其中一号厂房占地面积为10 040平方米，是厂区内的最大建筑，平面呈L形，单层，锯齿形屋顶；早期混凝土框架结构建筑，柱网纤细密集，锯齿形屋顶方便采光，砖墙立面外刷黄沙水泥（图4-5-18至图4-5-20）。

图4-5-18 一号厂房外观

图4-5-19 未停产前厂房内的生产场景（2007年）

图4-5-20 停产闲置后的厂房内部（2015年）

二号厂房占地面积约为1 350平方米，矩形单层厂房，与一号办公楼相连，歇山样四坡顶；砖木结构建筑，木桁架体系，砖墙立面外刷黄沙水泥（图4-5-21、图4-5-22）。

两幢办公楼亦均建于1925年，其中一号办公楼占地面积约439平方米，为矩形二层办公楼，一层北侧设有通廊；砖木结构二层建筑，木楼板，清水砖墙立面（图4-5-23）。

二号办公楼占地面积约605平方米，为矩形二层办公楼，歇山样四坡顶；砖木结构二层建筑，木楼板，清水砖墙立面（图4-5-24）。

图4-5-22 二号厂房内部结构

图4-5-21 二号厂房外观

图4-5-23 一号办公楼外观

图4-5-24 二号办公楼外观

大礼堂建于1935年，占地面积约1 053平方米，为矩形二层建筑，最里面有弧形山头；早期混凝土框架结构建筑，柱网纤细密集，黄沙水泥外墙（图4-5-25）。

恒大纱厂旧址建筑基本遵循工厂建筑实用主义，建筑整体呈现出简洁的实用主义风格，没有过多装饰，但建筑檐口处均有饰带，在起到挡雨作用的同时也有一定的装饰作用。

3. 非物质文化遗产

纱厂出产的"飞机"牌棉纱享誉国内，彩色"飞机"牌棉纱远销南洋各地（图4-5-26）。穆湘瑶还集资租地200余亩，在杨思乡兴办东大蔬菜农场，振兴当地农业。

图4-5-25 大礼堂外观

图4-5-26 民国十一年（1922年），上海恒大纱厂股份有限公司发行的"飞机"牌棉纱股票
（资料来源：私人收藏）

4.5.3 川沙纱厂旧址

地址：浦东新区川沙镇新川路71号

始建年代：1944年

占地面积：约55 270平方米

建筑面积：不详

工业类型：纺织

保护级别：暂无

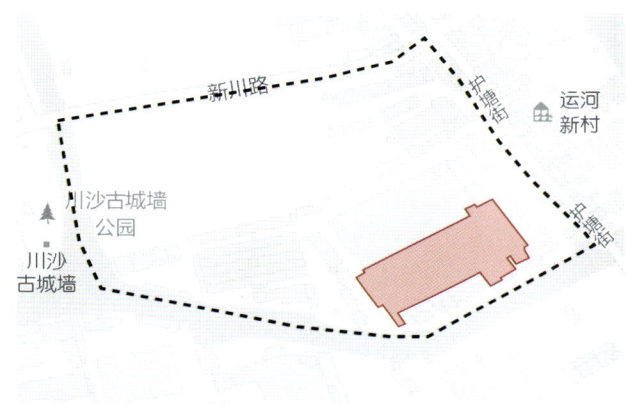

图4-5-27 川沙纱厂旧址区位

核心价值：

川沙纱厂旧址是上海川沙镇较为重要的工业遗产，其区位处于当时上海的郊区，可以说是上海郊区工业遗产的代表。

1. 历史沿革

1943年，民族资本家章荣初、徐联芳等人投资时币5 000万元于川沙东门外开办纱厂，最初取名为川沙工业社。此后数年不断扩大规模，1946年正式改名为川沙纱厂。

1954年12月，川沙纱厂进行公私合营。1960年，东门棉织厂、城北毛巾厂并入川沙纱厂。1962年，川沙纱厂划归市属，改为国棉三十六厂。1966年1月1日，又改为上海第三十六棉纺针织服装厂，图4-5-28为中华人民

图4-5-28 建国初期川沙纱厂车间一角
（资料来源：浦东区档案馆）

共和国成立初期的川沙纱厂。

2. 建筑特征与保存现状

川沙纱厂旧址内现存工业建筑年代、风格不一，以砖混结构、钢混结构为主。多数建筑形体方正、造型简洁，无多余装饰，注重实用性。

川沙纱厂旧址现名为上海第三十六棉纺针织服装厂，隶属于上海申达股份有限公司，未被列入保护等级，保存状况一般（图4-5-29至图4-5-34）。

图4-5-29 川沙纱厂旧址主入口现状

图4-5-30　厂区沿河外景

图4-5-31　厂区部分建筑现状

图4-5-32　厂区内部环境

图4-5-33　厂区内的工业设施（2007年）

图4-5-34　厂区内的生产车间（2007年）

3. 非物质文化遗产

川沙纱厂的创始人之一章荣初先生（图4-5-35）是中国近现代著名的民族实业家，除川沙纱厂外还曾创办上海第一家华资印染厂——上海纺织印染厂、荣丰纱厂等多家工厂。章荣初对教育十分重视，创办青树小学以及"青树助学金"用以资助家境贫困的优秀学子，受其资助者数百人，其中包括大量1950—1960年代的中高级科技人才和领导人才[1]。川沙纱厂最初主要生产16支棉纱，曾先后使用"凤凰牌""彩凤牌"商标。

图4-5-35 川沙纱厂创始人之一章荣初
（资料来源：浦东区档案馆）

4.6 食品工业

4.6.1 阜丰福新面粉厂旧址

地址：普陀区莫干山路120号
始建年代：1898年
占地面积：不详
建筑面积：不详
工业类型：粮油业
保护级别：上海市优秀历史建筑、普陀区文物保护点

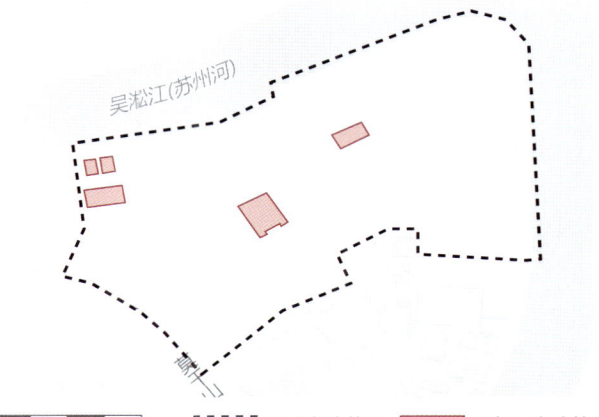

图4-6-1 阜丰福新面粉厂区位

核心价值：

阜丰福新面粉厂是当时全国最大的面粉厂，是上海近代民族工业的重要代表，其工业遗存见证了上海近代民族工业的发展，也见证了苏州河自上海近代工业发展以来不断变化的历程。

1. 历史沿革

1840年鸦片战争之后，外商开始在我国创办机器面粉厂，因近代机器制粉优于落后的磨坊生产，引起国人的注意。由于当时国内"抵制洋货，发展工商"的呼声高涨，清政府奖励民间商办工厂。清光绪二十四年（1898年），安徽寿州（今寿县）孙多森、孙多鑫兄弟筹资30万两银，在上海莫干山路购地80亩，创建阜丰面粉厂[2]。

1912年，荣宗敬、荣德生兄弟筹资4万元，于上海筹办福新面粉厂，后共建福新一至八分厂。其中，1914年建福新第二面粉厂；1920年购入租办的中兴面粉厂，改称福新第四面粉厂；1921年建福新第八面粉厂。福新第二、四、八面粉厂排列于苏州河南岸，与阜丰面粉厂相邻。

---

[1] 章济塘. 黎明前的"青树"学子（下）[N]. 新民晚报，2014-05-28（A31）.
[2] 上海地方志办公室. 专业志>上海粮食志>专记>二、阜丰面粉厂[EB/OL]. http://www.shtong.gov.cn/newsite/node2/node2245/node4447/node55214/node60610/node60613/userobject1ai43342.html.

直至1956年11月1日，由于经营不善，公私合营福新面粉厂与公私合营阜丰面粉厂合并经营，改名为公私合营阜丰福新面粉厂，是当时全国最大的面粉厂。阜丰面粉厂与福新第二、四、八面粉厂合并使用（图4-6-2至图4-6-4）。

2. 建筑特征与保存现状

阜丰福新面粉厂厂区内现保存有4幢历史建筑，大致情况如表4-6-1所示。

图4-6-2 1940年代阜丰福新面粉厂历史区位图
（资料来源：承载、张剑明，《老上海百业指南》，2014）

图4-6-3 福新第四面粉厂全景
（资料来源：上海年华）

图4-6-4 福新第八面粉厂旧照
（资料来源：郑祖安，《上海历史上的苏州河》，2006）

表4-6-1 阜丰福新面粉厂厂区内遗存建筑概览

厂房名称	始建年代	功能类型	建筑结构	占地面积	建筑面积
原福新面粉厂小包装面粉仓库	1913年	仓库	砖木结构	346.2平方米	1 112.38平方米
原福新面粉厂遗留（具体信息未知）	—	—	砖木结构	约240平方米（地图测量所得）	—
原阜丰面粉厂厂房	1898年	厂房	砖木结构	227.1平方米	1 045.92平方米
原阜丰面粉厂办公楼	1899年	办公楼	砖木结构	641.6平方米	1 241.39平方米

其中福新面粉厂旧址现保存有原小包装面粉仓库及两侧耳房，小包装面粉仓库建于1913年，砖木结构共三层，为南北向，折中主义风格。外立面为清水红砖外墙，梁、柱交接处外有十字型金属拉结件，具有鲜明的时代特征（图4-6-5至图4-6-7）。

阜丰面粉厂旧址紧邻福新面粉厂旧址，现存两幢历史建筑。其中一幢砖木结构的四层厂房建于清光绪二十四年（1898年），清水青砖外墙、局部红砖作饰，带有安妮女王复兴样式特点（图

图4-6-5　原福新面粉厂小包装面粉仓库2006年状况

图4-6-6　原福新面粉厂小包装面粉仓库及两侧耳房远景（2018年）

图4-6-7　原福新面粉厂小包装面粉仓库及两侧耳房近景（2018年）

图4-6-8 原阜丰面粉厂厂房2006年状况

4-6-8至图4-6-11）。

另一幢办公楼建于1899年，砖木结构两层建筑。整体为古典主义风格，正立面有四根爱奥尼式通高廊柱，顶部屋檐出挑，正中央保留有巴洛克风格装饰，内部有中式天井（图4-6-12、图4-6-13）。

阜丰福新面粉厂旧址，1999年被公布为第三批上海市级优秀历史建筑，2015年被公布为第一批普陀区文物保护点。工厂旧址现正进行施工，未来将改造为城市商业综合体使用。

图4-6-9 施工中的原阜丰面粉厂厂房（2018年）

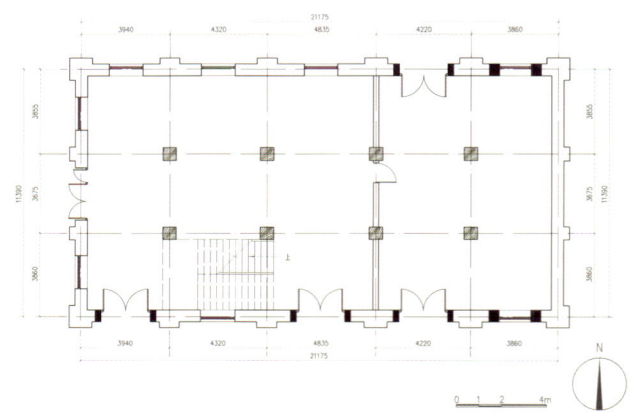

图4-6-10 原阜丰面粉厂厂房一层平面图

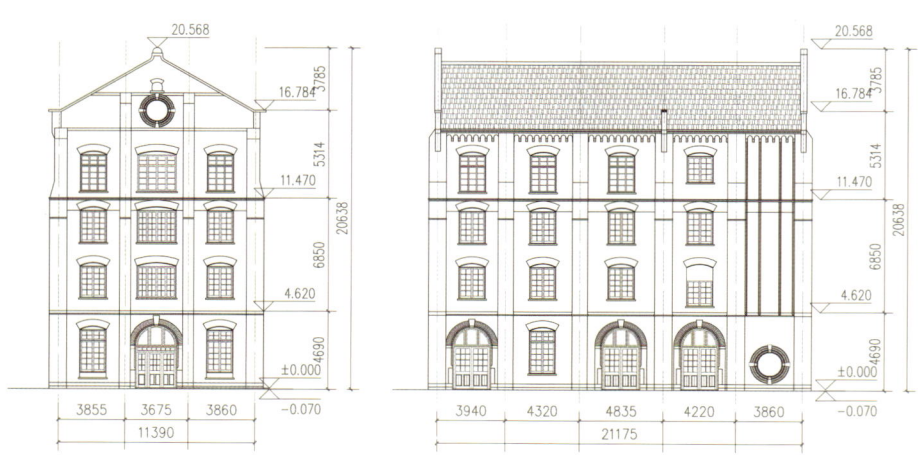

图4-6-11 原阜丰面粉厂厂房立面图

图4-6-12 原阜丰面粉厂办公楼2006年状况

图4-6-13 施工中的原阜丰面粉厂办公楼正立面（2018年）

3. 非物质文化遗产

阜丰面粉厂的创办人是安徽寿县的封建官僚世家孙氏家族。该家族中，自科举入仕而高官厚禄者不乏其人，官职最大的为孙家鼐，清咸丰九年科一甲一名进士，曾任光绪帝师。阜丰面粉厂在筹办过程中，利用孙氏家族的官场地位以及清政府奖励实业的有利时机，向商部立案注册，并由孙家鼐奏呈慈禧援例免税，很快就得到批准："概免税厘，通行全国。"①

当时孙多鑫远涉重洋，到法国和美国考察磨粉机器，最终从美国购回了由爱立司（Allis Chalmets Co.）机器厂生产的全套面粉加工设备，这是国内进口的第一套制粉设备，包括24英寸及26英寸钢磨共16台、平筛4台、300匹马力蒸汽机及锅炉。由于进口设备操作复杂，且国内尚无相关技术人员，所以阜丰公司又以每月200美元的高薪，从美国聘请了技师冯马（F.C.Farmer）先生，让其指导使用机器设备，并专门为其建造了一幢美式洋房②。图4-6-14为原阜丰面粉厂内部粉栈。

图4-6-14 原阜丰面粉厂内部粉栈
（资料来源：郑祖安，《上海历史上的苏州河》，2006）

---

① 杨淦. 寿州孙氏家族与阜丰面粉厂[J]. 安徽史学，1996(01)：83.
② 张豪，武文斌. 中国近代面粉厂的发展历史[J]. 粮食加工，2016，41(04)：4-9.

阜丰面粉厂的商标为"自行车"牌（图4-6-15），以当时新潮的自行车象征速度，寓意阜丰面粉厂发展迅速、产品畅销全国。福新面粉厂使用的商标有"白牡丹""宝星""寿"等（图4-6-16）。

图4-6-15　阜丰面粉公司广告
（资料来源：上海年华）

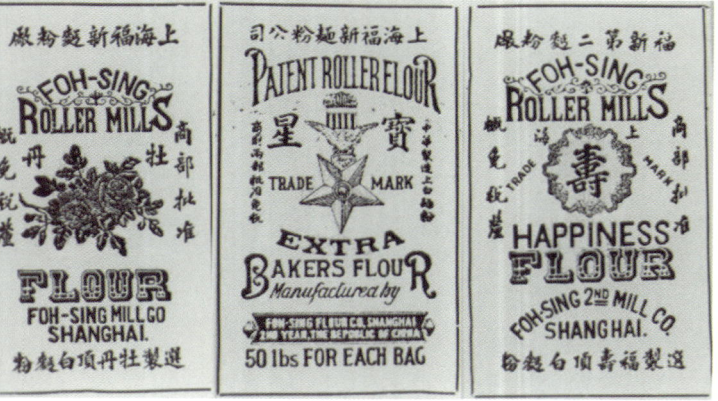

图4-6-16　福新面粉厂商标
（资料来源：上海年华）

4.6.2　福新第三面粉厂旧址

地址：普陀区光复西路145号

始建年代：1926年

占地面积：约600平方米

建筑面积：约2 000平方米

工业类型：粮油业

保护级别：上海市普陀区文物保护点、入选第一批"中国工业遗产保护名录"

图4-6-17　福新第三面粉厂旧址区位

核心价值：

福新第三面粉厂旧址是荣氏兄弟创办的具有代表性的民族工业遗产，工业建筑风格与该时期盛行于上海的建筑主导风格相符合，2018年入选第一批"中国工业遗产保护名录"。

1. 历史沿革

1912年，荣宗敬、荣德生两兄弟筹资4万元，于上海筹办福新面粉厂，后共建福新第一至八分厂。

1916年于上海小沙渡底浜北创设福新第三面粉厂（图4-6-18），有面粉机600筒、9×36寸钢磨6部、9×30寸钢磨9部。1925年，福新第一面粉厂不慎被焚，即以福新第三面粉厂补缺。

图4-6-18　1930年代福新第三面粉厂正门前景
（资料来源：上海年华）

1926年，为扩大生产，荣氏兄弟购入兴华面粉厂，作为福新三厂新厂。1930年，福新六厂与福新三厂合并。八一三淞沪抗日战争爆发后，福新三厂被日军强占，交由日商经营[①]。

中华人民共和国成立后，福新三厂曾作为上海市第一粮食采购供应站（简称"上粮一站"）的仓库。

2009年，因道路建设，且建筑周围环境发生改变，与该建筑风貌格调互相冲突，故由原址小沙渡底浜北向西进行了平移和旋转，工程平移总长度约55米，建筑物到位后再顺时针旋转16度，为此在平移过程中加宽了平移滑道，并在建筑角上安装了多个旋转轴（图4-6-19）。平移之后，对墙体结构进行了加固，拆除下来的青砖经挑选后，完整坚固者用于新墙体的砌筑，不足的部分按照原来青砖的尺寸请厂家定烧，对损坏风化的清水外墙的修复尽量保持建筑原有风格，使

图4-6-19　2009年福新第三面粉厂平移工程
（资料来源：https://forum.xitek.com/forum.php?rewrite=viewthread-action-printable-tid-691050）

[①] 上海市地方志办公室. 专业志>上海粮食志>专记>一、福新面粉厂［EB/OL］. http://www.shtong.gov.cn/newsite/node2/node2245/node4447/node55214/node60609/index.html.

用了剔补法等适用的工艺和施工技术进行修复，并在新的基址北侧恢复了原来建筑的后院。

2. 建筑特征与保存现状

福新第三面粉厂旧址现仅存临河主体建筑的中部，原两侧的仓库已被拆除。现存建筑为欧洲古典建筑样式，与该时期盛行于上海的建筑主导风格相符合。建筑主体为三层砖混结构，面阔七间，进深四间，两侧原有二层砖木结构的仓库，现已不存。建筑沿街主立面采用横三段、纵三段构图，顶部檐口上部居中为山花，二层在线脚以上位置出挑雕花铁艺栏杆，三层局部外廊采用了四根多立克柱和花瓶栏杆。背立面二三层均有小阳台，具有现代风格装饰的窗框。建筑外墙采用灰白色涂料[1]（图4-6-20至图4-6-24）。

建筑现被改造作为商业建筑使用，内部结构改变较为严重，除二层至三层木质楼梯尚存、平顶走马线基本完整之外，其余均已不复原貌。

2015年，福新第三面粉厂旧址被公布为第一批普陀区文物保护点。2018年1月27日，该旧址入选第一批"中国工业遗产保护名录"。

3. 非物质文化遗产

福新面粉厂创始人荣氏兄弟为钱庄学徒出身，早年也曾经营钱庄，但他们认为"钱庄放账，博取微利"，不如投资实业，于1900年起先后在无锡、上海、汉口、济南等地开设面粉厂、纺织厂等，被称为中国的"面粉大王""棉纱大王"（图4-6-25）。荣氏兄弟主张"实业救国"，二人著有《实业救国刍议》《乐农氏纪事》等书。

创办福新面粉厂的有利条件是利用无锡茂新厂"兵船"商标。当时"兵船"牌面粉很出名，

图4-6-20　福新第三面粉厂旧址正立面测绘图

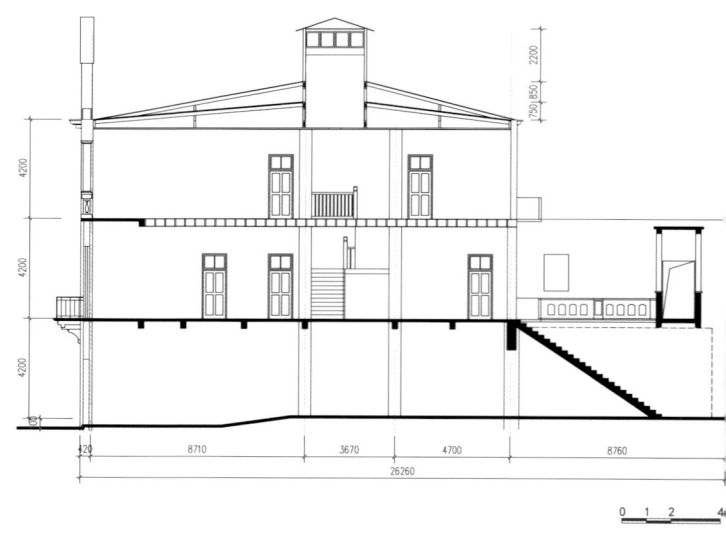

图4-6-21　福新第三面粉厂旧址剖面图

---

[1] 刘抚英，徐杨，陈颖．上海、无锡近代面粉工业遗产典型案例研究［J］．工业建筑，2017，47（08）：15-20．

图4-6-22 福新第三面粉厂旧址正立面

图4-6-23 建筑沿镇坪路（西立面）外墙

图4-6-24 建筑顶部三角形山墙

图4-6-25 福新第三面粉厂打包间缝口机
（资料来源：娄承浩、陶祎珺，《上海工业建筑百年》，2017）

福新创办后因为与茂新是兄弟公司，都是荣宗敬一手主持，所以也用"兵船"商标。"兵船"商标，是我国商标注册史上首开注册记录的第一号商标[①]（图4-6-26）。

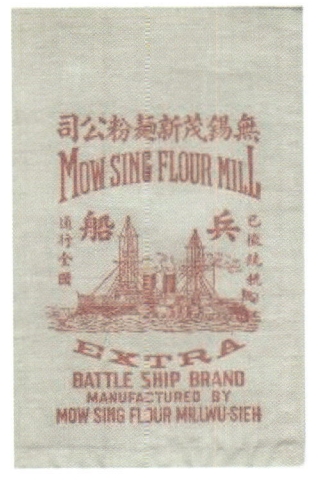

图4-6-26 无锡茂新厂"兵船"商标

---

① 左旭初. 注册商标第一号——"兵船"[J]. 北京工商管理，1999（07）：60.

4.7 公用事业

4.7.1 杨树浦水厂

地址：杨浦区杨树浦路830号

始建年代：1883年

占地面积：12.9万平方米

建筑面积：不详

工业类型：公用事业

保护级别：全国重点文物保护单位

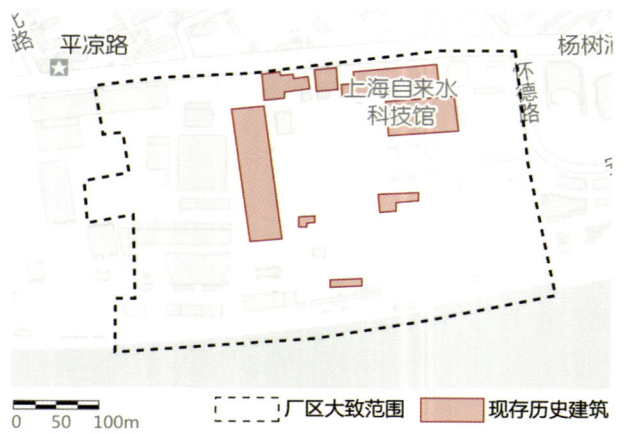

图4-7-1　杨树浦水厂区位

核心价值：

杨树浦水厂是中国第一座现代化水厂、近代中国城市供水的起点，作为上海市最重要的民生工业建筑之一，是我国建筑史、艺术史、技术史的珍贵实物例证，具有极高的遗产价值。该厂目前仍在生产运营中，厂房的布局、空间及设备亦是历史制水工艺发展的宝贵实物资料。

1．历史沿革

杨树浦水厂原名英商上海自来水公司，建于1883年，至今近150年历史，是全国供水行业建厂最早、生产能力最大的现代化水厂，是远东第一大水厂。

1860年代中后期，上海公共租界工部局开始着手构建供水系统，清同治九年（1870年）对黄浦江的水质进行了取样检测，并在检测之后由工部局工程师提出了在黄浦江的龙华、凤凰山或杨树浦港附近其中一处建立取水点的方案。清同治十年（1871年），工部局否决了工程师提出的三套方案，原因是这些方案成本均过高[1]。

清光绪元年（1875年），立德洋行洋商格罗姆（F.A.Groom）、立德尔（A.I.Little）、华脱司（W.I.Waters）和邱裕记（音译）筹资白银3万两，在今杨树浦水厂南部购地115亩，开设供水公司，建成小型自来水厂，是为杨树浦水厂的前身。该水厂有沉淀池、过滤池、水泵、皮龙等设备，并在浦东设分厂，专供船只用水。生产自来水的过程是先用木船将取来的黄浦江水送入贮水池，经过沉淀和沙层过滤后再用送水车一一送到用户门前售卖，未建有出厂输水管道。每日供水能力不过几百立方米，主要还是以销定产，靠送水车沿途吆喝，价格按路程远近计算，水费价格区间以英镑计取在每千加仑从6先令6便士至13先令不等。当时的水厂距离最近的英租界外滩约有五公里的路程，距离上海老城厢约有七公里。

由于经营不善等原因，光绪七年（1881年）四月和光绪九年（1883年）七月，水厂的动产和不动产分两次以白银18 000两出售给筹建中的英商上海自来水公司。1881年8月，英商上海自来水有限公司投资12万英镑，在杨浦树原小型自来水厂的厂址上新建水厂，规模为每天供水1.5百万加仑（6 819立方米）。新水厂的工艺和规

---

[1] 上海市地方志办公室．上海公共事业志/第二篇 供水/第二章 水源/第一节 黄浦江［EB/OL］．www.shtong.gov.cn/newsite/node2/node2245/node4516/node55029/node55074/node55090/userobject1ai42321.html．

划由工部局英籍工程师哈特负责设计,采用英国自来水厂的成熟工艺,由上海当时颇有实力的外商耶松船厂承包施工,净水工艺设备和管道材料全部由英国工厂制造,然后运抵上海安装调试。

光绪九年六月二十九(1883年8月1日)水厂建成供水,直隶总督兼北洋大臣李鸿章莅临水厂,亲自启动进水阀门以示水厂机器开始运行。水厂设沉淀池2座、慢滤池4座、清水池1座、蒸汽锅炉3台及唧机2台、出水间1座。为保证中心城区连续供水,公司在公共租界中心地点江西路香港路口建造了容量682立方米、高31.5米的水塔1座(图4-7-2),并敷设横越苏州河的供水管道。

随着租界地区的工商业日益发展,供水需求量不断增长。1887年,杨树浦水厂平均日供水量已达7 740立方米,超过了水厂原设计的6 819立方米标准,为了满足用水需要,水厂开始扩建。1896年,水厂日供水量超过1万立方米。

1922年,公司有滤池39座,日均供水量12万立方米,土地全被水池占用,水厂已无发展余地,不得不改进制水工艺。水厂原使用沙滤池,1917年请教专家后,决定采用加氯方法。1918年福勒博士来上海,经调查后建立临时化验室、展开研究工作后,改慢滤池为半快滤池,增加滤池加氯。1920年8月起出厂水全部加氯,效果良好。1922年增加4座利用水力冲洗的快滤池。1925年,经全面调查给水状况后,总工程师毕亚生提出发展方案,水厂生产目标规划为每天供水90万立方米,以快滤池取代老滤池。1926年开始做试验并开展大规模的设计施工工程。当年建成第1组快滤池。年底有用户74 575户,居民平均每人每月用水量达0.14立方米。

1928年,由英商休斯顿公司(Hutston Co.)进行扩建设计,扩建部分为钢筋混凝土内框架结构,清水青红砖镶砌的外墙面及扶壁、清水红砖腰线。门窗洞多采用四心尖拱(又称都铎式拱)。大门口东西两端凸出双层堡垒式之楼,顶上竖立旗杆,堡垒式之楼及周围建筑的女儿墙压顶均为雉堞缺口,看上去宛如城墙(图4-7-3)。1930年建成2组共8座快滤池。1931年平均日供水量超过20万立方米,成为远东第一大水厂。

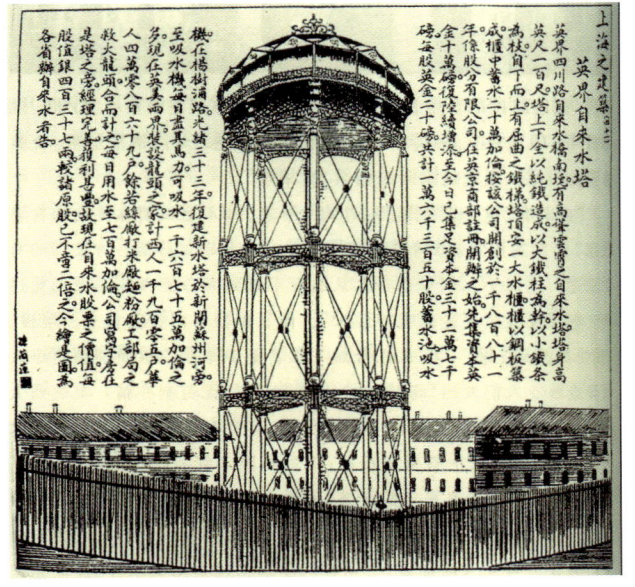

图4-7-2 英商上海自来水股份有限公司的大水塔效果图
(资料来源:杨浦区图书馆)

图4-7-3 杨树浦水厂风格独特的城堡式老大门
(资料来源:杨浦区图书馆)

图4-7-4　1930年代杨树浦水厂全貌
（资料来源：上海市文物管理委员会，《上海工业遗产实录》，2009）

图4-7-5　水厂外观（上）与机房内部（下）历史照片
（资料来源：杨浦区图书馆）

1930年代水厂全貌如图4-7-4所示。

1935年公司完成丙组10座快滤池的建设，产水能力达16 700立方米/时。至1937年，主要净水设施增至沉淀池7座、快滤池3组（24格）、慢滤池26座、清水池5座。1930年代末，日供水能力达40万立方米，水厂占地面积扩大至25.7万平方米。

1941年太平洋战争爆发，同年12月，日军进犯租界，上海自来水公司水厂被日军占领。1942年日军组织华中水电股份有限公司，下设上海水道会社，将上海自来水公司、闸北水电公司、内地自来水公司、浦东水厂作为支店，仍委托原上海自来水公司管理，英国职员自1942年10月相继被关入集中营。当时上海供水虽未中断，但也仅能勉力维持。

抗日战争胜利后，水厂归还英商经营。1952年11月，英商自来水公司被中国政府征用。上海解放后，特别是1978年以来，随着上海城市建设与工业生产的飞速发展和人民生活水平的不断提高，自来水的需求量日益增长，在这种情况下，政府加大自来水基础设施建设，并对杨树浦水厂原有的制水设备进行多次扩建和挖潜改造，逐步扩大其供水能力与供水范围。

1988年，增建日供水量10万立方米生产流水线1条、快滤池1组（8格）、容量3 000立方米清水池2座、出水泵房1间，日供水能力111.3万立方米。1994年，投资4 800万元改造129号滤池，新增日供水量5万立方米。1995年，水厂有进水口4座、进水唧机20台、沉淀池8座、次步唧机16台、普通快滤池3组（26格）、低程快滤池28座、清水池7座、出水唧机23台、出厂管14支、日供水能力124.4万立方米。现今水厂日供水能力约140万立方米。

2003年底，杨树浦水厂将原水厂建筑改造成了面积700平方米的上海自来水展示馆（图4-7-6）。

图4-7-6 由原水厂建筑改造成的上海自来水展示馆

2. 建筑特征与保存现状

杨树浦水厂自投入使用至今已逾百年，历经多次扩建更新，目前仍然在生产运营，厂房的原始风貌也得到了较为完整的保留，是近代制水工艺发展的重要研究资料。

水厂以杨树浦路为界可分为南北两区，其中南区为生产区，入大门内为一幢三层的办公大楼，其左右两旁有水库和出水车间，西侧为修理车间，南沿黄浦江有进水车间、制水药剂加注间和化验室，其余为各类滤池；北区东侧有水库、滤池，西侧有保健大楼，其余是仓库和堆场。

水厂内的建筑，基本为英国传统城堡形式，在同类建筑中较为珍稀，可为研究工业建筑艺术提供重要实物资料，具有很高的艺术价值。水厂的选址、布局与环境相协调，体现了独特的艺术构思，在此类建筑中具有代表性（图4-7-7至图4-7-12）。

建筑承重墙采用清水砖墙，嵌以红砖腰线，周围墙身压顶雉堞缺口，雉堞的压顶及窗框、腰线等均用水泥粉出凸线，墙面转折交界处为水泥

图4-7-7 杨树浦水厂建筑形式

图4-7-8 四号车间建筑形式

图4-7-9 水厂滤池

图4-7-10 水厂调节池

图4-7-11 水厂内部工业设施

图4-7-12 蓄水处

隅石形状。屋宇错落，建筑群体布置和谐，体现出极强的建筑美感。同时，水厂内的建筑设施多采用混凝土结构，是上海最早使用这一结构的建筑之一，其中滤池机房内的排架结构曲线优美，错落有致，在追求简约实用的工业建筑中极为珍贵，也是研究近现代工业建筑的重要案例，部分建筑现状见表4-7-1。

表4-7-1　杨树浦水厂内部分建筑现状照片

建筑名称	现状照片	
01一号车间、配电间、中央控制室（一号清水唧机）		
02大门及警卫室		
03展览馆（自来水博物馆）		
04大礼堂、二号车间、三号车间、四号车间	整体	三号车间
05甲组滤池建筑	外观	内部

续表

建筑名称	现状照片	
06清水库机房		
07乙组滤池建筑	内部	外观
08次步唧机室、平衡塔	次步唧机室	平衡塔
09初唧配电室		
10水质检验中心		

续表

建筑名称	现状照片	
11丙组滤池建筑	内部	原始滤板

3. 非物质文化遗产

杨树浦水厂作为全国第一座现代化自来水厂并持续使用至今，是上海近代工业遗产的重要代表。水厂内至今仍然保留当年的制水工艺流线，同时也随着时间的推移不断改善其工艺技术，为中国自来水生产技术的发展、演变提供了宝贵的实物资料。

1883年杨树浦水厂刚落成时，平均日供水量只有3 698立方米，至1931年已超过20万立方米，成为当时远东第一大型水厂。现今，杨树浦水厂有4条制水生产线，其中包括11座沉淀池，7座64格快滤池，49台进、出水机组，最大供水能力从新中国成立时的30万立方米/日，发展到现在的148万立方米/日，年供水量超过4亿立方米，约占上海供水总量的四分之一，满足了杨浦、虹口、普陀、闸北、宝山五区近200万市民的生活用水和工业用水需求。

杨树浦水厂选用了先进的在线水质仪器仪表等各种现代化生产检测手段，对水质进行全过程检验与控制，为国内首批通过ISO 9002质量体系认证的制水企业，还配有上海较早建成的深度水处理系统。2011年1月1日后，该厂所处理的水源都取自长兴岛的青草沙水库。

此外，杨树浦水厂作为上海市中心城区内占地规模最大的水厂，在选址布局、生态保护、灾害防御等方面均展示了先进的技术。厂区分为进水区、沉淀区、滤水池及清水区、送水区四个部分，各个车间之间有复杂的地面、地下管线进行连接，在垂直方向上可分为四层：在0～6米范围内最深部分埋设制水管网，中部埋设各种控制电缆、信号电缆和动力电缆，浅部埋设各种污水、雨水、排泥管渠，在地面上还有部分制水和加药管线，因此整个水厂的八类管线纵横交错，上下多层叠置，形成了复杂的三维分布网络[①]（图4-7-13）。

在这座具有欧洲代表性建筑的水厂内，现在设有上海自来水博物馆，陈列并记录上海供水行业的发展历史。

图4-7-13 杨树浦水厂立体的分布系统

---

① 吴世林，杨之江，李洋．杨树浦水厂制水信息GIS管理系统［J］．中国建设信息（水工业市场），2006（08）：50-51．

4.7.2 上海煤气公司杨树浦工场旧址

地址：杨浦区杨树浦路2524号

始建年代：1934年

占地面积：不详

建筑面积：不详

工业类型：公用事业

保护级别：上海市文物保护单位、上海市优秀历史建筑

图4-7-15 位于苏州河南岸泥城浜以西的大英上海自来火房旧厂
（资料来源：上海年华）

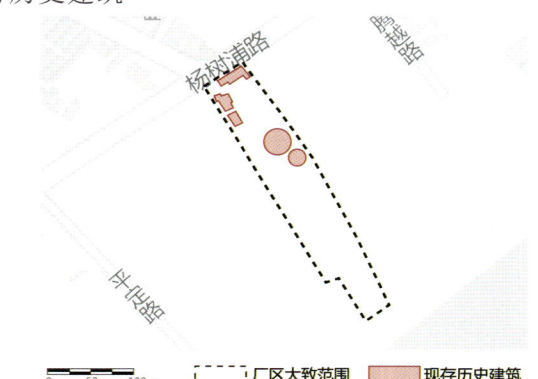

图4-7-14 上海煤气公司杨树浦工场旧址区位

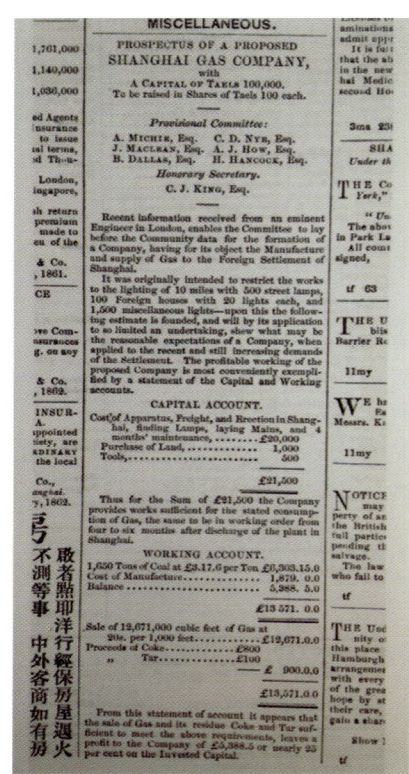

图4-7-16 大英上海自来火房筹建招股书
（资料来源：杨浦区档案馆）

核心价值：

上海煤气公司杨树浦工场是上海近代重要的煤气厂，建成时煤气日产量达11万立方米，占当时全上海煤气消费量约80%，其旧址是上海重要的公共事业工业遗产。

1．历史沿革

1862年，英商创建大英上海自来火房，厂址最初设于苏州河南岸泥城浜以西地区，1865年11月正式对外供气（图4-7-15）。1900年，大英上海自来火房于香港注册，并改名为英商上海煤气股份有限公司（图4-7-16）。1931年，为扩大生产，该公司于杨树浦地区购地三十余亩用于兴建新厂，1934年2月上海煤气公司杨树浦工场完工并正式投产，原厂停产改为储气厂①。

1941年由于太平洋战争爆发，上海煤气公司被日方"大上海瓦斯株式会社"接管，且日军进驻杨树浦工场。1945年抗战胜利后，上海煤气公司被返还英商经营。图4-7-17、图4-7-18为杨树浦工场旧照。

---

① 姚柱兴. 杨树浦煤气工场［J］. 上海煤气，1997（1）：48.

1952年，上海市政府正式接管英商上海煤气公司，并于同年12月更名为上海市煤气公司杨树浦煤气厂。1999年，由于上海市对于煤气产业的调整，该厂正式停产。

2. 建筑特征与保存现状

上海煤气公司杨树浦工场旧址现存建筑包括一幢沿街办公楼、一幢高级职员住宅以及一座完整储气柜（图4-7-19）。

办公楼建于1933年，三层砖混结构，占地面积约480平方米，建筑面积约1 200平方米。现代派风格，外墙面贴黄色面砖，转角处装饰隅石，层间装饰腰线。北立面局部装饰有白色山花及壁柱，顶部女儿墙上刻有数字"1933"（图4-7-20至图4-7-22）。

图4-7-17　办公楼南立面旧照

（资料来源：薛顺生、娄承浩，《老上海工业旧址遗迹》，2004）

图4-7-18　上海煤气公司杨树浦工场旧照（左部可见办公楼、高级职员住宅及储气柜）

（资料来源：薛顺生、娄承浩，《老上海工业旧址遗迹》，2004）

图4-7-20　办公楼外立面

图4-7-19　上海煤气公司杨树浦工场旧址全貌现状

图4-7-21 办公楼外墙

图4-7-22 办公楼室内
（资料来源：高参88摄影）

高级职员住宅建于1930年代，三层砖混结构，占地面积约300平方米，建筑面积约800平方米。总平面呈矩形，平屋顶，砖砌镂空女儿墙。外墙面贴黄色面砖，转角处装饰隅石，层间装饰腰线（图4-7-23）。

储气柜建于1930年代，占地面积915平方米。该储气柜是由英商设计建造的湿式螺旋煤气柜，为国内现存历史最悠久的储气柜之一，储气柜最大直径为34米，落地时高度约为8.1米，完全升起时可达31.8米（图4-7-24）。

该厂原有储气柜三座，现保存完整的这座为英商建造，另两座为国内制造，一座已拆除，另一座部分拆除仅余外围水槽[①]。

杨树浦工场旧址建筑现处于空置状态，整体保存状况良好。该址于1999年被公布为第三批上海市优秀历史建筑，2004年被公布为杨浦区文物保护单位，2014年被列入上海市文物保护单位。

3. 非物质文化遗产

上海是我国最早使用煤气的城市，1865年11月，随着大英上海自来火房的建成投产，英租界

图4-7-23 高级职员住宅

图4-7-24 储气柜
（资料来源：高参88摄影）

---

① 赵贞欣. 作为文物保护的经典煤气柜检测、安全评估和再利用［D］. 上海：同济大学，2006.

内一些私人用户开始以煤气灯作为照明,此前上海多以煤油灯照明。同年12月,大英上海自来火房在南京路上装接了10盏广告性质的路灯,这便是上海最早的煤气路灯(图4-7-25)。

20世纪初,随着电灯的普及以及电价的降低,英商上海煤气公司的主要业务逐渐从煤气照明转向了煤气供热,在家用烹饪和取暖领域广泛应用,生产扩大,这是公司决定兴建新厂的原因。

杨树浦工场设有当时先进的连续直立式伍特型炭化生产工艺,筹建82英寸(1英寸=2.54厘米)规格的1组30孔核增热水煤气炉两座,机械除焦油、除苯、脱硫等净化回收装置,蒸汽核电动煤气排送。建成时日产煤气11.3万立方米,包括水煤气5.67万立方米,占全市煤气消费量的80%。

厂内现存储气柜是上海现存最早的煤气柜,由10 000多个铆钉焊接而成,可存储20 000立方米煤气。

4.7.3 杨树浦电厂(上海工部局电气处新厂旧址)

地址:上海市杨浦区杨树浦路2800号

始建年代:1911年

占地面积:约15公顷

建筑面积:待考

工业类型:公共事业类

保护级别:市级文物保护单位、上海市优秀历史建筑

图4-7-25 上海街头最早的煤气路灯
(资料来源:杨浦区档案馆)

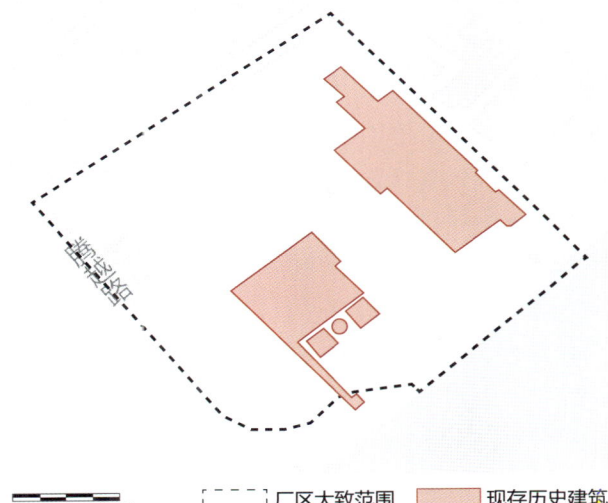

图4-7-26 杨树浦电厂(上海工部局电气处新厂旧址)区位

核心价值：

杨树浦电厂是上海近代公共事业的重要代表，更是中国电力发展的缩影，作为世界上最早的发电厂之一，也是当时的远东第一发电厂，历经一百多年的历史，见证了杨树浦地区工业发展的兴衰。

4. 历史沿革

杨树浦电厂的历史最早可以追溯到1882年，时年英商建立上海电气公司，这是中国第一家电气公司，也是中国近代最大的外商电业垄断企业。1893年，工部局收购上海电气公司，于1893年在乍浦路新申电气公司旧址兴建中央电站，供123盏弧光灯和6 325盏白炽灯照明；1894年在虹口裴伦路30号场地兴建新中央电站。

由于城市用电需求的扩大，1911年10月12日上海电气公司开始兴建江边发电站，1913年4月12日建成发电，当时称为"工部局电气处江边电站"，即杨树浦电厂（图4-7-27）。

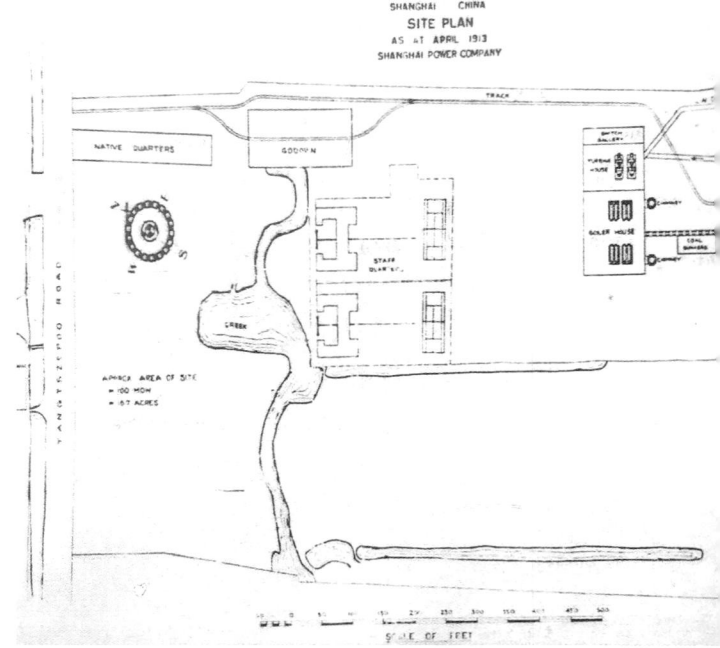

图4-7-27　1913年杨树浦电厂建设平面图
（资料来源：杨树浦电厂）

建厂后杨树浦电厂迅速扩张，到1923年已经成为远东最大的火力发电厂，电厂发电设备总量超过12.1万千瓦，年发电量达3.3亿度。据统计，1920年上海60%的工业用电都是由杨树浦电厂供往全市的。图4-7-28为当时的厂房内景。

1929年初，公共租界当局因中国政局动荡，决定出售电气处资产，美国电力债券和股票有限公司所属的美国和国外电力股份有限公司最终中标，以8 100万银两购置电气处全部资产，更名为美商上海电力公司，原江边电站也成为美商上海电力公司下属企业。1930年代，杨树浦电厂不断扩大资本，获取盈利。美商上海电力公司不断向沪西越界供电，1935年取得西区供电专权后，占全上海80%以上的供电量。至1948年底，上海电力公司江边电站总装机容量为19.85万千瓦，年发电量达10.42亿千瓦时，占全市发电量

图4-7-28　1923年汽轮机厂房内汽轮机组
（资料来源：杨树浦电厂）

的81%（图4-7-29）。

美商经营时期，1941年，杨树浦电厂建起一座高105米、重775吨的烟囱，是当时发电厂为高温高压锅炉专门配备的，外部是美国进口的钢板，内部衬有耐火砖。这是当时远东最高的建筑物，由于特殊的地理位置与傲视上海滩的高度，它成为当时上海的地标性建筑（图4-7-30）。1979年和1998年又新建了两根180米高的钢筋混凝土结构烟囱（图4-7-31）。2003年，老烟囱被拆除，仅留底座保存在上海历史博物馆。

1950年12月30日，中国人民解放军上海市军事管制委员会受命对美商上海电力公司实行军事管制，从此，江边电站便成为国家管理的企业。此后，杨树浦电厂利用老厂技术优势，接受对外培训、代训任务，受训单位遍及全国24个

图4-7-30 杨树浦电厂105米高的烟囱
（资料来源：杨树浦电厂）

图4-7-29 1935年锅炉房外景（上）与现仅遗存构件（下）

图4-7-31 建造中的180米高的钢筋水泥烟囱
（资料来源：杨树浦电厂）

省、自治区、直辖市，为国家培养输送了大批电力经营、管理、技术人才，被誉为中国电力工业的摇篮。同时，电厂也及时更新设备设施，1958年首次安装国产6 000千瓦机组，结束了近五十年间"洋机"一统天下的局面。1969年安装投运我国自行设计制造的国内第一台220吨/小时高温高压直流锅炉。1970年代后期开始，电厂粉煤灰综合利用率连续10多年达98%及以上，图4-7-32为锅炉房今昔对比。

至1990年，杨树浦电厂已成为上海最大的供热电厂（图4-7-33），供热量占全市的21%，形成了以电厂为中心，半径为2.5公里的上海市区最大的供热区域。

2010年，根据上海市政府节能减排的要求，杨树浦电厂正式停产，厂区内的历史工业建筑作为上海市文物保护单位和上海优秀历史建筑被保留下来，作为上海黄浦江滨江整体规划开发的一部分（图4-7-34）。现滨江部分空间已被改造利用为上海杨树浦电厂遗迹公园（图4-7-35），主体的工业建筑遗产尚待更新改造。

图4-7-33　1990年代建成的生产组外景现状

图4-7-32　1978年34号锅炉房主厂房吊装设备（上）与锅炉房主厂房现状（下）

图4-7-34　杨树浦电厂现状

图4-7-35 杨树浦电厂遗迹公园,利用残留的钢筋混凝土柱头制作的标识
(资料来源:同济原作设计工作室,章鱼见筑摄影)

5. 建筑特征与保存现状

杨树浦电厂于2010年停产,厂区内现留存的工业建筑包括厂区内的实际文物保护单位及保护建筑,主要建筑物为厂房老机组(图4-7-36)和新机组,包括办公楼(图4-7-37)、汽轮机房、开关室(图4-7-38)、锅炉房等,工业建筑类型较为丰富,基本上完整保留了厂房原始的生产流水线,对于研究近代发电厂工业建筑具有极高的历史价值和科学价值(表4-7-2)。

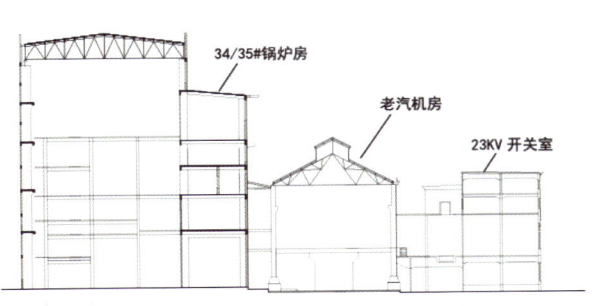
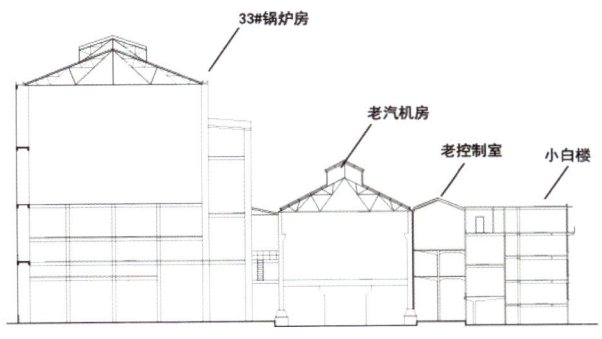

图4-7-36 老机组剖面图

图4-7-37　办公楼1929年外景（左）与现状（右）

图4-7-38　开关室外景（左）与开关控制键（右）

表4-7-2　杨树浦电厂内现存历史建筑基本信息

编号	建筑名称	建筑年代	结构类型	简述
1	杨树浦电厂办公楼	1924年	混凝土框架结构，局部钢结构	混凝土框架结构，局部H型钢结构，局部坡屋顶，地上四层，局部五层，是杨树浦电厂的控制室，内有马赛克地砖，2010年以后停产，现闲置（图4-7-37）
2	杨树浦电厂汽轮机房	1924年	钢结构	钢结构建筑，坡屋顶有天窗，屋面板为彩钢板，单跨跨距约15米，2010年以后停产，现闲置
3	杨树浦电厂开关室	1926年	混凝土框架结构	混凝土框架结构建筑，2010年以后停产，现闲置（图4-7-38）
4	杨树浦电厂原锅炉房遗存构件	1920年代	钢结构	1920年代锅炉房建筑遗存，现仅剩钢结构柱，建筑整体现不存
5	杨树浦电厂锅炉房	1970年代	混凝土外墙，内部钢结构	1970年代建成，混凝土外墙，内部钢结构，平屋顶，局部坡屋顶，构件外置，2010年以后停产，现闲置
6	杨树浦电厂烟囱	1970年代	钢筋混凝土	钢筋混凝土结构建筑，1970年代建成，高180米，现闲置
7	杨树浦电厂1990年代生产组	1990年代	钢筋混凝土结构，局部钢结构	钢筋混凝土局部钢结构建筑，1990年代建成，高180米，现闲置

图4-7-39　1922年扩建中的汽轮机厂房（左）与汽轮机厂房内景现状（右）

其中的汽轮机房建成于1924年，是上海体量最大的近代钢结构建筑之一，至今依旧保存完好，是近代钢结构建筑的典型代表（图4-7-39）。建成于1924年的控制室内保留了原始的控制按钮和控制流线图，较为完整地保留了厂房的原始风貌和原始布局，空间内大量的马赛克砖也具有极高的艺术价值（图4-7-40）。

6. 非物质文化遗产

杨树浦电厂见证了近代上海工人运动的开展，是上海工人运动的"红色堡垒"。1925年"五卅"惨案发生后，杨树浦电厂的2 000多名中国工人参与了长达99天的大罢工，最后迫使工部局接受了工人提出的条件。1926年，杨树浦电厂成立第一个中国共产党支部。1927年3月21日，在周恩来等人领导的上海工人第三次武装起义中，亦有100多名电厂工人参与了战斗。王孝和烈士是杨树浦电厂优秀共产党员和工人阶级的突出代表，1948年上海申新九厂工人罢工运动遭遇国民党反动政府血腥镇压，王孝和在厂中积极

图4-7-40　控制室内景：1920年代（上）与现状（下）

领导工人支援申九工人与反动派斗争，1948年4月21日被秘密逮捕，同年9月30日英勇就义。

1949年新中国成立以后，作为上海最为重要的发电厂，杨树浦电厂获得多项企业荣誉称号，包括上海市先进企业、全国水利电力部先进企业、全国大庆式先进企业、上海市节约能源先进单位、上海市文明单位等。杨树浦电厂积极发挥老厂"传帮带"的优良传统，为全国各地的新建电厂输送4 500余名技术人才和管理人员，被全国电业公司称为育人育才的摇篮。同时，电厂内英雄人物辈出，先后有张世宝、花万福、杨金福等人获得全国劳动模范、全国先进生产工作者等荣誉，多人获得上海市劳动模范、先进生产工作者等称号。

杨树浦电厂还先后编纂出版了《红色堡垒：上海杨树浦发电厂厂史》《上海杨树浦发电厂志：1911—1990》《上海杨树浦电厂志：1991—2005》等，记录了杨树浦电厂在不同时期的厂区发展情况，包括电厂的历史沿革、厂房设备、生产路线、管理手段、职工教育、党群工作等。在2011年杨树浦电厂建厂百年之际，出版了《百年历史，百年辉煌：1911—2011杨树浦发电厂100周年纪念画册》，收录了大量电厂的历史图档资料。此外，杨树浦电厂还编写了《电厂应用材料的配制》《发电机的运行与检修》《炉外水处理参考资料》等技术类图书，作为电力生产的技术参考。

杨树浦电厂像许多其他工业时期的大厂一样，具有相对完善的制度。工人结束劳作后的生活丰富多彩，经常举办各个工厂之间的联谊活动以及厂区之间的比赛，如篮球赛、足球赛、羽毛球赛、舞台剧表演等。这种大厂生活影响着一代代人，使整个厂区的工人都特别有凝聚感。在后期改造中，这种非物质文化遗产是厂区退休工人以及他们的后代仍然拥有的记忆，在对电厂进行保护与再利用时，不能忽略这种与人产生直接关联的记忆。

4.7.4 东区污水处理厂旧址

地址：杨浦区河间路1283号
始建年代：1923年
占地面积：25 827平方米
建筑面积：不详
工业类型：公用事业
保护级别：上海市文物保护单位

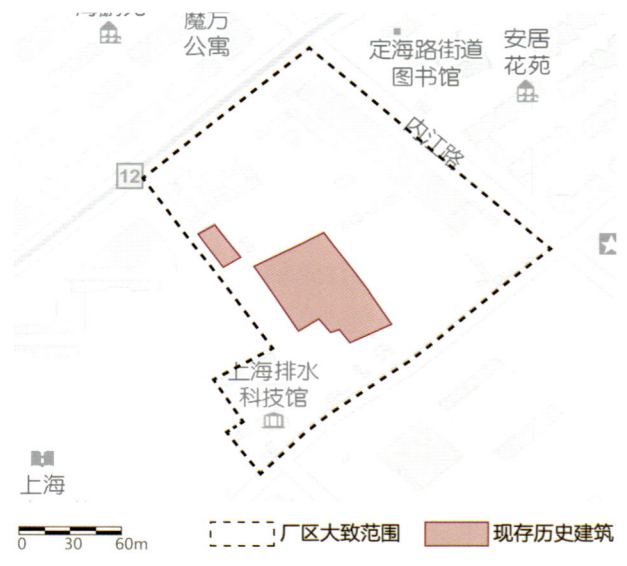

图4-7-41 东区污水处理厂区位

核心价值：

东区污水处理厂是中国第一座城市污水处理厂，也是亚洲历史最悠久的二级污水处理厂，远东地区最早的同类市政建设基础设施，其工艺流程的完整性和构筑物的完好性，为中国乃至亚洲地区所罕见。

1. 历史沿革

1940年代以前，上海的污水系统由公共租界、法租界及上海市政府分别管理，各自为政。

自1917年开始，为解决工业废水和生活废水日益增加导致的水体污染问题，公共租界工部局决定建设污水处理系统，开始建立水厕污水排放系统，分为管道和污水处理厂两个部分。

1923年，公共租界第一座污水处理厂（北区污水处理厂）建成投入运行。随后，工部局进行公共租界污水系统规划，新规划东西两处污水处理厂，东区污水处理厂位于杨浦区东南部，西区污水处理厂位于长宁区，北区、东区、西区每一污水处理系统分别配有一条主管道和一座污水处理厂。至1926年，三区的污水处理系统陆续建成[①]。

东区污水处理厂始建于1923年，1926年建成，是上海首批污水处理设施之一，为采用活性污泥法工艺的二级污水处理厂，原始设计净水能力为每日17 000吨。

1930年代，东区污水处理厂新建部分水处理项目，建沉淀池4座，建成奥氏真空吸滤机房等。东区污水处理厂早期通过黄浦公园、塘沽、昆山、南浔、丹徒、惠民、扬州7座中途泵站，将今黄浦区河南中路以东地区和虹口、杨浦2个区的沿线污水输送入厂（图4-7-42）。

1949年以后，东区污水处理厂进行了多次扩建以满足日益增长的污水处理需求。1950年代，为配合新村发展，新建两处平流式沉淀池；1964年，再次进行扩建，每日处理能力从原本的17 000吨达到37 000吨至43 000吨。1989年，为解决污水处理厂服务区内污水量不断增加、污水厂处于超负荷运转导致的处理效果下降问题，污水厂再次进行改建，至2002年，东区污水处理厂日均处理污水2.9万立方米，服务人口80万。

随着2006年上海污水治理三期工程的完工，东区污水处理厂的污水处理功能被逐渐取代。2009年后，为避免厂区停用导致建筑破坏和环境污染，在社会各界人士的努力下，东区污水处理厂被改建为上海排水科技馆，向公众介绍污水处理

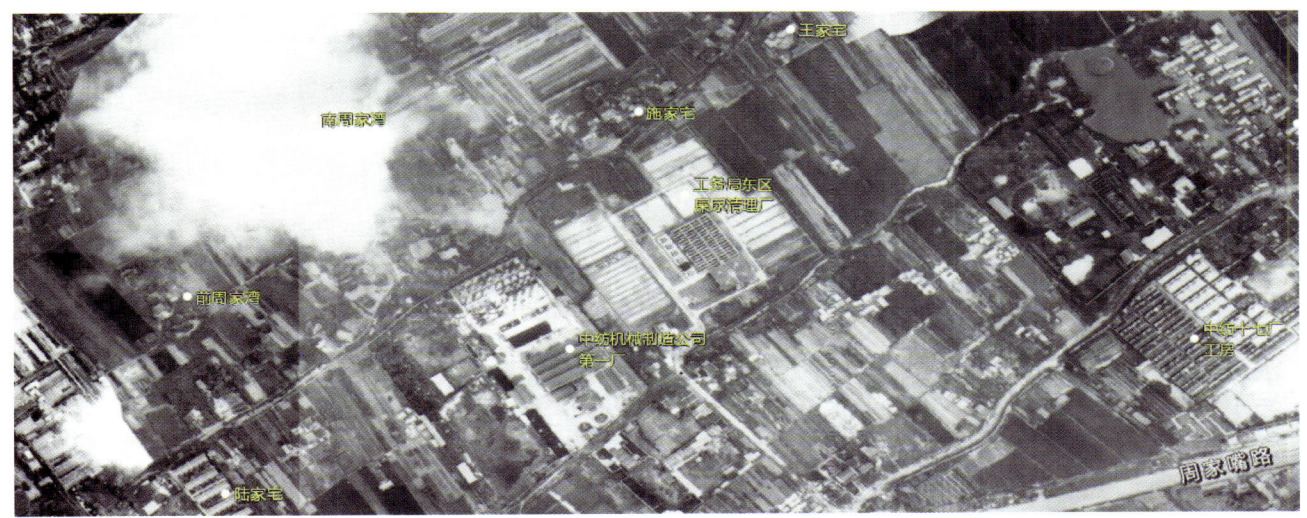

图4-7-42　1948年历史影像地图
（资料来源：上海天地图）

---

① 上海市地方志办公室. 专业志>上海城市规划志>第七编第一章第一节　污水分散处理［EB/OL］. http：//www.shtong.gov.cn/dfz_web/DFZ/Info?idnode=64717&tableName=userobject1a&id=58524.

知识，展示上海排污工程历史。

2. 建筑特征与保存现状

东区污水处理厂现存工业建筑遗产包括办公楼、压缩机房、过滤池、污水处理池等，基本保存了污水处理厂原有的厂区风貌和工艺流线。

其中，办公楼为钢筋混凝土装饰艺术派风格，窗口有横向装饰带。污水厂压缩机房为单层钢筋混凝土结构，建筑整体结构和外立面得到较为完整的保存，原泵房内部水处理设施及相关管线部分留存，用于展示污水处理工具（图4-7-43至图4-7-49）。

东区污水处理厂，1999年被列为上海市优秀历史建筑，2014年被列为上海市文物保护单位。

3. 非物质文化遗产

东区污水处理厂由英国人投资、设计、建造，是亚洲运行时间最长的二级污水处理厂。其采用了当时国际上刚刚发明的活性污泥法的二级生化处理工艺，该工艺的基本原理和设计思路已经成为当今城市污水处理的经典理论和核心工艺。

图4-7-43 压缩机房外立面

图4-7-44 压缩机房内部净水设施（污泥回流泵及配套电机）

图4-7-45 办公楼外立面

图4-7-46 平流式沉淀池（左）和竖流式沉淀池（右）

图4-7-47 曝气池

图4-7-48 卧式泥浆泵及配套电机

图4-7-49 回流污泥井

4.8 仓储业

4.8.1 上海中国银行办事所及堆栈旧址

地址：静安区北苏州路1040号
始建年代：1933年
占地面积：约1 200平方米
建筑面积：约12 000平方米
工业类型：仓储
保护级别：上海市优秀历史建筑、静安区文物保护单位

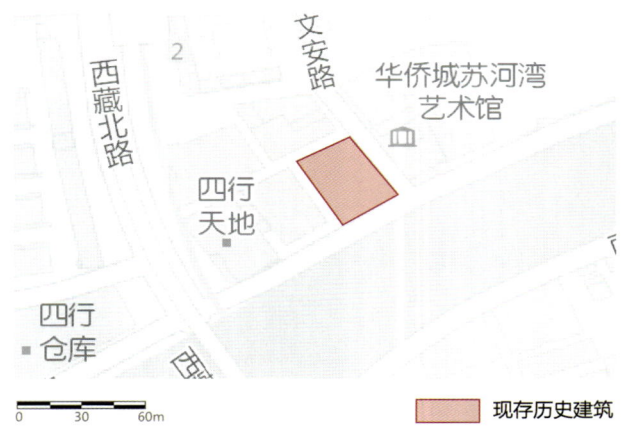

图4-8-1 上海中国银行办事所及堆栈旧址区位

核心价值：

上海中国银行办事所及堆栈旧址是上海近代重要的混凝土结构仓库建筑，在仓库林立的苏州河以北地区，作为少见的多层混凝土仓库建筑，具有独特的价值内涵。

1. 历史沿革

中国银行的前身为1904年开设的户部银行，1908年改名为大清银行，1912年改组为中国银行，是当时北洋政府的国家银行之一，官商合办，总行设在北京。

1927年，中国银行总管理处由北京迁往上海，1933年（又说1935年）选现址建造办事所及堆栈仓库（图4-8-2）。1934年2月16日，部分办公楼租赁予上海商检局，租期为五年。1945年抗战胜利后，中国商检局再次租赁中国银行堆栈大楼作为其局所，由最初的仅有3楼一部分堆房至1949年租用4至10楼全部楼层，中华人民共和国成立后商检局迁出。

1949年，中国银行由中央人民政府接管，总管理处迁北京，成为专营外汇业务的银行。

2. 建筑特征与保存现状

上海中国银行办事所及堆栈由中国建筑师陆谦受、吴景奇设计（图4-8-3），是国内早期的现代仓储建筑，钢筋混凝土结构，建筑整体层高为11层。其中堆栈部分为底部4层，平面呈矩形，东南角呈切角。办公楼为5~11层，平面呈

图4-8-2 1940年代上海中国银行办事所及堆栈区位图
（资料来源：承载、张剑明，《老上海百业指南》，2004）

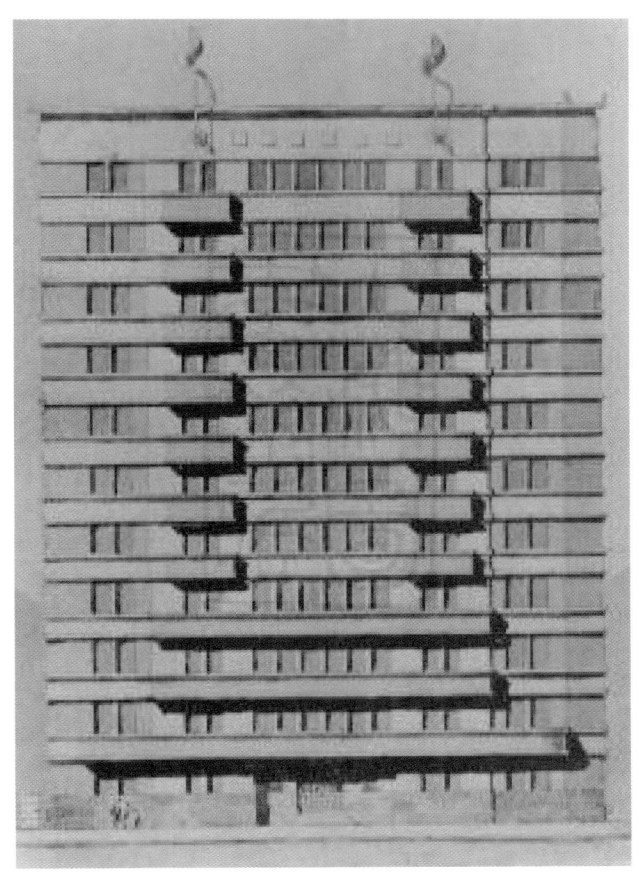

图4-8-3 建筑原始设计图案
（资料来源：陆谦受、吴景奇，《上海北苏州路中国银行新建十一层办事所及堆栈》，1933）

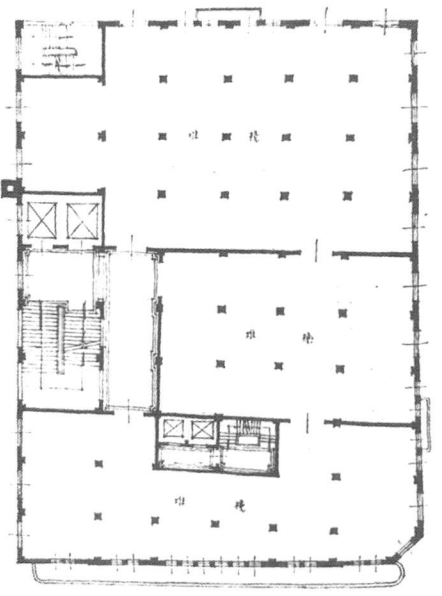

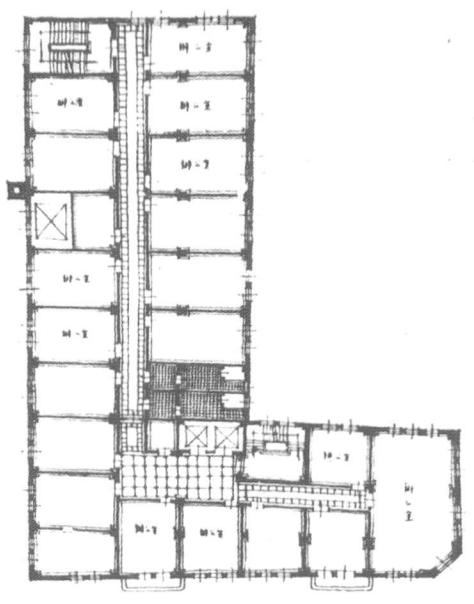

图4-8-4 建筑堆栈一层平面图（上）及上层平面图（下）
（资料来源：陆谦受、吴景奇，《北苏州河中国银行堆栈》，1936）[2]

L形（图4-8-4），可供出租。建筑整体呈现代主义风格，屋顶为平屋顶，立面设有装饰带，四面均有开窗（图4-8-5）。建筑基础采用浮筏基础，上铺水泥三合土；地基采用平桩法打桩，即把汽锤平放于二导木之上，以汽锤的推动力使桩木渐次推进，为上海打桩之首创[1]（图4-8-6）。

上海中国银行办事所及堆栈旧址现仍作办公

---
[1] 王绍周. 上海近代城市建筑[M]. 南京：江苏科学技术出版社，1989.
[2] 吴景奇，陆谦受. 中国银行堆栈[J]. 中国建筑，1936(26): 19-23.

楼使用，为茂联丝绸商厦。5~7层东面存在加建情况，整体保留了原建筑结构、外立面和整体格局。该旧址于2004年入选上海市第四批优秀历史建筑（图4-8-7至图4-8-9）。

图4-8-5　上海中国银行办事所及堆栈外观（自西南向东北拍摄）
（资料来源：陆谦受、吴景奇，《北苏州河中国银行堆栈》，1936）

图4-8-6　地基工程进行情形
（资料来源：陆谦受、吴景奇，《北苏州河中国银行堆栈》，1936）

图4-8-7　上海中国银行办事所及堆栈现况

图4-8-8　南立面建筑外观

图4-8-9 大楼东面加建部分（红色区域）

图4-8-10 陆谦受

3．非物质文化遗产

上海中国银行办事处及堆栈的设计师陆谦受和吴景奇，是当时留学归国建筑师的代表人物，两人合作完成多个作品。

陆谦受（图4-8-10）（1904—1992）为广东新会人，出生于香港湾仔跑马地，毕业于英国伦敦建筑学会建筑学校，是英国皇家建筑学会会员。1930年回国，担任上海中国银行建筑课课长，1932年1月加入中国建筑师学会，后执教于圣约翰大学建筑学系，还与同是留英归来的王大闳、陈占祥、郑观宣等组建"五联建筑事务所"，1949年赴港。他的设计几乎全都集中于一种建筑类型——银行。英国建筑史学家爱德华·丹尼森（Edward Denison）与其妻广裕仁在合作的新书《陆谦受——被遗忘的中国现代建筑师》（*Luke Him Sau: Architect - China's Missing Modern*）中说："陆谦受是那种能将一种风格、一种类型发挥到最充分的一类设计师。他总是能用最简单经济的材料和资源达到视觉上最好的效果。"[①]

吴景奇（1900—1943）为广东南海人，毕业于美国宾夕法尼亚大学建筑科，1932年加入中国银行建筑课，成为陆谦受的重要合作者，共同设计了中国银行的大量建筑。上海中国银行办事处及堆栈就是两人共同合作设计的，并且还一起在《中国建筑》1933年第1卷第1期发表了《上海北苏州路中国银行新建十一层办事所及堆栈》。《中国建筑》还曾在1936年第26期刊登

---

① 陈诗悦. 陆谦受：被中国建筑史遗漏的人［N］. 东方早报，见人民网/文史/文艺大家［EB/OL］. http://history.people.com.cn/n/2014/0516/c372333-25028433.html.

《北苏州河中国银行堆栈》一文,作为国内早期的现代仓储建筑,上海中国银行办事所及堆栈在当时很受关注。

4.8.2 亚细亚火油栈

地址:浦东新区歇浦路8号
始建年代:1907年
占地面积:约4万平方米
建筑面积:不详
工业类型:仓储
保护级别:暂无

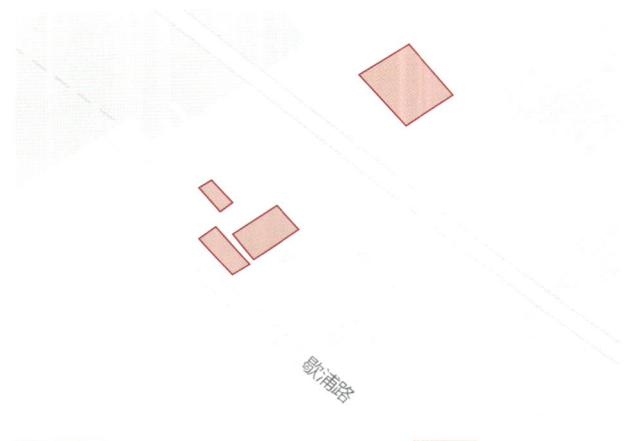

图4-8-11 亚细亚火油栈区位

核心价值:

亚细亚火油栈是近代重要的外商亚细亚石油公司在上海重要的仓库堆栈,也是目前黄浦江滨江现存少有的木结构仓库建筑,是上海近代航运发展史、近代社会发展的缩影。

1. 历史沿革

1890年代初,上海正处于外国资本大量输入时期,英国壳牌运输贸易有限公司开始将煤油输入中国,通过邮轮运输散装煤油到上海销售。1903年,壳牌公司为了打破美孚石油公司在中国火油销售的垄断,联合荷兰皇家石油公司以及法国罗斯柴尔德家族,于伦敦成立子公司亚细亚石油公司。

清光绪三十三年(1907年),亚细亚石油公司在洋泾港东侧即现今歇浦路8号兴建了亚细亚火油栈东栈,作为公司石油的储存和运输的重要站点。东栈位于黄浦江东岸,北邻黄浦江,西邻洋泾港码头,西侧为城市干道歇浦路末端,同时也是客运航线歇宁线的歇浦路渡口,南面为上海商业储运公司场地及油罐等设施,杨浦大桥从该场地上空横穿而过,处于比较重要的地理位置(图4-8-12、图4-8-13)。

1908年,亚细亚公司于上海设立公司,管理其在中国的煤油销售业务。1913年,在上海正式注册"华北亚细亚石油有限公司"。1930年代为华北亚细亚石油有限公司的全盛时期,其在上海有80余处地产,占地面积1 400多亩,建筑物占地面积76亩;在上海共有5处储油栈,包括1935年吞并的高桥华光油栈。

随着1943年太平洋战争的爆发,日军占领租界,接管亚细亚火油栈东栈和在港停泊的货轮。

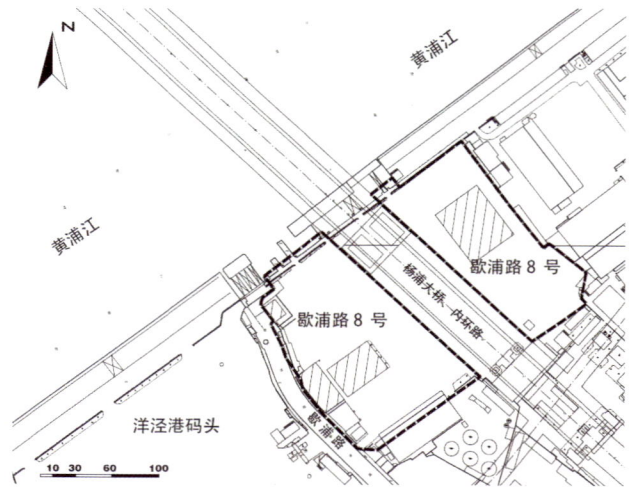

图4-8-12 歇浦路8号亚细亚火油栈东栈总平面图

亚细亚火油栈东栈成为日军在长江流域作战油料供应的基地，丸善石油株式会社、中华出光兴产株式会社、石油联合株式会社控制上海石油市场。抗战胜利后，亚细亚火油公司收回东栈使用权，上海和香港总公司合并为"亚细亚石油有限公司"，将总机构设在上海市外滩1号。

1951年，中央人民政府发布命令征用英商亚细亚石油公司，对公司在华库存石油全部冻结，分批予以收购。同年上海市军事管制委员会征用亚细亚火油公司高桥油栈。东栈油栈被1950年代初先后成立的上海市商业仓储公司和上海市商业运输站接管，二者于1958年10月合并成立上海市商业储运公司，属第一商业局。

1980年代，当时的歇浦路8号业主上海百联（集团）公司，为解决职工住房困难，将总面积348平方米的旧办公楼（图4-8-14）改建成12间简易住宅，住进了12户人家。随着岁月更迭，12户变成了16户、47口人。

1991年，杨浦大桥建设，动迁居民3 595户，单位93个，拆除房屋11.7万平方米。由于杨浦大桥穿越火油栈东栈地块，拆除地块内多处厂房、建筑，现火油栈仅剩办公建筑1幢、仓库3幢。

2. 建筑特征与保存现状

目前场地内现存工业建筑遗存4幢，包括1幢办公楼和3幢仓库建筑，其中序号1为办公楼，序号2、3、4为仓库建筑（图4-8-15）。4幢建筑目前处于空置状态，基本保持了原有的建筑结构和建筑风貌，但由于长期处于闲置状态，建筑内

图4-8-13　亚细亚火油公司码头
（资料来源：浦东新区档案馆）

图4-8-14　歇宁线歇浦路渡口的老枫杨树和亚细亚火油公司的码头办公楼
（资料来源：浦东新区档案馆）

图4-8-15　建筑平面分布图

图4-8-16 杨浦大桥下的亚细亚火油栈东栈建筑整体外观

部存在一定程度的表征病害和结构缺损等问题（图4-8-16、图4-8-17）。

1号办公楼为折衷主义英国样式风格，这种风格是设计师根据当时的实际情况，在传统英式风格建筑的基础上结合工业建筑特点简化而来。同时期该类型建筑遗存在浦东还有一些，例如原江海北关浦东办公楼、原江海南关验货场等。

该建筑在1980年代被改造为职工宿舍，北侧加建一座外挂楼梯以解决12户居民的交通问题。后因安装空调，建筑墙面多处被钻孔，受到一定程度的破坏。属于公共空间的南面主楼梯年久失修，部分踏步变形。建筑基础西侧有

图4-8-17 建筑平面摄影测量

一定程度的沉降，西侧壁柱缺损。墙体整体保存完好，部分窗洞口有裂缝，底层受潮严重。木质檐口有缺损，屋面北侧瓦片有缺失。总体而言，由于建筑功能有所改变，建筑受到了一定程度的改造，影响了工业遗存的完整度，保存状况不佳（图4-8-18、图4-8-19）。

3幢仓库为木屋架单层大跨度建筑，此类结构多见于近代早期的工业建筑，这一时期中国金属建材还没有普及，而且进出口运输成本相对较高，所以仓库多为砖木结构（图4-8-20至图4-8-23）。

图4-8-18　1号办公楼外观现状

图4-8-19　1号办公楼南立面摄影测量

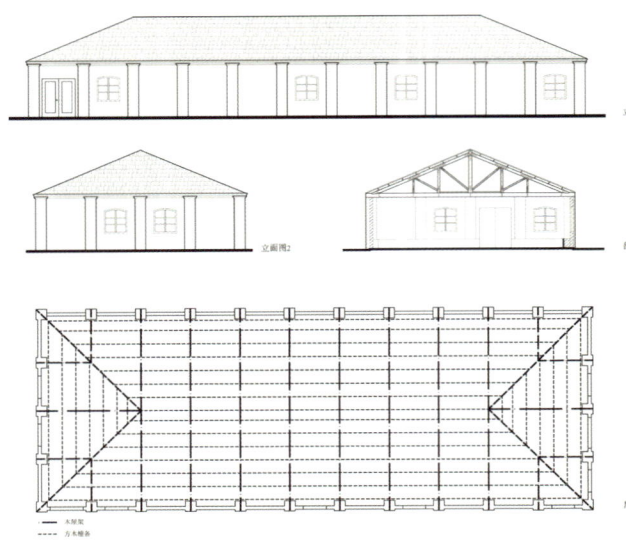

图4-8-20 2号仓库测绘图

图4-8-21 2号仓库外观

3号仓库体量较大，为两跨联排仓库，木质屋架结构更为特殊，仓库中间以木柱支撑屋架，作为主要承重结构，大部分木柱出现竖向干裂现象，屋架和屋面腐朽较为严重（图4-8-24至图4-8-27）。

图4-8-22 2号仓库内部屋架

图4-8-23 2号仓库南立面摄影测量

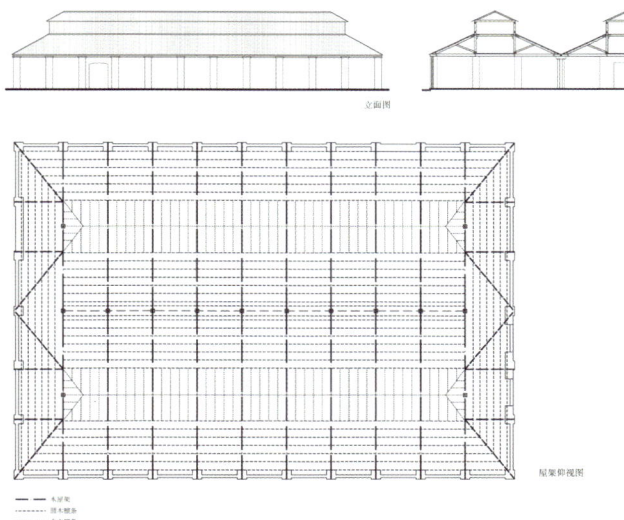

图4-8-24　3号仓库测绘图

图4-8-26　3号仓库内部屋架

图4-8-25　3号仓库东立面

图4-8-27　3号仓库南立面摄影测量

4号仓库体量最大，木质屋架最为特殊。四坡顶屋面，三角桁架的整体跨度达到40.9米，三角木桁架高度超过7米，整体架设在外墙42根砖柱以及内部的20根木柱之上，共同形成整体的承重体系，这在砖木结构的工业生产建筑中是较为少见的。其仓库木质屋面、屋架及窗扇也遭受了一定程度的受潮、腐朽问题，大部分木柱出现竖向干裂现象（图4-8-28至图4-8-31）。

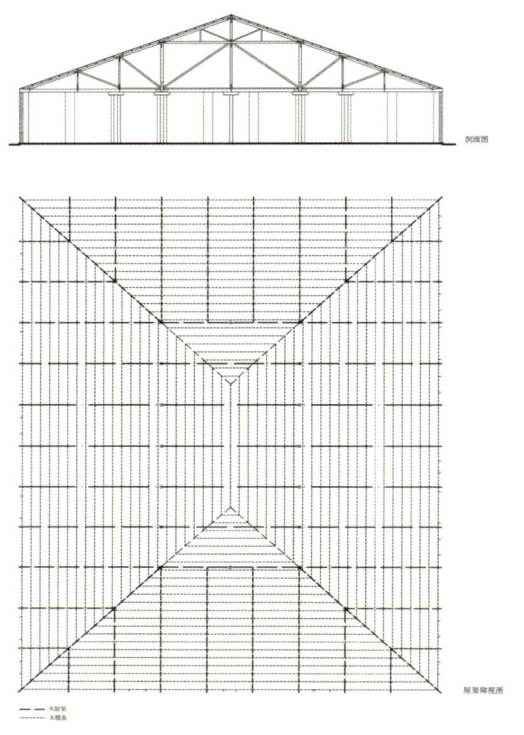

图4-8-28　4号仓库测绘图

图4-8-30　4号仓库内部屋架

图4-8-31　4号仓库东立面摄影测量

图4-8-29　4号仓库西立面

3. 非物质文化遗产

亚细亚火油栈（图4-8-32）是亚细亚火油公司在上海的重要货栈，作为近代以来对上海乃至中国影响极大的外资石油公司之一，对于中国石油产业的发展具有重要的意义。外资石油企业的资本输入在一定程度上促进了浦东地区的城市发展，使原本人烟稀少的浦东渐渐成为石油储运的重要基地，石油码头的发展进而促进了交通运输行业的发展，使浦东高行、洋泾、金扬地区形成了初具现代城市形态的交通路网。

图4-8-32 亚细亚火油产品商标

此外，1980年代后，亚细亚火油栈成为百联集团为解决职工居住问题而改建成的职工住宅，该建筑住户最多时曾达到16户、47口。至2009年，场地内16户居民已全部搬走。歇浦路现存工业遗产与歇浦路渡口、百年老枫杨一起形成了30年间一代市民的完整城市记忆。

4.8.3 民生仓库旧址

地址：黄浦区外马路453号
始建年代：1936年
占地面积：约1 200平方米
建筑面积：约6 000平方米
工业类型：仓储
保护级别：黄浦区文物保护点

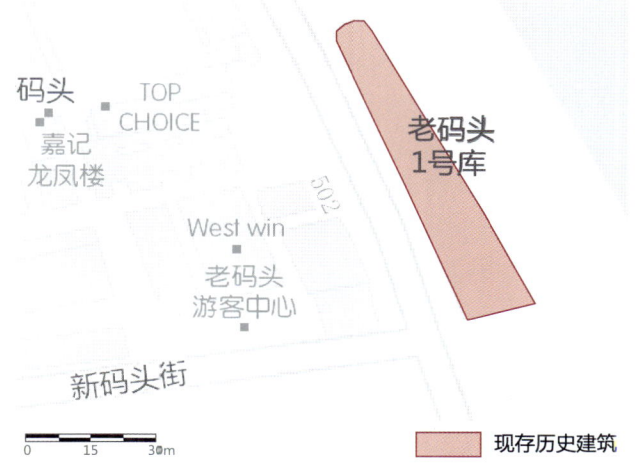

图4-8-33 民生仓库旧址区位

核心价值：

民生仓库是1930年代由上海市公用局主持建造的第一座市仓库，是上海近代重要的仓库代表，其临江而立呈一字形的钢筋混凝土结构也具有独特的建筑价值。

1. 历史沿革

据吴铁城在《上海市仓库落成志略》中记载，上海是我国第一商埠，轮船运输非常发达，为便利货物起卸，就要有码头设施，为便利货物寄存，就要有仓库设施，码头和仓库关系密切。因此，1930年代，上海市公用局自整理沪南码头之始，就决定建造仓库，以形成互相辅助的效果。

1935年7月，上海市公用局收回十一号公共码头驳岸上公地一方，面积为一亩五分八厘八毫，决定规划建造一座市仓库。此时私营航运企业民生实业公司提出，由于公司轮船停泊在十一、十二号码头，请求公用局建造仓库，以便承租使用，并表示愿意垫付一部分建筑费用，双方签订了垫款合同和租用合同。

于是，公用局根据民生公司的需求情况，并依照本市的建筑规划，参考了江海关税务司对于建筑仓库应有设置的意见,规划建造了一座五层仓库,由董瑞和营造厂承造,工务局派人主持会同建造。

1936年12月26日,民生仓库建成,由于这是市政府主持建造的第一座市仓库,所以命名为上海市第一仓库,希望将来再有第二、第三座[①]（图4-8-34至图4-9-36）。

全面抗日战争前,民生仓库被国民党政府征用,专门用于堆放物资,改名为上海仓库。全面抗战期间,日寇多次用飞机轰炸,但仓库并无损坏。

中华人民共和国成立后,民生仓库收归国有,属上海港务局第四装卸作业区。1966年改为南市装卸服务站,1991年10月成立上海港复兴船务公司,民生仓库被其编为复兴1号库。2004年划归为上海市申江两岸开发建设投资（集团）有限公司,作为世博会规划用地。

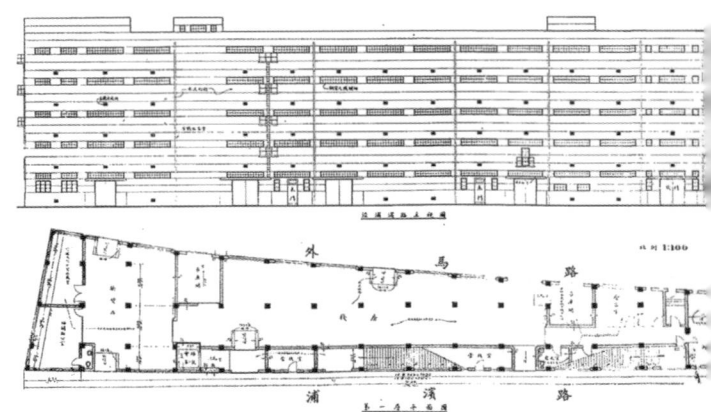

图4-8-35　民生仓库原始图纸
（资料来源:吴铁城,《上海市仓库落成志略》,1936）

图4-8-34　落成时的民生仓库
（资料来源:吴铁城,《上海市仓库落成志略》,1936）

图4-8-36　民生仓库下层的图书陈列室
（资料来源:赵定明摄影）

---

① 吴铁城. 上海市仓库落成志略［M］//上海文献汇编编委会编. 上海文献汇编·建筑卷:第九卷. 天津:天津古籍出版社,2013:2.

图4-8-37　1948年历史影像地图

2. 建筑特征与保存现状

民生仓库建造在一个1 078平方米的楔形基地上（图4-8-37），因基地临江地质松浮，不胜重载，用19.29米和21.34米长的栅木作桩，桩木之上使用钢筋混凝土建造地下梁，使桩木相互连成一体以求坚实，保持沉降均匀。为防黄浦江潮水上岸进室，第一层楼板高出路面0.61米。仓库所有的柱、梁、屋顶及各层楼面均使用钢筋混凝土[①]。

民生仓库建筑平面呈一字形（图4-8-38），北部立面呈弧面。建筑长90.5米，建筑层数为5层，总高18.6米。在原始结构中第1层为办公室、验货室、库房、管栈室、吊车间、电梯间、栈房等，第2～5层均为栈房。仓库内部堆货

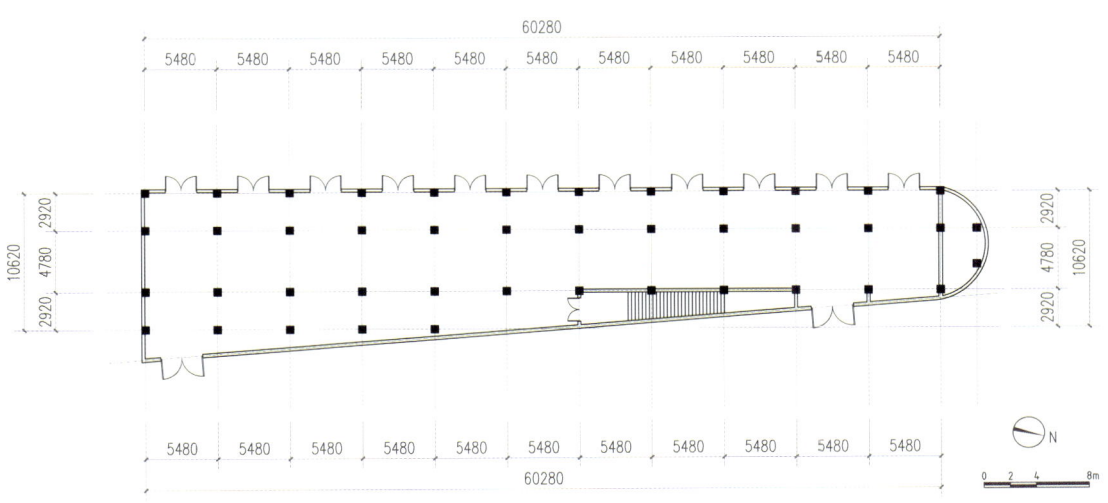

图4-8-38　一层平面图

---

① 陈卓. 中国近代工业建筑历史演进研究（1840—1949）：后发外生型现代化的历程［D］. 上海：同济大学，2008.

图4-8-39 改造前的民生仓库外景

图4-8-40 改造前的民生仓库内景

面积约4 000平方米，屋顶露天堆货面积870平方米，总堆货量可达5 000余吨。

仓库内楼梯坡度小，踏板宽阔且台阶之间距离短，便于工人搬运货物。仓库在东、南、西三侧墙面上设有铁质的逃生扶梯，靠外马路一侧立面保留有小型通气窗。中后部和圆弧形部位都装有升降机，专在运输超大、特种物品进出仓库时使用。

仓库所用材料，务求坚固，所有柱、梁、基础、屋顶、楼梯及各层楼板均用钢筋混凝土，不仅耐久，也防火。为了增强防火功能，外立面砖墙的外面又粉刷了水泥黄沙；内部凡是与堆栈货物接通的门口都装有防火门，如遇不测防火门能够自动关闭。

建筑整体呈现现代主义风格，外立面简洁朴素（图4-8-39、图4-8-40）。

2010年，民生仓库由上海沃弗商业投资管理有限公司改建恢复，基本保留了建筑原有的特色和结构，由于仓库现为"老码头创意园区"1号库，在功能上作商用，为适应商用功能在建筑上做出了一定改造。建筑西侧立面保留了原有的铁铸逃生梯和小型通风窗，东侧立面（面向黄浦江立面）对原本的开窗进行了调整，以利于整体建筑的采光（图4-8-41至图4-8-43）。

图4-8-41 民生仓库修缮后现状

图4-8-42 民生仓库靠外马路立面外墙现状

图4-8-43 民生仓库靠黄浦江立面外墙现状

3. 非物质文化遗产

民生仓库是上海市公用局建造的第一座仓库，技术先进，在当时具有很重要的地位，时任上海市市长吴铁城撰写了《上海市仓库落成志略》，"为述建筑经过情形，以供周览""惟事属初创，其布置设计，容有未周，尚希邦人君子进而教之"[②]。这是关于民生仓库建造的重要文献资料。另有《上海市公用局第一仓库落成》图文发表于1937年《中华（上海）》杂志第50期（图4-8-44）。

4.8.4 民生港码头仓库

地址：浦东新区民生路3号

始建年代：1910年

占地面积：18.15万平方米

建筑面积：7.4万平方米

工业类型：仓储

保护级别：暂无

图4-8-44 上海市公用局第一仓库落成
（资料来源：赵定明摄，《上海市公用局第一仓库落成》[①]，1937）

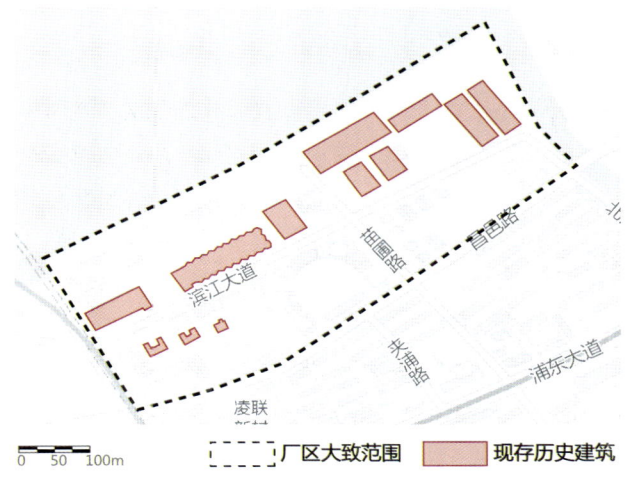

图4-8-45 民生港码头仓库区位

---

① 赵定明. 上海市公用局第一仓库落成［J］. 中华（上海），1937（50）：25-26.
② 吴铁城. 上海市仓库落成志略［M］//上海文献汇编编委会编. 上海文献汇编·建筑卷：第九卷. 天津：天津古籍出版社，2013：2.

核心价值：

民生港码头是浦东滨江岸线码头驳岸密集区域最重要的码头港口之一，是上海重要的航运遗产代表，场地内留存的仓库工业遗产跨度久，能够较为完整地反映从1920年代至20世纪末上海码头运输业和仓储业发展的历史脉络。

1. 历史沿革

民生港码头又称民生码头、民生路码头，其最早的历史，可以追溯至1890年代瑞记洋行油栈码头的所在地。1902年，太古公司旗下太古船务组建了蓝烟囱轮船公司，在浦东洋泾港与民生路之间的黄浦江边购地，兴建码头，由于该公司船队的烟囱统一漆成蓝色，故称蓝烟囱码头。

1908年，太古公司在洋泾港与民生路开始建造第一、第二号泊位，1920年至1924年间，开始兴建第三、第四号泊位。全面抗日战争时期，蓝烟囱码头一度被日军侵占，改名为八洲码头（图4-8-46至图4-8-49）。

图4-8-47　1929年上海分区地图中标注的太古码头
（资料来源：方志上海）

图4-8-46　1920年代拍摄的太古码头
（资料来源：University of Bristol Historical Photographs of China）

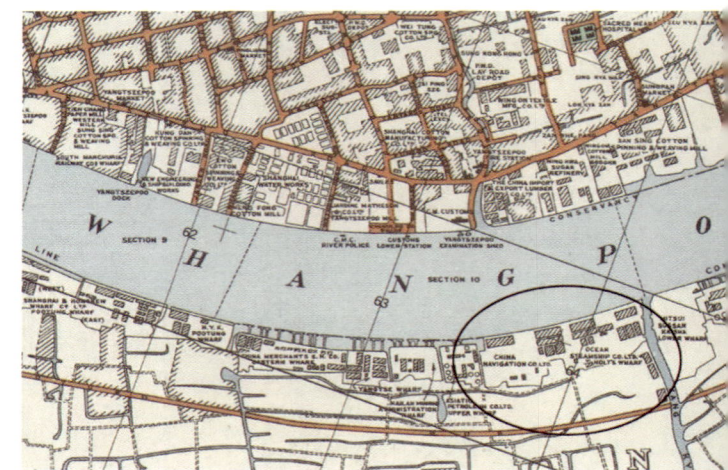

图4-8-48　1935年英文版上海地图（图中标注的China Navigation Co.Ltd 和Ocean Steamship Co. Ltd Holt Wharf，即"太古轮船公司"和"蓝烟囱轮船公司"的英文原名）
（资料来源：方志上海）

图4-8-49 已建成的蓝烟囱码头仓库
（资料来源：University of Bristol Historical Photographs of China）

1953年2月1日，英商将码头移交上海仓库公司，蓝烟囱码头收归国有。同年3月，码头由上海仓库公司移交给上海港务局第二装卸区。次年，蓝烟囱码头更名为民生路码头。

1970至1990年代，民生路码头经历过两次大规模的改造。1974年，民生路码头散粮机械化作业线工程开工，原本的一个泊位被改建成散粮机械化专用泊位（图4-8-50）。

1980年代后期，上海港务局第二装卸区改名为上海港民生装卸公司，民生码头一直由该公司管理，成为上海港装卸粮食、食糖的专用码头。其间，民生码头建造了两座容量分别为四万吨和八万吨的粮食筒仓以及颇具特色的吸粮机，这是民生码头最具特色的建筑物之一。

1996年，上海港民生路码头一至四号泊位改建工程竣工，第三、第四号泊位为钢筋混凝土桩基框架结构，靠泊能力均为万吨级以上（图4-8-51）。

2. 建筑特征与保存现状

民生港码头现存建筑包括厂房、仓库、办公楼等多种类型，从1949年前至1990年代的建筑均有保留，承载了场地丰富的历史，包括早期的

图4-8-50 1978年的民生路码头装卸场景
（资料来源：方志上海）

图4-8-51 民生港码头总平面图（2004年调研测绘）

图4-8-52 民生港码头筒仓
(资料来源:郑宪章摄影)

框架结构红色仓库、储藏室以及1980年代后兴建的筒仓等(图4-8-52)。

比如民生港码头的四层红色仓库,始建于20世纪初,由英商公和洋行设计建造。该建筑由两栋相同的四层建筑组成,中间由楼梯和连廊联结,混凝土框架结构,中间以红砖墙填充。

屋顶为平屋顶女儿墙,每层檐口起叠涩,有椽形装饰,屋檐装饰牛腿,立面简洁而不失细节。主立面窗为钢铁的竖向长方形窗,二、三、四层所有窗体下均有钢丝联系,经由滑轮转折,与底层定滑轮连接。所有窗体都可于底层直接控制开关。为满足运输需要,在楼梯旁复设有坡道,连接错综复杂,承托楼梯的出挑结构也具有较高的结构美感(图4-8-53至图4-8-55)。

图4-8-53 四层红色仓库遗存:2004年(左)与2017年(右)

图4-8-54 四层红色仓库楼梯（2004年）

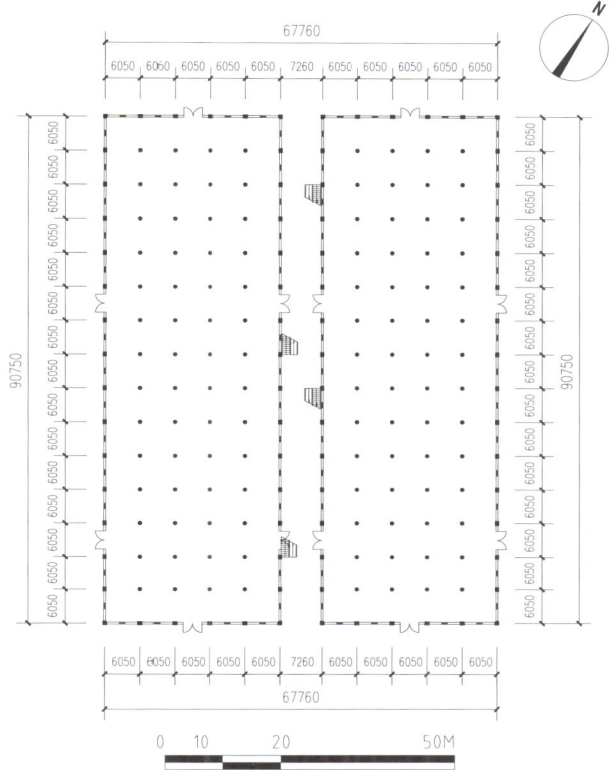

图4-8-55 四层红色仓库一层平面图

图4-8-56 灰色仓库状况（2004年）

灰色仓库由两栋仓库相连组成，混凝土框架结构，三层高，其中第三层为后加。两栋仓库之间有直跑楼梯通向屋顶层，在二层处设有小门廊。围护结构表面为素水泥抹面。底层为钢制平开窗，二层窗形式与红色仓库相同，窗外附有钢制滑轨及钢板窗扇。二层檐口有密排橡形装饰，并有线脚。建筑立面风格简明（图4-8-56至图4-8-59）。

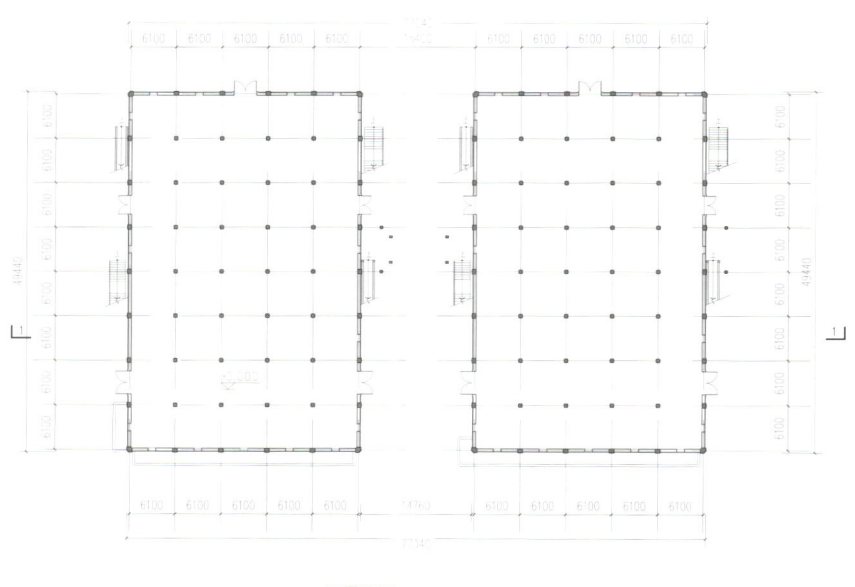

图4-8-57　灰色仓库一层平面图

图4-8-58　被改造利用后的灰色仓库（2017年）

图4-8-59　被改造利用后的灰色仓库仍保留着原来的楼梯（上）与大门标语（下）

二层红色仓库由两栋相同仓库相连而成，混凝土框架结构，围护以红砖，混凝土楼板。周围一圈柱子突出于屋顶形成女墙。仓库外侧有楼梯及货运坡道。檐口有橡形装饰。主要出入口门洞为铁皮包木门，主立面窗为铁制横向长方形窗，钢板滑轨构造，可电动开启。屋顶为平屋顶女儿墙（图4-8-60、图4-8-61）。

建于20世纪七八十年代的通高桁架厂房，位于民生港区北侧，南邻灰色仓库。该建筑为两跨拱形桁架大厂房，一层，高14.7米，总建筑面积5107平方米。墙面为水泥砂浆抹面，方格形窗，立面风格简洁。屋顶为预制混凝土屋面板，柱间有辅助横梁（图4-8-62）。

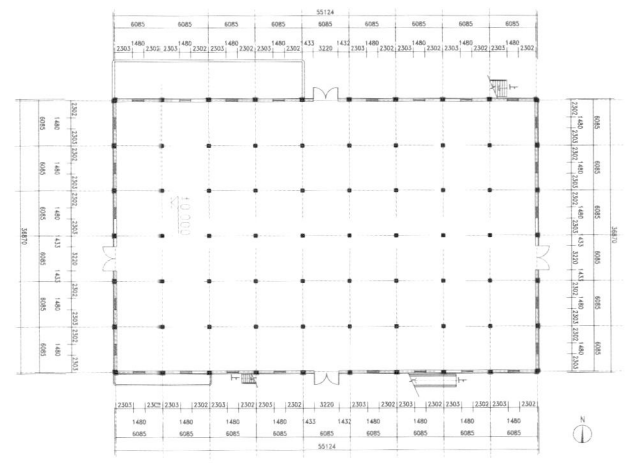

图4-8-61　二层红色仓库测绘图

图4-8-60　二层红色仓库遗存：2004年（上）与2017年（下）

图4-8-62　通高桁架厂房内部（2004年）

另有建于20世纪初的3座别墅，由英商公和洋行设计建造，建筑风格均为德国花园式二层别墅，木梁架砖混结构。1号别墅位于民生港西侧近入口处，每层净高3.4米。东面有两层外廊，外墙面采用粗卵石装饰，屋面为红色机平瓦覆盖，门窗为木作（图4-8-63）。

2号别墅位于民生港区西侧，1号别墅东侧。总高12.1米，四坡屋顶，外墙为水刷石墙面，采用中粗卵石。红色木门窗，北入口门厅上形成露台，北侧局部屋顶为悬山顶，屋顶有3座烟囱，屋面覆以机平瓦（图4-8-64）。

3号别墅位于民生港区西侧，2号别墅东侧。总高11.1米，坡屋顶，上有烟囱。一层东侧有拱券式门廊，上为露台。南面底层有通高凸窗，上有露台。水刷石墙面，采用中粗卵石。红色木门窗。建筑四角有半梯形半柱斜撑（图4-8-65）。

民生港码头最具特色的建筑是两座高大的散粮系列化筒仓，均为混凝土框架剪力墙结构，容量分别为8万吨和4万吨。筒仓由圆柱形混凝土储存空间组合而成，一侧有楼梯可上至屋顶，配有

图4-8-63 1号别墅，用作办公楼（2004年）

图4-8-64 2号别墅，用作技术部办公楼（2004年）

图4-8-65 3号别墅，用作边防武警办公楼（2004年）

岸壁吸粮机、顺岸皮带机、纵向廊道皮带机与散粮筒仓相接，并附有工作楼、灌包房和自动电子秤等配套装置（图4-8-66、图4-8-67）。

2017年，由于上海空间艺术季的需要，民生港码头内的8万吨筒仓被改造为艺术季的展区。筒仓本身结构几乎不做任何改动，在极大程度上保留了原本风貌，同时也被赋予了新的功能和内涵，成为黄浦江沿岸的重要地标（图4-8-68至图4-8-70）。

2014年，民生港码头被列为上海市文物保护单位。目前，民生港码头已经退却原有的航运码

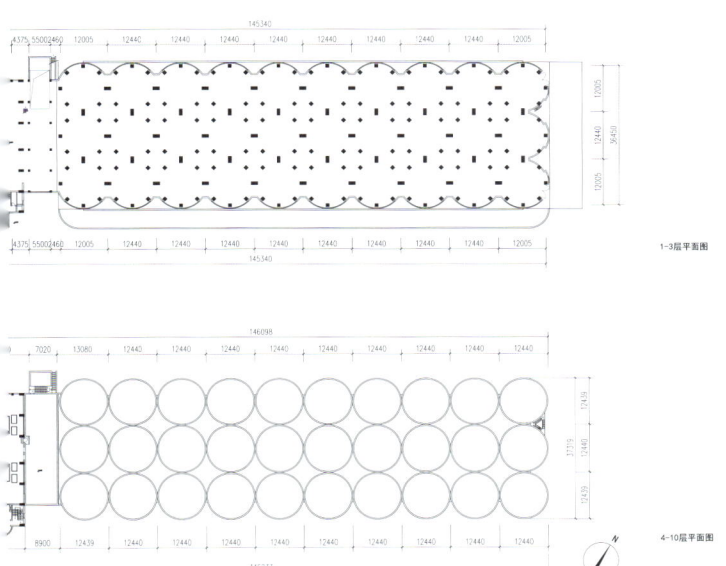

图4-8-66　8万吨筒仓平面图

图4-8-68　改造后的8万吨筒仓入口广场，筒仓外部设计了外挂自动扶梯
（资料来源：大舍建筑，田方方摄影）

图4-8-67　2005年调研时的8万吨筒仓总体风貌（左）及室外楼梯（右）

图4-8-69　筒仓内部被改造为艺术展示空间，原结构也得到了保留
（资料来源：大舍建筑，田方方摄影）

图4-8-70　作为第二届空间艺术季主展场的筒仓鸟瞰
（资料来源：上海市规划和自然资源局）

头功能，成为浦东滨江景观。随着黄浦江沿岸城市更新速度的不断深化，民生港码头滨江景观贯通工程的不断完善，在"新旧景观共生"策略的影响下，民生港码头内的老仓库、老建筑将受到更多关注。

3. 非物质文化遗产

早期的蓝烟囱码头，是当时上海新型码头重要代表，其建造采用了当时最先进的码头仓库技术。场地内建筑所用的钢筋、水泥运自英国，码头采用钢筋混凝土结构，并铺设钢轨，装有3台移动式吊车。还建有危险品仓库，用以储存军火，是上海港第一座危险品专用仓库。在当时，码头岸线共长1 800英尺（584.64米），仓储能力为五万吨，可同时停靠4艘万吨级远洋轮。仓库建有升降机，还有专用发电设备。

蓝烟囱码头在当时不仅被公认为上海地区规模最大、设备最先进的码头，也被称作远东首屈一指的新型码头，是当时浦东众多码头中知名度最高的外商码头。

4.9　码头设施

十六铺码头

地址：黄浦区北起新开河，南至东门路
始建年代：1762年
占地面积：3公顷
建筑面积：6.73万平方米
工业类型：码头设施
保护级别：黄浦区文物保护点

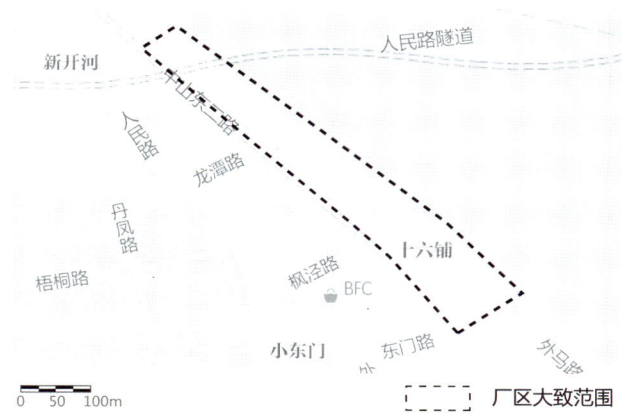

图4-9-1　十六铺码头区位

核心价值：

十六铺原本是上海的水上门户，也是历史上远东最大的码头，是进出上海的主要通道，这里承载着许多上海历史人文记忆。

1. 历史沿革

清咸丰、同治年间，为防御太平军进攻，上海地方官员将上海县城厢内外的商号建立了一种联保联防的"铺"，原计划分27个铺，但实际上只划分了16个铺，其中第十六铺是区域最大的。

1909年，上海实行地方自治，各铺被取消，唯独十六铺因地处上海港最热闹的黄浦江边，国内客、货运航线集中于此，码头林立，商业上习称已久，故沿用其名称，但范围已大大缩小[1]。

十六铺影响最大的应属码头，据1947年统计，十六铺地区仍有48座码头，可见其鼎盛之况。因此，所谓十六铺码头从来就不是"一个"码头，而是各个历史时期十六铺地区众多码头的不规范总称。

清乾隆二十七年（1762年），福建商人郭辰斋在今十六铺客运站处的江岸边，建造了一座名为"金利源"的码头，以便停靠沙船。十六铺一带各类码头如雨后春笋，迅速出现，成为全国乃至东南亚的贸易枢纽。上海开埠后，1862年，美商旗昌轮船公司在十六铺建造了旗昌轮船码头，其他外商也陆续在十六铺建造码头[2]。

1872年，李鸿章奏请在上海成立轮船招商局，后来又买进了金利源码头、旗昌码头等，统一命名为金利源码头（图4-9-2至图4-9-4）。

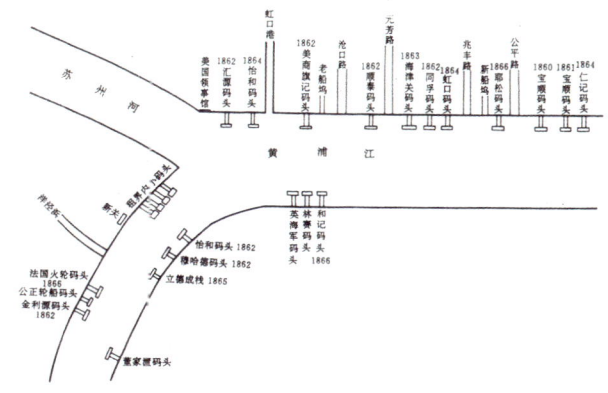

图4-9-2　1870年黄浦江码头分布
（资料来源：李鹏，《上海港史》[3]，1990）

图4-9-3　清末金利源码头及黄浦江上的轮船
（资料来源：黄浦区档案馆）

---

[1] 李磊, 郭莹. 十六铺码头前世今生[J]. 中国地名, 2016(09): 26-27.
[2] 顾延培. 十六铺码头往昔谈[J]. 航海, 1982(05): 35.
[3] 李鹏. 上海港史[M]. 北京: 人民交通出版社, 1990: 138.

图4-9-4　1920—1930年代招商局金利源码头
（资料来源：黄浦区档案馆）

图4-9-6　1982年新建的十六铺客运站大楼
（资料来源：黄浦区档案馆）

图4-9-5　1950年代的十六铺客运站
（资料来源：黄浦区档案馆）

抗日战争时期，该码头由美商卫利韩公司购得，改称罗斯福码头。太平洋战争爆发后，日军占领罗斯福码头，更名为江西码头。抗日战争胜利后，国民政府收回码头，仍名为金利源码头。

1951年，金利源码头归属上海港务局，定名为十六铺码头[1]。十六铺码头经历了1954年和1982年的两次改建（图4-9-5、图4-9-6），一直沿用到2003年9月，其定期航线被全部迁至地处长江口的吴淞客运中心。自2004年开始，十六铺码头进行了全新改造，告别了昔日老码头单纯的客运功能，成为黄浦江上的旅游中心。

2. 建筑特征与保存现状

现十六铺码头已经过全面改造和全新开发，现基地占地面积3公顷，总建筑面积6.73万平方米，且贯通地上与地下。这里除作为黄浦江水上旅游中心外，也是一个集公共滨江绿地、大型商业餐饮、大型停车库等多项功能的大型综合性建筑。

十六铺码头的岸上部分只布置了3座体量小巧、线条简洁、层高不超过四层的小楼，而环绕其周围的则是大片绿化以及江边特色的亲水平台。在这标高7.4米的景观岸线上，绿化覆盖率

---

[1] 景智宇. 十六铺古今谈[J]. 档案与史学，2002（03）：61-63.

达52%的"空中花园"内,设计者还构筑起一组飘逸起伏的曲线形玻璃棚,名为"浦江之云"。"浦江之云"最低处约9米,最高处20余米,就似一朵远方飘来的彩云。它与3栋由石材饰面的小型建筑,在材质上形成现代与传统的对话,自然过渡了浦西老外滩建筑群和浦东陆家嘴建筑群之间的巨大时代反差;又在造型上相互穿插呼应,成为现代滨江表现形式的一种新体验(图4-9-7至图4-9-11)。

3. 非物质文化遗产

老十六铺码头印刻着许多老上海的记忆,多年间它一直是进出上海的主要通道,徐志摩曾在

图4-9-9 十六铺码头渡轮

图4-9-7 改造后的十六铺码头鸟瞰
(资料来源:HMD,柯中州摄影)

图4-9-10 十六铺码头黄浦江游览区

图4-9-8 十六铺区域沿中山东二路由东向西

图4-9-11 十六铺码头商业区

281

这里登上"南京号"远洋轮,奔赴美国;张爱玲曾在这里上岸,搭上小东门的有轨电车,去往常德路公寓。码头南侧的大达轮船码头(图4-9-12)由清光绪状元张謇建造,1904年他在十六铺创办的大达轮步公司是中国第一家民办轮船公司。

鼎盛时期的十六铺码头,每天往返30多条航线,运输旅客4万多人次,每年运输旅客670多万人次,白天平均半小时就有一趟航班,仅上海—重庆航线就有13条船在开,但当时船票的紧张程度堪比现时春运,一票难求[①](图4-9-13、图4-9-14)。

4.10 印刷业

商务印书馆第五印刷所旧址

地址:静安区天通庵路190号

始建年代:1923年

占地面积:约2 000平方米

建筑面积:不详

工业类型:印刷

保护级别:静安区文物保护单位

图4-9-12　大达轮船码头
(资料来源:黄浦区档案馆)

图4-9-13　十六铺码头工人装卸货物的繁忙场景
(资料来源:黄浦区档案馆)

图4-9-14　金利源码头工人证
(资料来源:黄浦区档案馆)

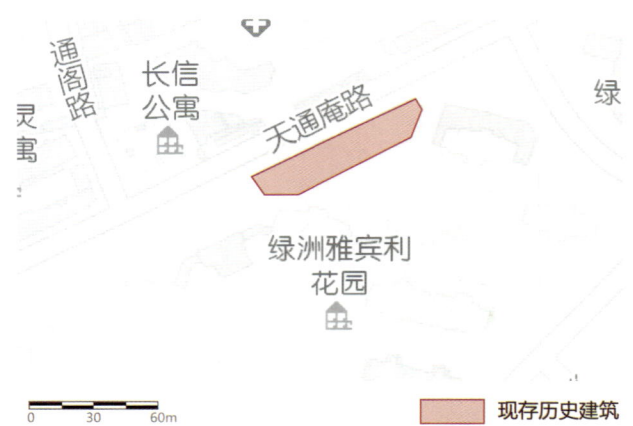

图4-10-1　商务印书馆第五印刷所旧址区位

---

① 张寿椿. 江南制造局[J]. 检察风云, 2016(20): 89.

核心价值:

商务印书馆第五印刷所是上海重要的印刷类型工业遗产,作为目前商务印书馆在上海保留的唯一旧址(图4-10-1),旧址内至今仍保留有一定的古籍和生产设备。

1. 历史沿革

1897年,夏瑞芳和鲍咸恩、鲍咸昌、高凤池等人集资创办了商务印书馆。最初的厂房设在江西路上,规模较小,后由于发展势头良好,1902年于福建路修建了新的印刷所,1904年又于宝山路购置80余亩地,兴建商务印书馆总厂及编译所。1923年,于天通庵路开设第五印刷所,辅助总厂印刷功能(图4-10-2至图4-10-4)。

1932年"一·二八"事变爆发,日军大举入侵闸北地区,宝山路商务印书馆总馆遭到炮轰,厂房、机械、书籍等均被焚毁。第五印刷所在该

图4-10-2　清末的商务印书馆
(资料来源:商务印书馆)

图4-10-3　1897年商务印书馆初创时,设在江西路德昌里的厂屋
(资料来源:商务印书馆)

图4-10-4　1926年的商务印书馆第五印刷所
(资料来源:商务印书馆)

次事变中幸存。之后第五印刷所很快恢复工作，在抗战时期还坚持"日出一书"，并作为中坚力量承担了商务印书馆的大量工作（图4-10-5、图4-10-6）。

1954年，商务印书馆正式由上海迁往北京，在上海仅保留了部分办事处、经营部等。第五印刷所旧址原作为印刷车间，后被改为办公场所使用[①]。

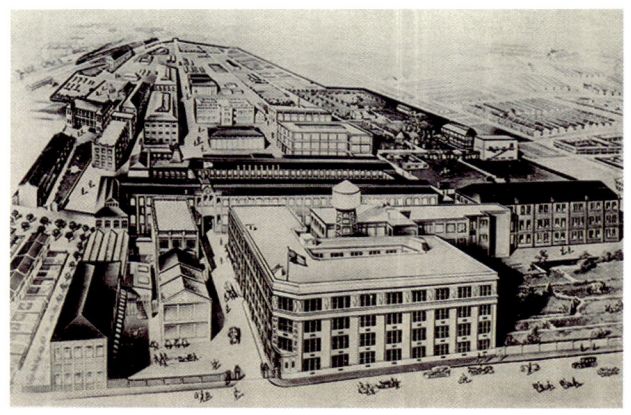

图4-10-5　1930年代宝山路商务印书馆总公司及印刷厂全景（占地80亩）
（资料来源：商务印书馆）

图4-10-6　被日军炸毁的宝山路商务印书馆总部
（资料来源：商务印书馆）

图4-10-7　2007年的商务印书馆第五印刷所旧址（商务印书馆上海印刷厂）
（资料来源：商务印书馆）

进入21世纪，由于城市地块更新，第五印刷所旧址所处地块被改造为居住小区，原建筑被拆除并配合小区规划进行原址重建，重建工程于2017年完成（图4-10-7）。

2. 建筑特征与保存现状

2017年完成的商务印书馆第五印刷所在原址重建，所有建筑材质的选取、立面线角的处理都参照了历史图纸，不过通过历史照片可知，建筑本体相比原始形体产生了一定变化，现为两层砖混结构，整体近似梯形，在修复中对原建筑的核心特征中央塔楼进行了切割平移，予以保留，只是原塔楼顶部的"商务"二字，现已不存。建筑屋面开有一长条形天窗以供室内采光（图4-10-8至图4-10-11）。

2017年，商务印书馆第五印刷所旧址被公布为静安区文物保护单位，这是上海目前仅存的商

[①] 顾一琼，商务印书馆今迎120岁生日——在沪唯一旧址修复后首度亮相[N]．文汇报，2017-02-11（1）．

务印书馆旧址单体建筑。现该建筑作为展馆，举办一系列文化展览及讲座，仅在固定时间对公众开放。

3. 非物质文化遗产

商务印书馆是中国最早的现代出版企业，《辞源》《四库全书》《新华字典》《现代汉语词典》等耳熟能详的工具书都由其出版，举凡近现代史上的著名学者，如梁启超、严复、蔡元

图4-10-8　建筑沿天通庵路外墙

图4-10-9　建筑西南立面外墙

图4-10-10　建筑入口

图4-10-11　建筑中部塔楼

培、鲁迅、李大钊、胡适、瞿秋白、郭沫若等，均在此出版过著作，大量学者也都曾于馆内工作学习。

全盛时期的商务印书馆有各类机器1 200余台，印刷机的种类和质量在远东首屈一指，还有世界第二大的照相机，各种印刷工具、仪器、标本、文具等都能自行制造，并供给各地（图4-10-12至图4-10-15）。

商务印书馆在宝山路所建的东方图书馆（涵芬楼），是收藏珍贵古籍和外国新书的场所，藏有宋刊本129种、2 514册，地方志2 000余种、6万余册，以及各类参考图书等共计51.8万余册，图片照片5 000余种。藏书量比当时的北平图书馆还多，是亚洲规模最大的图书馆（图4-10-16、图4-10-17）。

1932年，该楼被日军炸毁，大量孤本、珍本、善本图书化为灰烬，连十里开外的法租界竟也飘落下焦黄的《辞源》等书籍残页，这是自1860年英法联军火烧圆明园以后，中华文化宝库的又一次空前大浩劫（图4-10-18）。

图4-10-13　民国初期华文排字部工人按稿取字排版
（资料来源：Francis E. Stafford摄影）

图4-10-14　1929年，宝山路商务印书馆总厂彩印胶版部
（资料来源：商务印书馆）

图4-10-12　清末宝山路商务印书馆总厂华文排字部工人操作场景
（资料来源：Francis E. Stafford摄影）

图4-10-15　商务印书馆的华文打字机
（资料来源：商务印书馆）

图4-10-16 东方图书馆旧景
（资料来源：商务印书馆）

图4-10-17 东方图书馆规模庞大的书库
（资料来源：商务印书馆）

图4-10-18 遭日军炮火轰炸、大火烧毁后的东方图书馆
（资料来源：商务印书馆）

4.11 邮电通信业

上海邮政总局旧址

地址：虹口区北苏州河路276号
始建年代：1924年
占地面积：10 120平方米
建筑面积：25 294平方米
工业类型：邮政与通信
保护级别：全国重点文物保护单位

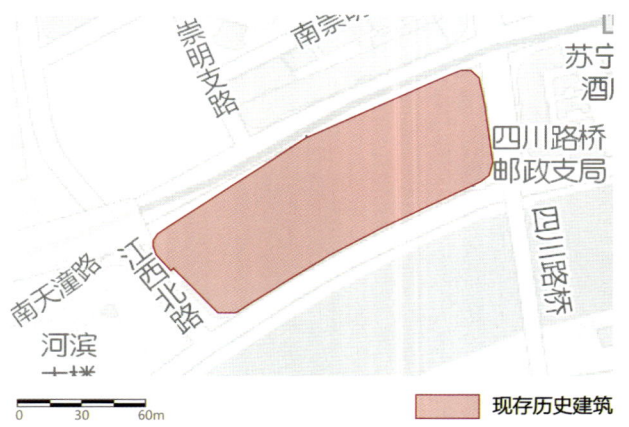

图4-11-1 上海邮政总局旧址区位

核心价值：

上海邮政总局旧址当年有"远东第一大厅"的称号，作为上海邮政发展的见证，至今依旧发挥着使用功能，是上海公共事业的代表性工业遗产。

1. 历史沿革

近代国家邮政发展经历了海关兼办邮政、海关试办邮政、大清邮政、中华邮政四个时期。辛亥革命后，上海大清邮政转变为中华邮政，被划为一个独立的邮区。1914年3月1日，中国加入万国邮政联盟，9月1日上海邮务管理局被指定为国际邮件互换局，成为当时中国邮政国际通信的主要进出口门户[1]。

随着业务的日益发展，原租用的北京路9号的"新厦"已不敷使用，1922年2月，政府开始兴建上海邮政总局大楼，1924年11月竣工，由当时著名的建筑设计事务所英国思九生洋行（Stewardson & Spence）设计，施工建造由余洪记营造厂承担，总造价320余万银元由北洋政府支付[2]（图4-11-2至图4-11-4）。

图4-11-2 思九生洋行的设计草图
（资料来源：上海市邮政公司）

图4-11-3 大楼建造中（1923年），招牌上标明有上海邮政总局英汉文字
（资料来源：上海市邮政公司）

---

[1] 上海邮电志编纂委员会. 上海邮电志 [M]. 上海：上海社会科学院出版社，1999：86.
[2] 石方城. 近代邮政时期的"上海邮政总局"大楼 [J]. 中国文化遗产，2009（02）：42-45.

2. 建筑特征与保存现状

上海邮政总局是当时上海最大的建筑之一，折中主义建筑风格，采用较为先进的钢筋混凝土结构，主体建筑平面呈U形，西侧2幢附属建筑与主体建筑风格统一。

主入口位于东南角转角处，上方建有巴洛克风格钟塔1座，顶上有8.2米的旗杆。塔楼两旁的基座上有两组希腊人物雕塑群像，以商神和爱神等象征通信事业为人们沟通信息与情愫。东、南两面建筑外墙以细粒水刷石做外立面装饰，并辅以三层高科林斯柱式列柱，北部建筑外墙为机制红砖墙（图4-11-5至图4-11-7）。

图4-11-4　建成后的上海邮政总局
（资料来源：上海图书馆）

图4-11-5　一组三人雕像，三人分别手持火车头、飞机和通信电缆
（资料来源：上海市邮政公司）

图4-11-6　另一组三人雕像，中间为希腊神话中通信之神赫尔墨斯，左右两边为爱神厄洛斯和阿佛洛狄忒
（资料来源：上海市邮政公司）

图4-11-7　大楼外立面科林斯立柱
（资料来源：上海市邮政公司）

建筑高四层，另有地下室一层，内部安装四台升降机供人乘用、运送包裹及邮件，其二层营业大厅有1 200余平方米，被誉为"远东第一大厅"①（图4-11-8）。

上海邮政总局现在仍为上海市邮政局和四川路桥邮政支局所在地，整体保存情况完整，1989年被公布为上海市首批优秀近代建筑名单，1996年被评为第四批全国重点文物保护单位。

大楼于2002年开始改建二层，整体建筑功能在原有的邮政基础上，新增博物馆，2006年1月1日以"邮政博物馆"的形式正式对外开放（图4-11-9至图4-11-16）。

图4-11-10　建筑沿四川北路（东立面）外墙

图4-11-8　被誉为"远东第一大厅"的二层营业大厅
（资料来源：上海市邮政公司）

图4-11-9　上海邮政总局东南角正立面现状

图4-11-11　建筑沿北苏州路（南立面）外墙

---

① 张荣杰. 民国时期上海邮工与邮务工会研究（1912—1937）[D]. 武汉：华中师范大学，2012.

图4-11-12　建筑沿天潼路（北立面）外墙

图4-11-13　上海邮政总局外立面（西北侧）

图4-11-14　建筑内部结构

图4-11-15　建筑U字形走廊

图4-11-16　大楼中庭（原为装卸邮件场地，现为上海邮政博物馆的一部分）
（资料来源：上海市邮政公司）

图4-11-17　邮件装运工作
（资料来源：上海市邮政公司）

3．非物质文化遗产

民国时期，邮政实行高度集中的管理体制，1919年颁布《邮政纲要》，1921年又颁布《邮政条例》，1935年制订《邮政法》，作为邮政的行业标准以及当时上海邮政事业运营的保障。

其时，上海邮政总局大楼内可同时容纳2 000余名邮工工作（图4-11-17、图4-11-18）。在上海，邮工群体被称为捧了"铁饭碗"，其录用和晋升都需要经过严格的考选。邮工内部学习的风气比较浓厚，比如现代文学史上的著名作家唐弢，就曾考入邮局任邮务佐，业余时间都花在图书馆、跑书店上，后来经过选拔考试升为邮务员。

上海邮务工会创办的《上海邮工》（1927—1934）月刊，是阐发工运思想、指导各地邮务工人运动的窗口。

图4-11-18　由上海邮局出发投递邮件的骑车邮差
（资料来源：上海年华）

4.12 工人住宅

曹杨一村

地址：普陀区兰溪路棠浦路

始建年代：1952年

占地面积：初建时占地面积为133 000平方米，后经多次扩建，现不详

建筑面积：初建时建筑面积为32 366平方米，后经加建及扩建，现不详

工业类型：工人住宅

保护级别：上海市优秀历史建筑

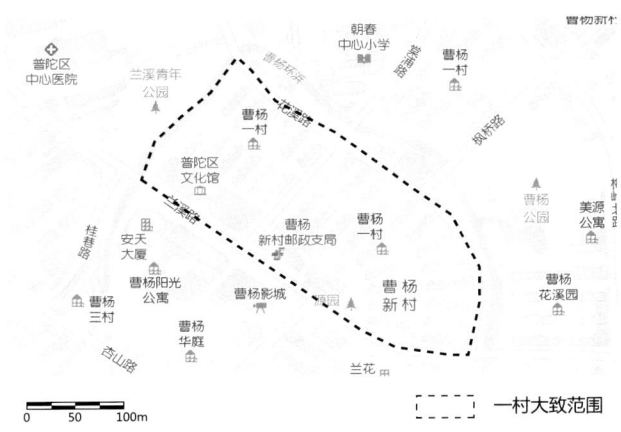

图4-12-1 曹杨一村区位

核心价值：

曹杨一村是上海最早建成的工人新村，是上海乃至全国工人新村这一具有工业遗产性质的居住空间的典型代表，在其70年的发展历程中，曹杨一村也从原本劳模聚集的工人新村逐渐转变为集工人记忆纪念地和传统住宅空间于一体的工业遗存。

1. 历史沿革

普陀区在1949年前曾是上海纺织业集中的工业区，汇集了大量外来务工人民，由于房租高昂，这些工人在吴淞江两岸朱家湾、潘家湾、潭子湾和药水弄等滩地上建造了大量草屋、席棚，形成了全市著名的"三湾一弄"棚户区，棚户区内环境恶劣，居住条件极差。

中华人民共和国成立后，上海市政府加强了对于工人住房问题的重视。1951年，上海市成立工人住宅建筑委员会，负责总理上海市的工人住房建设事务。同年，工作组经过调研分析选定中山北路以北、曹杨路以西一带征地建房。由于该新村靠近曹杨路，得名曹杨新村。一期工程由上海市民用建筑设计院负责，1951年9月动工，次年5月竣工，共计二层房屋48幢、167个单元，可容纳住户1 002户。第一期工程被称为曹杨一村（图4-12-2至图4-12-4）。

图4-12-2 曹杨新村整体布局图
（资料来源：汪定曾，《上海曹杨新村住宅区的规划设计》，1956）①

---

① 汪定曾. 上海曹杨新村住宅区的规划设计[J]. 建筑学报，1956(02)：1-15.

图4-12-3　1954年的曹杨一村全貌
（资料来源：上海市社会科学界联合会科普处）

图4-12-4　1957年曹杨新村鸟瞰图，可见其几何形态的布局
（资料来源：朱晓明，《上海曹杨一村规划设计与历史》，2011）

1962年，曹杨一村内原二层住房加高至三层。1966年曹杨一村续建了4幢混合结构的5层住房，1980年又续建4幢6层住房。1989年，曹杨一村原菜场被拆除，新建1幢10层建筑，其中1～2层为菜场，3层以上为住宅（图4-12-5、图4-12-6）。

进入21世纪，由于曹杨一村入选上海市第四批优秀历史建筑、世博会的举办以及曹杨一村60周年庆等大事件，政府加强重视，2009—2011

图4-12-5　新装在曹杨新村门口的电钟
（资料来源：上海市社会科学界联合会科普处）

年共进行了三次整改修缮，小区的外部环境以及建筑内部设施均得到一定改善。

2. 建筑特征与保存现状

曹杨一村的规划采用欧美的"邻里单元"理念进行设计，因为当时曹杨新村的整体规划是由著名建筑师汪定曾先生主持设计的，他曾获美国伊利诺伊大学建筑硕士学位，受到欧美建筑思想的熏陶，因此极具创新性地将美国1920年代提出的"邻里单元"理念融入新村的规划当中[①]。

曹杨一村住宅建筑为东南向布局，沿周边道路及河道呈扇形行列式布局。小区内住房多为砖木结构，高2至3层，外观简洁，红瓦坡屋面。除住宅建筑外，社区中心还设置有各类公共服务设施，外围设有菜市场以及商店（图4-12-7）。

曹杨一村现仍作为住宅小区使用，现状规模相比初建时有所扩大，内部建筑也进行了一定程度的改建，整体保存情况一般，外立面尚可，内部结构腐蚀破坏严重，难以满足现代生活的需求。2005年，曹杨一村被公布为上海市第四批优秀历史建筑（图4-12-8、图4-12-9）。

图4-12-6　曹杨一村屋顶俯视
（资料来源：上海市社会科学界联合会科普处）

图4-12-7　呈扇形行列式布局的曹杨一村
（资料来源：上海市社会科学界联合会科普处）

---

① 朱晓明. 上海曹杨一村规划设计与历史[J]. 住宅科技，2011，31(11)：47-52.

图 4-12-8　曹杨一村住宅楼形式

图 4-12-9　曹杨一村社区空间环境

3. 非物质文化遗产

曹杨一村作为新村的第一期工程,当时第一批入住的千余户均为沪西地区纺织、五金行业的劳动模范以及先进工作者,因此曹杨一村也曾被称为"劳模村"。同时曹杨新村作为中国的第一个工人新村,曾多次接见来自国内外的国家元首、总理、部长、议长、议员等重要外宾(图4-12-10至图4-12-12)。

曹杨新村建成后,其优美的环境以及其第一个工人新村的"名声",吸引了大量电影人前去拍摄电影,其中包括《他们怎样过日子》(1957年)、《今天我休息》(1959年)、《石榴花》(1982年)等。

图4-12-10 曹杨新村托儿所和工人消费合作社
(资料来源:上海市社会科学界联合会科普处)

图4-12-11 1952年,第一批劳动模范搬进曹杨一村
(资料来源:上海市社会科学界联合会科普处)

图4-12-12 外宾参观视察曹杨新村
(资料来源:上海市社会科学界联合会科普处)

第 5 章

上海工业遗产的保护与利用

工业遗产作为对人类发展具有深刻意义的工业革命的承载介质，蕴含着丰富的历史、社会、经济和文化价值，其保护与利用在历史文脉、社会经济和城市环境等多个层面具有重要意义。我国的近代工业体系建立较晚，且与民族独立、国家工业化等历史事件紧密联系，因此，留存下来的工业遗产具有独特的价值。

上海是中国近代工业的发祥地，其发达的工业体系遗留下丰富的工业遗产资源，其数量、质量以及覆盖范围，均为全国少见，在工业遗产保护规划、更新改造设计等方面也较早开展实践活动。自1990年代中期以来，快速增长的经济、自由化的市场，以及更新迅速的政策制定体系和城市规划方案，带动了上海的工业遗产保护和再利用的发展，很多在新时期已失去原有功能的工业遗产，经过保护、活化、利用后被赋予了新功能和新使命，再次焕发新的生机。

5.1 保护利用的背景与动因

5.1.1 工业遗产本身具有的资源价值

工业遗产本身具有重要的资源价值，对于城市环境、社会文化、经济发展等都具有再利用意义。

从资源和经济因素方面来看，工业建筑多结构坚固，并且其建筑内部空间具有使用的灵活性，同时，改造比新建可省去主体结构及部分可利用的基础设施所花的资金，而且建设周期较短。

从环境因素方面来看，改造再利用的开发方式可减少大量的建筑垃圾及其对城市环境的污染，同时减轻了施工过程中城市交通、能源所承载的压力。

从社会文化方面来看，产业类历史建筑同样是城市文明进程的见证者。这些遗留物是"城市博物馆"关于工业化时代的最好展品。

这些因素使工业遗产的价值在时代发展的进程中得到挖掘和肯定。

5.1.2 产业结构的调整

中华人民共和国成立以后，我国通过1960年代中期开始的大、小三线建设和改革开放后实施的区域发展战略，完成了工业产业在全国的总体布局，实现了由农业国向世界工业制造大国的转变。

从1990年代开始，上海与国内其他大城市如北京、江浙地区一些主要城市一样，率先进入产业结构调整阶段，面临"退二进三"的规划调整，即一部分传统产业如纺织业、制造业等开始转移到城市外围，鼓励第三产业替代原来的第二产业。根据1997年《上海市土地利用总体规划》，到2010年中心城区内三分之一保留和发展无污染的城市型工业及高新技术产业，三分之一改为第三产业用地，剩下的通过置换向近郊或远郊的工业集中地转移（表5-1-1）。

表5-1-1 上海市工业用地占城镇村及工矿总用地比例

名称	城镇村及工矿总用地	工业用地	工业用地占城镇村及工矿总用地比例	工业用地占全市工业用地比例
中心城区	365.66	66.26	18.12%	19.86%
新城	133.63	67.79	50.73%	20.31%
县城	40.26	20.81	51.69%	6.24%

续表

名称	城镇村及工矿总用地	工业用地	工业用地占城镇村及工矿总用地比例	工业用地占全市工业用地比例
集镇	302.90	178.84	17.61%	53.59%
农村居民点	712.55			
合计	1 555	333.70	21.45%	100%

中国部级标准：工业用地占建设用地比例15%，最高不宜超过30%

（资料来源：上海市人民政府，《上海市土地利用总体规划》，1997）

随着中心城区传统制造业的转移与土地置换速度的提升，上海的第三产业也得到了迅速发展，1999年第三产业达到49.6%，首次超过第二产业（48.4%）。对于上海的工业布局安排，2001年5月国务院批准的《上海市城市总体规划（1999年—2020年）》中明确指出：城市内环线以内的地区，适当保留都市型工业；城市内外环线之间的地区，以发展高科技、高增值、无污染的工业为重点，调整、整治、完善现有工业区；城市外环线以外的地区，集中建设市级工业区。

因此，随着产业结构的调整，市中心区域留下了很多废弃或者闲置的厂房、仓库、场站等工业遗留，它们成为城市中广泛存在而又利用效率低下的存量空间。原本在城市结构和功能中发挥重要作用的工业建筑，因长时间被空置、遗弃而日渐衰败，周围环境与基础设施也相对滞后、老化，出现功能性的衰退，而且随着周围不断建成新建筑，这些工业遗留夹杂其中，成为城市环境建设和经济发展的负担。

这些工业遗址类空间具有分布范围广、闲置面积大、利用效率低、遗留问题多等特点，普遍面临着功能滞后、空间破败、环境污染等问题，但同时也是我国工业文化的历史载体，是工业文明的重要记忆，如何妥善改造和利用它们成为上海及其他大城市面临的重要课题。

如位于徐汇区龙水南路的上海水泥厂，前身为华商上海水泥股份有限公司，始建于1920年，是中国建设的第一家湿法水泥厂，由爱国实业家刘鸿生创办，也是上海早期民族工业的重要代表。该处工业遗产规模较大，建筑东面为黄浦江，处于徐汇沿江工业区，地理位置优越，交通便利，周边有大量近现代工业遗迹，如工厂、码头、铁路、机场等。随着上海工业格局的调整和环境保护的整治，为上海大都市建设发展做出了重要贡献的上海水泥厂整体迁出市区，原厂区内多处反映民族工业发展历程的厂房、办公楼等都处于闲置状态，其中以2号办公楼年代最早，石灰石预均化库最具特色。经过改造利用，上海水泥厂被打造为西岸艺术地标，其石灰石预均化库的大穹顶被改造为西岸穹顶艺术中心，2021年4月正式启用（图5-1-1至图5-1-5）。

图5-1-1　荒废的石灰石预均化库

图5-1-2 石灰石预均化库屋架

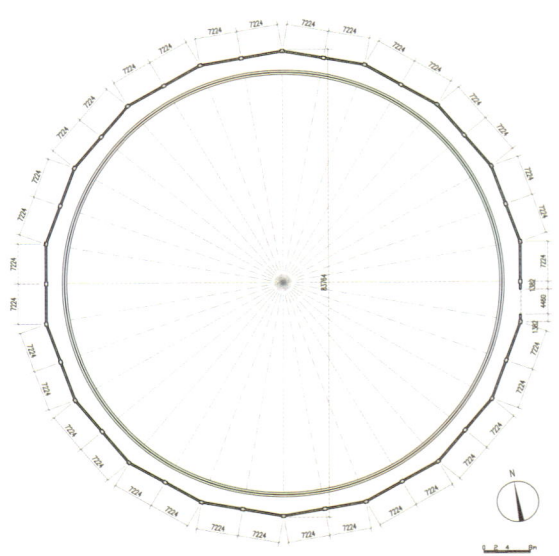

图5-1-3 石灰石预均化库平面图

图5-1-4 上海水泥厂被改造利用为西岸穹顶艺术中心
（资料来源：澎湃新闻［EB/OL］．https://www.thepaper.cn/newsDetail_forward_13616620）

图5-1-5 2021年7月在西岸穹顶艺术中心举办的首届"多么嘉年华"现场
(资料来源：上观新闻［EB/OL］. https://www.jfdaily.com/news/detail?id=386466)

5.1.3 国际上的工业遗产保护趋势

国际上对于工业遗产的保护与利用的探索与实践，为中国提供了参照。19世纪中期，英国开始重视工业遗产的保护问题，并举办了有关工业遗产的展览。到19世纪末期，英国出现了"工业考古学"，强调对其200多年来的工业遗迹和遗物的记录与保护。

到1970—1980年代，一方面，在工业考古学的推动下，工业遗产保护理论初步形成，工业遗产研究越来越受到关注；另一方面，欧美地区的主要资本主义国家受科技发展、全球产业布局调整、制造业转移外迁等因素影响，很多大工业城市出现了工业衰退、工厂倒闭等状况，如美国东北部的芝加哥、底特律、匹兹堡等，这些地区因为厂房设备等大量闲置、锈迹斑斑而被形象地称为"工业锈带"。如何对待这些废弃或闲置的工业遗存，成为城市更新的重要问题，工业遗产保护与利用由此更加受到关注。

1978年，国际工业遗产保护协会（TICIH）正式成立，旨在推进针对工业遗产的保存、保护、研究、文献整理和阐释。德国、美国、法国等工业国家，也都掀起了工业建筑遗产的保护和利用热潮。1986年，英国的铁桥峡谷（Ironbridge Gorge）工业遗址作为工业革命的发祥地，被列入《世界遗产名录》，成为世界上第一个成为世界遗产的工业遗址。英国在1993年有大约1 000个工业遗产地，1998年超过600个被列入国家名册[1]。

2003年，国际工业遗产保护协会在俄罗斯下塔吉尔起草的《下塔吉尔宪章》，成为保护工业遗产的纲领性文件。

经过半个世纪的探索与实践，西方国家已经有了很多成功的工业遗产改造利用案例，如德国鲁尔工业区改造、美国纽约SOHO区改造、维也纳煤气塔改造等。而且随着探索的不断深入，在城市更新的方式上，已经由原来的拆除重建，普遍转向因地制宜、渐进式、多维度的有机更新，如由煤气工厂遗址改造而成的美国西雅图煤气厂公园，由废弃火车站改造而成的法国巴黎奥赛艺术博物馆，由废弃港区改建而成、已成为全球重要金融中心的伦敦金丝雀码头等[2]。

国外以有机更新方式完成的工业遗产地保护

---

[1] 宋颖. 上海工业遗产的保护与再利用研究［M］. 上海：复旦大学出版社，2014：5.
[2] 单菁菁，秦铭梓. 把"工业锈带"变成"生活秀带"：城市更新视野下的工业遗产地保护与利用［J］. 环境经济，2020（13）：34-38.

和再利用的成功案例，为我国的工业遗产保护提供了借鉴和参考。

5.1.4　上海城市更新中的契机与挑战

我国自1980年代末开始意识到工业遗产的历史价值，其中上海属于工业遗产保护规划与更新改造设计实践开始较早的城市。1989年，上海市政府就响应国家关于"重点调查、保护优秀近代建筑物"的号召，在全市范围内开展了近代优秀历史建筑物的普查工作，并于1991年颁布了《上海市优秀近代建筑保护管理办法》，在此办法中，公布了上海第一批优秀近代建筑，其中包括3处上海工业遗产。1998年，上海市在启动第三批优秀历史建筑调查、申报工作时，专门开展了近代产业建筑调查工作，这是国内开展最早、规模较大的一次针对工厂、仓库等产业建筑进行的基础调查和评估论证[1]。

自1990年代中期开始，上海就有一些具有区位优势的厂房，被企业出于经济自救的目的转租改造为家具城、建材城或餐饮场所，成为第一批被商业性再利用的对象，如原申新九厂布厂被改造成红子鸡餐饮场所，原申新九厂被改造成月星家居[2]。当然此时只是一种出于经济利益考量的再利用，而且是局部的个体行为，既缺乏系统的区域功能定位，也导致在改造过程中这些工业遗产的历史和文化价值未被重视。

至1990年代末，以苏州河边艺术家仓库为起点的工业建筑再利用，才开始真正引起社会的广泛关注及工业遗产的再利用热潮。这些艺术家仓库中，以中国台湾设计师登琨艳的大样工作室最为知名。登琨艳将上海苏州河畔的旧仓库改造为工作室，保留了仓库桁架及带有历史韵味的斑驳砖墙，吸引了众多艺术家纷纷前来，使莫干山路50号这片旧厂房和老仓库成为一个现代艺术的场所（图5-1-6）。登琨艳的设计，在2004年获得了联合国教科文组织授予的亚洲遗产保护奖。

工业遗产保护问题成为社会各界的关注焦点，越来越多闲置、衰败的工业建筑遗产得到了积极的保护与再利用。2002年7月，上海市通过《上海市历史文化风貌区和优秀历史建筑保护条例》，其中第九条明文规定"建成三十年以上，在我国产业发展史上具有代表性的作坊、商铺、厂房和仓库，可以确定为优秀历史建筑"。此后

图5-1-6　登琨艳工作室改造内景
（资料来源：中国室内设计联盟）

---

[1] 张松. 工业遗产地区保护更新的上海实践及其启迪[J]. 城乡规划, 2020(06): 1-11.
[2] 刘伟惠. 上海旧工业建筑再利用研究[D]. 上海：上海交通大学, 2007.

陆续出现了很多优秀的工业遗产保护再利用的实践案例，这些案例在保护工业遗产的同时，也带来了一定的地区触媒效应，促进了区域的整体性发展。

加强工业遗产保护与利用，不仅具有广泛的经济效益、社会效益和环境效益，有助于推动城市更新和持续发展，而且有助于保持并发展城市自己的文化特色，通过历史和传统来进行文化定位，这是全球化时代城市发展所面临的新形势。上海要成为国际化大都市，保持独具特色的城市文化就是一个重要的战略使命。

上海最具价值的城市文化特色体现在它拥有的近代历史文化遗产数量最多、价值最高。保护并利用好近代文化遗产是上海创建国际性大都市的基础与优势，这既是上海发展面临的新契机，也是需要统筹规划并充分发挥创造性的新挑战。现在，历史文化名城保护意识已经上升到城市发展的战略高度，《上海市城市总体规划（2017—2035）》明确提出："加强历史文化风貌保护，坚持'整体保护、积极保护、严格保护'的原则，中心城区从拆改留转向留改拆，以保护保留为主，不断拓展保护对象体系。推动城市更新，更加关注城市功能与空间品质，更加关注区域协同与社区激活，更加关注历史传承与魅力塑造，促进空间利用集约紧凑、功能复合、低碳高效。"这预示着上海的工业遗产保护已经迎来新的发展机遇（图5-1-7）。

图5-1-7 上海市域文化保护控制线规划图
（资料来源：上海市人民政府，《上海市城市总体规划（2017—2035）》，2018）

5.2 相关法规政策及规划策略

工业遗产作为上海城市遗产的一部分，也是上海城市更新和城市遗产保护的关注重点。自1990年代开始，上海着力于城市更新工作，其中包括法律法规层面的规范，以及规划更新层面上的实践。

法律层面，一方面出台了相关的历史建筑和历史风貌区保护条例，另一方面积极推进工业片区的转型规划，对部分地段进行重新建设规划，在提升城市服务水平的同时进一步促进了工业遗产保护和转型。

规划实践层面，上海提出从"拆改留"转为"留改拆"的城市更新口号，进行老城更新实践，对于有大量遗存的黄浦江沿岸、苏州河沿岸地区，自2000年初就开始积极推进两岸的贯通转型工作。

5.2.1 法规政策

1991年，上海颁布《上海市优秀近代建筑保护管理办法》，确定了优秀近代建筑的范围和价值判断准则，将优秀近代建筑分为全国重点文物保护单位、上海市文物保护单位和上海市建筑保护单位三个级别，明确保护范围和建设控制地带，这是我国第一部有关近代建筑保护的地方性政府法规，此后十年间一直规范和指导着上海近代历史建筑的保护工作。依据该管理方法，也界定了上海第一批优秀近代建筑，其中就包括3处上海工业遗产，在随后的第二批（1994年）、第三批（1999年）、第四批（2005年）、第五批（2015年）中，均有工业遗产被评为优秀历史建筑。

2002年，上海对原本的《上海市优秀近代建筑保护管理办法》进行深化和调整，颁布了《上海市历史文化风貌区和优秀历史建筑保护条例》，该条例进一步健全了历史建筑的法律保护地位。《上海市历史文化风貌区和优秀历史建筑保护条例》于2010年、2011年、2019年先后经历3次修正。2019年修正后，保护条例更名为《上海市历史风貌区和优秀历史建筑保护条例》，该保护条例进一步加强了对上海工业遗产保护的重视。

《上海市历史风貌区和优秀历史建筑保护条例》（以下简称《保护条例》）不仅将工业遗产作为明确的历史建筑进行保护，还将工业遗产的保护从建筑单体层面向区域性整体保护扩展。《保护条例》第十条指出："建成三十年以上，在我国产业发展史上具有代表性的作坊、商铺、厂房和仓库，可以确定为优秀历史建筑。"明确了上海工业遗产建筑保护的定义。上海市规划国土资源局于2016年、2017年分别颁布两批风貌保护街坊，共计250处（第一批119处，第二批131处），其中就包括工业遗存风貌街坊、工人新村风貌街坊这两类与工业遗产相关的保护街坊类型。

2014年，上海颁布《关于本市盘活存量工业用地的实施办法（试行）》。该实施办法通过相关的工业用地转型政策，盘活市区内的存量工业用地，两年试行期后，结合施行情况，上海市政府于2016年3月颁布《关于本市盘活存量工业用地的实施办法》（以下简称《实施办法》）。该办法的施行让上海市部分片区包括杨浦上海船厂一街坊、杨浦区杨树浦电厂等老旧工业用地逐步完成转型前期工作，为后续的盘活转型奠定了基础。《实施办法》构建了政府、社会、企业多元共享利益平衡机制，明确了土地收储再出让、整体转型、有条件零星开发三种盘活路径，鼓励原土地权利人实施转型开发。《实施办法》完善了指导思想、规划引导等相关要求，细化了整体转型、零星开发相关要求和规定，完善了地价支持政策和管理要求，明确了土地收储收益共享比例的确定方式，细化了提高容积率和节余分割转让等相关规定，衔接了国家支持"大众创业、万众创新"的过渡期政策，完善了存量转型用地的全生命周期管理要求，极大提升了工业用地转型的可操作性，规范了操作的相关手续，也从一定层面上促建了老旧或闲置工业遗产，乃至工业地段的转型和再利用。

2019年11月2日，习近平总书记在上海市杨浦区考察时，肯定了杨浦区科学改造滨江空间，使杨浦滨江逐渐从以工厂仓库为主的生产岸线转型为以公园绿地为主的生活岸线、生态岸线、景观岸线的做法，指出文化是城市的灵魂，城市历史文化遗存是前人智慧的积淀，是城市内涵、品质、特色的重要标志，要妥善处理好保护和发展的关系，注重延续城市历史文脉（图5-2-1）。

2020年6月，国家发展和改革委员会、工业和信息化部、国务院国资委等五部委联合印发了关于《推动老工业城市工业遗产保护利用实施方案》的通知，确定了"保护优先，以用促保"的基本原则，要求促进城市更新改造，探索老工业城市转型发展新路径，在全国"打造一批集城市记忆、知识传播、创意文化、休闲体验于一体的'生活秀带'，延续城市历史文脉，为老工业城市高质量发展增添新的动力"。

该实施方案的印发，既是对杨浦滨江"工业锈带"整体保护更新转型为"生活秀带"的认可和推广，也有利于上海进一步积极探索工业遗产保护利用的规划实施路径。

《上海市城市总体规划（2017—2035年）》指出，到2035年，上海将保留480平方公

图5-2-1 杨浦滨江由"工业锈带"转变为"生活秀带"
（资料来源：上海市规划和自然资源局）

里的工业用地，并按照产业基地、产业社区、零星工业地块的体系，在各个层次的规划中进行布局引导和深化。可知在当代可持续发展需求背景下，工业地块和遗产的置换再利用已成为上海城市更新的主题①。

---

① 曾锐，李早. 城市工业遗产转型再生机制探析：以上海市为例［J］. 城市发展研究，2019，26（05）：33-39.

5.2.2 规划策略

工业遗产是上海重要的城市遗产，上海则是全国最早开始进行城市更新的城市之一，城市更新实践不可避免地涉及城市老工业遗产的保护规划与更新改造。上海针对老旧工业区的更新开始于黄浦江、苏州河沿岸的滨水地区老工业区改造，此后进行了一系列规划设计。

当前我国城镇化率已经超过60%，城市发展进入以存量更新为主的时代。早在2015年，中央城市工作会议就明确提出，城市建设要"框定总量、限定容量、盘活存量、做优增量、提高质量"。

在存量开发的城市发展背景下，上海老工业区更新开始逐渐由中心城区向外部拓展，其中比较典型的区域有吴淞工业区、彭浦工业区等。

1. 苏州河综合环境治理工程

苏州河沿岸有我国第一家煤气公司——1865年建立的大英自来火房，第一家电灯公司——1882年英国人开设的上海电光公司，第一家机制面粉厂——1900年中国民族资本家创办的上海阜丰面粉厂，第一座城市钢桥——1907年建造的外白渡桥，第一家啤酒厂——1935年建立的上海啤酒厂，等等。可以说，苏州河是上海城市历史的见证，是中国近现代工业文明的策源地，拥有各种能够代表上海不同历史时期的工业遗存。据华东师范大学2002年调查，苏州河下游沿岸6区共有工业企业7 918家，其中几乎集中了上海全部的纺织企业。这也导致当时的苏州河污染严重，工业集中的地段一度被称为"下只角"。这里集中了上海各种制造业就业人口，多数是来自苏鲁皖地区、遇灾逃荒出来的农民。相对于静安、黄浦等租界地区地段繁华、环境幽静的"上只角"，"下只角"街道狭窄，建筑破旧，环境较差，治安也得不到保障。

1990年代起，由于上海的产业结构调整，苏州河西段的工厂大多搬离，城市的发展对苏州河提出了新的要求。1997年，上海启动苏州河环境综合治理项目；1998年，颁布《上海市苏州河环境综合整治管理办法》，对苏州河的综合整治被纳入法治轨道。2002年，上海市政府更是将苏州河环境综合整治工程一期列为当年市政府一号工程[1]。

随着整治工程初见成效，随之而来的是大规模两岸建筑的"拆、留、改、建"工程，在2002年一年间，苏州河沿岸有8家企业被拆迁，包括上海啤酒厂、上海第一面粉厂、上海帘子布总厂、上海第七棉纺厂、上海东福食品有限公司等大中型企业；中国最早的民族工业代表申新九厂原址、有近百年历史的上海煤气厂储气罐、杨浦区发电厂内有"远东第一烟囱"之称的独立式铁质大烟囱均被拆除[2]（图5-2-2）。

图5-2-2 "远东第一烟囱"：杨树浦发电厂高耸的大烟囱

---
① 邵健健. 城市滨水历史地区保护研究：以上海苏州河沿岸为例[D]. 上海：同济大学, 2007.
② 黄琪. 上海近代工业建筑保护和再利用[D]. 上海：同济大学, 2008.

2003年7月2日,《解放日报》发表了《烟囱之死》一文,对上海杨树浦发电厂大烟囱的拆除进行了报道,在网络上引起了大规模讨论。加上这一时期苏州河边艺术家的工业建筑遗产改造与利用实践,使社会各界包括政府部门都开始关注这类建筑遗产的保护与利用问题。

2002年8月7日,上海市规划局出台了《苏州河滨河景观规划》,2006年10月16日又推出了《苏州河滨河地区控制性详细规划》,苏州河两岸实现规划全覆盖,除加强苏州河两岸公共空间的景观建设外,对苏州河中心城区内的历史遗存进行了全面梳理,完成了苏州河北岸仓库区的保护与改造规划。

2018年后,上海市政府提出"一江一河"的概念,推出"黄浦江、苏州河沿岸地区建设规划"(有关苏州河的规划发展将在下节与黄浦江的规划发展一并阐述)。

2. 浦江两岸综合开发建设

早在2002年,上海就开始着手实施"黄浦江两岸综合开发规划",2013年1月10日正式启动。浦江开发带的研究范围为37.2平方公里(包括浦江水面11平方公里),穿越杨浦、虹口、黄浦、徐汇及浦东新区,主要沿江地带包含大面积工业企业和码头遗产。

2010年上海世博会的举办,不仅是上海城市发展战略的重大事件,也对上海工业遗产保护和再利用具有重大影响。世博会场址位于浦江两岸,南浦大桥与卢浦大桥之间,基地内包括原钢铁厂、造船厂、化工厂、码头仓库、电厂和水厂等,如江南造船厂、上钢三厂等都具有百年多的历史,都有大量工业建筑遗产。这些片区曾经是中国近代工业的发源地,同时也是污染严重、急需改造的厂区(图5-2-3)。

世博会选址于此,就是意图借助这一重大事

图5-2-3 20世纪90年代初的上海世博会场地前身——上钢三厂区域
(资料来源:陆杰摄影)

件,将世博园区的开发与工业遗产的改造、都市新中心的形成紧密结合。因此,世博会规划从一开始就提出了建设工业文明与世博文化的双重遗产构想,一些具有历史价值和利用价值的工业建筑、船坞和构筑物等被纳入保护和再利用的范围,现有工业设施被搬离,该地区将在会后从第二产业区转变为第三产业区(图5-2-4至图5-2-7)。

总体而言,经过十多年的大规模再开发建设,浦江两岸滨江地区已将工厂生产、交通运输等功能类型转换为金融、贸易、旅游、居住等功能,由生产性区域逐步转变为以公共功能为主的市民江岸,基本实现了改善公共空间环境、重塑浦江两岸功能及滨水景观的主要目标。

2017年,黄浦江沿岸基本实现从杨浦大桥到徐浦大桥45公里滨江公共空间贯通开放,标志着黄浦江沿岸的发展进入更关注品质、魅力和人性关怀的新阶段。

2018年,上海市政府推出"黄浦江、苏州河沿岸地区建设规划",提出"一江一河"的概念,进一步促进黄浦江、苏州河沿岸建设。该建设规划提出"魅力水岸行动",在黄浦江段,拓

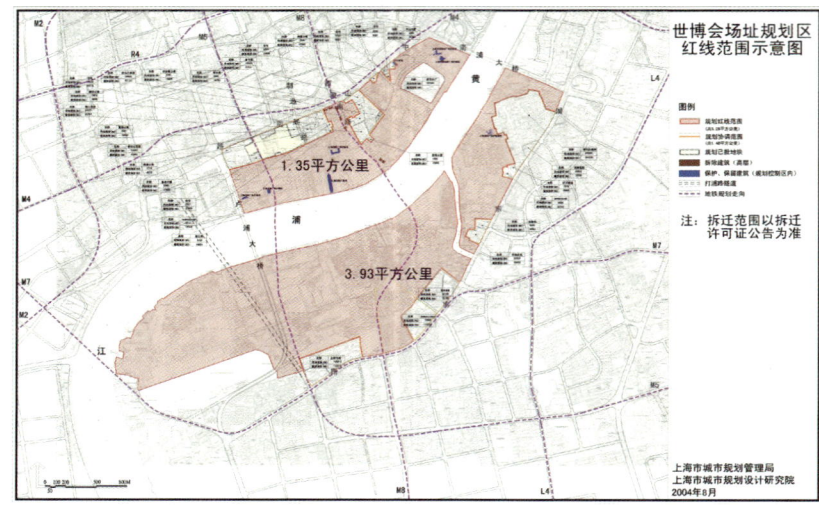

图5-2-4 上海世博会场址规划区示意图（2004年）

图5-2-5 上海世博会全景示意图
（资料来源：《解放日报》，2010-03-12）

图5-2-6 2008年11月9日，建设中的世博演艺中心、中国馆及原江南造船厂区域
（资料来源：郭长耀摄影）

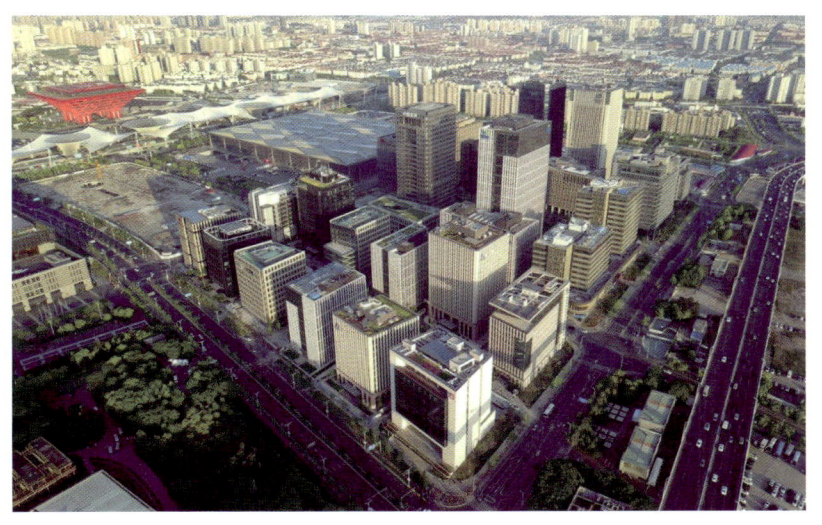

图5-2-7 2017年航拍，世博园B片区崛起的央企总部楼群
（资料来源：张锁庆摄影）

展历史保护对象，增加工业遗存保护对象，如杨浦滨江工业遗产建筑群；同时进一步活化利用历史资源，包括新华码头、民生码头、老白渡煤仓、上粮六库、杨树浦电厂、南浦地块等工业遗存。

以新华码头为例，港区形成于19世纪中叶，历经英商公和祥码头、日商邮船株式会社、社会主义新华港区等多个重要历史阶段，见证了近代外商航运业发展的历程。场地内留存有大量的工业厂房和仓库，既有单层仓库，又有多层厂房；既有排架结构，又有钢筋混凝土结构；既有木材料，又广泛使用了混凝土、钢等现代材料。代表性建筑有871-872仓库，1938年左右建造，原为新华港区叉车库，据传曾有共产党人在此楼被日军炸死，故俗称烈士楼。可以说，这座场地凝聚了悠久的城市记忆，是黄浦江滨江的历史名片，因此，随着黄浦江开发步伐的加快，新华码头等工业遗存的保护再利用显得格外重要，对它们的改造设计需要优化沿江空间资源、环境资源和历史文化资源，保留原有的历史记忆（图5-2-8至图5-2-11）。

"一江一河"建设规划提出，在苏州河段，

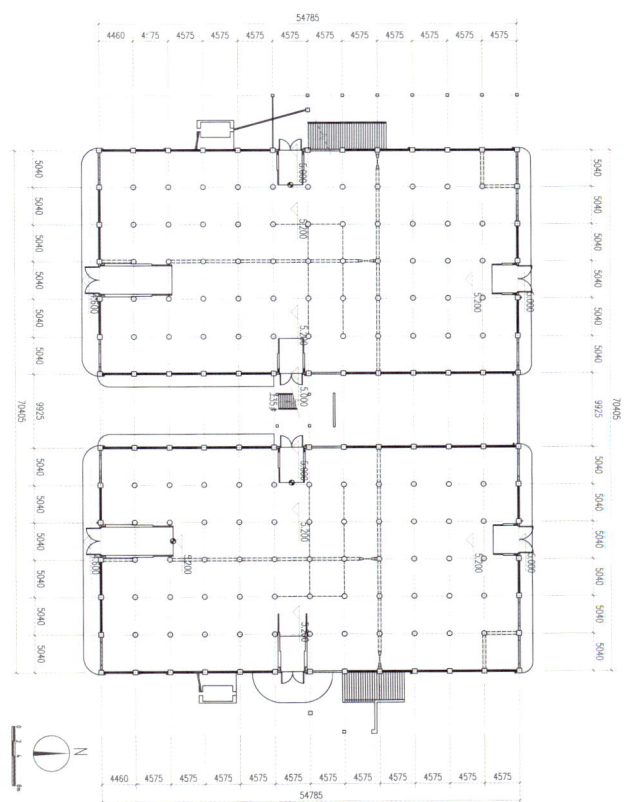

图5-2-8 烈士楼一层平面图

图5-2-9 烈士楼南立面图

图5-2-10 保护再利用前后的烈士楼外观
(资料来源:右图来自HPP,CreatAR Images摄影)

图5-2-11 保护再利用前后的烈士楼内部结构
(资料来源:右图来自HPP,CreatAR Images摄影)

要活化利用历史资源包括福新面粉厂、新泰仓库等历史建筑，将其植入文化活动，焕发老旧历史建筑的活力，推进工业遗存活化利用[1]。这是对于上海水系进一步更新利用的规划设计。

2020年，上海市规划和自然资源局公布了《黄浦江沿岸地区建设规划（2018—2035）》和《苏州河沿岸地区建设规划（2018—2035）》。规划指出，黄浦江、苏州河这"一江一河"，是上海建设"国际大都市"的代表性空间和标志性载体。黄浦江沿岸地区的建设规划范围为黄浦江自闵浦二桥至吴淞口，河流长约61公里，沿岸地区用地约200平方公里；苏州河沿岸规划范围为苏州河黄浦江河口至市域行政边界线，中心城段长约21公里，郊区段长约29公里。

在建设世界级滨水区的总目标下，黄浦江沿岸被定位为国际大都市发展能级的集中展示区，形成"三段两中心"的总体结构：杨浦大桥至徐浦大桥为核心段，集中承载国际大都市金融、商务、文化、商业、游憩等核心功能的引领性区域，提供具有全球影响力的公共活动空间；徐浦大桥至闵浦二桥为上游段（南段），以生态为基本功能，注重宜居生活功能的融合，并依托战略预留区引入创新功能；吴淞口至杨浦大桥为下游段（北段），基于港区转型升级，提供具有创新功能的发展空间，并强化生态与公共功能的融合（图5-2-12）。

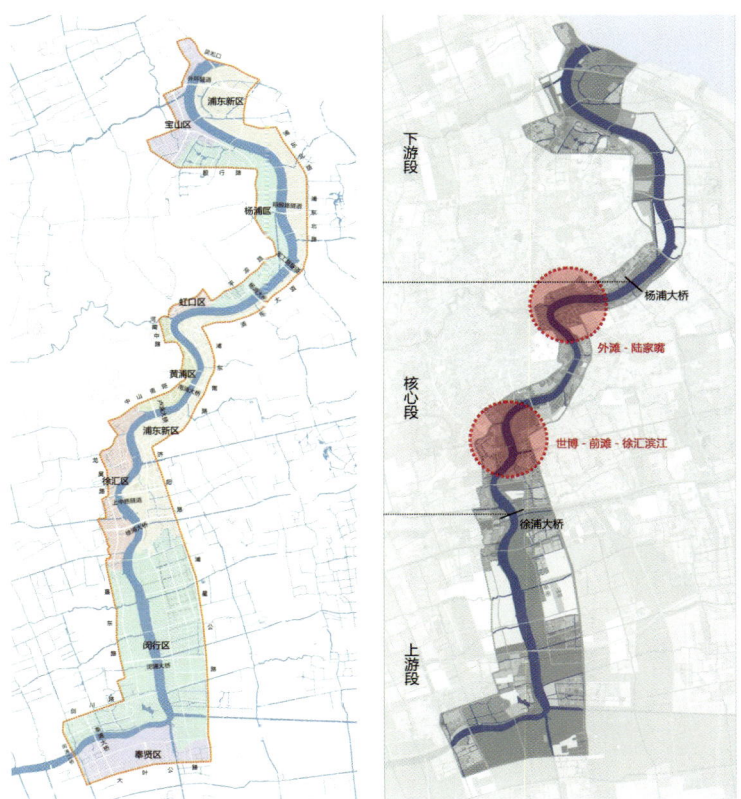

图5-2-12　黄浦江沿岸规划范围图（左）与空间结构图（右）
［资料来源：上海市规划和自然资源局，《黄浦江沿岸地区建设规划（2018—2035）》，2020］

---

① 上海市规划和自然资源局. 黄浦江、苏州河沿岸地区建设规划，2018.

苏州河沿岸被定位为特大城市宜居生活的典型示范区，全域分为三个区段：内环内东段（长寿路桥以东）是"上海2035"总体规划明确的中央活动区范围，打造高品质公共活动功能；中心城内其他区段体现上海城市品质，实现宜居宜业的复合功能；外环外区段为生态廊道，实现生态保育和休闲游憩的功能（图5-2-13）。

3. 吴淞工业区转型发展

近年来，随着上海城市空间不断的拓展、城市经济与产业结构的持续优化、土地资源的日渐紧缺，吴淞工业区作为上海最早发展的老工业基地，面临产业结构落后、经济效益低下、环境污染严重等问题。在上海新一轮的总图规划中（《上海市城市总体规划（2017—

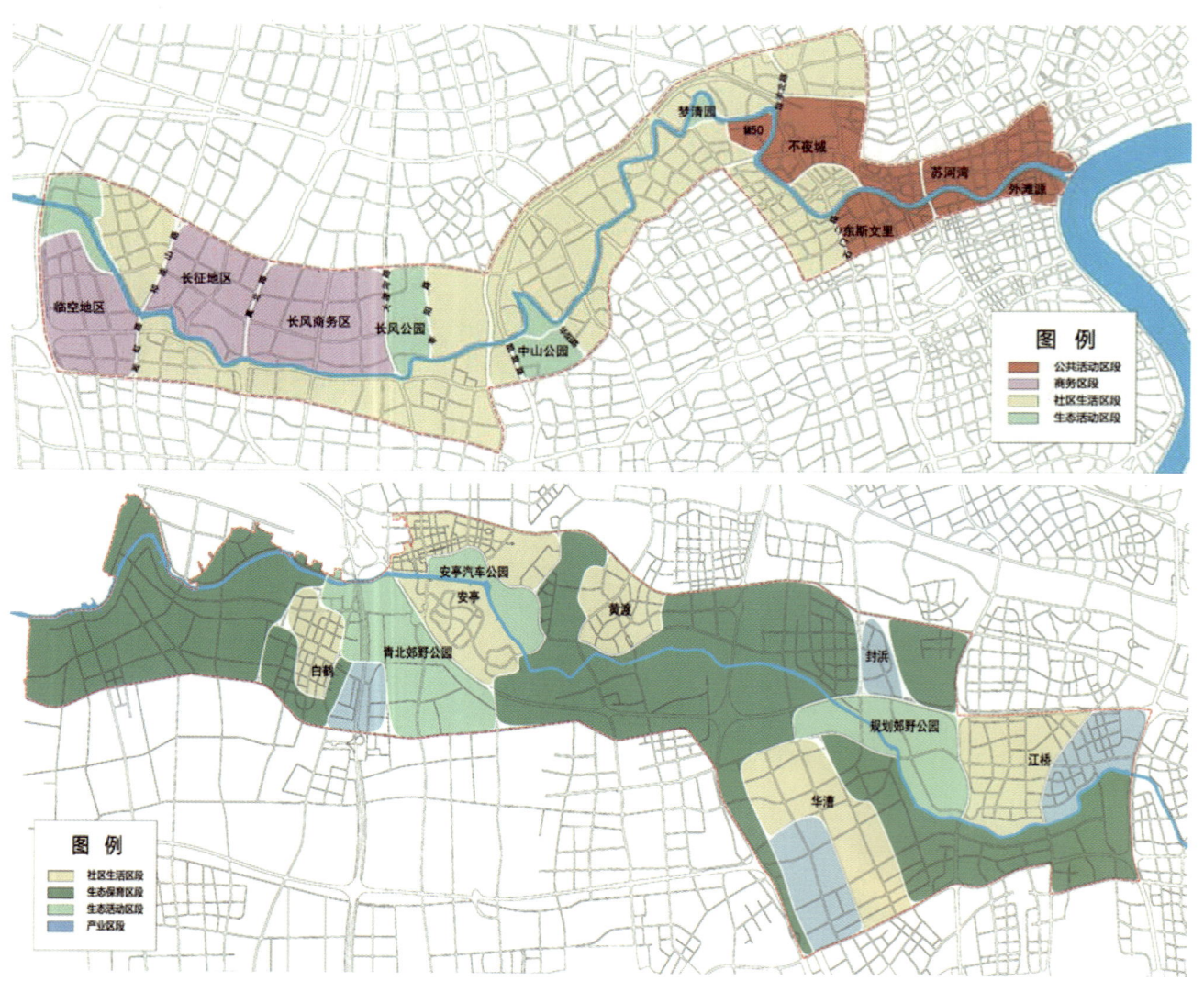

图5-2-13 苏州河规划内环内功能布局图（上）与外环外功能布局图（下）
［资料来源：上海市规划和自然资源局，《苏州河沿岸地区建设规划（2018—2035）》，2020］

2035）》），吴淞地区将承载上海主城区北部城市副中心的职能，工业区亟待转型发展。

2019年，上海市规划和自然资源局提出《吴淞工业区转型发展建设规划》征求意见稿，在该规划中，将吴淞老工业区打造为产城融合、功能复合、中心聚合、空间围合、机制竞合的开放式、多功能、生态化、智慧型创新城区，全国老工业基地转型发展和城市更新的示范区，国家创新创意创业功能的集聚区，国际城市文化旅游功能的拓展区，这对于老工业基地的转型和发展有示范作用[①]（图5-2-14）。

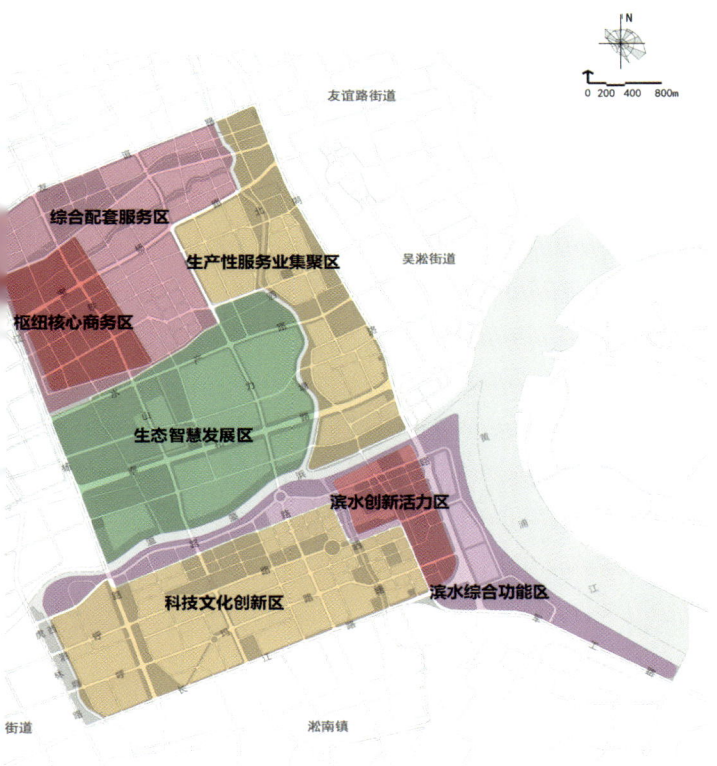

图5-2-14　吴淞工业区规划功能片区图
（资料来源：上海市规划和自然资源局）

4．15分钟社区生活圈规划

2016年，上海市规划和自然资源局推出《上海市15分钟社区生活圈规划导则》。15分钟社区生活圈是上海打造社区生活的基本单元，即在15分钟步行可达范围内，配备生活所需的基本服务功能与公共活动空间，形成安全、友好、舒适的社会基本生活平台。

对于具有历史风貌保护价值的工人新村、工业遗产以及特色公园等，该导则提出不宜随意拆除，需开展评估、提出相应的保护要求。该导则提出，对于具有地方特质和文化价值的地区，其公共空间设计需对文化特质予以重视和保留；对于历史风貌地区的公共空间，应将历史元素和风貌特色作为空间设计的重要内容；让工业遗产在日常生活中逐步得到文化传播的作用，提升大众对工业遗产的认知[②]。

5.3　工业遗产名单的扩大

近年来，上海市政府加大了对于工业遗产的关注度，文物管理部门、规划管理部门、房屋管理部门等都对工业遗产提出了相关的保护性政策。

另外，在关注工业遗存建筑单体的同时，政府也开始关注工业遗存的整体保护，工业遗存风貌街坊和工人新村风貌街坊的公布则是这一转变的体现。总体来看，这些政策的颁布和实施，对于上海工业遗产的保护均具有较为积极的作用。

5.3.1　文物保护名单的升级和增减

《上海市文物保护条例》规定：上海市的不可移动文物根据其历史、艺术、科学价值，可以依法确定为全国重点文物保护单位、市级文物保护单位和区级文物保护单位。尚未核定公布为文

[①] 上海市规划和自然资源局，上海市宝山区人民政府.《吴淞工业区转型发展建设规划》征求意见稿［EB/OL］.（2019-02-26）［2021-07-12］. https://hd.ghzyj.sh.gov.cn/hdpt/gzcy/sj/201902/t20190226_903775.htm.
[②] 上海市规划和自然资源局. 上海15分钟社区生活圈规划导则［EB/OL］.（2016-03-29）［2021-07-12］. http://up.caup.net/file/life-circle.pdf.

物保护单位的不可移动文物，由区、县人民政府文物行政管理部门予以登记，并公布为文物保护点。保护等级由全国重点文物保护单位至文物保护点逐次递减。

2007—2011年的第三次全国文物普查中，"工业遗产"作为专题被正式列入文物普查，作为不可移动文物专门的一类列出，得到较高关注。随着文物保护工作的深入，大量的老厂房、仓库、码头、工业设施等被新增为不可移动文物，如华丰纱厂、大中华纱厂旧址、民生港码头、上钢十厂冷轧带钢车间旧址等，在2014年4月4日被公布为上海市文物保护单位。

部分原本已有文物身份的工业遗产，因其价值较高、保存较好，保护等级得到提升。如杨树浦水厂于2013年由市级文物保护单位提升为全国重点文物保护单位；工部局宰牲场旧址于2019年被列为第八批全国重点文物保护单位；上海造币厂于2014年4月4日由区级文保单位提升为市级文保单位等（表5-3-1）。

表 5-3-1　上海市级文物保护单位工业遗产梳理表

保护等级	名称	区县	公布时间/批次	历史身份
全国重点文物保护单位	上海邮政总局旧址	虹口区	1996.11.20/第四批	
	轮船招商局旧址	黄浦区	1996.11.20/第四批	
	外白渡桥	黄浦区	1996.11.20/第四批	
	上海海关（江海关）	黄浦区	1996.11.20/第四批	
	上海元代水闸遗址博物馆	普陀区	2013.5.3/第七批	
	杨树浦水厂	杨浦区	2013.5.3/第七批	1989年上海市市级文物保护单位
	上海工部局宰牲厂旧址（1933老场坊）	虹口区	2019.10.7/第八批	1994年黄浦区登记不可移动文物（红楼、职工医院） 2007年登记不可移动文物 2014年上海市市级文物保护单位
	四行仓库抗战旧址	静安区	2019.10.7/第八批	1985年上海市市级文物保护单位
市级文物保护单位	华丰纱厂、大中华纱厂旧址	宝山区	2014.4.4	
	外滩信号台旧址	黄浦区	2014.4.4	2004年黄浦区登记不可移动文物
	江南制造总局旧址	黄浦区	2014.4.4	
	浙江路桥	静安区	2014.4.4	
	民生码头	浦东新区	2014.4.4	
	中央造币厂旧址	普陀区	2014.4.4	2004年普陀区区级文物保护单位
	江南弹药厂旧址	徐汇区	2014.4.4	

续表

保护等级	名称	区县	公布时间/批次	历史身份
市级文物保护单位	上海工部局电气处新厂旧址	杨浦区	2014.4.4	2004年杨浦区登记不可移动文物
	裕丰纺织株式会社旧址	杨浦区	2014.4.4	2004年杨浦区区级文物保护单位
	东区污水处理厂旧址	杨浦区	2014.4.4	2004年杨浦区登记不可移动文物
	上海煤气公司杨树浦工场旧址	杨浦区	2014.4.4	2004年杨浦区登记不可移动文物
	密丰绒线厂旧址	杨浦区	2014.4.4	2004年杨浦区区级文物保护单位
	上钢十厂冷轧带钢车间旧址	长宁区	2014.4.4	
	孙科住宅（为上海生物研究所内建筑）	长宁区	1989.9.25	

（资料来源：据2019年上海市文物局公布的"上海市不可移动文物名录"整理）

此外，也有一些原本有身份的工业遗产或因保护不当，或因再利用需求等原因，被取消文物身份，其中包括上海长途电话局旧址、英商怡和纱厂旧址、日商上海纺织株式会社旧址、英商正广和仓库旧址等（表5-3-2）。

从调研现状看，区级文物保护单位及以上的文保单位整体保护情况较好，但其中沿用和被改造为博物馆的数量占到50%，再利用模式较为单一，这也与文物等级较高需有文物保护条例等相关法规的约束相关。如上海邮政总局旧址将部分区域转换为邮政博物馆，四行仓库做四行仓库抗战纪念地博物馆。文物保护点由于本身身份较低，保护情况相对较差，受破坏的情况往往较为严重。

表5-3-2 上海市取消文物身份工业遗产梳理表

名称	历史身份	名称	历史身份
永兴仓库旧址	2013.10.11虹口区登记不可移动文物	京沪、沪杭甬铁路管理局大楼旧址	2004.1.6闸北区区级文物保护单位
上海益民食品一厂历史展示馆	2013.10.11虹口区登记不可移动文物	上海铁道医院旧址	2004.1.6闸北区区级文物保护单位
中法求新机器制造轮船厂	2004.2.16黄浦区登记不可移动文物	百代公司旧址	2004.1.5徐汇区登记不可移动文物
上海电话局南市总局旧址	2004.2.16黄浦区登记不可移动文物	英商怡和纱厂旧址	2004.2.25区级文物保护单位
乍浦路桥	2004.1.6闸北区区级文物保护单位	日商上海纺织株式会社旧址	2011.2.22区级文物保护单位
中国纺织建设公司第五仓库旧址（"南苏河"创意产业园）	2004.2.16黄浦区登记不可移动文物	杨树浦救火会旧址	2011.2.22区级文物保护单位
上海长途电话局旧址	2004.1.6闸北区区级文物保护单位	英商正广和股份有限公司仓库大楼	2004.2.25区级文物保护单位

（资料来源：据2019年上海市文物局公布的"上海市不可移动文物名录"整理）

5.3.2 上海市优秀历史建筑名单的增加

上海市优秀历史建筑由上海市政府颁布的《上海市历史文化风貌区和优秀历史建筑保护条例》提出,风貌区与优秀历史建筑由规划管理部门负责规划管理,房屋行政部门负责保护管理。自1989年起,先后有5批优秀历史建筑名单公布,第一批优秀历史建筑公布时间为1989年,第二批1994年,第三批1999年,第四批2005年,第五批2015年(表5-3-3)。

表5-3-3 上海市优秀历史建筑工业遗产梳理表

保护等级	区县	名称	工厂类别
第一批优秀历史建筑（1989年）	虹口区	上海邮政总局旧址	公用事业
	黄浦区	上海海关	公用事业
	杨浦区	杨树浦水厂	公用事业
第二批优秀历史建筑（1994年）	虹口区	南洋兄弟烟草公司旧址	食品工业
	虹口区	耶松船厂旧址	交通用具制造
	黄浦区	外滩信号台旧址	公用事业
	黄浦区	四川路桥	公用事业
	黄浦区	江南制造总局旧址	交通用具制造
	黄浦区	乍浦路桥	公用事业
	黄浦区	外白渡桥	公用事业
	静安区	四行仓库抗战纪念地	仓储类
	普陀区	中央造币厂旧址	其他工业
	徐汇区	上海船舶设备研究所	交通用具制造
	杨浦区	上海工部局电气处新厂旧址	公用事业
第三批优秀历史建筑（1999年）	宝山区	海底电缆登陆局房	交通用具制造
	长宁区	西区污水处理厂泵房	公用事业
	长宁区	上海生物制品研究所	化学工业
	黄浦区	英美烟草公司旧址	食品工业
	黄浦区	大北电报公司电报大厦	公用事业
	黄浦区	上海电力公司旧址	公用事业
	黄浦区	中法求新机器制造轮船厂	交通用具制造
	普陀区	阜丰面粉厂旧址	食品工业
	普陀区	中华书局上海印刷所澳门路厂旧址	造纸印刷业
	普陀区	上海啤酒厂旧址	食品工业
	普陀区	天利氮气厂旧址	化学工业

续表

保护等级	区县	名称	工厂类别
第三批优秀历史建筑（1999年）	徐汇区	江南弹药厂旧址	机械及金属制造
	杨浦区	裕丰纺织株式会社旧址	纺织业
	杨浦区	东区污水处理厂旧址	公用事业
	杨浦区	上海煤气公司杨树浦工场旧址	公用事业
	杨浦区	英商怡和纱厂旧址	纺织业
	杨浦区	密丰绒线厂旧址	纺织业
	杨浦区	正广和公司仓库旧址	食品工业
第四批优秀历史建筑（2005年）	长宁区	湖丝栈	纺织业
	虹口区	上海工部局宰牲场旧址	食品工业
	虹口区	信谊化学制药厂	化学工业
	静安区	福新面粉一厂厂房及仓库旧址	食品工业
	静安区	新泰仓库	仓储类
	静安区	上海中国实业银行仓库旧址	仓储类
	静安区	中国银行办事所及堆栈旧址	仓储类
	普陀区	曹杨一村	其他工业
	普陀区	日内外棉株式会社澳门路职员住宅	纺织业
	徐汇区	百代公司旧址	饰品仪器类
	徐汇区	龙华机场候机楼旧址	交通用具制造
	杨浦区	平凉路1777弄小区	纺织业
	杨浦区	同济大学原电工馆	其他工业
第五批优秀历史建筑（2015年）	虹口区	美商海宁洋行旧址	食品工业
	黄浦区	泰昌木器公司旧址	家具制造
	黄浦区	衍庆里仓库	仓储类
	黄浦区	中国纺织建设公司第五仓库旧址	纺织业
	黄浦区	南市发电厂旧址	公用事业
	静安区	上海交通银行仓库旧址	仓储类
	静安区	上海铁道医院旧址	公用事业
	静安区	上海长途电话局旧址	公用事业
	静安区	四行仓库"光三分库"	仓储类
	浦东新区	原马勒船厂办公楼、别墅	交通用具制造
	普陀区	大中化化工厂旧址	化学工业

续表

保护等级	区县	名称	工厂类别
第五批优秀历史建筑（2015年）	徐汇区	北漂码头塔吊	码头渡口
	徐汇区	西岸艺术中心	交通用具制造
	徐汇区	上海飞机制造厂修理车间旧址	交通用具制造
	徐汇区	北漂码头旧址	码头渡口
	杨浦区	杨树浦救火会旧址	公用事业
	杨浦区	华胜印刷厂旧址	造纸印刷业
	杨浦区	瑞镕船厂旧址	交通用具制造
	杨浦区	日商上海纺织株式会社旧址	纺织业

（资料来源：根据上海市规划和国土资源管理局、上海市住房保障和房屋管理局公布的"上海市优秀历史建筑名单"整理）

工业遗产在上海优秀历史建筑名单中一直占有一定比例，并且随着城市的发展，愈发受到重视。1989年第一批优秀历史建筑（上海优秀近代建筑）中，仅3处工业遗产被列入名单，此后名单内工业遗产的数量有所上升。1990年代末，上海开始进行工业遗产改造再利用的早期实践，有17处工业遗产被列为优秀历史建筑，其中工厂占9处，且多分布于苏州河滨河地区和黄浦江滨江地区。

上海市政府2015年公布了第五批优秀历史建筑，在新增的426处优秀历史建筑中，涉及的工业建筑有20处，约占4.7%，从数量上看，是五批中最多的。从遗产的类型来看，前四批优秀历史建筑中更聚焦于厂房和办公楼，最新一批优秀历史建筑中的工业遗产在遗产的类型分布上则更加多元化，各类工业遗产均有涉及（图5-3-1）。

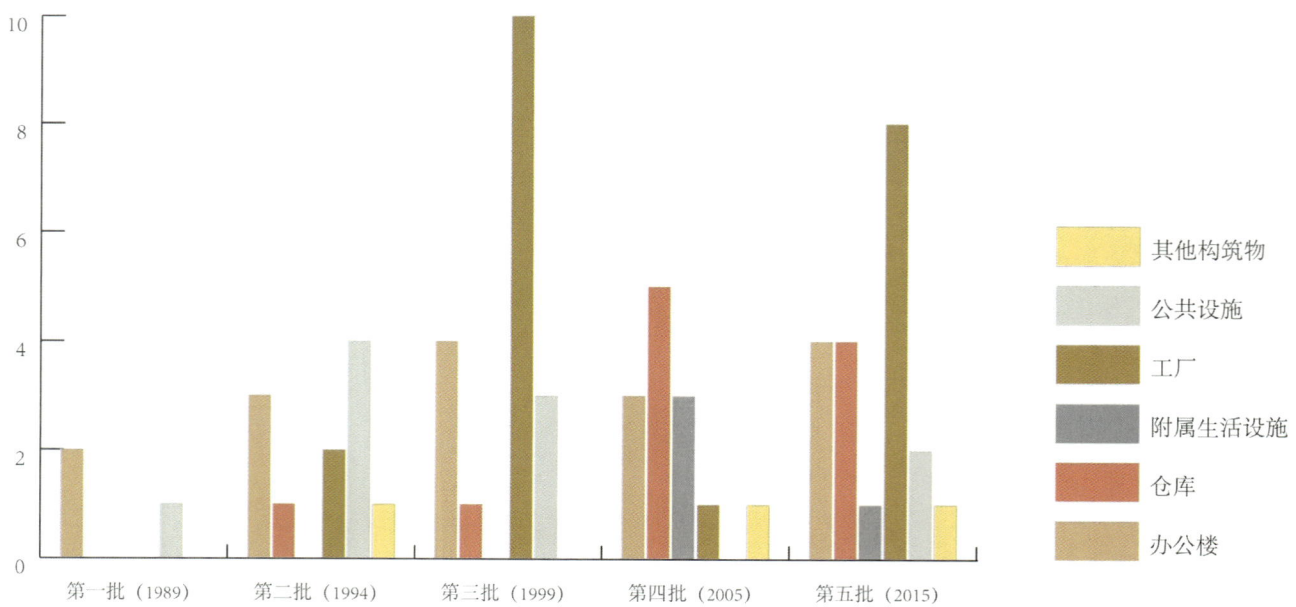

图5-3-1　上海市五批优秀历史建筑工业建筑数量分布

上海市优秀历史建筑的整体保存情况较非优秀历史建筑身份的文物保护点情况好，在五批优秀历史建筑中的64个工业建筑中，出现了较为多元的再利用模式，其中10处被改造为博物馆，10处被改造为创意产业集聚区，8处做商务办公用途，8处做商业用途。

由于优秀历史建筑的保护规范较文物保护单位的保护规范略为宽松，在建筑功能置换上能够做出更多的尝试。如上海飞机制造厂维修库旧址被改造为余德耀美术馆，北漂码头旧址被改造为龙美术馆，南市发电厂被改造为上海当代艺术博物馆，以上均是上海工业遗产改造的代表性案例。

以北漂码头为例，它是随着近代工业在上海地区的发展，特别是对煤炭需求量的增加而发展起来的，约建于1920年代。其位于徐汇区斜土街道船厂路300号，地处黄浦江畔，且毗邻铁路南浦站，水路及铁路交通都十分便利，便于煤炭的转载运输。码头区域原有煤炭传送架、煤炭装卸台、仓库、堆场等设施，煤炭传送架位于黄浦江边，自西南向东北沿江边延伸，总长约480米，钢筋混凝土结构，每一架由两根柱子和横梁组成，顶部有轨道相连，总高约5.7米。煤炭装卸台位于煤炭传送架西北部，原与传送架在顶部相连，高约8米，顶部为两排大漏斗，南侧一排下有铁轨，用于火车的装卸。

2014年，北漂码头被改造为龙美术馆，过去煤渣漫天的码头变成了开放的绿地空间，装卸煤炭的塔吊变成了浦江边记载历史的人文景观，煤炭传送架变成了可观赏江景的高架栈道——海上廊桥，煤炭装卸台的巨大的煤斗成为龙美术馆（西岸馆）的一部分。通过改造升级，这里成为公共开放空间里兼具文化性、艺术性、趣味性的互动体验空间（图5-3-2至图5-3-7）。

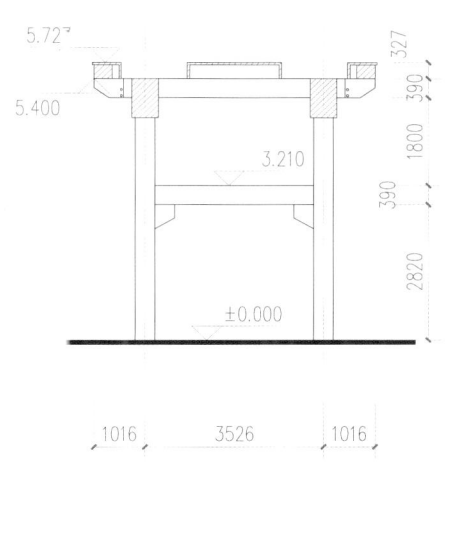

图5-3-2　煤炭传送架剖面图

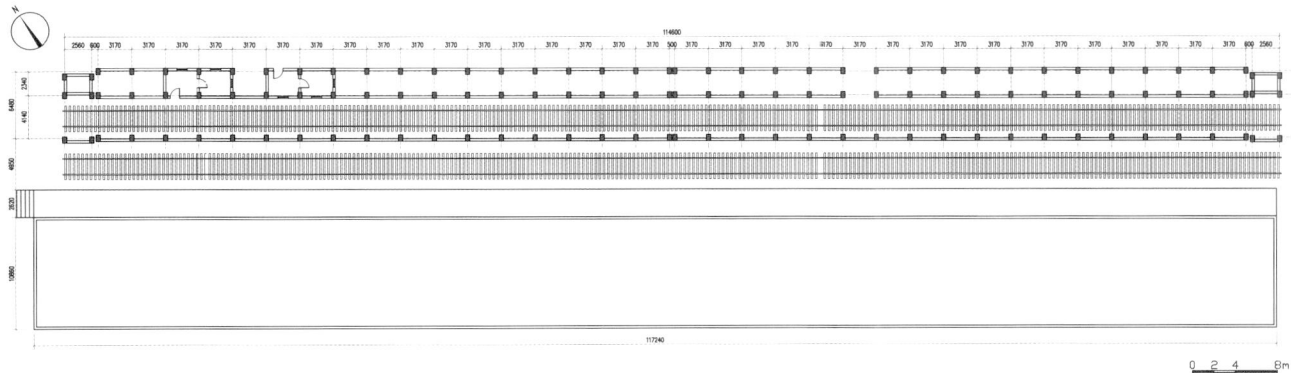

图5-3-3　煤炭装卸台平面图

图5-3-4 煤炭装卸台再利用前（左）与再利用后成为龙美术馆入口的一部分（右）

图5-3-5 煤炭装卸台内部煤斗改造前（左）后（右）

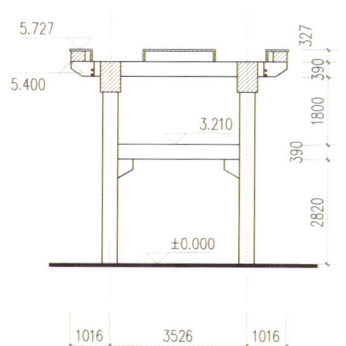

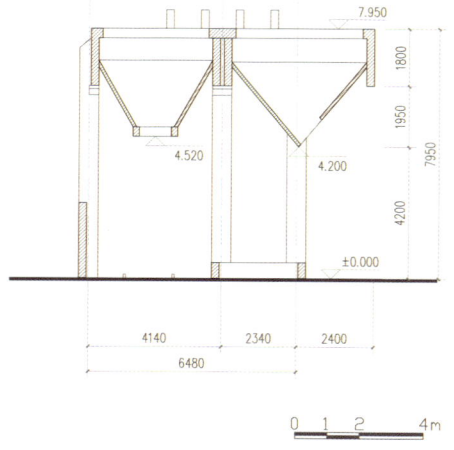

图5-3-6 煤炭装卸台剖面图

图5-3-7　煤炭传送架再利用前（左）与再利用后成为高架栈道（右）

5.3.3　风貌保护街坊的扩大与深化

上海市对于工业遗产的保护，就不可移动物质遗存方面而言，已经开始从单体建筑向整体区域保护的方向发展，从单一的工厂类型的保护，向具有工业风格特点的社区、地段进行扩展。2013年，上海市规划国土资源局会同上海市房管局、上海市文物局，组织开展"历史文化风貌保护对象扩大深化研究"，以完善上海风貌保护体系，将具有风貌特色和历史价值的历史建筑、历史街区尽可能纳入法定风貌保护体系。

在此次工作中，最终得到包括134条推荐风貌保护街坊及20条推荐风貌保护道路的研究成果。2016年1月23日，上海市政府公布第一批风貌保护街坊共119条。在街坊类别中，"工业遗存风貌街坊"和"工人新村风貌街坊"作为风貌保护街坊的两个类别被提出。在上海市风貌保护街坊中，工业遗存街坊有29处，工人新村风貌街坊有3处（表5-3-4、表5-3-5）。其中杨浦区分布最多，静安区、黄浦区也分布较多（图5-3-8）。

表5-3-4　上海市第一批"工业遗存风貌街坊"和"工人新村风貌街坊"梳理表

区县	数量	空间范围	类型	备注
黄浦区	4	东至外马路、南至新码头街、西至中山南路、北至白渡路	工业遗存风貌街坊	老码头
		东至外马路、南至油车码头街、西至中山南路、北至多稼路	工业遗存风貌街坊	黄金荣仓库
		东至苗江路、南至黄浦江、西至局门路、北至龙华东路	工业遗存风貌街坊	世博浦西园区部分
		东至黄浦江、南至公义码头街、西至外马路、北至毛家园路	工业遗存风貌街坊	滨江五库
静安区	7	东至规划路、南至汶水路、西至共和新路、北至规划路	工业遗存风貌街坊	彭浦机械厂
		东至规划路、南至永和路、西至万荣路、北至汶水路	工业遗存风貌街坊	上海冶金矿山机械厂
		东至共和新路、南至规划路、西至规划路、北至永和路	工业遗存风貌街坊	上海鼓风机厂

续表

区县	数量	空间范围	类型	备注
静安区	7	东至万荣路、南至广中西路、西至规划路、北至灵石路	工业遗存风貌街坊	
		东至西藏北路、南至光复路、西至晋元路、北至国庆路	工业遗存风貌街坊	四行仓库
		东至甘肃路、南至北苏州路、西至西藏北路、北至曲阜路	工业遗存风貌街坊	
		东至浙江北路、南至北苏州路、西至甘肃路、北至曲阜路	工业遗存风貌街坊	
徐汇区	2	东至黄浦江、南至云峰油库、西至龙腾大道、北至龙华油库	工业遗存风貌街坊	华商上海水泥股份有限公司龙华厂
		东至黄浦江、南至徐梅路、西至规划路、北至淀浦河	工业遗存风貌街坊	第六粮食仓库
虹口区	2	东至梧州路、南至周家嘴路、西至溧阳路、北至沙泾路	工业遗存风貌街坊	上海工部局宰牲场
		东至四川北路、南至天潼路、西至江西北路、北至七浦路	工业遗存风貌街坊	信谊化学制药厂
普陀区	3	东至梅岭北路、南至兰溪路、西至兰溪路、北至梅岭北路	工人新村风貌街坊	曹杨一村
		东、西、北至吴淞江、南至宜昌路	工业遗存风貌街坊	上海啤酒厂
		东、北至吴淞江、南至莫干山路、西至规划路	工业遗存风貌街坊	上海面粉厂
杨浦区	13	东至彰武路、南至彰武路、西至四平路、北至中山北二路	工人新村风貌街坊	同济新村
		东至抚顺路、南至苏家屯路、西至阜新路、北至鞍山路	工人新村风貌街坊	鞍山四村
		东至杨树浦路、南至内江路、西至波阳路、北至定海路	工业遗存风貌街坊	上海第十七棉纺厂
		东至定海路、南至黄浦江、西至规划贵阳南路、北至杨树浦路	工业遗存风貌街坊	上海第十七棉纺厂
		东至规划贵阳南路、南至规划安浦路、西至规划腾越路、北至杨树浦路	工业遗存风貌街坊	杨树浦发电厂
		东至规划贵阳南路、南至黄浦江、西至规划腾越路、北至规划安浦路	工业遗存风貌街坊	杨树浦发电厂
		东至规划平定路、南至规划安浦路、西至规划宁武南路、北至杨树浦路	工业遗存风貌街坊	英商中国制皂有限公司
		东至规划宁武南路、南至规划安浦路、西至规划双阳南路、北至规划阳浦路	工业遗存风貌街坊	上海电气电站辅机厂
		东至规划广德路、南至规划安浦路、西至规划松潘南路、北至规划阳浦路	工业遗存风貌街坊	上海电气电站辅机厂
		东至规划宁武南路、南至黄浦江、西至宁国路、北至规划安浦路	工业遗存风貌街坊	上海电气电站辅机厂
		东至规划德纱路、南至规划安浦路、西至兰州路、北至杨树浦路	工业遗存风貌街坊	交通运输部上海打捞局
		东至兰州路、南至规划安浦路、西至丹东路、北至杨树浦路	工业遗存风貌街坊	上海港机械修造有限公司
		东至兰州路、南至黄浦江、西至秦皇岛路、北至规划天章路-杨树浦路-规划怀德路	工业遗存风貌街坊	上海港务局机械修造厂、上海船厂船舶有限公司
宝山区	1	东至鹤岗路、南至长江西路、西至江杨南路、北至蕰藻浜	工业遗存风貌街坊	含上钢一厂、吴淞煤气厂、玻璃博物馆等

（资料来源：根据2017年"上海市人民政府关于同意上海市历史文化风貌区范围扩大名单的批复"整理）

第5章 上海工业遗产的保护与利用

表 5-3-5　上海市各区县风貌街坊分布比例

类型	区县	数量	比例
工业遗存风貌街坊	杨浦区	11	37.9%
	徐汇区	2	6.9%
	普陀区	2	6.9%
	静安区	7	24.1%
	黄浦区	4	13.8%
	虹口区	2	6.9%
	宝山区	1	3.4%
工人新村风貌街坊	杨浦区	2	66.7%
	普陀区	1	33.3%

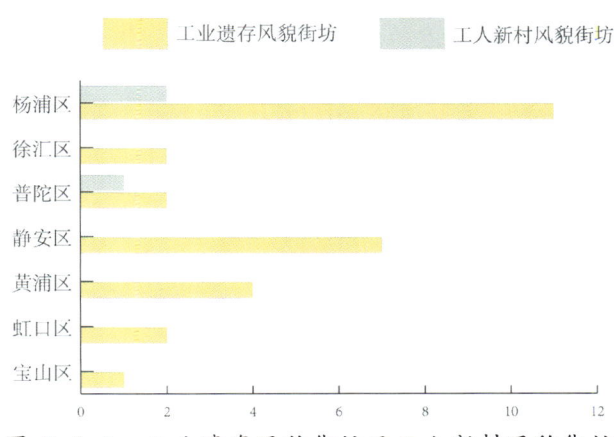

图 5-3-8　工业遗存风貌街坊及工人新村风貌街坊区县数量分布

（资料来源：根据2017年上海市人民政府公布的"上海历史文化风貌区扩大化名单"整理）

将工业遗存风貌街坊和工人新村风貌街坊单独列为一类，由此可以看到政府对工业遗产的重视，在保护规划的制定中，风貌保护街坊的设立对该区域工业风貌的保存起到一定的制约和规范作用。当然，目前仍存在风貌保护街坊在管理执行过程中规划不细致、执行不到位、管理不完善等问题，在工业特色地段的保护上仍待进一步深化。

5.4　上海工业遗产更新再利用情况

5.4.1　再利用概况

自20世纪末苏州河两岸艺术仓库改造热潮开始，上海的工业遗产再利用已经历了20多年。近年来，上海在工业遗产的再利用方面进行了更为多元化的尝试，2010年上海世博会召开，世博园区规划建设对园区范围内工业遗产的适应性再利用进行了多方面的实践。

此后，随着徐汇滨江、杨浦滨江、浦东滨江、北外滩的滨水地区开发再利用不断完善，黄浦江滨江两岸的滨江工业遗产也得到了进一步的保护更新。除沿黄浦江、苏州河的工业厂房再利用外，上海市各区县，尤其是在工业厂房集中的杨浦区、虹口区、静安区北部（老闸北）等地区，也出现了较多工业遗产保护再利用的实践。

5.4.2　使用功能分类

上海市工业遗产的使用功能目前主要有三类：功能沿用、功能置换和闲置。工业遗产的保护再利用则基本集中在功能置换，再利用的模式包含博物馆、创意产业集聚区、商务办公、商业、住宅、景观绿地等途径（表5-4-1）。

表 5-4-1　上海市工业遗产再利用情况

使用功能	功能沿用	功能置换							闲置	
		博物馆	创意产业集聚区	商务办公	商业	住宅	景观绿地	其他	征收	废弃
数量	97	18	52	49	16	3	22	7	42	5
比例	31.2%	5.8%	16.7%	15.8%	5.1%	1.0%	7.1%	2.3%	13.5%	1.6%

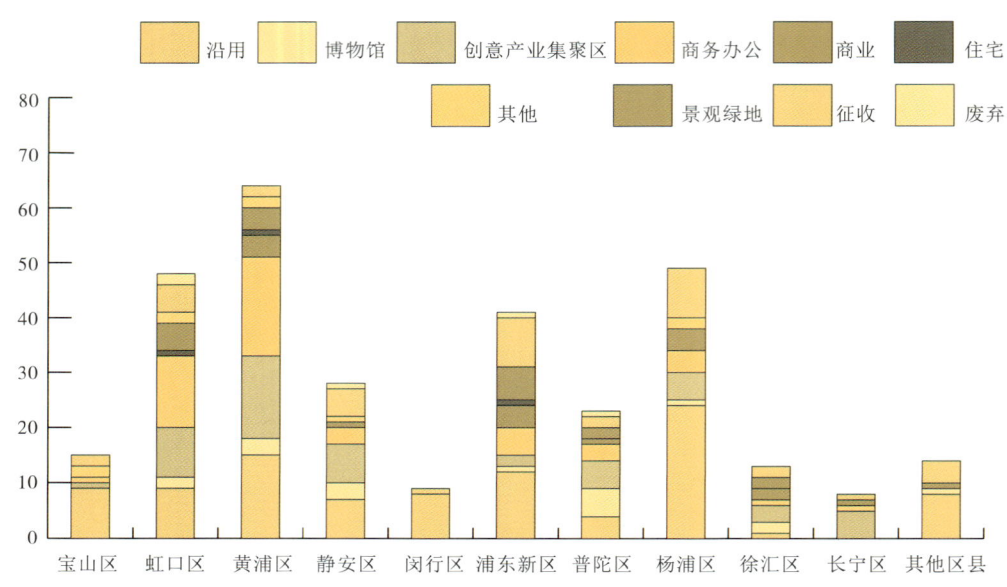

图5-4-1　上海市各区县工业遗产再利用情况
（注：其他区县包括崇明、奉贤、金山、松江、青浦）

其中，黄浦区、静安区、普陀区由于有苏州河或黄浦江流经，滨河滨江工业遗产较多，开发较早，整体再利用水平较为成熟。杨浦区本身的工业遗产基数较大，但杨浦滨江及杨浦区仍处于进一步开发再利用阶段，目前该区域工业遗产多处于功能转型的过程中。同理，徐汇区滨黄浦江地区、静安区老闸北区域的工业遗产分布较为密集，但由于也处在开发阶段，部分工业厂房处于被征收但还未被利用的阶段（图5-4-1）。

5.4.3　早期再利用的典型模式

创意产业集聚区模式，是上海早期工业遗产改造再利用的典型模式，其缘起与划拨用地出让政策息息相关。

1992年，上海市确定了经济结构战略调整，实施"三二一"产业发展方针，中心城区明确了"退二进三"战略方向。这一时期土地政策的焦点，是计划经济时期遗留的大量划拨用地的处置方式，加速了上海中心城区大量关停工业建筑遗产向居住、商业、办公功能的转变，其中一些划拨用地以出租或自用的形式，转变为"都市工业园区"（表5-4-2）。

截至2001年底，经上海市经委认定挂牌的都市工业园区超过150家，如杨浦区的国际家用纺织品工业园、闸北区的印刷媒体产业园等。其中也有零星的、完全处于自发阶段的、由工业遗产转化而来的文创园区，尤其是1990年代后期，随着西方新思潮的影响，以及一批海外归来的专业人士的积极实践，上海一些工业建筑遗产得到了再利用，苏州河沿岸地区的废弃仓库及厂房，就因一些艺术家的进驻与改造，逐步影响着苏州河沿岸的建筑风貌，以及上海工业建筑遗产的更新利用[①]。

[①] 王兴全，王慧敏，赵嫚. 上海文创园区二十年政策评述[J]. 上海经济，2020（05）：54-68.

表5-4-2　影响文创园区缘起的划拨用地出让政策

法律政策	前身名称	关键措辞	实际影响
1990.5国务院令第55号	中华人民共和国城镇国有土地使用权出让和转让暂行条例	划拨用地转让、出租、抵押时，应向当地市、县人民政府补交或抵交出让金；如停止使用，市、县人民政府适度补偿建筑物和其他附着物，无偿收回	国有企业、开发商和地方政府协议出让分配利益
1992.3国家土地管理局令第1号	划拨土地使用权管理暂行办法	出让金不得低于标定地价的40%	
1994.7中华人民共和国主席令第29号	中华人民共和国城市房地产管理法	土地使用权出让可采取拍卖、招标或者双方协议的方式，此后使用权划拨仅适于特殊性质用地；划拨使用权无使用期限限制	
1998.2国家土地管理局令第1号	国有企业改革中划拨土地使用权管理暂行规定	使用权转让、土地租赁、使用权作价出资、保留划拨使用权四种处置方式，特殊行业国有企业的土地收益可全部留给企业，用于安置企业职工以及偿还企业债务	国有企业与开发商分享利益
2001.4国发15号	国务院关于加强国有土地资产管理的通知	不再符合划拨范围的原划拨用地，应实行出让等有偿方式；确不能招标、拍卖，方可采用协议方式；改变土地用途、容积率，应补交土地差价	大批工业用地闲置，政府和国有企业陷入双输困局。国有企业保有划拨使用权，自用或租赁方式成为各方都不得已而接受的一种方案
2002.5国土资源部令第11号	招标拍卖挂牌出让国有土地使用权规定	商品住宅等经营性用地，必须以招标、拍卖或者挂牌方式出让	
2004.8中华人民共和国主席令第28号	中华人民共和国土地管理法（第二次修正）	改变土地建设用途，应经有关人民政府土地行政主管部门同意，报原批准用地的人民政府批准，在城市规划区内还应先经有关城市规划行政主管部门同意	
2004.11沪府发41号	上海市土地储备办法实施细则	对依法征收后实行出让的土地，市、区县土地储备所占比例分别为30%、70%	
2005.10沪府办发33号	关于进一步加强本市规划管理若干意见	在第二产业用地上的新建、改建、扩建项目，应严格执行规划，编制规划时应严控此类用地改性为住宅用地	
2008.11上海市人民政府令第8号	上海市土地使用权出让办法	用于商业、服务业、商品房等项目应通过招标、拍卖方式进行，市政府批准以协议方式出让的特殊情形除外	

（资料来源：王兴全、王慧敏、赵嫚，《上海文创园区二十年政策述评》，2020[①]）

随着苏州路河边的莫干山路50号成为上海现代艺术创作中心，这些园区逐渐吸引了来自国内外的众多艺术家、视觉创意工场、广告动漫影视制作公司等，形成了一定规模。这里不仅有海外创意设计者带来的国际最新创意设计理念，还吸纳了不少本地设计师，成为上海创意设计人才的"孵化器"。

上海市政府部门逐渐意识到创意产业对上海

[①] 王兴全，王慧敏，赵嫚. 上海文创园区二十年政策评述[J]. 上海经济，2020(05)：54-68.

经济效益的影响力,于是在2004年成立了上海创意产业中心。2005年4月28日,上海市首批18处创意产业集聚区由市经委正式挂牌,其中8号桥、M50等都是很有影响力和代表性的创意产业集聚区(表5-4-3)。随后两年,共分四批公布了75处创意产业集聚区,其中57处由工业建筑遗产改建而成,占园区总数的76%[1]。

由于创意产业园发展过快,2007年后进入发展饱和与同质化竞争期,如何在这激烈的竞争中生存下来、顺利发展下去,困扰着设计工作者和入驻机构。与此同时,政策规范力度也在加大,2008年6月,上海市经委印发《上海市创意产业集聚区认定管理办法(试行)》,明确集聚区的建设和认定原则,对于已授牌集聚区进行复审而未达标者将限期整改。

2010年1月,时任中共中央总书记胡锦涛视察8号桥,要求进一步做好园区规划,把创意产业培育成经济新亮点(图5-4-2至图5-4-5)。创意产业集聚区迎来新的政策推力,2011年发布的《上海市文化创意产业发展"十二五"规

表5-4-3　上海市首批18处创意产业集聚区情况表

园区名称	前身名称	原使用状况	改造后使用状况	建筑年代	建筑面积(平方米)
8号桥	上海汽车制动器厂	工厂及仓库	建筑设计、咨询等	1950	9 000
M50	春明纺织厂	工厂及仓库	现代艺术、商业活动等	1933	4.1万
周家桥	亚洲电焊条厂	工厂	艺术设计、摄影、动漫	1970	1.2万
设计工厂	上海面包厂	工厂	艺术设计产学研一体	1980	5 000
同乐坊	弄堂工厂群	工厂区	设计、办公、商业活动等	1920	约2万
时尚园	上汽集团离合器总厂	工厂区	服装产业为主	1945	6 391
创意仓库	上海四行仓库	仓库	城市规划、建筑设计等	1920	1.2万
传媒文化园	窗钩厂、航空设备厂	工厂区	动漫、影视制作等	1980	1.27万
田子坊	弄堂工厂群	工厂及仓库	视觉艺术	1930	2万余
滨江创意产业园	上海电站辅机厂	工厂及仓库	设计工作室、展览、演出等	1921年始	一期5 000
虹桥软件园	上海经昌色织厂	工厂	软件开发、影视动漫等	1970—1980	1.4万
乐山软件园	上海新风色织厂	工厂	软件开发、影视动漫等	1970—1980	2万
卓越700	上海织袜厂	工厂	软件、动漫等	1966	2万
天山软件园	双鹿冰箱厂	工厂区	软件开发等	1979	2.5万
上海城市雕塑艺术中心	上钢十厂	工厂	展览、艺术活动等	1958	约1万
光复路仓库	原福新面粉厂分厂	厂房及仓库	艺术设计等	约1912	约4 000
西江湾路创意园	无	工厂及配套	设计、展览、商业活动等	1970—1980	约7 000

---

[1] 张松,陈鹏. 上海工业建筑遗产保护与创意园区发展:基于虹口区的调查、分析及其思考[J]. 建筑学报,2010(12):12-16.

图5-4-2　8号桥前身为上海汽车制动器厂老工业厂房
（资料来源：8号桥创意产业园区）

图5-4-3　8号桥园区入口处

图5-4-4　8号桥园区内建筑利用形式

图5-4-5　8号桥建筑再利用时仍保留的厂房内部结构

划》，将创意产业集聚区和文化产业园合并为"文化创意产业园区"，政府每年为文创行业提供约3亿元的产业资助。

2015年前后，随着城区用地的进一步紧张，上海对工业区块进行调整，引导集约使用、规范使用土地，文创园区的发展因是否符合划拨用地政策，而面临着不同的分类对待。如在2014年，宝钢集团将红坊创意产业集聚区所在划拨工业用地变更为商业、办公、文体用地，挂牌出售给福建融侨集团，原园区被拆除，仅保留具有工业遗产价值的上钢十厂冷轧带钢车间。

2017年12月，上海市印发《关于加快上海市文化创意产业创新发展的若干意见》，进一步明确了文创园区政策，支持各类市场主体合作利用工业厂房、仓储用房、传统商业街等存量房产、土地，兴办文化创意和设计服务。在2018年印发的《本市全面推进土地资源高质量利用的若干意见》中，则指出文创园区要承受"既要发光、也要发热、以亩产论英雄"的用地效率压力，对文创园区的经济指标要求越来越高。在城市更新的背景下，文创园区的发展也从原来的单一功能逐渐转化为多功能、复合化利用，以众创空间、智慧园区、工业旅游示范点、AAA级景区、优秀历史建筑、版权示范园区、知识产权示范/试点园区、创业孵化示范基地等形式，对接科技、信息化、旅游、文物保护、知识产权、人力资源和社会保障等部门政策，在功能复合化的同时享受多渠道的政策资源①。

近年来，德必文化创意产业发展有限公司、八号桥集团、创邑SPACE等开发商开始介入，为上海工业遗产的再利用提供了较大资金支持和较为成熟的管理模式，这也促进了创意产业集聚区向更加成熟的方向发展。同时，在成熟的管理模式体系下，改造更新更加注重遗产本身在当地社区中发挥的经济效应和文化带动效应。当然，也应警惕因开发商造成工业遗产再利用模式的单一化、商业化趋向。

5.4.4 上海工业遗产再利用模式的发展变化

近年来，对工业遗产的改造再利用进行了更加丰富的尝试，上海工业遗产再利用模式逐渐趋于成熟。在对象方面，不再局限于建筑单体本身，由传统单体保护的模式，向工业遗产的"大遗址保护"转变；在工业遗产的开发再利用上，更加注重工业建筑本身的价值，向更加多元化的方向发展。

1. 再利用方式的多元化

对于工业遗产的再利用模式，从单一的创意产业聚集区模式，逐渐发展为多元化的再利用模式，如将工业遗产用作商业用途，在保留原有工业建筑风貌特色的基础上，利用原有工业厂房独特的空间美感，将遗产改造为商业中心，形成城市新地标。上海国际时尚中心就是较为典型的商业模式再利用，其功能被定位为符合现代生活的时装秀场、商业空间和休闲餐饮空间（图5-4-6）。

另外，工业遗产本身具有大体量、大空间的特点，对改造为展览用途的空间十分有利，作为

图5-4-6 作为商业模式再利用的上海国际时尚中心

---

① 王兴全，王慧敏，赵嫚. 上海文创园区二十年政策评述［J］. 上海经济，2020（05）：54-68.

展示使用的博物馆利用模式是上海近年来较为常见的工业遗产再利用手段。上海的工业遗产改造为博物馆的案例中，有几种不同的类型，一是利用原工业遗产兴建博物馆，二是利用工业遗产中的旧厂房兴建企业博物馆，三是将工业遗产改造为艺术博物馆（"旧瓶装新酒"）[①]。如由南市发电厂改造而成的上海当代艺术博物馆，由丰田纱厂旧址改造而成的上海"创邑·河"上海丰田纱厂博物馆（图5-4-7），由上海啤酒厂改造而成的梦清馆苏州河展示中心等。

2. 注重与当地社区的融合度

在再利用过程中，更加注重工业遗产与当地社区的融合程度，不再将其视为单一开发改造本体，而是作为一个当地社区的文化中心或是商业中心，以提升整个社区的活力。如虹口德必运动LOFT，原为上海华东电焊机厂，园区内除电焊机厂原有厂房外，亦留有20世纪初的四明公所北厂旧址，具有里弄工厂的建筑特色。上海德必文化创意产业发展有限公司获得该厂产权后，将该厂打造为"运动+办公"主题文化创意产业园，其中的单层厂房空间内设有羽毛球馆、篮球馆等运动场馆，同时配套自行车俱乐部、运动品售卖及部分餐饮商业。创意园紧邻"花园城""同心城""掬水公寓"等高密度居住小区，园区内的运动场馆除对办公人员免费开放外，也对公众全天开放，内部运动场所收费开放。对应周围密集的居住区域，与周围社区形成了很高的融合度，成为周边居民体育锻炼的最佳场所[②]。在提供产业办公空间的同时，也提升了当地社区的整体活力（图5-4-8、图5-4-9）。

图5-4-7 上海"创邑·河"园区内景

图5-4-8 虹口德必运动LOFT现状

[①]吕建昌. 近现代工业遗产博物馆研究[M]. 北京：学习出版社，2016：112.
[②]黄磊. 城市社会学视野下历史工业空间的形态演化研究[D]. 长沙：湖南大学，2018.

图5-4-9 虹口德必运动LOFT内改造为篮球场的厂房

图5-4-10 杨浦滨江具有工业特色的景观环境（对岸为民生港码头筒仓）

3．与景观开发相融合

工业遗产的改造再利用，也越来越多与景观相结合，比如对于早期工厂集中的滨苏州河、滨黄浦江地区，相较于早期滨江景观的设计，在近期的改造更新中，更加注重工业氛围的营造和工业地段整体空间价值的保存，既保留了该区域原本的地貌状态，同时又加入具工业特色的景观构筑物，使之形成具工业特色的景观环境，延续了该区域原有的工业遗风（图5-4-10）。

5.4.5 保护再利用过程中的不理想情况

当然，目前在上海工业遗产的更新过程中，也并非只有积极的一面，同样存在并不理想的实践。出现这些情况的原因在于：缺乏相应的保护管理规范，为适应使用需求，在改造过程中对原有工业遗迹进行较大程度的破坏，忽视了工业遗迹自身的价值；定位出现偏差，一些工业遗产在规划阶段较为成功，但经过功能置换后未能达到预期的更新效果，致使在再利用后再次陷入废弃状态，如上海电工仪器厂、大柏树930科技创意园区、钱万隆酱园馆等（图5-4-11至图5-4-13）。

其中比较有代表性的如由慎昌洋行杨树浦工场旧址改造成的上海滨江创意产业园，2004年由中国台湾建筑师登琨艳设计创立。由于一直无法在园区注册，且部分厂房再次投入使用，对园区

图5-4-11　上海电工仪器厂旧址

图5-4-12　大柏树930科技创意园区

图5-4-13　拆除一半的钱万隆酱园馆

环境造成较大影响，故设计师登琨艳于2010年12月31日迁出园区。现厂区建筑均处于闲置状态，原有创意园区破败不堪。上海滨江创意产业园虽然在规划设计阶段提出了较为合理、理想的模式，但在执行管理上存在断层，最终导致老厂房再利用的失败（图5-4-14至图5-4-16）。

另外比较有代表性的不理想的再利用情况是红坊创意产业集聚区，该园区位于淮海西路570号，原为上钢十厂冷轧带钢车间旧址，2005年初被改建为上海市城市雕塑艺术中心，后于2006年进一步开发成为红坊创意产业集聚区[①]。其因优越的地理位置，合理的室内外空间布局，多重业态融合交替的运营方式，以及独特的开放空间景观，在开放的十多年间吸引了大量的游客。

---

① 徐全. 废弃厂区的景观再生——以上海红坊创意产业集聚区为例[J]. 园林, 2016 (08): 44-49.

图5-4-15 上海滨江创意产业园闲置现状

图5-4-14 上海滨江创意产业园再利用状况

图5-4-16 园区内经过精心设计的沙龙廊道（上）已经荒弃（下）

2014年4月，宝钢集团因经济原因，通过招拍挂形式将红坊项目所在地由工业用地变性为文化、商业、办公用地，同年6月将该地挂牌出售。2014年11月，福建融侨集团竞得该地块，2017年6月，红坊正式关闭进行园区升级改造。

目前红坊内除市级文物保护单位上钢十厂冷轧带钢车间被保留外，其他空间均已拆除（图5-4-17至图5-4-19）。据悉，未来红坊将新建12万平方米新空间，打造以文化、艺术、商业为主题的综合社区。产权易主后的红坊将面临全新的规划设计，这对于保持工房原有工业遗产价值将是一个挑战。

图5-4-17　整改前的园区状况

图5-4-18　整改前的园区沿街状况（该楼已拆除）

图5-4-19　被关闭的红坊，仅存上钢十厂冷轧带钢车间，北立面现状

总体而言，上海工业遗产的再利用整体呈现出更为多元化的发展方向，并且更加注重原有工业价值的阐释。除却传统的博物馆模式、创意产业集聚区模式，开始尝试更多的开发模式，如作为商业空间的再利用，既保证了区域的商业产值，也延续了工业遗产的价值。在注重工业遗产本身的价值阐释和功能需求的同时，也开始结合周边环境，考虑当地社区需求，提高空间的开放程度，与当地社区保持良好的融洽度等（图5-4-20）。

在工业遗产的保存上，不再只注重于单体工业建筑的保护，对于黄浦江滨江地区和苏州河沿岸这类老旧工业遗存分布密集的空间，更加注重整体空间环境的优化和城市工业记忆的延续。为改善黄浦江两岸、苏州河两岸的公共空间品质，上海市政府经过十多年的开发建设，将苏州河沿岸、黄浦江滨江地区的工业遗产进行功能类型的转化，腾出土地和空间，形成滨江景观公共空间。目前，黄浦滨江、徐汇滨江、杨浦滨江、北外滩地区、苏州河下游、叉袋角地区等均已经初具规模（图5-4-21）。

图5-4-21　工业遗产已融入滨江景观
（资料来源：上海市规划和自然资源局）

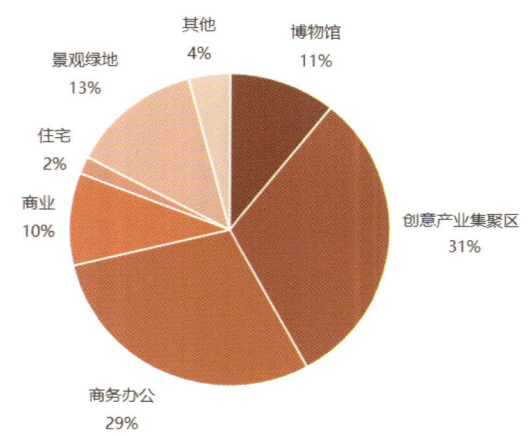

图5-4-20　上海工业遗产保护再利用的不同模式

第 5 章 上海工业遗产的保护与利用

第 6 章

上海工业遗产保护与利用案例实录

6.1 上海当代艺术博物馆

案例名称：上海当代艺术博物馆
原名：南市发电厂旧址
地址：黄浦区花园港路200号
建厂年代：1935年
占地面积：19 103平方米
建筑面积：41 000平方米
工业类型：电力
保护级别：上海市优秀历史建筑

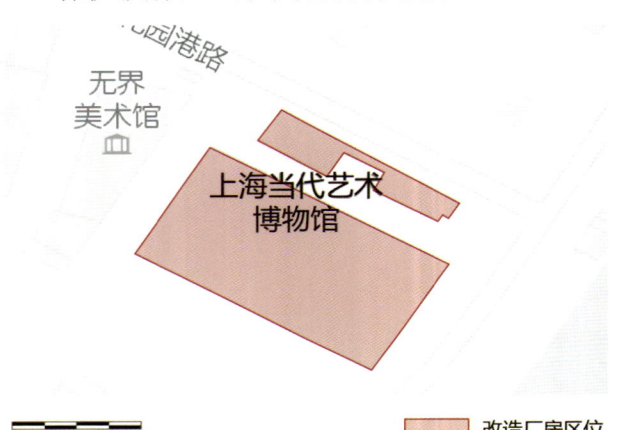

图6-1-1 上海当代艺术博物馆区位

6.1.1 历史沿革

南市发电厂的前身是国人在上海创办的第一家发电厂——南市电灯厂。清光绪八年（1882年），英商上海电光公司成立，租界内开始出现电灯并逐渐普及，而此时租界外的上海老城厢仍然在使用油灯照明。直至清光绪二十三年（1897年），上海海关道宪蔡和甫与上海县令黄爱棠决定参照租界创办电灯厂，从道库中拨银4 000两，于老太平码头（今老太平弄）一空地建厂，后定名为南市电灯厂，并于1898年除夕（1月21日）建成发电。

1905年，南市电灯厂转归新成立的上海城厢内外总工程局领导。1906年，总工程局总董李平书组建了上海内地电灯有限公司，选定十六铺里街紫霞殿（现紫霞路）为厂址[①]。此后内地电灯公司不断扩张，业务蒸蒸日上，1918年，与华商电车公司合并，成立华商电气股份有限公司（图6-1-2），在当时的上海供电公司中位列前三。1935年，为进一步扩大规模，该公司选定于半淞园黄浦江滨（即现南市发电厂厂址）兴建新厂。1936年新厂建成（图6-1-3），然而由于

图6-1-2 1918年华商电气公司全貌
（资料来源：黄浦区档案馆）

图6-1-3 1937年前华商电气发电机组厂房内景
（资料来源：黄浦区档案馆）

---
① 王秀娟. 上海南市发电厂兴衰［J］. 都会遗踪，2010（02）：46-50.

图6-1-4 由南市发电厂改造成的上海世博会城市未来馆
（资料来源：同济原作设计工作室）

"八一三"事变，该厂尚未正式投入使用便被日军侵占。抗日战争结束后，该厂虽然在战争中被严重破坏，经营情况堪忧，但还是为解决当时南市电荒起到了一定作用。

中华人民共和国成立后，华商电气公司于1954年实行公私合营，成立南市电力公司。1955年改名为国营南市发电厂。

2007年，为配合上海市电力工业"上大压小"的战略转型，更为2010年上海世博会的建设需要，位于世博会场址规划范围内的南市发电厂正式关停，并跃升为世博会五大主题展馆之一——城市未来馆，紧邻厂房的大烟囱被改造为气象景观塔（图6-1-4）。

6.1.2 建筑遗存状况

南市发电厂旧址保存有1985年所建的主厂房及烟囱。主厂房体量较大，呈四级阶梯状，北部高南部低，在改造中有部分加建，整体为钢混结构。室内无过多装饰，多为大面积的白墙以及暴露在外的结构构件，保留工业的痕迹[①]。内部设有中庭。建筑外表皮由深灰色的钛锌板覆盖，局部设玻璃幕墙。在二层的屋顶平台处保留有四个大型粉尘分离器管道，刷橘色防锈漆，成为该建筑的标志性元素（图6-1-5、图6-1-6）。

烟囱高达165米，钢混结构，曾经是黄浦江的地标。烟囱被改造后，在下部截面较大部位垂直加层形成螺旋式画廊，并加设通道与主体建筑

---

① 谢金容. 上海当代艺术博物馆解析[J]. 中外建筑，2017（06）：40-43.

图6-1-5　南市发电厂旧址样貌
（资料来源：郭长耀摄影）

相连。外立面适度替换、添加了部分新材料，在保留原有工业氛围的同时适应新的功能需求。2012年烟囱底部扩建两层共3 000平方米的建筑座位停车库，呈U字形环绕烟囱，为清水混凝土框架结构①。

6.1.3　非物质文化遗产

全面抗战期间，1937年南市沦陷后，日军进驻华电，威胁当时的华商电气为其军需用电恢复电力生产，以总经理陆伯鸿为首的华电员工坚决拒绝合作。日伪不仅侵占了华电的全部业务，还拆走、贱卖了公司的发电设备。在遭日伪侵占的8年时间里，华电遭到空前破坏，除了设备、房屋、器材的损失外，公司的董监事及经理人先后死亡9人，职工大部分被遣散，管理人员和技术

图6-1-6　南市发电厂改造前
（资料来源：黄浦区档案馆）

---

①董婧. 旧工业建筑改造为博物馆案例解析［D］. 西安：西安建筑科技大学，2014.

力量严重流失。故此，现在原址中已鲜见当时的工业设备历史遗存[1]。

南市发电厂见证了我国电力事业的发展，1958年10月27日，世界上第一台1.2千瓦3 000转/分双水内冷汽轮发电机在上海电机厂诞生，并在南市发电厂安装投产发电。1987年9月，南市发电厂实行电热联供，成为沪南地区的热网热源中心。

6.1.4 保护与更新

世博会结束后，上海市政府决定将南市发电厂旧址的主厂房改造为上海当代艺术博物馆，并于2012年10月1日正式对公众开放。在改造过程中，内部大部分设施被拆除，汽机车间、煤粉车间、锅炉车间分别被划分为各类不同的展示及休闲空间，在空间分割上存在较大灵活性。因保存状况较好，部分重要设施以及特色部位得到保存，南市发电厂旧址于2017年被列入第五批上海市优秀历史建筑。

南市发电厂旧址经历了两次改造利用，第一次是在2010年上海世博会期间被改造为城市未来馆，第二次是在2012年被改造为上海当代艺术博物馆，这种功能置换与保护利用实现了对原有资源的可持续利用。其保护与更新过程主要有以下几个特点：

（1）重视对环保科技的应用，体现可持续设计思想

由南市发电厂改造而成的世博会五大主题展馆之一"城市未来探索馆"，其改造成果中最引人注目的就是所应用的多项绿色环保技术，比如在能源方面的主动式导光技术、江水源热泵技术、太阳能光伏技术等（图6-1-7、图6-1-8），这些技术的成果应用为建筑更新赢得了国家三星级绿色建筑评价标识的荣誉。比如改造中运用的江水热泵技术，位于发电厂南侧的全球城市广场地下，不需要占用地面面积，不用设置冷却塔等设备，产生污染物很少，增加了整个建筑的环保特性和可持续性，并且由于发电厂紧靠黄浦江，具有得天独厚的水资源，原有取水排水设备设施齐全，也为江水热泵技术的实施提供了良

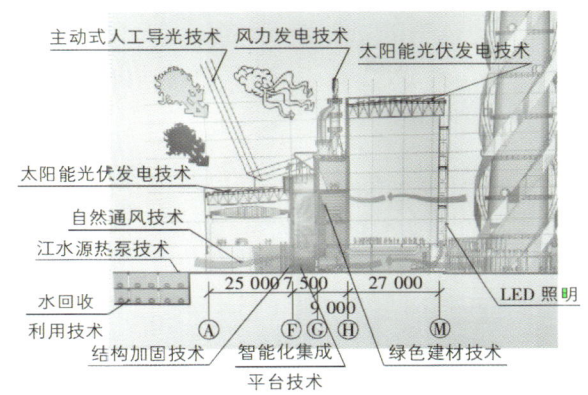

图6-1-7 城市未来馆中应用的部分环保技术
（资料来源：时迪、王逢瑚，《从可持续设计分析上海南市发电厂的两次改造》，2013）

图6-1-8 城市未来馆中应用的太阳能光伏板
（资料来源：同济原作设计工作室）

---

[1] 王秀娟. 上海南市发电厂兴衰[J]. 都会遗踪，2010（2）：46–50.

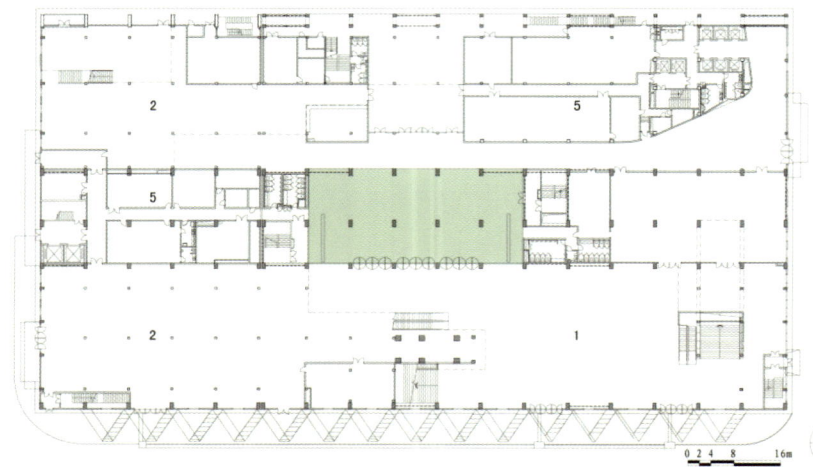

图6-1-9 由南市发电厂改造成的城市未来馆一层平面图
（资料来源：同济原作设计工作室）

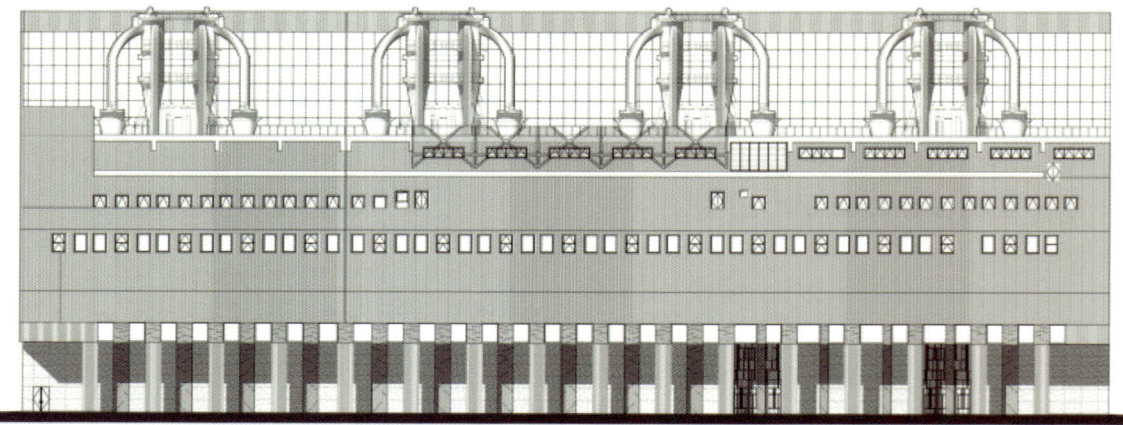

图6-1-10 由南市发电厂改造成的城市未来馆南立面图
（资料来源：同济原作设计工作室）

好的先决条件[①]。

（2）关注功能性的对照，从设计上将博物馆对应发电厂的功能

原南市发电厂的建筑形制中，最明显的特征是低中高三跨式的梯级排列。低跨原是汽轮机和发电机的工作区，负责完成热能、机械能与电能的转化，改造后则用作入口大厅、开放展厅与临展功能，双方都是与外界环境保持接触的区域；中跨原本承担对原煤进行粗细加工的辅助功能，改造后主要承担设备、仓储与后勤办公功能，同样是辅助功能区；高跨原本耸立着四个40多米高的巨型锅炉，是电厂的核心区域，改造后为四个楼层的主要常规展厅，同样也是最为核心的功能区域[②]（图6-1-9、图6-1-10）。

[①] 时迪，王逢瑚. 从可持续设计分析上海南市发电厂的两次改造[J]. 山西建筑，2013，39（03）：9-11.
[②] 张姿，章明. 上海当代艺术博物馆的文化表述[J]. 时代建筑，2013（01）：120-127.

（3）注重特异空间的利用和"日常性"的介入，确保艺术馆以开放的姿态服务于公众

一是很好地利用了发电厂大烟囱这个异型空间，这是一个165米高的巨大筒体，设计时与艺术馆主体建筑相连，在内部加设了螺旋展廊，成为15个常规展厅之后最奇特的展厅（图6-1-11）。

二是改造了眺江大平台，标高提升到25.5米，以达到平台景观效果的最优化，从五层中庭经由玻璃廊内部的坡道和台阶到达大平台，从紧凑到迂回最后豁然开朗的空间序列，成为整个艺术体验流程中不可或缺的重要部分，同样开放的还有34.6米标高的煤粉分离器平台和8.8米标高的车库上的平台[①]（图6-1-12）。

值得一提的是，南市发电厂以当代艺术博

图6-1-11　改造后的大烟囱成为最奇特的展厅
（资料来源：同济原作设计工作室）

图6-1-12　博物馆五层眺江观景平台

---

① 张姿，章明. 上海当代艺术博物馆的文化表述[J]. 时代建筑，2013（01）：120-127.

物馆的形式继续投入使用,但仅对其中一处厂房进行了改造利用,园区内其他工业建筑或是被拆除,或是仅留存一些建筑结构的框架,再利用依旧还是以实用性作为主导(图6-1-13至图6-1-17)。

图6-1-13　上海当代艺术博物馆南立面

图6-1-14　改造后建筑外观局部

图6-1-15 改造后博物馆室内大楼梯

图6-1-16 改造后建筑内部结构

图6-1-17 改造后建筑内部结构

6.2 四行仓库抗战纪念地

案例名称：四行仓库抗战纪念地
原名：四行仓库
地址：静安区光复路21号
建厂年代：1935年
占地面积：3 200平方米
建筑面积：25 550平方米
工业类型：仓储
保护级别：全国重点文物保护单位、上海市优秀历史建筑

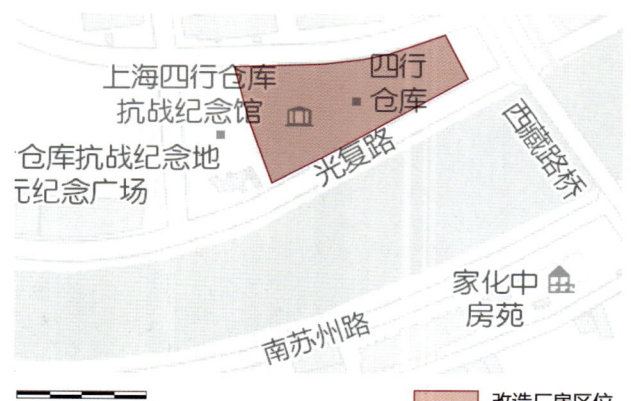

图6-2-1 四行仓库抗战纪念地区位

图6-2-2 20世纪40年代四行仓库历史区位图
（资料来源：《上海市行号路图录》）

图6-2-3 四行仓库历史照片
（资料来源：四行仓库抗战纪念馆）

6.2.1 历史沿革

民国建立后，近代股份制商业银行得到了快速发展，有"北四行"之称的盐业、金城、大陆、中南银行在上海金融业逐步崭露头角并不断壮大。为"厚集资本，互通声气"，四家银行达成联营协议，并于1923年成立四行储蓄会，吸引了大量储户[①]。为堆放银行物资和客户的抵押品、货物等，四行储蓄会决定自建联合仓库，于1935年建成。此联合仓库与此前建成的、相毗邻的大陆银行仓库，统称为"四行仓库"，均由当时上海滩著名的英国建筑事务所通和洋行设计（图6-2-2、图6-2-3）。

---

① 田兴荣. 北四行联营研究：1921—1952［M］. 上海：上海远东出版社，2015：110.

6.2.2 建筑遗存状况

四行仓库原高5层,主体建筑平面呈矩形,采用中心设南北向通廊、通廊两侧用于仓储的布局形式,仓储部分采用钢筋混凝土无梁楼盖结构体系,非常牢固,是当时闸北一带最高、最大的建筑物。

建筑外立面为灰色水泥抹面,矩形窗框,墙角有收分处理,线条精美,竖向的清水混凝土柱对建筑立面进行竖向分割,使建筑立面具有很强的韵律感。东南北三面设有多处入口。建筑立面的窗台下部分,用红色砖块装饰并配以灰色水泥做勾缝处理。外墙面设高窗,以最大程度利用空间容量,体现出工业建筑特色。

通廊部分为交通空间,原设置有楼梯、电梯等,并在顶部引入天光。在装饰上突出了现代主义简约的装饰风格,仅在门头、檐部、壁柱和女儿墙顶等局部有简化的Art-deco装饰。

6.2.3 非物质文化遗产

1937年"八一三"淞沪会战爆发,国民革命军88师524团中校团附谢晋元(图6-2-4)率领一营420名战士坚守仓库,为鼓舞士气,迷惑日军,对外宣称有800人,因此便有了后世流传的"八百壮士"之称。

在与日军作战的过程中,四行仓库遭日军炮袭,"西面墙壁洞穿之处甚多","内存杂粮亦被燃烧"①,经过四天四夜的浴血奋战,他们打退了日军的多次进攻,掩护国民革命军向西撤退。八百壮士孤军抗击日寇的英雄壮举,震撼了全国人心,引起了国内国际的关注和尊敬。英国伦敦《新闻纪事报》指出:"华军在沪抵抗日军之成绩,实为任何国家史记中最勇武的诸页之一。"四行仓库从此闻名全国(图6-2-5至图6-2-8)。

图6-2-4 谢晋元像
(资料来源:四行仓库抗战纪念馆)

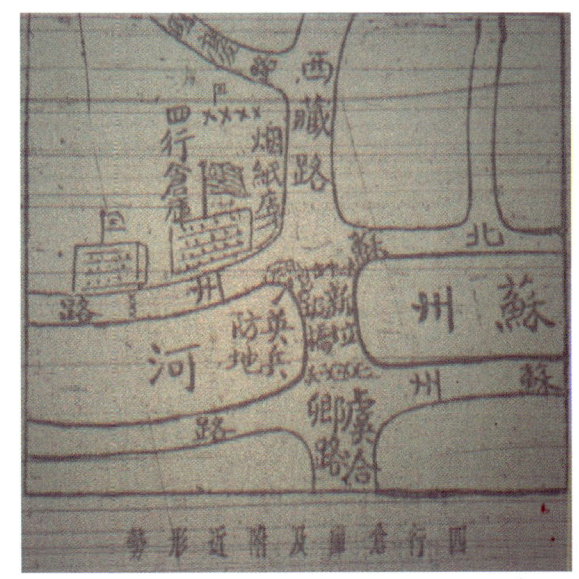

图6-2-5 四行仓库及附近形势
(资料来源:1937年10月28日《立报》)

---

① 联合商业储蓄信托银行. 四行储蓄会全体资产受战事影响第二次统计报告(1938年5月28日)[A]. 上海市档案馆藏:Q267-1-123.

6.2.4 保护与更新

1994年，四行仓库被列入第二批上海市优秀历史建筑；1995年，在建筑底层建立了八百壮士英勇抗日事迹陈列馆；2014年，被列为上海市文物保护单位，同年上海市政府决定对其实施保护修缮，以"修旧如旧""尊重历史"的态度修复了这座建筑，此工程在2017年获评为第三届"全国优秀文物维修工程"。2015年8月13日，在淞沪会战78周年之际，"四行仓库抗战纪念馆"落成开馆，并入选国务院第二批"国家级抗战纪念遗址名录"，这也是上海唯一的战争遗址类抗战纪念地（图6-2-9）。

四行仓库抗战纪念地主要分为纪念馆、纪念广场、纪念墙、纪念雕塑四个部分，其保护与更新主要具有以下特点：

（1）突出抗战纪念性质，实景体验身临其境

首先，保留并呈现了1937年四行仓库保卫战的遗迹。由于西面山墙为建筑最重要的部分，原有的弹孔在战斗后被人封堵，根据有关要求，需要恢复到1937年战斗时的原状。通过使用红外热

图6-2-6 战火中的四行仓库
（资料来源：四行仓库抗战纪念馆）

图6-2-7 坚守中的四行仓库成为抗战的经典场景
（资料来源：1937年10月30日《字林西报》）

图6-2-8 战火后的四行仓库弹痕累累
（资料来源：四行仓库抗战纪念馆）

图6-2-9 修缮后的四行仓库
（资料来源：华建集团上海建筑设计研究院有限公司）

成像仪等设备进行现场勘察，使用摄影测量技术分析等手段确定弹孔位置，最终确定了西墙弹孔发掘、粉刷面剥离、墙体加固、墙体防渗、表面固化、表面效果处理等方案，呈现了当年日军炮击形成的8个主要炮弹孔和430余个枪眼弹点，让人们真切地感受战斗的激烈和残酷。

其次，在四行仓库西侧一至三层布置纪念馆，其中一、二层为永久展馆，三层为临时展馆和办公用房。展馆设计充分考虑了建筑的战场遗址属性，除采用常规文字记录进行展示外，还有大量沙盘模型、油画雕塑、缩微景箱等呈现战场原貌；另外还运用了现代化科技手段，强化参观者的互动体验，比如楼梯间内结合战士行军的声效，增强观众的代入感。

另外，在西山墙与绿植墙之间及周围住宅围合形成晋元广场，这是上海市举办抗战纪念活动的重要场所。每逢重大纪念日在此举办纪念活动，是唤起民众爱国情怀的有效方式，提醒后人永远铭记历史（图6-2-10、图6-2-11）。

（2）恢复历史原貌和特色空间，重整功能布局，引进创意新兴产业

一是从建筑外观上，恢复了南、北立面历史

图6-2-11　四行仓库抗战纪念地航拍图
（资料来源：新华社，罗沛鹏摄影）

图6-2-10　修缮后西面山墙呈现的战争痕迹

风貌，拆除了屋面原有加建内容，六层采用退跨形式，满足业主使用需求；恢复南北立面壁柱、门头、女儿墙、山花等装饰构件；采用铝合金仿钢窗形式，复原外窗；采用内保温形式，提高建筑保温性能，满足使用功能的需求。

二是将原本封堵的通高中庭重新打通，恢复原有的通廊特色空间，中庭一层设之字形木质宽楼梯到二层平台，其余每一层都在中庭两边设置斜向连廊，缩短平面环绕流线，增强东西两侧办公空间的可达性。中庭上空全部采用玻璃天窗，以保证建筑内部的采光通风[①]。

三是除纪念馆以外的其余空间，被改造为创新创业园区，办公入口位于东面，将展览流线与工作流线完全分开，同时提高建筑利用的舒适度，如调低北面的高窗窗台以保证采光。内部办公环境中，在公共区域设有共享厨房、自助打印机、公共休闲空间、讨论室等，装修风格整体趋向于现代化的简约风格（图6-2-12至图6-2-16）。

图6-2-12　建筑室内新加的楼梯及保留的沙袋

图6-2-13　四行仓库北立面

---

① 强丹. 具有抗战纪念性的工业历史建筑更新研究：以上海四行仓库为例[J]. 城市建筑，2021，18（12）：83-86.

图6-2-14 建筑室内构造及结构

图6-2-15 恢复了特色空间的西中庭连廊

图6-2-16 现代化的简约办公空间

（3）重整街区环境，提升周边文化氛围

四行仓库西面山墙、广场、马路等室外部分的更新，使周边的环境质量也得到了显著提升。纪念馆落成后，苏州河北岸的滨河步道也改造完成，这使纪念馆与周边环境融为一体，参观完毕后公众可以到河边休息、散步等。随着四行仓库的知名度越来越高，弹痕累累的西山墙已经成为"网红打卡地"，整个周边街区也随之重新注入活力，这对工业遗产的更新改造也形成更为有利的推动力（图6-2-17、图6-2-18）。

2019年10月7日，四行仓库抗战旧址入选第八批全国重点文物保护单位名单；2021年3月11日，入选上海市第一批革命文物名录。

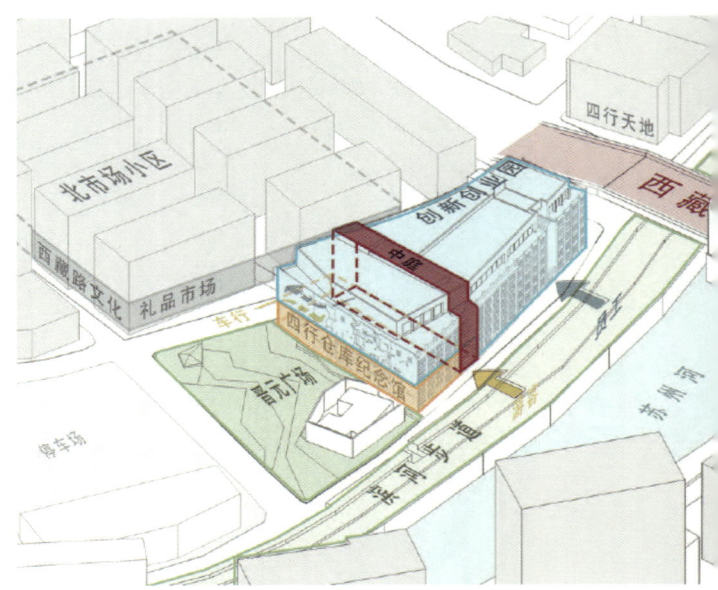

图6-2-17 四行仓库抗战纪念地功能流线及周边环境分析图
（资料来源：强丹，《具有抗战纪念性的工业历史建筑更新研究——以上海四行仓库为例》，2021）

图6-2-18 南侧沿苏州河周边环境
（资料来源：唐玉恩、邹勋，《四行仓库保护与复原，上海，中国》，2016）

6.3 梦清馆苏州河展示中心

案例名称：梦清馆苏州河展示中心
原名：上海啤酒股份有限公司旧址
地址：普陀区宜昌路130号
建厂年代：1935年
占地面积：约11 000平方米
工业类型：食品
保护级别：区级文物保护单位

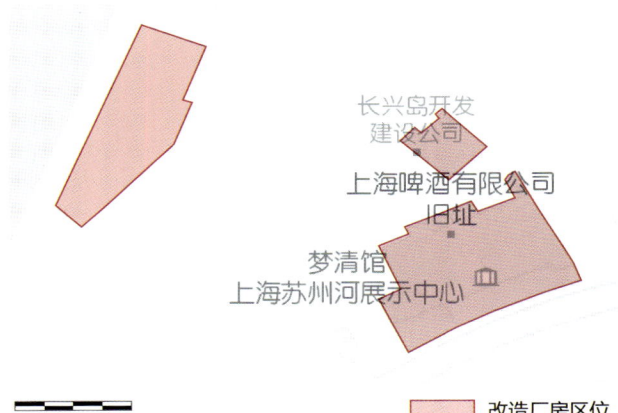

图6-3-1 上海啤酒股份有限公司旧址区位

6.3.1 历史沿革

1911年，德商在江宁路创办了上海第一家啤酒厂——顺和啤酒厂，主要生产"UB"牌啤酒。1919年，挪威人汉巽将其收购，改名为斯堪脱维亚啤酒厂，仍然使用"UB"商标。1935年，与英商沙逊洋行合资，在香港注册英商上海啤酒股份有限公司，在现宜昌路130号设立新厂，仍然使用"UB"商标，并发展成远东最大的啤酒工厂[①]。

宜昌路厂址于1933—1934年建造，1935年建成投产，由匈牙利著名设计师邬达克设计，由利源和营造厂承建。

1949年4月，上海啤酒股份有限公司啤酒厂因资金匮乏停产，至1957年，厂房由国家接管，改名为地方国营上海啤酒厂，1959年恢复生产，产品商标改为"天鹅牌"[②]（图6-3-2至图6-3-5）。

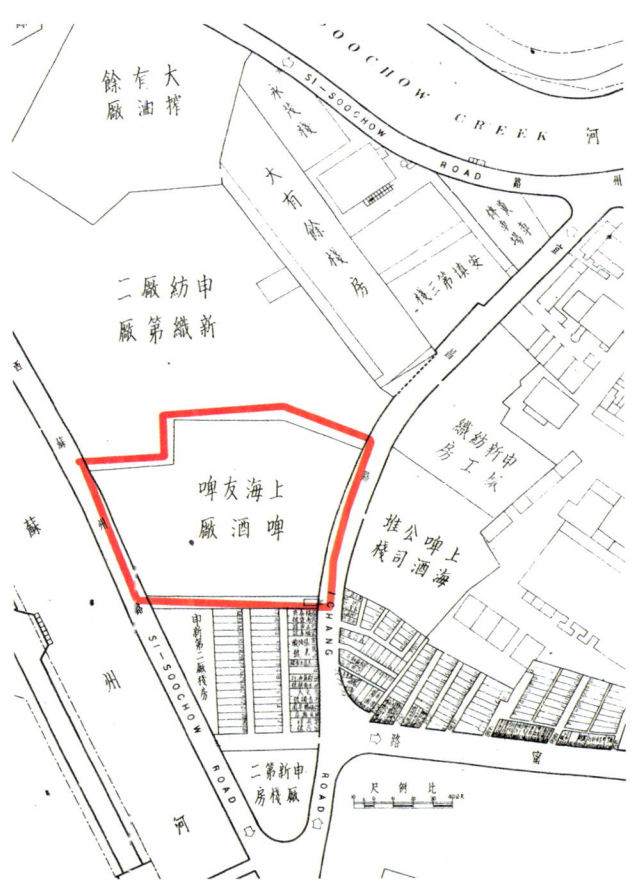

图6-3-2 上海啤酒股份有限公司历史区位图
（资料来源：上海福利营业股份有限公司，《上海市行号路图录》，1947）

---
① 苏州河工业文明展示馆. 史海钩沉/苏州河边的工业史：上海啤酒股份有限公司.
② 上海地方志办公室. 专业志/上海轻工业志［EB/OL］. http://www.shtong.gov.cn/node2/node2245/node68930/index.html.

图6-3-3　上海啤酒股份有限公司酿造车间（自苏州河对岸拍摄）历史照片
（资料来源：郑祖安，《上海历史上的苏州河》，2006）

图6-3-4　上海啤酒股份有限公司酿酒间
（资料来源：郑祖安，《上海历史上的苏州河》，2006）

图6-3-5　上海啤酒厂老厂房正门
（资料来源：上海市建筑学会）

6.3.2 建筑遗存状况

上海啤酒股份有限公司旧址现存三座厂房，分别为原灌装车间的1号楼、原办公楼的2号楼和原酿造车间的3号楼（表6-3-1）。

1号楼高5层，南立面（沿街立面）呈曲面，立面有开窗；2号楼高5层，占地面积较小；3号楼是原有酿造车间的部分遗留厂房，四面有开窗。

三座厂房整体都呈现出现代主义的风格，外立面简洁明快，体现了邬达克的设计构思和风格。其中，3号楼在设计上具有一定装饰艺术派风格，在建筑的细节部分，如门楣、窗台、屋檐等处，也体现出较为细节化的设计（图6-3-6至图6-3-10）。

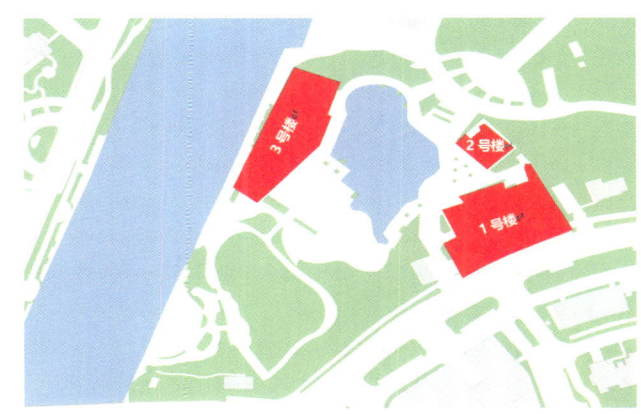

图6-3-6　上海啤酒股份有限公司旧址整体园区平面图

表6-3-1　上海啤酒股份有限公司旧址建筑遗存表

厂房名称	建筑年代	功能类型	建筑结构	建筑面积	当前功能
1号楼	1933—1934年	灌装车间	钢混结构	约6 500平方米	梦清馆苏州河展示中心
2号楼	1933—1934年	办公楼	砖混结构	约950平方米	办公楼
3号楼	1933—1934年	酿造车间	钢混框架结构	—	婚庆会所

图6-3-7　1号楼（灌装车间）沿街弧形外立面

图6-3-8　2号楼（办公楼）外观

图6-3-9　2号楼（办公楼）外立面细部

图6-3-10　3号楼（酿造车间）外立面装饰

6.3.3 非物质文化遗产

作为上海最早成立的啤酒厂，1949年前，上海啤酒股份有限公司的主要产品为"UB"牌啤酒（12°黄啤），因"UB"谐音又称其为"友啤"牌。开始为桶装啤酒，后来发展为瓶装，后又增加新品种黑啤[①]。作为早期上海重要的啤酒产品，"UB"牌啤酒的历史资料包含大量的相关产品广告，是上海近代商标的重要代表（图6-3-11、图6-3-12）。

上海啤酒股份有限公司厂房的设计师邬达克，是上海1920—1930年代最有影响力的建筑师，许多上海优秀历史建筑均出自其手。此旧址是邬达克在上海设计的仅有的两个大型工业建筑之一，因而成为上海近代工业建筑遗产中的代表作品。

图6-3-12 UB牌啤酒的街头广告
（资料来源：苏州河工业文明展示馆）

图6-3-11 UB牌啤酒产品、商标、广告
（资料来源：苏州河工业文明展示馆）

[①] 上海市地方志办公室. 上海轻工业志·第一编第三章第二节：主要产品［EB/OL］. http://www.shtong.gov.cn/dfz_web/DFZ/Info?idnode=68962&tableName=userobject1a&id=66586.

6.3.4 保护与更新

1999年，上海啤酒股份有限公司旧址被列为上海市第三批优秀历史建筑。

2002年初，政府决定在苏州河整治工程完成后，将连同上海啤酒公司在内的由一个U形的河道转弯围合而成的场地，建设成为苏州河边有史以来最大的生态绿地公园——梦清园（图6-3-13）。原本计划将上海啤酒公司的建筑全部拆除，以鱼形展示建筑或古典园林建筑等作为替代建设方案。在拆除工作展开时，上海市规划局知悉情况后立即赶赴现场，中止了拆除作业，建议将上海啤酒公司的保护利用与梦清园的建设进行结合①。不过上海啤酒公司的建筑群已被拆得只剩下办公楼、灌装车间和酿造车间，车间内的生产流水线和生产装置几乎没有保留。

2005年，作为苏州河环境综合整治项目之一，上海啤酒公司原厂房被改造为苏州河梦清园环保主题公园内一部分，原灌装车间改造为梦清馆苏州河展示中心。2009年被公布为区级不可移动文物。

从历史地图上可以看到，1号楼和2号楼基本保持了原有的建筑结构和建筑外观，仅在内部的使用功能上进行调整；3号楼经历了加建、再拆除，仅保留部分酿造车间的建筑结构。整体而言，其保护与更新过程具有如下特点：

（1）与梦清园的总体规划相结合，作为历史文脉轴线存在

梦清园的设计思路是凸现苏州河综合整治的思路和成效，为市中心增添绿肺和绿肾，改善区域环境景观和小气候质量，因此在总体规划上以

图6-3-13　梦清园航拍图
（资料来源：钮一新摄影）

---

① 毛伟. 过程的意义：上海啤酒厂近现代工业建筑的保护与再利用［D］. 上海：同济大学，2006.

水体的净化再生为主题，将景观轴线与历史文脉轴线用"活"水的主题串联起来，赋予生态环保休闲公园以园林的外观、科普的实质和文化的内涵。整个公园分为三部分：室内展示区、环路内室外展示区和环路外的滨江景观带，以满足人们游园、休闲的多重需求[①]。室内展示区便是由原上海啤酒公司的工业建筑遗产改造而成，尤其是由灌装车间改造的梦清馆上海苏州河展示中心（图6-3-14至图6-3-16），用以丰富上海的文化底蕴，挖掘和继承苏州河的文脉。

（2）充分发挥工业建筑原有的历史特点，发挥新的效益

由于灌装车间具有高敞明亮的空间，所以改

图6-3-14　由1号楼（灌装车间）改造成的梦清馆（2008年）

图6-3-15　梦清馆（2018年）

---

① 吴寻. 城市滨水区改造与生态恢复：上海苏州河梦清园规划设计［J］. 安徽建筑，2013，20（03）：46-47.

图6-3-16 梦清馆外立面局部

造为苏州河展示中心;酿造车间曾被改造为啤酒沙龙,用以收藏和展示苏州河及沿岸地区有关啤酒酿造的文物古迹、工业史迹、工业设备等,现被利用为婚庆会所(图6-3-17、图6-3-18)。

改造后的三处工业建筑围合的院落空间,充分考虑了建筑艺术风格和周围景观的有机协调。这样的功能设计,既符合建筑自身的特点,也有助于发挥该建筑位于苏州河畔的区位优势,也能够凸

图6-3-17 改造后的3号楼(酿造车间)外观(2008年)

图6-3-18 酿造车间再利用(2018年)

显出其在啤酒生产方面的独特历史价值。

（3）在具体改造中，充分考虑了作为展示中心的功能特点，并在外立面改造上具有明晰的视觉层次

由灌装车间改造成的梦清馆，在改造中，底层四周墙体除展厅、设备用房与办公门厅外，其余墙体全部去除，以求得与梦清园保持通畅的视觉效果，使建筑与环境更好地融合。同时在设备机房外墙包白色磨砂玻璃，以减少设备运转噪音对展厅的影响，并取得与旧建筑相分离的视觉效果，表达出新旧两个不同的体系。在两幢历史建筑的立面上，采用了现代主义建筑风格的典型色彩——白色与深灰色的高级外墙涂料进行重新喷涂，外部门窗及屋面天窗采用定制的仿老上海工业建筑风格的钢门窗，部分新露出立面则采用充满现代技术感的低辐射中空玻璃幕墙，使得新旧建筑体系在视觉上具有清晰的分离效果[①]。

改造后的梦清馆共有三层，分"印象苏州河""污染沉重的代价""未来苏州河"三个部分，主要通过实物、模型、图片、影视、多媒体、互动感受、操作演示和讲解等诸多方式，集中介绍和展示了上海的发展历史，苏州河蕴含的人文脉络，河流生态的演变、退化、修复过程和治理成就，以及水资源保护的长远规划等（图6-3-19、图6-3-20）。

图6-3-19　梦清馆苏州河展示中心展厅内景

图6-3-20　自苏州河对岸远观原酿造车间（2020年）

---

① 毛伟. 过程的意义：上海啤酒厂近现代工业建筑的保护与再利用［D］. 上海：同济大学，2006.

6.4 M50艺术产业园

案例名称：M50艺术产业园

原名：英商信和纱厂旧址

地址：普陀区莫干山路50号

始建年代：1937年

占地面积：约41亩（约27 000平方米）

建筑面积：41 606平方米

工业类型：纺织业

保护级别：文物保护点

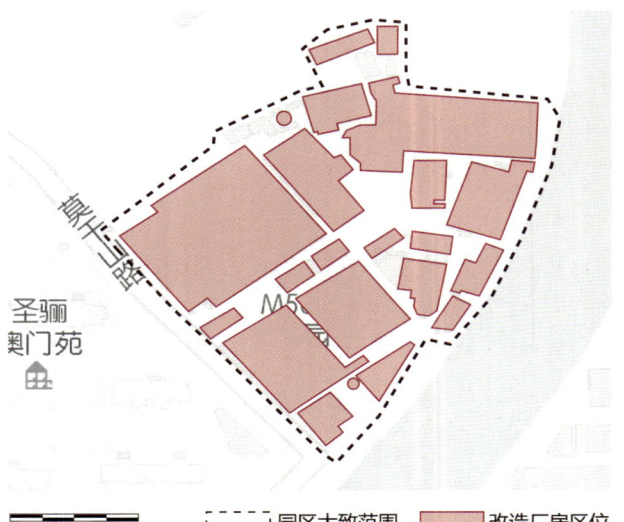

图6-4-1 M50艺术产业园区位

6.4.1 历史沿革

英商信和纱厂（图6-4-2）位于上海市普陀区苏州河南岸，创立于1937年，原为近代徽商代表之一周馥家族的企业。1951年，信和纱厂申请公私合营，更名为公私合营上海信和纱厂股份有限公司，1961年10月（又说1960年10月）更名为公私合营上海信和毛纺织厂，1966年（又说1962年）改为国营上海第十二毛纺织厂，1994年更名为上海春明粗纺厂。主要经营的产品有粗

图6-4-2 信和纱厂1号楼历史照片
（资料来源：苏州河工业文明展示馆）

纺呢绒、针刺簇绒毛毯、机织毛毯等。

1999年，上海春明粗纺厂因上海纺织结构调整需要停止原主业生产，自2000年开始，逐渐通过都市型工业园区的建设和业态调整，引进艺术家工作室、文化艺术机构和设计企业。2005年，上海市经信委正式挂牌M50创意园；2011年，上海M50文化创意产业发展有限公司成立，M50创意园正式更名为M50艺术产业园，逐渐成为上海最具标志的创意园之一。

6.4.2 建筑遗存状况

M50艺术产业园保留了纱厂自1937年至今各个时期的工业建筑近30处，其中包括厂房、工作车间、仓库、办公室、会场、食堂、职工宿舍等空间，也留存下包括水塔、烟囱在内的相关工业设施。

园区内的厂房、车间、仓库以1930年代兴建为多，也有部分厂房为1950年代及之后兴建。园

区内建筑以钢混结构建筑为多，部分早期建筑也存在砖木结构、砖混结构等其他结构。

在建筑风格上，园区由于是厂房建筑，整体呈现出现代主义风格。外立面以红砖墙和混凝土墙为多，也存在以马赛克砖作外立面装饰的建筑空间（7号楼）。

M50艺术产业园部分建筑信息及现况见表6-4-1、表6-4-2。

表6-4-1 M50园区内部分建筑资料信息表

厂房名称	建筑年代	功能类型	建筑结构	建筑面积
0号楼	1969/1995年	底层仓库、二层办公、三层大会场	钢混结构	1 213平方米
1号楼	1938年	董事长、董事及高级职员办公室	砖混结构	460平方米
2号楼	（资料散佚）	（资料散佚）	（资料散佚）	（资料散佚）
3号楼	1938年	织布车间	钢混结构	3 451平方米
4号楼	1938年	纺纱车间	钢混结构	9 234平方米
5号楼	1938年	配电室	钢混结构	318平方米
6号楼	1981年	毛毯车间	钢混结构	5 984平方米
7号楼	1991/1994年	染整车间	钢混结构	7 001平方米
8号楼	1938年	五金仓库	砖木结构	1 344平方米
9号楼	1938年	烘毛车间	钢混结构	332平方米
11号楼	1952年	职工办公楼	混合结构	445平方米
13号楼	1958年	成品检验仓库	钢混结构	1 175平方米
14号楼	1937年	综合仓库	砖木结构	414平方米
16号楼	1940年	锅炉房	混合结构	718平方米
17号楼	1938年	一层仓库、二层食堂、三层托儿所	钢混结构	2 505平方米
18号楼	1938年	原料仓库	钢混结构	1 603平方米
20号楼	1954年	金加工维修车间	砖木结构	309平方米
21号楼	1938年	职工宿舍	混合结构	772平方米
25号楼	1973年	锅炉房	钢混结构	890平方米

表6-4-2 M50艺术产业园内厂房现况照片

厂房名称	现况照片
0号楼	

续表

厂房名称	现况照片
1号楼	
2号楼	
3号楼	
4号楼	
5号楼（原始设备展示区域）	
6号楼	

续表

厂房名称	现况照片
7号楼	  
8号楼	  
8号楼东侧水塔及相关设施	  
9号楼	  
11号楼	
13号楼	  

第6章 上海工业遗产保护与利用案例实录

续表

厂房名称	现况照片
14号楼	
15号楼	
16号楼	
17号楼	
18号楼	
20号楼	

续表

厂房名称	现况照片
21号楼	
22号楼	
23号楼	
24号楼	
24号楼西侧烟囱	

厂房名称	现况照片
25号楼	

6.4.3 非物质文化遗产

英商信和纱厂是上海在抗日战争时期具有代表性的民族工业企业,其前身是1917年创建的青岛华新纱厂,由两广总督、山东巡抚周馥之子周学熙创办。1937年全面抗战爆发、青岛沦陷后,周学熙之子周志俊拆运了一部分场内机器,"原拟溯江西上,转运重庆设厂",因江运中断,只能留在上海,"设信和纱厂,机器作价出售,另招新股开办"[①]。纱厂选址于公共租界苏州河叉袋角处空地,同时为规避日本人干扰,以英商名义注册公司,为"英商信和纱厂",产品商标有"五子登科"等(图6-4-3、图6-4-4)。

时任总经理的周志俊作为周氏家族在上海的实业代表,除创办信和纱厂外,还创办了信孚印

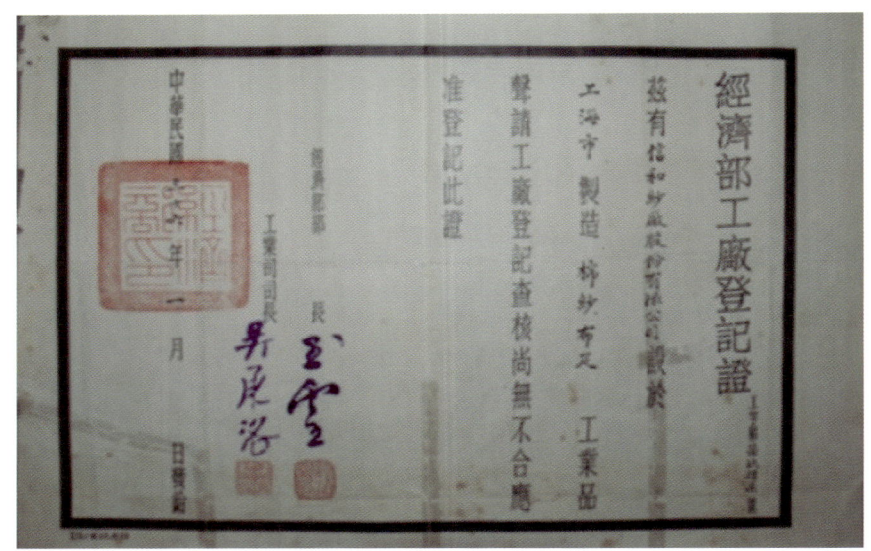

图6-4-3 1947年国民政府经济部颁发给信和纱厂股份有限公司的工厂登记证
(资料来源:苏州河工业文明展示馆)

---

① 中国近代纺织史编辑委员会. 中国近代纺织史 [M]. 北京:中国纺织出版社,1997:42.

染厂，位于纱厂东北侧，此外，还创办了信义机器厂、投资了上海毛绒厂等。他所创办的久安资本集团，作为周氏家族南下生力军，在抗战时期发挥了重要作用[1]。

6.4.4 保护与更新

英商信和纱厂现已转型为M50艺术产业园，是上海市最早改造成创意产业聚集园区的工业遗产之一，园区在空间格局上整体保存情况良好，基本上保存了整个厂区的空间格局（图6-4-5、图6-4-6）。

园区内最具艺术风格的建筑是1号楼，原为信和纱厂董事长办公大楼，建于1938年，Art-Deco建筑风格，东、西立面均为红色清水砖外墙，南立面为红色清水砖外墙间白色涂料装饰墙面及线脚，北立面为蓝灰色有机玻璃外墙。现该

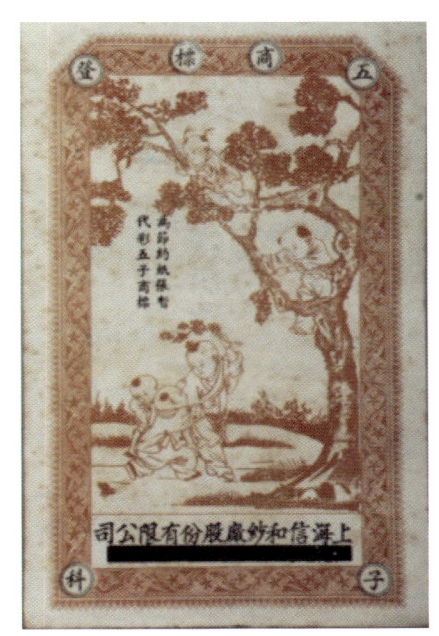

图6-4-4 民国时期信和纱厂五子登科商标
（资料来源：苏州河工业文明展示馆）

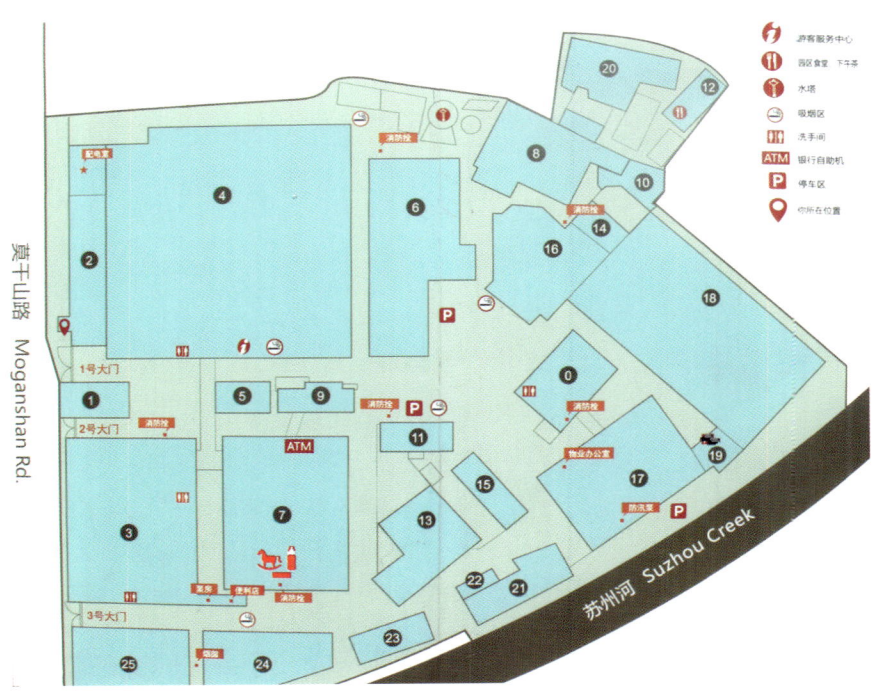

图6-4-5 M50整体园区平面图
（资料来源：据现场导览图整理）

---

[1] 宋路霞. 周馥家族 百年轶事（下）[J]. 档案与史学, 2002(05): 54-63.

图6-4-6 莫干山路沿街建筑群外立面

建筑有画廊、咖啡馆、室内设计等艺术机构与工作室入驻（图6-4-7、图6-4-8）。

园区内最大且最具纺织工业建筑特质的建筑，是建于1938年的纺纱车间（4号楼），建筑面积9 234平方米，钢混结构，共二层，底层层高4.5米，二楼最高层高6米。这里是M50最大的艺术空间，至今有200多家艺术机构及工作室入驻（图6-4-9）。

总体而言，英商信和纱厂转型为M50艺术产业园的保护更新过程具有如下特点：

（1）独特的更新过程：自下而上的自发更新与政府引导的自上而下的规划发展相结合

自1999年开始，苏州河加大推进综合整治河道的污染问题，按照当时政府规划，这块用地将和周边的土地一起开发更新。在规划落实之前，一些艺术家看到这里租金低廉而空间宽敞，就租来用作工作室和艺术作坊，随后众多艺术家和游客也慕名而来，使得这片被遗忘了的老厂房再次充满活力，成为艺术家的天堂。此时政府与规划机构尚未参与其中，因此属于自下而上的自发更

图6-4-7　1号楼南立面现状

图6-4-8　1号楼北立面现状

图6-4-9　4号楼外观现状

新行为[①]。

后来政府部门多次召集各方进行研讨及研究，讨论该地块工业遗产的历史价值，由于很多厂房都是1950、1960年代建造的普通厂房，单就建筑本身而言并没有太高的保护价值，因此对于要保留M50哪些厂房争议很大。最后达成共识，认为M50的首要价值是当代艺术注入形成的新兴创意产业对上海城市发展转型所具有的重要象征意义，应该给予保护和支持，将若干处具有保护价值的厂房建筑列入不可移动文物名录，保障艺术家持续地低租金使用。2004年，关于M50的研究保护和未来发展建议获得市政府同意，M50的保护更新从此进入政府主导、自上而下的实质性规划落实阶段[②]。

---

① 沈湘璐，吉锐，陈天. 上海M50创意园改造实践［J］. 建筑，2016(19)：65-66.
② 薛鸣华，王林. 上海中心城工业风貌街坊的保护更新：以M50工业转型与艺术创意发展为例［J］. 时代建筑，2019(03)：163-169.

图6-4-10　2号楼上的M50标记

2005年，上海市经委挂牌将此处定为上海创意产业聚集区，命名为"M50创意园"，对厂区及周边地区产权进行明确和整体开发（图6-4-10）。

（2）尊重并合理利用现有建筑，从整体出发确定用地功能和项目策划

M50的工业厂房在进行改造时，采取了"修旧如旧"的原则，添加了一些时代元素，但并不做颠覆性的改造。这里没有大工业厂房国际化改造后的时尚，更多的是小尺度改造，如局部的自我更新、别致的细节处理等，给人江南小手工空间"螺蛳壳里做道场"的感觉。这种精细化改造与管理的精神，与上海这个城市务实节俭、积极向上的人文精神是一脉相通的（图6-4-11、图6-4-12）。

图6-4-11　8号楼外墙面简朴的竹竿装饰

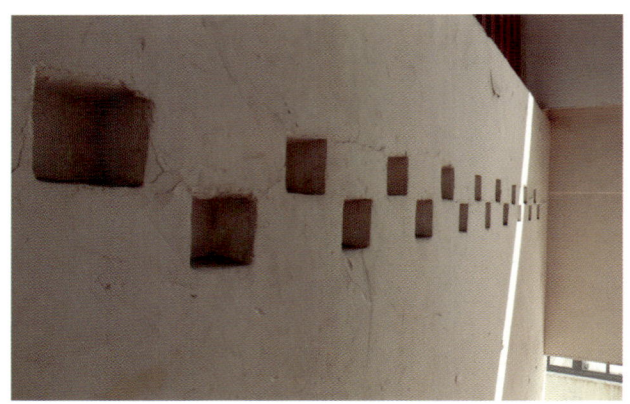

图6-4-12　4号楼室内墙面改造中的简单装饰

（3）严格控制商业业态，拓展多元化商业模式的保护利用模式

对于园区的保护，政策提供了有建设性的管理机制。一方面是注重对建筑原貌的持续性保护，及时对厂房硬件设备进行修缮维护，规定用户装修不得破坏建筑物原貌（图6-4-13至图6-4-16）；另一方面，则是业态管理严格，商业比例很低，极少传统的零售形态，拓宽商业模式时，倾向的也是文化艺术类，如话剧舞台领域、文创产业等，它们的入驻为工厂带来了新

图6-4-13 保持着原貌的3号楼红色清水砖外墙

图6-4-14 保留的原有的工业设施

图6-4-15 依然留存的8号楼东侧的水塔设施

图6-4-16 保留下来的24号楼西侧的烟囱

老工业厂房进行创意产业园开发的风潮，但很多创意园的运作比起M50而言往往缺少根基，不能稳定与常态发展。

随着上海M50文化创意产业发展有限公司成立，M50艺术产业园稳步发展，现已是"全国工业旅游示范点"和"国家级AAA旅游景区"。M50的保护与更新发展不仅体现了上海工业遗产风貌历史保护的整体过程，还揭示了上海老工业独特的艺术转型发展之路，同时也体现了文化艺术创意产业对于城市功能的自主更新作用。

6.5 湖丝栈文化创意园区

案例名称：湖丝栈文化创意园区

原名：湖丝栈旧址

地址：长宁区万航渡路1384弄12号

始建年代：1910年

占地面积：约3 750平方米（厂区总占地面积）

建筑面积：约5 300平方米（两幢建筑的总建筑面积）

工业类型：缫丝业

保护级别：上海市优秀历史建筑

的生机。同时对入驻的艺术家提供不同形式的帮助，有针对性地采取减免租金、提供优惠政策等方式，吸引和支持艺术家在这里发展。这种保护发展模式保证了艺术的整体氛围，在后续发展过程中，使得M50创意园区能够持续维持文化创意元素，始终具有顽强的生命力。

M50艺术产业园的成功，也带动了上海利用

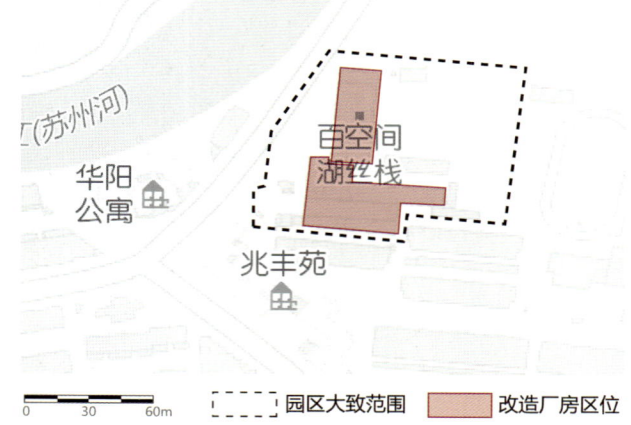

图6-5-1 湖丝栈文化创意园区区位

6.5.1 历史沿革

湖丝栈是中国民族工业发展的初始者之一，是上海最早从事丝茧加工的企业，规模宏大，其整体厂房建筑建于清同治十三年（1874年），由湖州丝商筹建，最初用于加工丝茧及堆栈。由于当时缫丝的蚕茧多来自浙江湖州，因而得名"湖丝栈"。后因外商大量倾销人造丝，使真丝销路锐减，湖丝栈于1936年倒闭。

其厂房曾先后作为达丰布厂仓库和常熟轮船公司堆栈，中华人民共和国成立后作为市五金交电公司仓库（图6-5-2、图6-5-3）。

6.5.2 建筑遗存状况

"湖丝栈"现存两幢古建筑，约建于1910年，其中1号楼高三层，2号楼高两层，两幢建筑均为砖木结构，总平面布局呈L形。建筑形体较为简单朴实，内部均为仓库和工厂实用的大空间。两幢建筑外立面风格相近，清水青砖外墙，局部水平红砖带作装饰。外立面还留有壁柱、弧形门拱、弧形券窗等细节装饰，具有鲜明的时代特征和江南特色。

其中内部大空间在结构上采用整根原木大横梁，无任何拼接，且顶楼中间无梁柱支撑，其中

图6-5-2 湖丝栈外观旧照

图6-5-3 湖丝栈室内旧照

两根跨度达9米和17米的横梁最为难得，在上海现存的近代建筑中较少见。两幢建筑均为机平瓦歇山顶坡屋面（图6-5-4至图6-5-7）。

现房内梁柱上还保留有当年女工计算数目的蝇头小字和"保持仓间整洁，注意器足三距"之类的标语，给人以真切的历史感[1]。

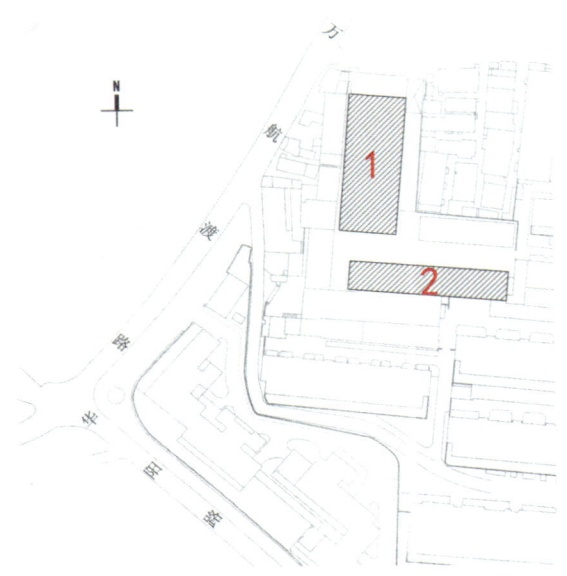

图6-5-4　湖丝栈总平面图

图6-5-6　湖丝栈沿万航渡路1384弄北立面

图6-5-5　湖丝栈梁架结构形式旧照

图6-5-7　湖丝栈内部楼梯形式
（资料来源：上海百联资产控股有限公司）

---

[1] 凡丹丹. 上海纺织工业遗产的调研与分析：以湖丝栈为例[D]. 上海：东华大学，2012.

6.5.3 非物质文化遗产

作为当时茧丝加工业的领先者以及丝绸制造文化的一部分,湖丝栈闻名遐迩,早在清代,著名学者韩邦庆在其所著的《海上花列传》中就有对"湖丝栈"的详细描述。在1851年英国伦敦举办的第一届世界博览会上,中国生产的湖丝斩获金、银两项大奖(左志等,上海城建档案 / 湖丝栈,2008)。

据相关数据统计,在旧上海的缫丝厂中,男女工人的比例大约在5∶95,女工在缫丝工厂员工中占绝大多数[①]。由于当时的缫丝蚕茧来自浙江湖州,而在丝厂工作的女工也来自湖州一带,故而缫丝女工也被称为湖丝阿姐(图6-5-8)。作家孙侠夫于1929年出版了以缫丝女工为主角的中篇小说——《湖丝阿姐》。

6.5.4 保护与更新

湖丝栈旧址现仍位于万航渡路1384弄12号,现存两幢历史建筑为原湖丝栈局部,保存相对完整,内部设施也保持得比较完善,未施行过大的重建与修缮工程(图6-5-9至图6-5-18)。

图6-5-9　湖丝栈1号楼东立面现状

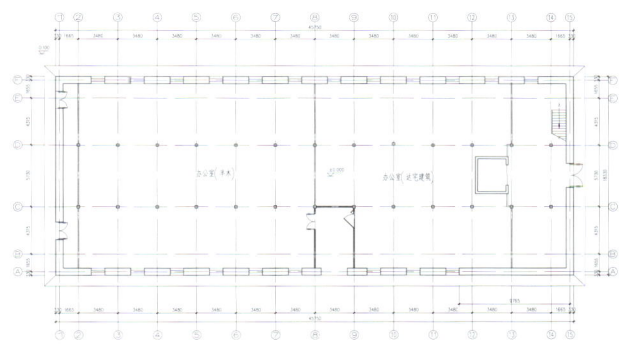

图6-5-10　湖丝栈1号楼一层平面图

图6-5-8　几位纱厂女工合租一辆独轮车——"湖丝阿姐上班去"

图6-5-11　湖丝栈1号楼北立面图

---

① 裴宜理. 上海罢工:中国工人政治研究[M]. 刘平, 译. 南京:江苏人民出版社, 2001:234.

图6-5-12　湖丝栈1号楼东立面图

图6-5-13　湖丝栈1号楼内部结构及再利用形式

图6-5-14　湖丝栈2号楼北立面

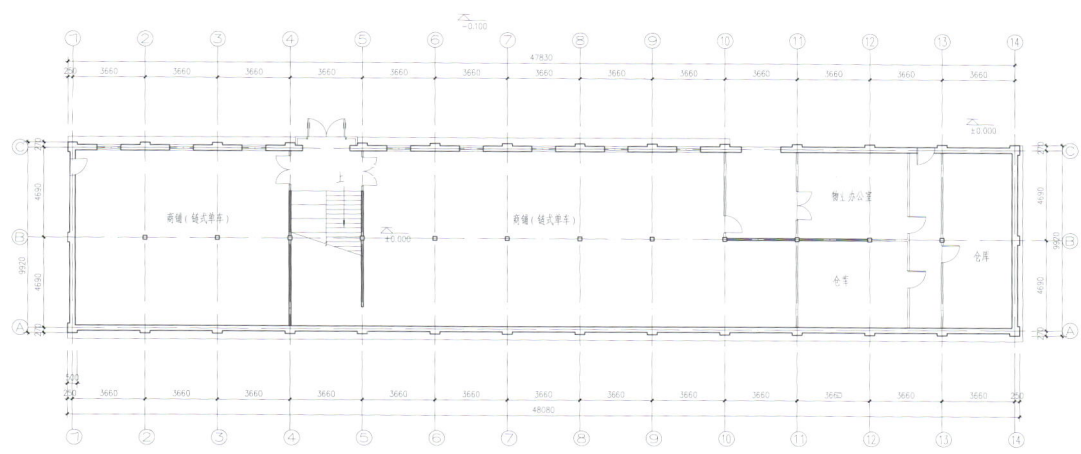

图6-5-15　湖丝栈2号楼一层平面图

图6-5-16　湖丝栈2号楼南立面图

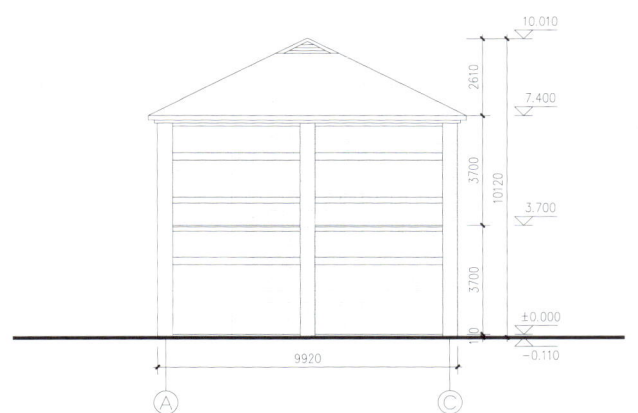

图6-5-17　湖丝栈2号楼东立面图

图6-5-18　湖丝栈2号楼内部结构

2005年，"湖丝栈"被列入第四批上海市优秀历史建筑。2006年，"湖丝栈"被改造利用为湖丝栈创意产业园。其保护更新过程主要体现了以下特点：

（1）湖丝栈工业建筑本身适合开展文化创意工作

这里的仓库、工场大统间格局，空间开阔，环境宽松，比较贴合创意人员的需要，相比现代化的写字楼，这种优秀历史建筑所蕴含的文化底蕴与文化创意工作非常契合，便于激发想象力。园区的功能置换定位于设计、文化、广告、传媒、公关、影视等创意产业，同时也为相关个人或工作室提供展示、发布或公关活动空间。

（2）园区改造重点是对历史建筑的修缮

改造中尊重原建筑的风貌，进行了消防、供电和给排水系统的改造，办公区域的大统间内部格局采用自由可分割式，便于用户根据需要定位适合自己的空间。

（3）整体设施相对于其他创意产业园存在差距

原本计划中会进一步建立、完善园区的公共区域和服务设施，如公共会议室、公共展区、多功能厅、休闲区、室内停车库等，但这些项目并没有完全得到实施。且由于地理位置相对偏远，周边生活环境一般，使得湖丝栈虽然是上海较早被改造为创意产业园区的工业遗产之一，但周边配套设施相对落后，整体氛围与其他创意产业园存在差距。

6.6 花园坊节能环保产业园（上海第一汽车附件厂旧址）

案例名称：花园坊节能环保产业园
原名：上海第一汽车附件厂旧址
地址：虹口区中山北一路121号
始建年代：1954年
占地面积：35 323平方米
建筑面积：46 118平方米
工业类型：机械设备制造
保护级别：文物保护点

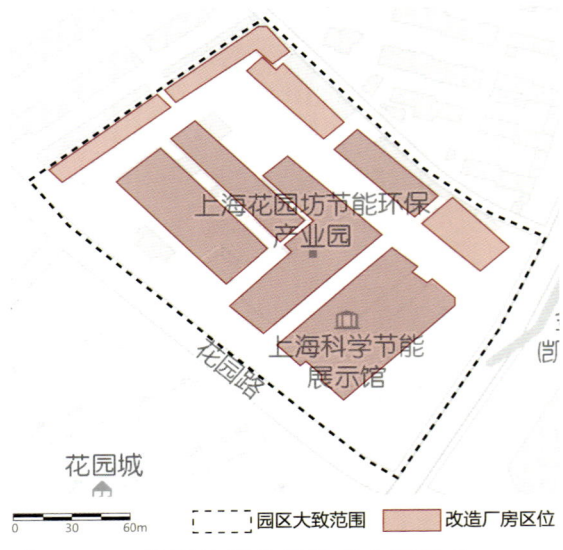

图6-6-1 花园坊节能环保产业园区位

6.6.1 历史沿革

中国机械工具厂是1949年前成立的上海民营汽车配件厂，1959年10月改名为上海第一汽车附件厂，归属于上海汽车工业（集团）总公司，厂址位于中山北一路121号（图6-6-2）。

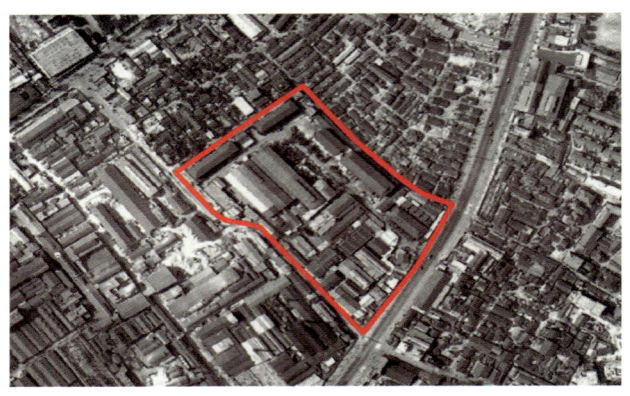

图6-6-2 1979年厂区卫星影像图

1992年，该厂与外资合资组建上海乾通汽车附件有限公司。此后，中山北一路厂址作为生产汽车发动机的铝合金缸体压铸车间使用。

20世纪初，由于上海"退二进三"的城市功能布局调整，该厂迁往嘉定，遗留原址18幢工业厂房。2008年以"绿色节能"为主题，该地被改造为花园坊节能环保产业园。

6.6.2 建筑遗存状况

园区内现存建筑均为钢筋混凝土结构或混合结构，房屋类型包括厂房、车间及办公楼等，多数建筑造型简洁，无过多装饰（表6-6-1、表6-6-2）。

2008年被改造为节能环保产业园时，园内18幢建筑均被进行节能改造，其中2幢建筑达到了美国LEED（Leadership in Energy & Environmental Design）绿色建筑认证金级标准，5幢建筑达到国家三星级绿色建筑认证标准，并获国家节能建筑强制标准认证。

表6-6-1 花园坊节能环保产业园厂房资料信息表

厂房名称	始建年代	建筑结构	建筑面积
A1	1954—1996	钢筋混凝土结构	/
A2	1954—1996	钢筋混凝土结构	/
A3	1954—1996	混合结构	/
A4	1954—1996	混合结构	/
A5	1954—1996	混合结构	/
A6	1954—1996	钢筋混凝土结构	/
A7	1954—1996	钢筋混凝土结构	/
A8	1954—1996	钢筋混凝土结构	/
B1	1954—1996	钢筋混凝土结构	4 681.5 平方米
B2	1954—1996	混合结构	3 001 平方米
B3	1954—1996	混合结构	/
B4	1954—1996	钢筋混凝土结构	/
B5	1954—1996	钢筋混凝土结构	/
B6	1954—1996	混合结构	/
B7	1954—1996	混合结构	/
B8	1954—1996	混合结构	/
C1	1954—1996	钢筋混凝土结构	/
C2	1954—1996	钢筋混凝土结构	/

表6-6-2 厂区各建筑现况照片

厂房名称	现况照片
A1	
A2	

续表

厂房名称	现况照片
A3	
A4	
A5	
A6	
A7	
A8	

续表

厂房名称	现况照片
B1	
B2	
B3	
B4	
B5	
B6	

续表

厂房名称	现况照片
B7	
B8	
C1	
C2	

6.6.3 非物质文化遗产

1901年，一名匈牙利人首次将汽车带入上海，此后十余年，上海的汽车零配件行业逐渐发展。然而由于国内战乱频发，中国自主的汽车制造业一直未能兴起，只在汽车修配及零件制造业有一定的发展。中国机械工具厂即是上海解放前重要的汽车零件修配厂之一[①]。

6.6.4 保护与更新

花园坊节能环保产业园更多的是作为办公空间使用，其园区内的保留厂房在改造过程中经过了较大的改动，以方便后续的使用。其保护更新过程具有如下特点：

（1）按照花园坊所在旧厂区工业建筑的特点进行更新利用

花园坊所在的旧厂区，其工业建筑年代较晚、

---

① 彭南生，关云平. 中国汽车工业发展早期阶段的技术路径——以上海汽车工业基地为例［J］. 湖北社会科学，2014（11）：89-96.

跨度较大（1954—1996年），不像苏州河沿岸的工业遗存那样具有悠久的历史和深厚的文化内涵，本来是很难被列为工业建筑遗产受到保护的，但这些工业建筑一方面也代表了上海工业化进程的一部分，另一方面厂区交通便利，建筑群体多，结构坚固，内部空间具有很好的再利用价值，其中有的楼层甚至高达18米。因此后来决定将其进行重新改造利用（图6-6-3、图6-6-4）。

（2）发挥了功能定位上的差异化竞争优势

这片工业建筑原本被计划改造为文化创意产业聚集区，然而此时文化创意园在上海已形成了比较激烈的同质化竞争，恰好此时上海市政府响应国家号召，开始重视节能环保产业的发展，为了推进节能减排工作，上海市政府计划将分散在全市的节能机构整合起来集中办公，而新筹办的上海市环境能源交易所也在寻找办公场所。因此，这片工业园区恰逢其时，改变了原计划，重新定位为节能环保产业园，并得到了政府的大力支持，由此开始了全新的工业建筑改造利用方案设计与实践[①]（图6-6-5）。

图6-6-3　园区内景观
（资料来源：中国中元国际工程有限公司）

图6-6-4　改造后的工业建筑走廊形式

图6-6-5　花园坊园区被定位为节能环保产业园

---

① 谭文柱. 旧址新生：从老厂房到节能环保产业——上海花园坊从废旧厂房到节能环保产业园的案例［J］. 中国浦东干部学院学报，2012，6（05）：40-45.

（3）对工业建筑遗产的改造利用采用了节能环保的理念

设计时，根据园区L形的道路特点和功能需求，将园区建筑分为四块区域：A区为展示区，B区为实践区，C区为设备区，D区为功能辅助区。在具体改造过程中，始终秉持节能环保理念，对园区场地和建筑单体以多级节能标准进行改造。首先对园区的建筑物进行分类，制定了四种相应的节能建筑改造标准：①按照美国LEED节能金级标准设计；②按照中国绿色建筑评价三星级标准设计；③按现行的公共建筑节能标准设计；④园区内其余建筑根据成本核算，不做太多的投资，基本保留原有建筑的形态。其中按照美国LEED节能金级标准改造的两幢建筑，主要运用了墙体保温、节能门窗、外遮阳、屋顶绿化和通风屋脊、地源热泵系统、太阳能热水系统、高效节能照明、智能化管理系统、材料再利用等一系列节能措施。目前，其中一幢建筑被利用为上海环境能源交易所，另一幢供节能企业办公使用[1]（图6-6-6至图6-6-9）。

花园坊还将许多节能环保理念与技术运用到整个园区的改造过程中，比如把拆除后的建筑废弃物用于园区景观及雕塑布置中，以保留过往的工业记忆，在改造中广泛使用太阳能光伏发电、节能灯具等，并将雨水回收系统用于卫生间冲洗、清洗车辆等，大大提高了园区的能效利用效果（图6-6-10、图6-6-11）。

图6-6-6 被改造利用为上海环境能源交易所的建筑
（资料来源：中国中元国际工程有限公司）

图6-6-7 园区建筑改造后现状

---

[1] 朱中原，宋吴琼，赵崇新，等. 旧工业建筑的节能改造：花园坊绿色建筑展示［J］. 建筑技艺，2010（Z2）：180-189.

图6-6-8 改造利用后的建筑墙体外观

图6-6-10 保留的原工业建筑的外挂楼梯

图6-6-9 改造后的楼梯形式
（资料来源：中国中元国际工程有限公司）

图6-6-11 园区内保留的工业设备，作为景观设施利用

改造后的花园坊，不仅完全改变了以前的衰败景象，吸引了100多家节能环保相关行业和机构入驻，取得了显著的经济效益，而且也具有明显的社会效益，由原来高污染的制造加工业转变为绿色低碳的现代服务业，极大地改善了空气质量和周边环境，园区环境优美，成为附近居民休憩的公共空间。这里已成为中国能效项目示范点，是一个绿色节能的缩影，也是相对集中的节能建筑群和节能产品展示和体验场所（图6-6-12）。

2017年，花园坊被公布为虹口区文物保护点。

6.7 上海国际时尚中心

案例名称：上海国际时尚中心
原名：裕丰纺织株式会社旧址
地址：杨浦区杨树浦路2866号
始建年代：1921年
占地面积：约12.08万平方米
工业类型：纺织业
保护级别：上海市文物保护单位、上海市优秀历史建筑

图6-6-12　园区内景色宜人，成为附近居民的公共休闲空间
（资料来源：中国中元国际工程有限公司）

6.7.1 历史沿革

1914年，日本大阪东洋纺织株式会社选定杨树浦路上一地块作为其上海分社的工厂，厂区始建于1921年，由日本建筑师平野勇造设计，此后不断扩建，至1935年，已扩充至6个工厂，同年该厂正式独立，定名为裕丰纺织株式会社（图6-7-2）。

中华人民共和国成立后，裕丰被收归国有，正式更名为中国纺织建设公司上海第十七棉纺织厂，1992年改制为龙头股份有限公司，是隶属于上海纺织集团的重要纺织机构。2007年由于黄浦江两岸综合开发，该纺织厂搬迁至江苏大丰[①]（图6-7-3、图6-7-4）。

工厂搬迁后，原厂区留下了一批1912—1935年兴建的重要历史建筑，这些建筑不仅见证了工厂的发展与变迁，也记录了一些特定时期的重大历史事件。2009年，原址被设计改造为上海国际时尚中心，厂区内部分建筑被拆除，现存建筑20余幢，其中7幢为上海市三类、四类历史保护建筑，2014年正式竣工[②]。

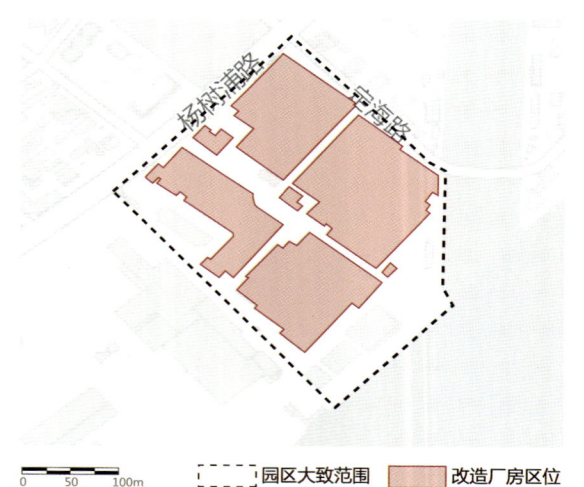

图6-7-1　上海国际时尚中心区位

---

① 范明亮. 上海东外滩十七棉厂工业遗产改造［J］. 山西建筑，2011，37(06)：8-10.
② 袁静. 工业遗产建筑再利用的探索：从上海第十七棉纺厂到上海国际时尚中心［J］. 建筑技艺，2017(04)：114-115.

图6-7-2 裕丰纱厂厂房建筑旧照
（资料来源：杨浦区档案馆）

图6-7-3 裕丰纱厂被接管合照

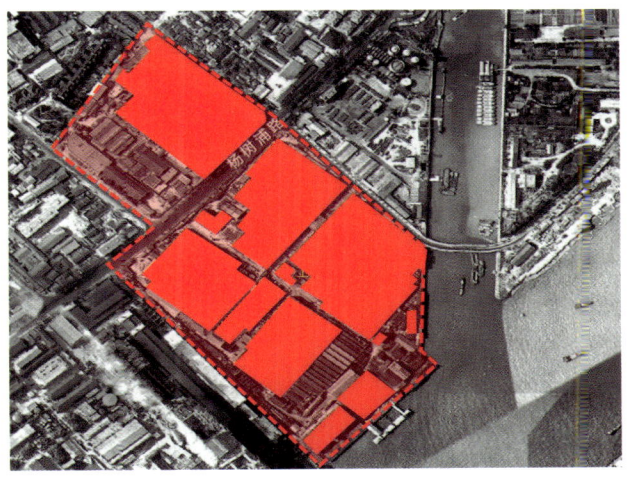

图6-7-4 1979年历史影像地图

6.7.2 建筑遗存状况

裕丰纺织株式会社旧址位于杨浦区东外滩板块的杨树浦路与黄浦江之间，东望黄浦江内唯一的封闭式内陆岛——复兴岛，西临上海最早的发电厂——杨浦发电厂，南依上海市的母亲河——黄浦江，北至蜜蜂毛衣厂原址，拥有得天独厚的地理优势。

厂区留存的历史建筑多为砖混结构，少数为砖木结构或钢筋混凝土建筑，多为原厂内的厂房建筑，清水红砖外墙。厂房建筑的屋顶采用整齐的锯齿形设计，传递出别具风味的建筑形态，这也是厂区最鲜明的建筑特色之一。

厂区中也保留着一些原有的工业设施，如原本的2号楼为水塔，建于1922年，为上海市三类历史保护建筑。该建筑为三层砖混结构，红色砖墙覆层，白色线脚装饰。原一层为锅炉房，顶部为水塔。

建筑整体较为简洁，建造年代为1921—1935年（表6-7-1、表6-7-2）。

裕丰纺织株式会社旧址1999年被公布为第三批上海市优秀历史建筑，2014年被公布为上海市文物保护单位。

表6-7-1　裕丰纺织株式会社旧址现存建筑列表

厂房名称	建筑年代	功能类型	占地面积	建筑特征
1号楼	1921年	厂部办公室	约790平方米	该建筑为砖木结构，高两层，清水红砖外墙，外立面多线脚装饰，整体造型简洁大方
2号楼（水塔）	1922年	锅炉房、水塔	约370平方米	水塔为砖混结构，高三层，约18.69米，外墙面为清水红砖，装饰有白色线脚
3号楼（时尚秀场）	1922年	生产工厂、办公室	约8 400平方米	建筑为砖混结构，屋架多为木屋架，部分采用钢结构屋架。建筑单双层错落，锯齿形屋顶开玻璃天窗，外墙同为清水红砖
4号楼	不详	厂房	约17 220平方米	建筑为砖混结构单层建筑，是园区内体量最大的建筑，屋架为钢结构，锯齿屋顶上开有玻璃天窗，清水红砖外墙
5号楼	不详	厂房	约7 060平方米	建筑为砖木结构单层建筑，体量较大，屋顶为锯齿形，开有玻璃天窗，外墙为清水红砖，局部开圆形窗，工艺精美，是日商在上海兴建的最早的建筑之一
6号楼	不详	厂房	约10 950平方米	建筑为砖混结构单层建筑，局部二层。体量巨大，锯齿形屋面上开有玻璃天窗，清水红砖外墙
7号楼	不详	不详	约16 900平方米	建筑为砖混结构，高两层，平屋面。清水红砖外墙，混凝土水平向线脚装饰
8号楼	1922年	原棉仓库	约2 342平方米	建筑为钢筋混凝土框架结构，高三层，约18米，平屋面，清水红砖外墙，混凝土结构裸露在外，精美大气。建筑南北侧各设有一货运阶梯
9号楼	不详	不详	约2 150平方米	为钢筋混凝土结构双层建筑，平屋顶，混凝土墙面外罩双色钢架，建筑整体方正、朴素
10号楼	不详	不详	约4 780平方米	建筑为钢筋混凝土结构，建筑高三至五层不等，形体错落，局部外立面外罩异形钢架，极具现代感
11号楼	不详	不详	约320平方米	建筑为砖木结构双层建筑，坡屋顶，屋檐下有线脚装饰，清水红砖外墙
12号楼	不详	不详	约170平方米	建筑为砖混结构，高四层，总平面规整，东北角外挂钢楼梯。外墙面为青砖砌筑，混凝土结构裸露在外，整体简洁不失细节装饰
13号楼	不详	不详	约1 210平方米	建筑为钢筋混凝土结构，高五层，现代风格建筑

表6-7-2　裕丰纺织株式会社旧址各建筑现状照片

厂房名称	现况照片
1号楼	
2号楼（水塔）	
3号楼（时尚秀场）	
4号楼	
5号楼	

续表

厂房名称	现况照片
6号楼	
7号楼	
8号楼	
9号楼	
10号楼	
11号楼	

续表

厂房名称	现况照片
12号楼	
13号楼	

6.7.3 非物质文化遗产

当时裕丰纺织株式会社生产的拳头产品，因其风格独特、品质优异而闻名中外，由于其注册商标为"龙头"标，因而被称为"龙头细布"（图6-7-5）。

1958年，导演谢晋拍摄了以纺织女工黄宝妹为主角的艺术性纪录片《黄宝妹》。黄宝妹13岁进入裕丰纺织株式会社即后来的国棉十七厂工作，曾先后7次被评为上海市、纺织工业部和全国劳模，并多次受到毛泽东、周恩来等党和国家领导人的接见（图6-7-6）。

图6-7-5 龙头细布深士林蓝布广告
（资料来源：利中商店，《新闻报》，1948-09-16）

图6-7-6 国棉十七厂劳模黄宝妹受到周恩来总理接见
（资料来源：张福康、李困才、蒋仲学，《话说上海·杨浦卷》，2010）[1]

---

[1] 张福康，李困才，蒋仲学. 话说上海·杨浦卷[M]. 上海：上海文化出版社，2010：93.

6.7.4 保护与更新

改造后的国棉十七厂被命名为上海国际时尚中心（Shanghai Fashion Center），功能定位为符合现代生活的时装秀场、商业空间和休闲餐饮空间，跨界融合国际名品和各界休闲娱乐业态，引导时尚潮流，以建筑形态与人文环境促进文化交流。改造目标在于打造杨浦区东外滩地标，与隔江相望的北外滩交相辉映。

针对本项目基地范围广、建筑类型繁多、布局错综复杂、建造年代跨度大、原始资料不全等特点，建筑师思考了诸多问题，以达到既保留工业遗产的特色又塑造新地标的目的。这些问题包括：整体园区功能如何定位，怎样梳理出一套有序的公共空间，怎样塑造出该项目特有的整体建筑风貌，又该怎样运用改造和保护的技术手段，等等。这些都是该项目设计的关键点，也是改造项目的难点和重点[1]（图6-7-7）。

该项目的保护改造基本上保持了原有建筑的风貌特征（图6-7-8、图6-7-9），基本保证了外立面风格不变，延续了工业遗产原有的风貌和

图6-7-7 上海国际时尚中心鸟瞰
（资料来源：周雯怡、皮埃尔·向博荣，《工业遗产的保护与再生：从国棉十七厂到上海国际时尚中心》，2011）

---

[1] 周雯怡，皮埃尔·向博荣. 工业遗产的保护与再生：从国棉十七厂到上海国际时尚中心[J]. 时代建筑，2011(04)：122-129.

图6-7-8 上海国际时尚中心外观标识

图6-7-9 由锯齿形厂房改造成的时尚空间

韵味,保护与更新过程主要体现了以下特点:

(1)重视对公共空间的营造

根据保护建筑的格局,建筑师对原有建筑进行逐一考察和比较,最终确定将一部分非保护建筑拆除后留下的空间用作中心广场、小广场和巷道等有序列、有层次的空间。通过这样的梳理,形成一条重要的空间轴线,贯穿南北中心并延伸到黄浦江边。

在南厂区,营造出杨树浦路到黄浦江边的一条主要步行轴线,贯穿功能和性质各不相同的三个广场,依次是入口广场、中心时尚广场、滨江休闲广场。每个广场都是一处开敞的多功能交往空间,都至少有一处特色建筑相伴并起到点睛作用。每个广场都与小型的步行巷道或小广场相连,共同构成公共空间网络(图6-7-10)。

(2)修旧如旧,完好保留原有建筑风貌,并调整至适合功能需求

面对如此庞杂的建筑群,需要确立一个整体的风格和基调。同时,每一栋建筑又需要以不同的逻辑和手法来处理。整体基调中体现变化和韵律。在改造中,对原有建筑更新利用时,本身材质和细节上并未进行较大改动,相对完整地保留了原先的建筑风貌。

如厂区有目前上海留存下来规模最大、最完整的锯齿形厂房。从屋内的角度看,锯齿的三角形竖直边一律位于北面,倾斜的一边规则整齐地排列,这是棉纺工业的典型厂房,既可最大限度

图6-7-10 公共空间廊道的延伸

地保证采光，又避免日晒损坏棉纺料。

在保护更新中，其锯齿形厂房依然保持着较为完整的形态。其结构上的大跨度，允许了再改造过程中对于空间功能安排的较高灵活性。因此在卖场布置时，可以较大门店的形式组织，也可以临时折扣点的形式布置。

秀场建筑内亦保留了原先的木结构顶梁，考虑到承重，设计方在布置空调管道时采用了帆布包裹方式，虽在经济上花费稍大，但对于老建筑来说负担更小。

车间交界处的空间以钢构架组成的玻璃天窗支撑，既满足采光需求，也为厂房之间的过道空间提供遮蔽，形成购物者行走休憩的半开放式内廊。玻璃天窗为改造中加建，使得大跨度厂房之间的空间感受更为通透。

改造后，顶部长条形高窗可以为卖场内部提供较好的天然采光，富有工业建筑美感。步行于室内，较高的层高会使人感到舒适开阔。

原水塔楼现改建为休憩餐饮场所，有星巴克咖啡入驻，为时尚购物人群所青睐。其他工业附属建筑也都保存着较为完整的形态（图6-7-11至图6-7-16）。

图6-7-11　原有锯齿形厂房改造利用后景观

图6-7-12　玻璃天窗使大跨度厂房之间的空间感受更为通透

图6-7-13　室内结构形式

图6-7-14　由水塔楼改造成的休憩餐饮场所

图6-7-15 保留下来的旧烟囱,展示着过去的工业记忆

图6-7-16 保留下来的其他工业附属建筑,被巧妙地融入更新利用中

(3)分区明确,功能导示简明清晰,以时尚定位吸引大众

改造后的上海国际时尚中心,整个厂区空间根据使用功能,被划分为七个区域,包括时尚秀场、时尚精品仓、餐饮娱乐、高级会所、时尚办公、后勤服务和机动车停放区域。

厂区内部宽阔的走道直通江边,入驻多家一线品牌时尚精品店,走廊两边运动休闲区和流行品牌区也打造出舒适的消费空间。红色砖墙为主体的建筑,做旧风格的铸铁外水管、褐黄的栏杆,体现出古老和现代冲撞的美感。

改造后的业态新颖,以时尚定位吸引大众,具备时尚多功能秀场、接待会所、创意办公、精品仓、公寓酒店和餐饮娱乐六大功能,这里成为许多世界一线品牌发布会首选地,以及上海国际服装文化节、上海时装周的重要主场。由于整体品牌时尚度较高,年轻人乐为接受,因此时尚中心各个购物区间及休闲场所都人气十足(图6-7-17至图6-7-19)。

图6-7-17 时尚精品店的展示形式

图6-7-18 内部的时尚感

图6-7-19 新与旧、古老和现代冲撞的设计感

（4）滨江景观，岸线设计宜游宜憩

连接着江岸与厂区的部位，以超宽长阶梯和生动的水景过渡。很多人选择在此拍照留影，更吸引了许多孩童于此嬉戏，增添了整体景观的活泼感和趣味性。

延伸至江畔的滨江栈道，被汩汩流淌的江水环抱，绵延的白色遮阳篷矗立在岸，与远处的造船厂塔吊隔江相望。开阔的风景岸线与滨江木栈道步行带结合，为前来购物观赏的游人提供了极好的休闲游憩平台（图6-7-20、图6-7-21）。

图6-7-20 以超宽长阶梯和水景连接厂区和江岸

图6-7-21　江岸景观

总体而言，上海国棉十七厂改造项目借鉴了欧洲建筑遗产保护和改造的理论及手法，以充分体现工业建筑遗产的结构美和空间魅力为出发点，并强调了园区公共空间的完整和多样性，单体改造根据不同情况分别运用了体现原貌、新旧结合、新旧对比等手法，是工业建筑遗产保护更新的典型案例，已成为引领时尚风向的旗帜[1]（图6-7-22）。

改造后的厂房以时装为主题，也可以看作是原本的纺织功能的延续，这种再利用模式也为上海工业建筑功能置换提供了一个新的思路。

图6-7-22　上海国际时尚中心滨水休闲区远眺
（资料来源：周雯怡、皮埃尔·向博荣，《工业遗产的保护与再生：从国棉十七厂到上海国际时尚中心》，2011）

---

[1]周雯怡，皮埃尔·向博荣. 工业遗产的保护与再生——从国棉十七厂到上海国际时尚中心[J]. 时代建筑，2011(04)：122-129.

6.8 八号桥艺术空间·1908粮仓

案例名称：八号桥艺术空间·1908粮仓

原名：中国通商银行第二仓库旧址

地址：黄浦区南苏州路1247号

始建年代：1908年

占地面积：约740平方米

建筑面积：2 000平方米以上

工业类型：仓储业

保护级别：无

图6-8-1　八号桥艺术空间·1908粮仓区位

6.8.1 历史沿革

中国通商银行始建于1897年，是中国人自办的第一家银行，也是上海最早开设的华资银行，主办者为洋务运动代表人物盛宣怀，他因而成为中国创办现代式银行的第一人。虽然在外资银行的夹击下，中国通商银行迭遭亏损，经营极为困难，但它支持了中国近代企业的发展，对中国实业的发展具有十分重要的意义。

全面抗战爆发后，受战争影响，总行迁到重庆，在内地设立分支机构。抗战胜利后，进行复原工作。解放战争时期，整个金融业受国民党政权控制，与大多数银行、行庄等同业一样，中国通商银行生存十分艰难，业务极度萎缩。

上海解放后，人民政府接管中国通商银行，派出公股董事，并对其进行包括增资、清理暗账、精简机构及行员等的业务调整。1952年底，中国通商银行与其他银行、行庄等同业一起加入到统一的公私合营银行管理处，成为社会主义金融事业的组成部分。

中国通商银行第二仓库（图6-8-2）建成于1908年，因1935年杜月笙开始担任中国通商银行董事长，故此后该地就成为杜月笙的私家仓库（图6-8-3）。

图6-8-2　1940年代中国通商银行第二仓库历史区位图
（资料来源：承载、张剑明，《老上海百业指南》，2004）

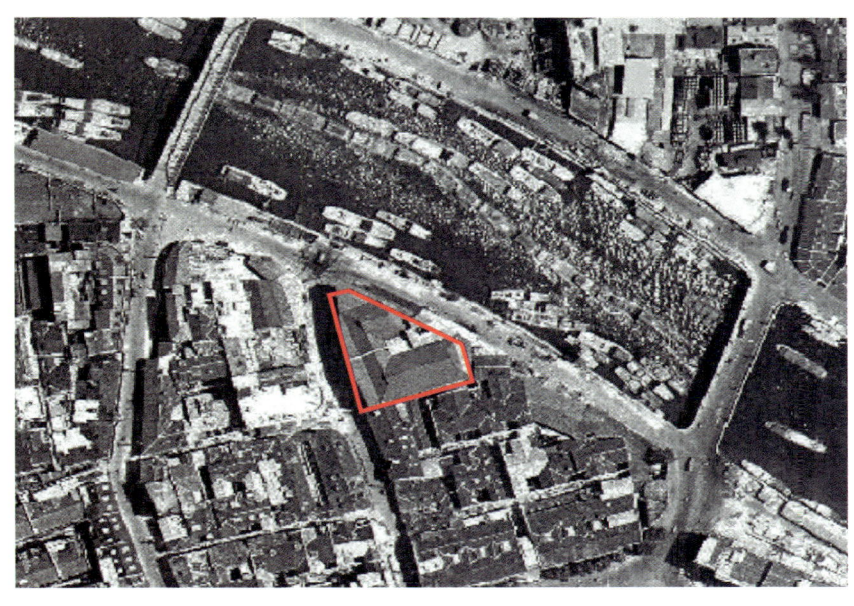

图6-8-3 1979年历史影像地图

6.8.2 建筑遗存现状

中国通商银行第二仓库为歇山顶砖木结构建筑，建筑单体整体呈梯形，现划分为三层。建筑外立面原为白色瓷砖饰面，后改为更具有时代特征的清水红砖，并辅以青砖嵌饰，同时增加了灯光的元素。

仓库窗与门大量采用木纹形式，且配以精美的细部设计。建筑内部装饰有木质地面及立柱，内墙面为白色墙砖，地板和立柱裸露着粗糙的木纹，墙面上陈年的白灰遮不住砖缝的裂痕，原始的痕迹得到较好的保留。

6.8.3 非物质文化遗产

中国通商银行在我国现代银行业的探索上具有代表性，其在管理制度上是仿西制的，但内部文化还是以中国的传统思想为主导[1]。墙壁、木柱（图6-8-4、图6-8-5）上"禁止吸烟""商品安全，人人有责""消灭工伤"等标语为仓储业的行业标准与规范准则。

图6-8-4 改造前的仓库墙壁、木柱

---

[1] 潘淑贞. 简论中国通商银行的组织结构及内部沟通[J]. 福建论坛（人文社会科学版），2006(S1)：92-93.

图6-8-5　更新利用后依然保留着原始的标语

6.8.4　保护与更新

该建筑已于2017年5月27日被改造为"八号桥艺术空间·1908粮仓",以举办艺术展示活动为主,其保护更新过程(图6-8-6至图6-8-10)具有如下特点:

图6-8-6　1908粮仓改造前(2013年)

图6-8-7　改造前的室内结构

图6-8-8 改造后的八号桥艺术空间·1908粮仓外观

图6-8-9 改造后建筑沿南苏州路（北立面）外墙

图6-8-10 改造后建筑沿新昌路（西立面）外墙

（1）属于苏州河边老仓库改造利用的典型代表之一

上海工业建筑遗产的再利用，是以1990年代末苏州河边的艺术家仓库为起点的，当时苏州河畔的旧仓库纷纷被改造为各种艺术工作室，成为上海乃至国内风靡一时的工业遗产再利用范型。"八号桥艺术空间·1908粮仓"位于工业曾经极为繁荣的苏州河畔，既是历史的遗存，也是时光的馈赠，其再利用形式正是这类老仓库更新改造的典型之一，从中可以感受到现代艺术与旧工业建筑相互交映的独特艺术感。

（2）保护更新过程突出了建筑的特质，以及和公众的更多交集

"八号桥艺术空间·1908粮仓"从开始设计到最终改造完成，只用了41天，保护更新过程中贯彻了"三不变"原则：产权关系不变、原有的土地性质不变，以及房屋结构不变。仅仅替换了一些原有的材质，以及对整栋建筑进行了必要的加固，突出了这栋建筑的特质和风格的完整性，不以设计干扰建筑，更不以历史资料绑架审美。在改造后的艺术空间里，仍然能看到仓库原有的木质地板和立柱、白色砖墙等，以及横梁和

图6-8-11 改造后建筑内部屋架及楼板结构

图6-8-12 再利用后墙面上保留的工业遗产元素

立柱上保留的"防火工作人人有责"或其他标记标语,以此彰显昔日的仓库身份,并以"修旧如旧"的保护性修缮和功能更新保存了原有的工业痕迹(图6-8-11、图6-8-12)。

整栋建筑最大的改变,是外立面的整修,将原本的白色瓷砖饰面,替换为清水红砖,这是同时期建筑的典型外墙风格。同时也在外立面上增加了灯光元素,这些灯光投映在南苏州路上,为南苏州路上的夜跑爱好者提供了便利,这让老建筑以一种更为光鲜夺目的方式,重新回到了公众的视野。

(3)成为展现海派文化的艺术空间,潜移默化地改变着人们的生活方式

如何增强艺术空间的活力?在国际上,大体量的美术馆在一个城市固然是一个很重要的地标,但最具生命力的恰恰是那些小的、点状分布的在社会与艺术发展过程中不断生长的东西。作为一个点状的建筑遗存,1908粮仓这个当年杜月笙的老仓库,被打造为一个新的艺术空间,变成了一个人文艺术交流的空间,既突出展现了海派文化在上海这座都市中的呈现,也体现上海作为一个国际都市应有的开放性。

这里2 000多平方米的空间,总共被规划为三层:一层为互动休闲空间,包括文艺酒吧、体验书店等;二层为文化艺术空间,引入各种艺术展览、培训活动等,已成为不少复古发烧友和文艺青年的聚集地;三层为时尚演出空间,作为话

剧演出、影视拍摄场所[1]。在这里举办的各类艺术活动，从讲座到展览再到互动式参与其中，1908粮仓正在和上海这座城市的发展做更深度的结合，希望真正走向公共空间，改变这个城市中人们思考的路径和生活的方式（图6-8-13至图6-8-16）。

图6-8-13　改造后的室内现状，是时尚与历史的结合

图6-8-15　文艺酒吧内景

图6-8-14　体验书店内景
（资料来源：董小强摄影）

图6-8-16　在1908粮仓举办的文艺活动
（资料来源：八号桥文化产业有限公司）

[1] 钟菡. 昔日杜月笙私家粮仓变身成为艺术空间［N］. 上观新闻，2017-05-30.

6.9　1933老场坊（上海工部局宰牲场旧址）

案例名称：1933老场坊
原名：上海工部局宰牲场旧址
地址：虹口区沙泾路10号、29号
始建年代：1933年
占地面积：约15 000平方米
建筑面积：约32 500平方米
工业类型：公用事业
保护级别：全国重点文物保护单位

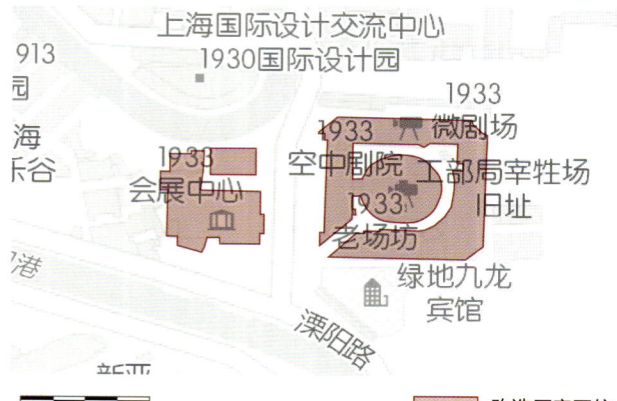

图6-9-1　1933老场坊区位

6.9.1　历史沿革

上海开埠后，由于租界内鲜肉食品的卫生状况令人担忧，私人屠宰场设备简陋，卫生状况恶劣，疫病时有发生，上海公共租界工部局先后于1861年及1882年两次计划兴建公共宰牲场，但均因未能觅得合适地点而作罢。

1891年，工部局出资在斐伦路（今九龙路）建造了一座规模不大的公共宰牲场，1892年竣工，并在1893年进行了扩建。至1930年代，租界人口剧增，原有的屠宰场已不敷使用，1931年，工部局卫生处在今虹口区虹口沙泾路购买了18亩土地，并全额出资新建宰牲场，由英国设计师巴尔弗斯（Balfours）、工部局工程师惠乐（Wheeler）及恩脱白格（Unterburger）共同设计[1]，上海余洪记营造厂建造。1933年11月竣工，1934年1月投入使用，是为"工部局宰牲场"（图6-9-2）。

1935年，宰牲场扩建了冷库和鲜肉市场。1937年上海沦陷后改称市立第一宰牲场[2]，负责

图6-9-2　刚建成时的宰牲场
（资料来源：虹口区档案馆）

---

[1] 许壮猷. 工部局新建宰牲场略记[N]. 申报, 1934-01-09.
[2] 娄承浩, 薛顺生. 老上海工业旧址遗迹[M]. 上海：同济大学出版社, 2004.

全上海的肉类供应。1945年，上海市卫生局接管了工部局宰牲场，并将其更名为上海市第一宰牲场（图6-9-3）。

中华人民共和国成立后，此地仍作宰牛场使用。1958年，宰牛场搬迁，原址改为东风肉类加工厂。1970年，东风肉类加工厂停产后，该建筑被用作制药厂车间（图6-9-4）直至2002年。2002年以后，长期处于空置和废弃状态。

2006年8月，针对宰牲场的保护性开发规划正式启动，上海创意产业投资有限公司开始着手修缮改造原有建筑，宰牲场被再利用为创意产业集聚区"1933老场坊"，并于2007年开业[①]。

上海工部局宰牲场的建造时期是上海近代工业发展的鼎盛时期，也是上海公共租界发展最为繁荣的时期。随着时间的推移，工部局宰牲场在建筑的功能上发生了转变，使用功能由宰牲场到改为食品厂、制药厂，至2006年改造为创意产业园区，其身份的转变也是上海城市发展的缩影。

6.9.2　建筑遗存状况

上海工部局宰牲场的建造是上海公共事业在近代发展的重要体现，精巧的建筑结构、装饰主义风格及先进的混凝土建造技术，使其成为上海乃至全国罕见的近代工业建筑。

工部局宰牲场的建筑空间分布合理，主体建筑是宰牲场屠宰车间所在地，由东、南、西、北四幢钢筋水泥结构四层楼房围成四方形，方形之中又建一座二十四边形近似圆柱体的主楼，与旁边四座楼房通过楼道相连，使整个平面形成"回"字。这样，从牲畜入口、蓄畜楼、牲口宰杀等候区、宰杀笼、宰杀大厅、冷却室到处理间

图6-9-3　宰牲场旧影
（资料来源：上海市虹口区人民政府，《上海市虹口区地名志》，1989）

图6-9-4　制药厂车间内景
（资料来源：虹口区档案馆）

等空间，就形成了一套完整的生产链（图6-9-5）。

整栋建筑具有古罗马时期巴西利卡式风格。建筑墙体厚50厘米，两层墙壁中间采用中空形式，利用物理原理实现温度控制。墙面上开有若干通气孔，即使在门窗紧闭的冬天也能保证圈舍通风良好。建筑地面采用汰石子水泥，防止牲畜

[①] 聂波. 上海近代混凝土工业建筑的保护与再生研究（1880—1940）：以工部局宰牲场（1933老场坊）的再生为例[D]. 上海：同济大学，2008.

图6-9-5　工部局宰牲场旧址鸟瞰
（资料来源：虹口区档案馆）

在走动时打滑。建筑中部主要为屠宰车间，周围为圈舍。共设有30座廊桥作为楼梯和连接各个部分的通道。廊桥宽窄各异，以确保人畜分离，并有效分流不同体量的牲畜。圈舍内的栏杆为直径2.5英寸（6.35厘米）白铁皮管，较为坚固（图6-9-6）。

同时，其建筑装饰极具特色，加工车间采用当时最先进的无梁楼盖技术，形成八角形和四边形的伞状柱帽。各楼之间上下交错，廊道盘旋，结构复杂。底层墙基用花岗岩砌筑，沿街立面的窗均为花纹精美的镂空小方格窗。工业建筑的实用功能和建筑美学在工部局宰牲场旧址上得到了完美的结合（图6-9-7、图6-9-8）。

图6-9-6　连接圈舍和屠宰车间的通道

图6-9-7　宰牲场内的伞状柱帽

图6-9-8　镂空水泥花格窗

6.9.3　非物质文化遗产

工部局宰牲场落成后，以其巨大的规模和当时最先进的生产工艺，成为远东地区最大的宰牲场，有"远东第一屠宰场"之称，也被称为"混凝土工业的机器"，几乎垄断了租界甚至沪上绝大多数的鲜肉生产和供应，并通过沙泾港、虹口港出港，沿水路远销周边地区。

6.9.4　保护与更新

工部局宰牲场旧址经改造后于2007年对社会大众开放，目前作为"1933老场坊"与周边的历史建筑被一并保留。"1933老场坊"用于会展办公、活动宴会、旅游休闲等，建筑保存情况良好，建筑的风貌得以保留（图6-9-9）。

具体而言，其保护与更新过程具有如下特点：

图6-9-9　工部局宰牲场旧址外景现状

（1）尽可能保持原有的空间品质和建筑风貌

1933老场坊在功能性质、设计美感、历史渊源和建筑形式方面，都不同于一般的工业厂房建筑遗产，其内部空间尽管被多种不同历史时期的建筑割裂，部分空间被破坏，但仍然具有强烈的工业美感和建筑魅力。体现在具体改造中的做法有几点：

一是改造中非常重视原高品质的独特混凝土以及宰牲场特有的坡道空间，在设计时拆除了大部分后期增减的内墙，在新的功能定位中使用轻质隔断来划分空间，对于功能性分割空间和新增设备都采用了可逆性原则[①]。

二是注意空间和风格保持一致，修补并保持格子窗、坡道、桥梁、伞柱、混凝土装饰等建筑特色，在改造中最大限度剥离没有价值的墙面和饰面，按原工艺、原材料复原水泥抹面后通体打磨。

三是保留了大量原有的功能空间，比如原有昏暗窄小的楼梯，虽然使用体验比较差，也不符合现行的建筑规范，但在改造时特意保留了这个空间，原本宰牲场从牛棚通往屠宰空间的廊桥，也保留了原本的设计和肌理，以便让现在的使用者可以体验到1933年宰牲场的工作环境。

最终的改造结果是，完好地保留了建筑原有风貌，旋梯、楼道、连廊、柱体等各种建筑元素构筑了如同迷宫一般的游览体验（图6-9-10至图6-9-13）。

图6-9-10　宰牲场保护更新过程
（资料来源：上海创意产业投资有限公司）

---

① 张涵. 旧工业建筑遗产的创意改造：上海1933老场坊改造设计探究[J]. 建筑与文化，2016（02）：232-233.

图6-9-11 刚完成修缮改造的1933老场坊
（资料来源：上海市虹口区地方志编纂委员会，《虹口区志1994—2007》，2011）

图6-9-12 改造利用后的中庭

图6-9-13 外部廊道景观

（2）注意功能业态上的聚合与创新

1933老场坊在保护利用历史遗留建筑的基础上，融入现代时尚，力求成为上海的新地标，通过加载新的生活理念和方式，以创意、求知为核心要素，融时尚发布、创意设计、品牌定制、文化求知、创意休闲为一体，汇聚艺术家、设计大师、教育家、企业精英于一堂，使机体和内核整合互动为一，并在历史的沉淀中书写时尚的创意生活空间。这里除了是一个展览、交易、办公的平台，还将逐渐发展成集艺术展示、文化教育、社区活动及人际互动于一体的创意社区。

各商家结合建筑特色和自身业态需要，通过现代元素的导入，打造一个个奇特的商业空间。如餐厅保留了原有墙面和立柱，而通过吊灯、铁艺、马赛克等细节装饰以及灯光效果，渲染独特的氛围。零售购物场所则利用原有墙面和立柱进行空间分割，现代简约的展台与建筑的古朴形成了对比，打造一个与众不同的购物体验空间（图6-9-14至图6-9-16）。

图6-9-14　更新利用后的活动宴会场所
（资料来源：1933老场坊）

图6-9-16　更新利用后的创意办公空间
（资料来源：1933老场坊官方网站）

图6-9-15　更新利用后的时尚餐饮区
（资料来源：1933老场坊）

此外，因原有的屠宰塔只有3层，比周围的建筑还要低，所以在改造时在建筑顶部增加了一个轻钢屋面，通过分割后形成一个多功能的观演大厅，解决了原本建筑没有集中空间的缺憾。这是一个由夹层玻璃地板组成的悬空舞台，挑高8米，总面积超过1 500平方米，游客可以站在地板上俯瞰宰牲场的整个室内空间，视觉效果令人惊叹①。这里导入了一流的影音设备，可满足各种时尚活动的需要（图6-9-17）。

（3）促进社区共同发展，对区域发展具有辐射影响

1933老场坊不仅服务于创意工作者，也服务于社区居民，成为居民生活的重要部分，甚至已经成为该区域的一个核心旅游景点，吸引了大量外来游客到访。其附近还有一些创意园，如1930鑫鑫创意园、物华园、建桥96等，它们一方面可以受到1933老场坊的辐射影响，提升自身价值，另一方面也可以功能互补，发挥各自特长。

此外，这片区域的工业遗产和河道的关系密切，并且周边里弄住宅区混于其间，1933老场坊

---

① 肖湘东，熊亦美，余亮. 上海工业建筑遗产改造复兴研究：以三个典型工业遗产改造项目为例［J］. 中国名城，2018（06）：71-76.

图6-9-17 圆形穹顶下用钢化玻璃制成的悬空舞台

作为标志性的工业建筑遗产,是集体记忆的见证者和阐释者,既发挥着提升整片区域整体品质的作用,也使这处工业建筑遗产在原有场所内继续发生新的生活记忆,为其他工业遗产的保护与再利用起到了重要的示范作用[①](图6-9-18)。

2005年,上海工部局宰牲场入选第四批上海市优秀历史建筑,2014年被列为第八批上海市文物保护单位,2019年作为近现代重要史迹及代表性建筑被核定为第八批全国重点文物保护单位。

图6-9-18 1933老场坊侧面外观

---

① 蒋文杰. 上海工业遗产保护与社区发展的互利关系探析:以1933老场坊为例[J]. 建筑与文化,2020(09):123-124.

6.10 上生·新所（上海生物制品研究所旧址）

案例名称：上生·新所
原名：上海生物制品研究所旧址
地址：长宁区延安西路1262号
始建年代：哥伦比亚乡村俱乐部：1923年
　　　　　孙科住宅：1929年设计，1931年建造
占地面积：约45 000平方米
建筑面积：哥伦比亚乡村俱乐部大礼堂、体育馆、游泳池等：6 210平方米
　　　　　孙科住宅：约1 000平方米

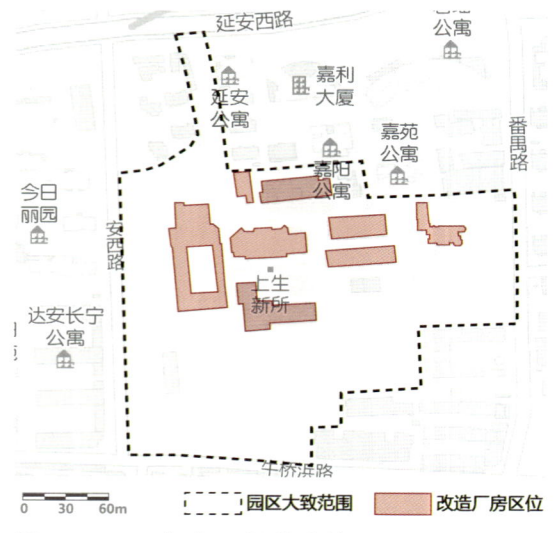

图6-10-1　上生·新所区位

工业类型：化学工业（制药）
保护级别：孙科住宅为上海市级文物保护单位，哥伦比亚乡村俱乐部为上海市第三批优秀历史建筑

6.10.1　历史沿革

上海生物制品研究所旧址位于长宁区延安西路1262号，所在区域处于今延安西路（原大西路）与番禺路（原哥伦比亚路）交汇处西南侧，属于有着"上海第一花园马路"之称的新华路历史风貌保护区核心范围。

该地块的历史可追溯到上海1920年代的租界时期。当时该区域隶属法租界西侧上海特别市政府下辖的法华区，1924—1925年，租界工部局趁江浙战争爆发国民政府无暇顾及之时，在法华区南侧和东侧修筑安和寺路（今新华路）和哥伦比亚路（今番禺路）。美国侨民原本于1917年在杜美路（今东湖路）50号成立了哥伦比亚乡村俱乐部，后因侨民日渐增多，且工部局越界筑路，就在大西路（今延安西路）南侧土地筹建新的哥伦比亚乡村俱乐部，由哈沙德洋行（Elliot Hazzard）1925年前后设计并建成。这是上海少有的不仅服务于美国本国侨民，而且对所有旅居上海的各国侨民都开放的俱乐部（图6-10-2至图6-10-5）。

图6-10-2　哥伦比亚乡村俱乐部旧貌
（资料来源：环同济经济圈）

图6-10-3 20世纪20年代大西路上的哥伦比亚乡村俱乐部外观
(资料来源：上海图书馆)

图6-10-4 哥伦比亚乡村俱乐部旧貌
(资料来源：JWDK)

图6-10-5 建筑室内壁炉保存完好，上方是哥伦比亚乡村俱乐部的徽章
(资料来源：JWDK)

商业嗅觉灵敏的美国人弗兰克·瑞文（Frank J. Raven）拥有普益地产公司，实力雄厚，1926年左右，其在各国侨民聚集的哥伦比亚乡村俱乐部周边购进百余亩土地，推出"哥伦比亚住宅圈"。

普益地产公司雇佣的执行经理雨果·桑德罗（Hugo Sandor）是匈牙利人，他聘请了自己的同胞、当时上海最负盛名的匈牙利籍建筑师邬达克担任总建筑师，为哥伦比亚住宅圈设计花园别墅。哥伦比亚住宅圈主要住户为上海政界、商界的各国侨民，邬达克在设计别墅时，采用了十种不同的建筑风格，包括英国式、意大利式、西班牙式、加利福尼亚式、佛罗里达式、英国乡村式等，满足了不同国家侨民对于田园生活的渴望以及对于乡愁的想象。至1930年，该区域已有21栋建筑及1栋车库建成[1]（图6-10-6）。

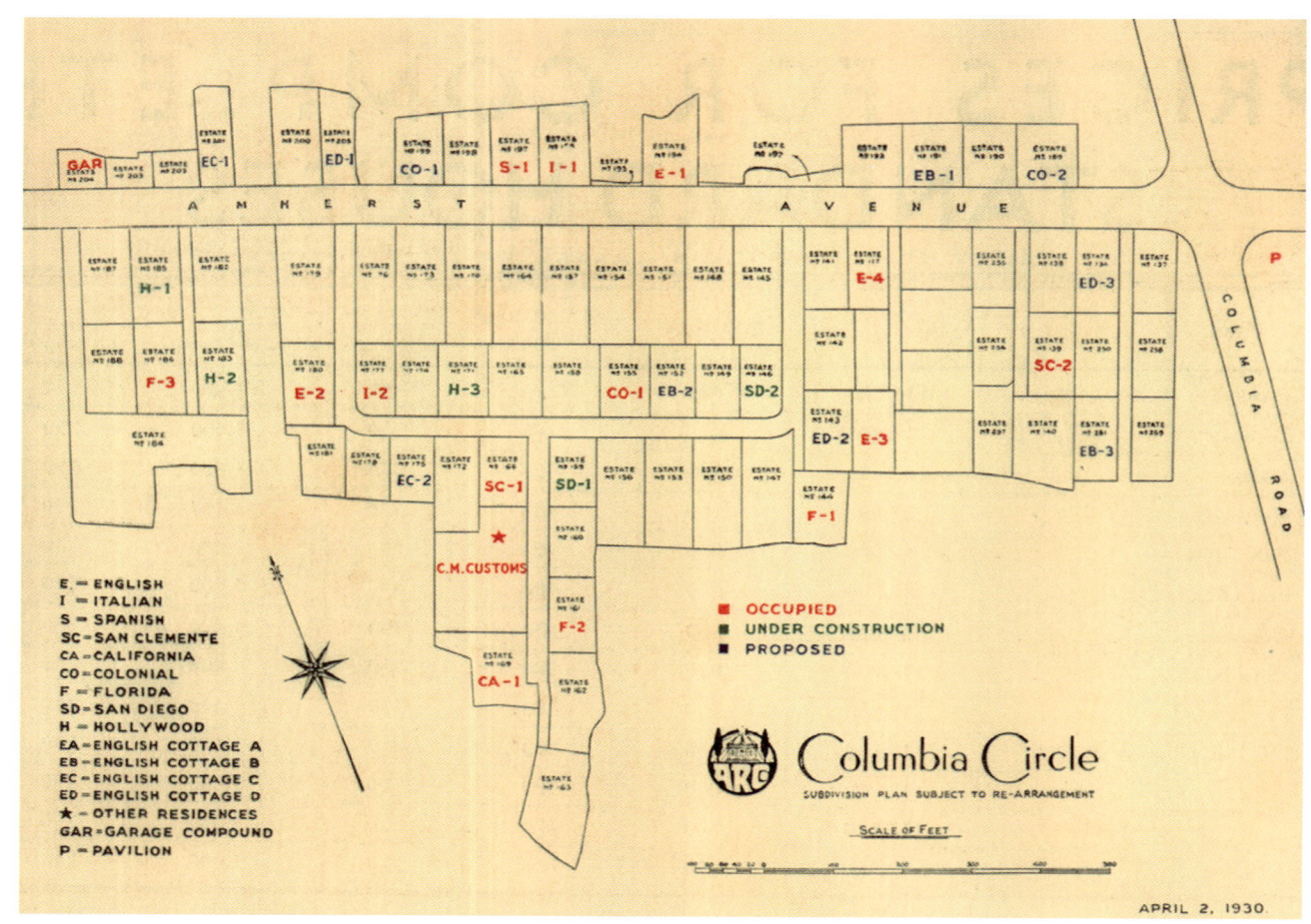

图6-10-6　普益地产1930年哥伦比亚住宅圈宣传册内页
（资料来源：加拿大维多利亚大学档案馆）

---

[1]《邬达克的家》编委会. 邬达克的家[M]. 上海：上海远东出版社，2015.

第6章 上海工业遗产保护与利用案例实录

图6-10-7 孙科住宅旧貌
（资料来源：长宁区档案馆）

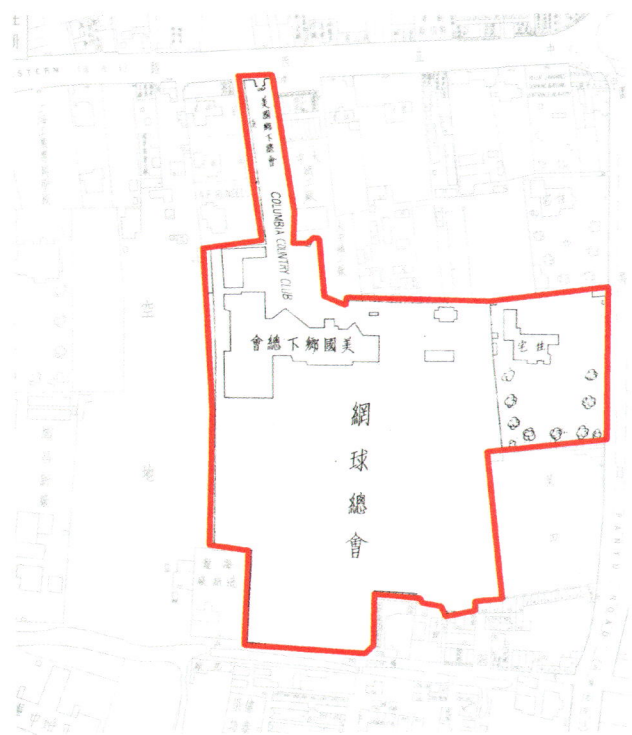

图6-10-8 1940年代美国乡村总会和孙科住宅历史区位图
（资料来源：承载、张剑明，《老上海百业指南》，2004）

邬达克也在这里为自己设计建造了私宅，1929年设计，1931年建成，西班牙建筑风格。据传言由于同期项目遭受资金困难，得到时任国民政府行政院院长、国立交通大学校长孙科出面化解危机，遂将住宅转让给孙科。1949年，孙科离开上海前，将此处住宅转卖。后该住宅隶属卫生部上海生物制品研究所，做办公用途，即现在上生·新所项目内的孙科住宅（图6-10-7）。

园区内现存的哥伦比亚乡村俱乐部（Columbia Country Club），当时与"哥伦比亚住宅圈"形成南北呼应，成为当时外国侨民在上海西部的一处社交生活圈。1941年太平洋战争爆发后，该俱乐部曾一度被日伪占领，1942年至1945年成为日军拘禁滞留中国各地英美侨民的集中营，抗战胜利后为国民党政府某部门使用[①]（图6-10-8）。

中华人民共和国成立后，1951年，上海生物制品研究所接管了此园区，这里从此成为不许外人进出的"科研实验区"，连地图上都无标注。园区在此后60多年中也根据发展需要陆续建设了科研办公室、实验室、厂房仓库及配套用房等。

上海生物制品研究所成立于1949年，是一所集生物制品研发与生产、经营于一体的大型高技术企业，原称华东人民制药公司上海生物制品厂，1953年改隶卫生部，改为今名"上海生物制品研究所"（图6-10-9）。

1989年，中国生物制品总公司成立，下辖北京、兰州、长春、上海、武汉、成都六个生物制品研究所，上海生物制品研究所位列其中。2003年，研究所隶属中国生物技术集团公司（中国生物制品总公司更名为中国生物技术集团公司，隶

---

① 张长根. 上海优秀历史建筑：长宁篇[M]. 上海：上海三联出版社，2005：195.

图6-10-9　上生所科研生产场景
（资料来源：环同济经济圈）

图6-10-10　2016年改造前（上）与2020年改造后（下）鸟瞰图
（资料来源：上生·新所）

属国务院国资委）。2009年，中国生物技术集团公司与中国医药集团总公司合并重组，2010年新中国生物技术集团公司成立，隶属国药集团。2011年中国生物技术集团公司更名为中国生物技术股份有限公司[1]。

2014年，上海生物制品研究所开始整体搬迁；2015年进行公开招标，最后确定由万科租赁土地及建筑，并联合大都会事务所（Office For Metropolitan Architecture，OMA）进行改造、招商、运营。2018年，该区域以创意办公、商业文化的开放街区项目——"上生·新所"的形象回归公众视野，成为上海城市有机更新的地标（图6-10-10）。

---

[1] 中国生物技术股份有限公司. 走进中生/历史轨迹［EB/OL］. http://www.cnbg.com.cn/html/about/show_5.html.

 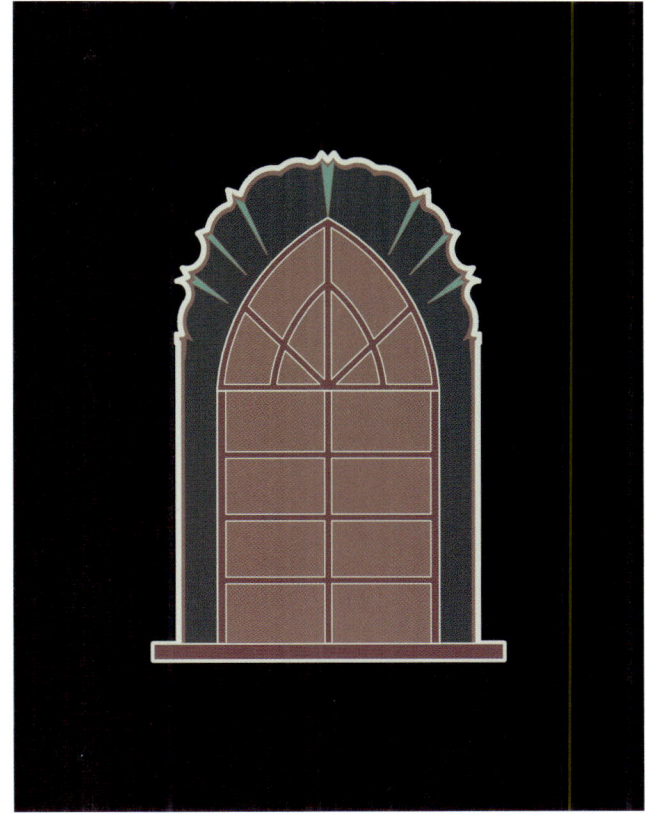

图6-10-11　孙科住宅混搭风格的贝壳窗

6.10.2　建筑遗存状况

园区内现存3栋保护建筑，分别为孙科住宅、哥伦比亚乡村俱乐部（Columbia Country Club）大礼堂和体育馆（海军俱乐部）。

孙科住宅为邬达克设计，为假三层砖木结构，建筑面积1 051平方米，整体呈现出西班牙建筑风格（图6-10-11）。三开间格局，东南角有八角形塔楼向外凸出。一层以中间客厅为中心，两侧分布书房及餐厅，南侧为柱廊及入口；二层分布起居室及卧室，三层以小阁楼山墙面形状点缀。外立面做拉毛灰处理[①]。

哥伦比亚乡村俱乐部为美国哈沙德洋行设计，整体平面呈L形，包含大礼堂、体育馆及游泳池。大礼堂为2层建筑，呈现出西班牙建筑风格，红色筒瓦屋顶。外立面做水泥砂浆拉毛灰处理，门头及山墙多设有巴洛克风格装饰，贴粗石面料装饰。建筑内部装饰精美。

海军俱乐部（体育馆）为砖木结构单层建筑，内部局部区域设有二层走廊，屋顶为普拉特式（Pratt）组合木桁架，屋顶、屋面为红色筒瓦。

[①]《邬达克的家》编委会. 邬达克的家［M］. 上海：上海远东出版社，2015：38.

 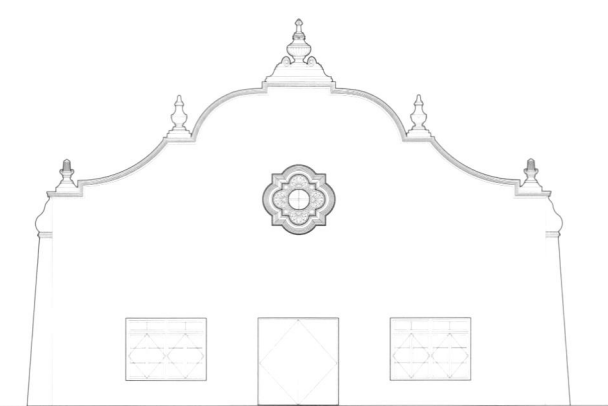

图6-10-12 海军俱乐部主立面玫瑰花窗及宝瓶顶,体现了西班牙传教士的风格特征

建筑外观呈现西班牙风格,山墙为巴洛克风格装饰(图6-10-12)。游泳池位于体育馆南侧,为露天游泳池,周围设有二层围廊,混合结构。

此外,上海生物研究所内还有较多工业厂房及办公楼,包括麻腮风生产大楼、研发大楼等,均为1949年后兴建。其中,麻腮风生产大楼为框架剪力墙结构,研发大楼为钢混框架结构。均为现代主义风格建筑(表6-10-1、表6-10-2)。

表6-10-1 "上生·新所"园区建筑列表

建筑名称	建造年代	建筑结构	功能类型
孙科住宅	1929—1931	砖木结构	展览空间、创意办公
大礼堂	1923	砖混结构	文化艺术交流中心、商务办公、会议室、展览、高端餐馆等
体育馆（美国海军俱乐部）	1924	砖木结构	商业空间和展览空间
游泳池	1924,周边建筑于1980年代兴建	混合结构	商业空间
麻腮风生产大楼	1949年后	钢混框架剪力墙	高端办公空间及商业空间
研发大楼	1949年后	钢混框架结构	精品商业、咖啡餐饮、办公空间等

表6-10-2 "上生·新所"园区各建筑现状照片

建筑名称	现况照片
孙科住宅	
大礼堂	
体育馆(美国海军俱乐部)	
游泳池	
麻腮风生产大楼	
研发楼	

6.10.3 非物质文化遗产

美国侨民之所以将俱乐部命名为"哥伦比亚"（Columbia），是由于这个词一度是美国早期国家形象的代表，表达了美国人对哥伦布发现新大陆的冒险精神的追随。哥伦布虽出生于热那亚，但他是受到西班牙王室的支持才得以开展探险航行的，这也是哈沙德洋行（Elliot Hazzard）将哥伦比亚乡村总会整体设计为西班牙建筑风格的重要原因——彼时的上海正是他们意图开辟的"新大陆"。

哥伦比亚住宅圈一经建成，就成为当时沪上上流外侨的住宅首选，最初90%以上的居民都是外国的中上阶层。旁边的哥伦比亚乡村俱乐部就是他们举行派对、休闲娱乐的场所。

英国著名作家詹姆斯·巴拉德就出生在其中一栋别墅，他在自传体小说《太阳帝国》中记述，他的童年应有尽有，吃冰激凌，看美国电影，从伦敦订购玩具，接受贵族教育，家里有十个中国仆人，而成年侨民的生活则仿佛在无尽的派对及活动中度过。但是短暂的繁华过后，1941年日本对英美宣战，公共租界沦陷，巴拉德被关进龙华集中营，哥伦比亚乡村俱乐部也被日军作为第三集中营。

中华人民共和国成立后，哥伦比亚住宅圈改名为新华别墅，随着时代的变迁而发生着不同的故事。1951年，哥伦比亚乡村俱乐部被征用为上海生物制品研究所，那个装饰有马赛克的标志性泳池一度成为上生所职工的内部泳池。

6.10.4 保护与更新

上海生物制品研究所旧址占地区域内，包括了哥伦比亚乡村俱乐部、孙科住宅以及周边其他办公楼和厂房，共3处历史建筑、11栋贯穿新中国成长史的工业改造建筑和3幢风格鲜明的当代建筑。

在沉寂多年之后，这里被更新打造为"上生·新所"，再度使用其英文名字"Columbia Circle"（哥伦比亚生活圈），旧有的功能被恢复并拓展，成为民众可随意漫步进入、开放式的国际文化艺术生活圈（图6-10-13）。

就其保护更新过程而言，具有如下特点：

（1）修复过程遵循文物保护原则，注重传

图6-10-13　上生·新所整体规划图
（资料来源：欧华尔顾问有限公司）

承历史文脉

上生·新所建筑风格涵盖20世纪各个年代，为保护建筑的多样性，保护修缮中遵循最小干预原则和可识别性原则，为每个建筑改造进行了量身定制。对历史建筑外立面、原有空间格局、入口门户、地坪、楼梯、壁柱、天花线脚及原有特色装饰给予保护性修复，还原历史风貌，延续历史文脉。如海军俱乐部北侧体育馆，在上海生物制品研究所接管期间曾作为培养基蒸锅间车间使用，在修缮中也保留了其作为车间使用时的绿色基调和锈迹斑斑的除尘罩，并通过风管埋地等措施将除尘罩改为空调风口加以利用，在现有基础上通过区分重点保护空间和非保护空间，以最小干预并结合现代技术手段保留其历史痕迹[①]。

另外，对老建筑进行测绘分析、结构检测，合理分析其建筑价值及对老建筑的改造或修缮的可能性，深入了解园区内这些不同时期、不同风格的建筑各自的特色和兴建背景，从文脉传承的角度合理保留，留下最具时代特征、最能让公众寄托情感的部分，拆除少量搭建或有质量隐患的建筑，并通过改造嫁接新功能，使其更好地为当代人使用（图6-10-14、图6-10-15）。

（2）创新业态环境，进行功能转换和活力激发

通过商业调研和定位测绘，上生·新所被打造为时尚文化聚集地、最美花园办公区和都市产业会客厅，既延续了哥伦比亚乡村俱乐部时期的文化娱乐氛围，又保留了上生所时期的工业遗迹，同时融入现代生活所需求的商业办公服务。

上生·新所在业态空间的引入方面，充分考

图6-10-14　海军俱乐部改造后茑屋书店入驻

---

① 潘文静，徐轩轩，张娅薇. 城市更新中的历史文化传承与更新策略研究：以上海上生新所为例[J]. 城市建筑，2020，17（04）：164-168.

图6-10-15 体育馆改造利用前（左）后（右）
（资料来源：宿新宝，《城市历史空间的有机更新：上生·新所的实践》，2018）

虑到了历史建筑的特色和局限性，因地制宜配置适宜的功能，在保护的基础上达到商业利益的最大化，这也是建筑更新中的重点与难点。比如在功能配比上，以办公为主，布局于各楼宇中上层，办公类型倾向于创意产业、时尚文化和共享办公等，从而定义了园区的群体特色和基本活动人群数量。建筑底层设置为特色餐饮、文创商业等[①]。

麻腮风生产大楼因其简洁的现代主义风格，改造时进行了现代主义要素的保留，南立面更迭为落地大玻璃窗，西北角的原机房和配电间采用镜面不锈钢的新幕墙，建筑之间共同围合成历史与当代交融的公共广场（图6-10-16）。

图6-10-16 麻腮风生产大楼及旁边机房改造后

---

① 宿新宝. 城市历史空间的有机更新上生·新所的实践[J]. 时代建筑，2018（06）：121-125.

体育馆因其具有木屋架大跨空间，被改造为举行室内商业活动的场地，成为商业内容与时尚发布的热门场所。

海军俱乐部的改造中则保留了其原有的柱体结构，这里的游泳池是为数不多保留至今的英制马赛克贴面泳池，泳池周边1980年代改建的二层配套用房也被继续保留下来改建为水岸餐饮休闲店铺。如今已成为网红打卡点，是整个街区的活力与时尚中心（图6-10-17）。

再加上这里所运用的视觉导视系统也将原哥伦比亚住宅圈的标志运用其间，如地面指引标识、局部地面铺装等，都体现着哥伦比亚住宅圈的历史。处于其中感受到的不仅是当下，还能体会到属于那个时代的哥伦比亚住宅圈的环境氛围（图6-10-18）。

图6-10-17　泳池改造后，两边改建为水岸餐饮休闲店铺

图6-10-18　地面铺装上带有原哥伦比亚住宅圈的标识
（资料来源：JWDK）

（3）注重营造公共共享空间，建设舒适、有温度的社区

原上生所在哥伦比亚乡村俱乐部时期，就是一个开放的交往休闲场所，及至为生物研究所时期，整个园区空间封闭内向。为延续历史文脉，同时适合城市更新中以人为本、创造更加美好的生活的原则，改造后的上生·新所作为创意园区，对空间定位原则为"开放·共享"。

改造后的上生·新所被设计为集办公、商业、文体、休闲为一体的公共开放空间，为周边居民和更大范围的市民提供全天候开放的活力街区，这也是上海市正在推行的"15分钟社区生活圈"的规划理念的实践运用。

比如原上生所园区内人车混行，停车比较分散，更新设计后，围绕慢行交通的理念，在保留现有的路网肌理，满足当下消防车道规范、登高场地必需的安全要求的前提下，禁止机动车进入园区，将其集中停放在主要出入口附近，从而营造了惬意安全的慢行街区氛围。

此外，还结合新的使用功能，创造满足人们活动的公共空间，如广场和绿地等。两边的通道被打开，空间被开放给周边的居民，与周边的生活环境连通，形成很强的互动性，集中的绿地与广场，满足人们对绿化与活动空间的需求。每逢周末，天气良好的时候，周边的居民经常会到这里散步、购物、聊天、遛娃等，上生·新所已成为这片街区最有活力的区域，也是上海时尚的新地标（图6-10-19至图6-10-21）。

上生·新所的改造，一方面昭示了历史建筑是维系人与历史的纽带，是承载人们生活记忆的载体，对历史建筑的保护保留，既是对城市文脉与城市肌理的保护，也是对地区特色的保护；另一方面，也显示了城市更新的一种可能性：在存量发展的当下，尽管旧有的建筑具有复杂的产权关系、未必宜居的形态样貌，但城市规划者和建筑保护师们仍可以通过小规模的改造、置换、融合，为城市带来有温度的故事和生活。

图6-10-19　园区内营造了惬意安全的慢行街区氛围

图6-10-20　成为附近居民的公共休闲空间和时尚打卡地

图6-10-21 带有喷泉的红毯广场是园区最大的广场（资料来源：朗道国际）

6.11 杨浦滨江公共空间环境更新

接下来的这两个案例，都是关于上海滨江工业遗产密集区空间环境的更新案例，一个是本案例杨浦滨江，后面一个是浦东滨江。

上海开埠之初，黄浦江沿岸因水运便利，成为仓储码头、开店建厂的宝地，浦江两岸工厂林立，成为上海老工业的发源地，黄浦江岸线因此被称为"中国近代工业文明长廊"①。与此同时，浦江沿岸的工厂、码头隔断了江岸，市民望得见江却走不近江，滨江岸线严重缺乏公共空间。为此，上海对标伦敦南岸、巴黎左岸等世界级滨水区，积极运用土地储备平台腾退工业企业，推进浦江两岸公共空间开放，还江于民、还景于民，努力实现生产型岸线向综合服务型岸线的转变。

早在2002年，上海市就开始着手实施"黄浦

---
①刘骞. 关于杨浦南段滨江规划设计的几点思考[J]. 科技视界，2015(12)：268+285.

江两岸综合开发规划",2013年1月10日正式启动。浦江开发带的研究范围为37.2平方公里(包括浦江水面11平方公里),穿越杨浦、虹口、黄浦、徐汇及浦东新区,主要沿江地带包含大面积工业企业和码头遗产。因此,对滨江工业遗产的更新改造和保护利用极为重要,这对上海的城市空间与城市风貌具有重要意义,它们既见证了往昔的工业辉煌,代表着岁月留下的宝贵记忆,也是上海城市风貌的独特之处。

2017年12月,黄浦江两岸终于实现了45公里岸线贯通,主要公共空间面积约为500公顷。这一公共空间建设是近年来上海城市更新最重要的篇章之一,不仅为上海市民提供了景观优美的活动空间,也以其深刻的人文关怀为世界城市建设史增添了闪耀的一页(图6-11-1)。

2019年1月31日,市政府进一步出台了《关于提升黄浦江、苏州河沿岸地区规划建设工作的指导意见》,批复了《黄浦江沿岸地区建设规划(2018—2035年)》,这一纲领性文件进一步明确将黄浦江规划定位为全球城市发展能级的集中展示区。

6.11.1 杨浦滨江工业遗产分布特点

杨浦区滨江地带位于上海黄浦江下游西北岸,该地区原是上海公共租界东区,是上海起步最早、分布最集中的工业基地。19世纪末,杨浦区滨江地带已经形成工业区,至1930年代末,该区域已经成为上海最大的工业聚集地,区域内工厂林立,无论是外资工厂还是民族企业都在此有所发展,公共市政事业得到全面发展,同时,该地区也是上海工人的集聚区。可以说杨浦区滨江地带是上海早期最重要的工业基地。

1949年以后,在计划经济政策的鼓励下,杨浦滨江区域在新中国的经济发展进程中创造了多

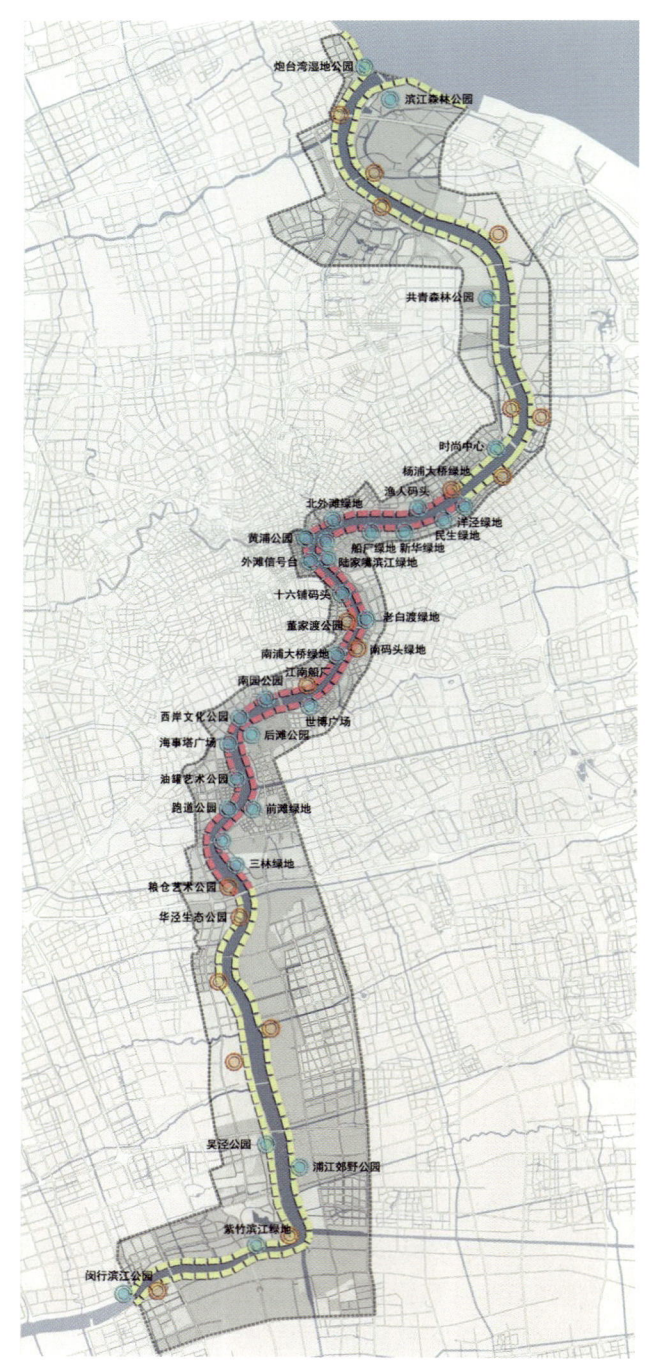

图6-11-1 黄浦江滨江公共空间贯通规划图
(资料来源:上海市规划和自然资源局,《黄浦江沿岸地区建设规划(2018—2035)》,2020)

个奇迹，而自1990年代开始，由于上海"退二进三"政策的影响，杨浦滨江地带工业产值急剧下降，大量工厂迁出停产。作为上海早期最重要的工业基地，该地区留存大量价值颇高的工业遗存，其中包括杨树浦水厂（1883年）、杨树浦电厂（1913年）、杨树浦煤气厂（1934年）、英商怡和纱厂、第十七棉纺织厂等，可以说，杨浦滨江地带这一条"工业锈带"，代表了上海工业文明的发展脉络。

杨浦滨江有中心城区最长的15.5公里岸线，全部坐落在浦江岸线综合开发核心区，这里曾被联合国教科文组织专家称为"世界上仅存的最大滨江工业带"，其中滨江南段5.5公里，中北段10公里，还有上海唯一的内陆岛——复兴岛，是上海2035规划中明确的战略预留区（图6-11-2）。

6.11.2 杨浦滨江工业遗产与公共空间的结合

根据黄浦江沿岸地区建设规划，杨浦滨江南段主要利用老工业遗存更新改造，以工业传承为核，打造历史感、生态性、生活化、智慧型的滨江公共空间岸线。

杨浦滨江南段共有5.5公里，2014年就开始由同济大学章明教授主持进行公共空间的城市更新设计工作。整个南段公共空间分三个阶段进行建设：第一阶段，建成500米示范段，2016年9月向公众开放；第二阶段，在杨浦大桥西侧建成2.8公里公共空间示范段，地理区位为通北路至丹东路段黄浦江滨江地区，2017年10月开放；第三阶段：建成杨浦大桥东侧2.7公里延伸段，2019年10月实现全线贯通，并与2019上海城市空间艺术季（SUSAS）同步开放[①]（图6-11-3）。

图6-11-2 2035上海市城市总体规划（2017—2035年）杨浦区战略指引图

（资料来源：上海市人民政府，《上海市城市总体规划2017—2035》，2018）

---

① 杨晓青. 看台与舞台：杨浦滨江公共空间南段二期景观设计［J］. 风景园林，2020，27（06）：68-72.

2000年杨浦滨江地区空间肌理状态图

2020年杨浦滨江地区开发动态示意图

图6-11-3　杨浦滨江保护开放前后对照图
（资料来源：张松，《工业遗产地区保护更新的上海实践及其启迪》，2020）

为了充分传承杨浦滨江具有的历史文脉，保留其工业特质和场所精神，建筑师把发扬与保护工业遗产价值作为整个设计工作的核心，提出了"以工业传承为核，打造生态化、生活化、智慧型的杨浦滨江公共空间滨水岸线"的设计理念[1]。具体而言，杨浦滨江公共空间的更新改造具有以下特点：

（1）注重滨水区域的开放性和可达性，实现"三道"贯通的目标

杨浦滨江长期属于"生产型"岸线，江岸被隔断，公众无法沿江而行。在更新中，建筑师对原有的厂区围墙、拥挤的工业建筑和违章搭建进行了减量拆除，这是形成开阔的、互相可视的开敞空间的基础（图6-11-4）。

---

[1] 徐苏斌，青木信夫. 工业遗产保护与适应性再利用规划设计研究［M］. 北京：中国城市出版社，2021：180.

图6-11-4 改造前的杨浦滨江,人们很难进入江边
(资料来源:上海大观景观设计有限公司、同济原作设计工作室)

另外,由于上海在黄浦江两岸采用的是千年一遇的防汛标准,防汛墙顶部标高比常水位高出3~4米,比城市现状地坪高出2~3米,影响了视线通达,建筑师采用多种方式对防汛墙进行改造,如降低高度、分设二级防汛墙,或局部抬高、架设廊桥等,消除了防汛墙对视线的阻挡(图6-11-5、图6-11-6)。

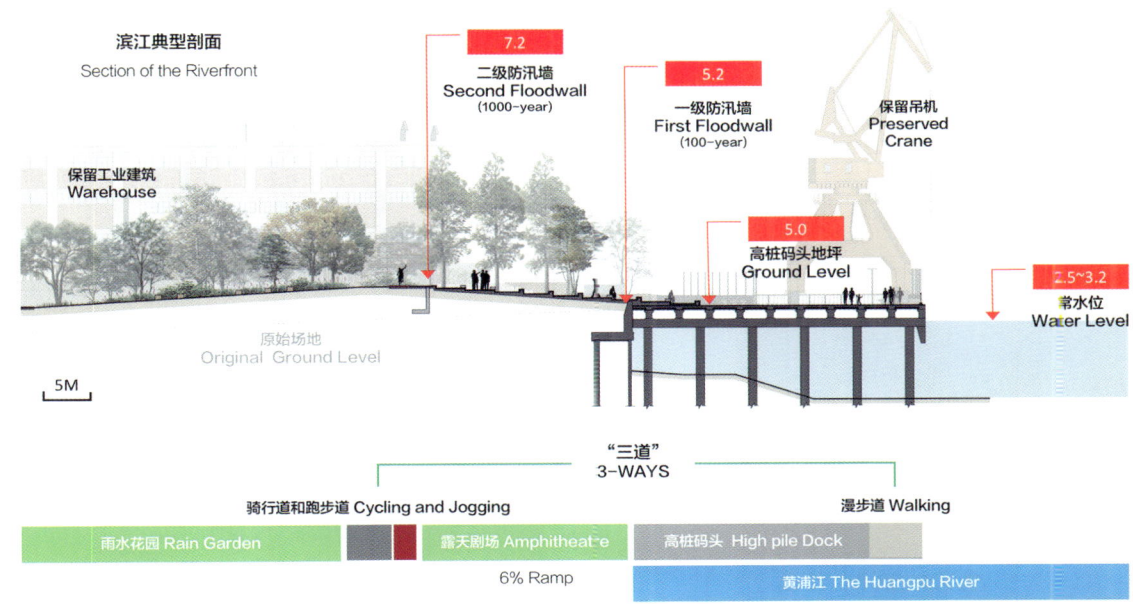

图6-11-5 防汛墙设置剖面图
(资料来源:上海大观景观设计有限公司、同济原作设计工作室)

图6-11-6 改造后的杨浦滨江实现了可达性，防汛墙隐藏于跑步道和骑行道之下

此外，为了增强滨水区域的可达性，在规划中增设了2条平行水岸的城市道路和11条垂直江岸的城市道路，使得原有城市道路至浦江水岸的通行更为顺畅，同时设置了带状发展、指状渗透的公共空间体系，进一步将滨水公共空间与城市腹地紧密结合[①]。

在此基础上，在滨水一线，实现了漫步道、慢跑道、骑行道的贯通，在5.5公里不间断的工业遗存博览带上，形成"三道"交织的活力带，以及以原生植物和原有地貌为特征的原生景观体验带。贯通道路上的6个断点，通过水上栈桥、架空通廊、码头建筑顶部穿越、景观连桥等不同方式予以解决。最终形成了完整的步行系统，人们能够沿江自由行走，契合了15分钟社区生活圈的构想。

（2）注重工业氛围的营造和工业地段整体空间价值的保存

杨浦滨江景观设计采用有限介入、低冲击开发的策略，在尊重原有厂区空间和原生形态的基础上进行生态修复改造，保留了该区域原本的地貌状态，同时加入工业特色的景观构筑物，使之形成工业特色的景观环境，延续了该区域原有的工业遗风（图6-11-7）。

从重要的景观节点来说，建筑师主要挖掘了原有"八厂一桥"的历史特色，即上海船厂、上海杨树浦自来水厂、上海第一毛条厂、上海烟草厂、上海电站辅机专业设计制造厂、上海杨树浦煤气厂、上海杨树浦发电厂、上海第十七棉纺织厂、定海桥，根据其自身的空间与景观条件，形成9段各具特色的公共空间。

比如在杨树浦水厂区域的公共空间贯通上，由于水厂运营的生产要求必须在紧邻江边的防汛

---

① 秦曙，章明，张姿. 从工业遗地走向艺术水岸：2019上海城市空间艺术季主展区5.5km滨水岸线的更新实践中公共空间公共性的塑造和触发[J]. 时代建筑，2020(01)：80-87.

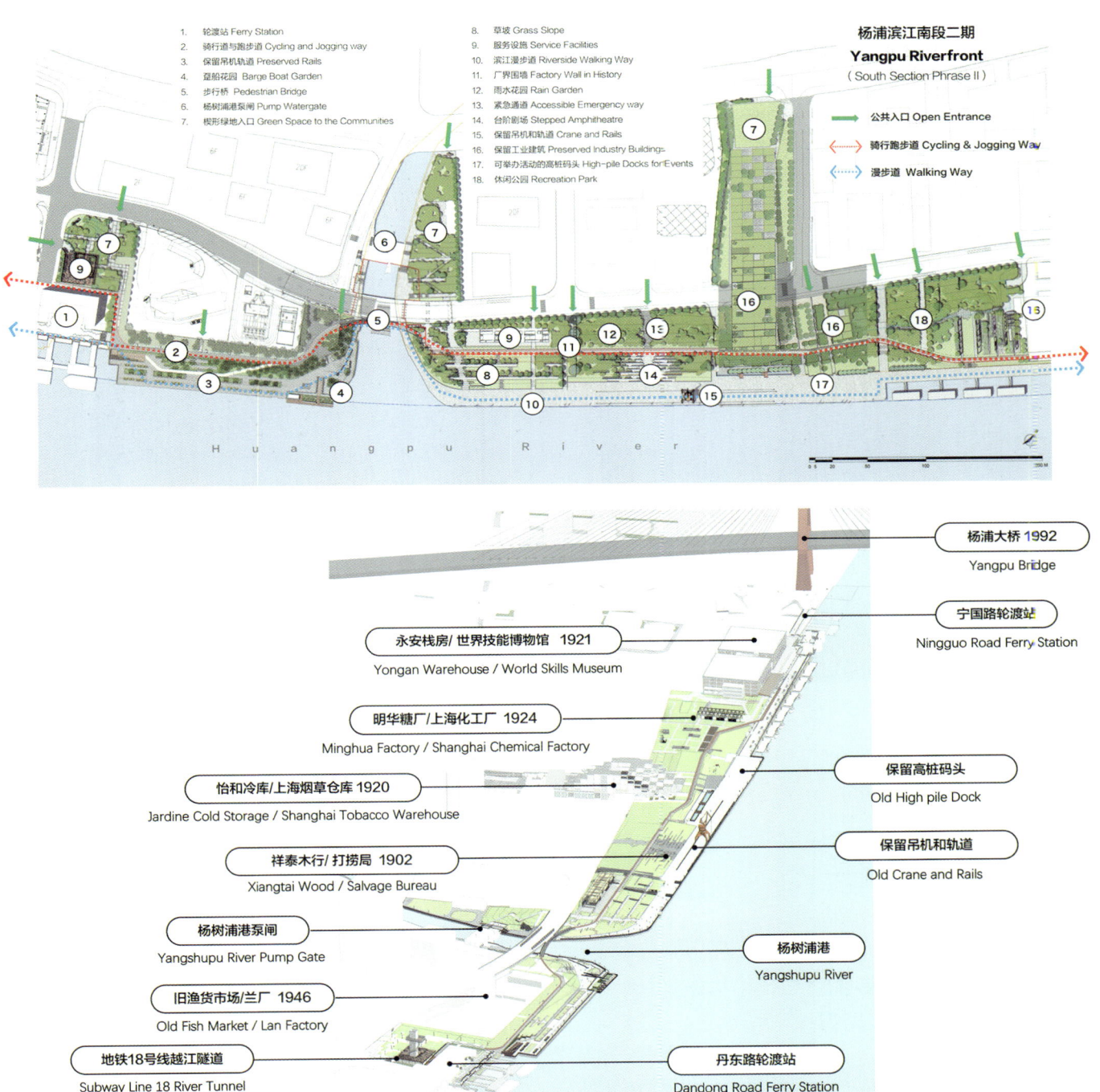

图6-11-7 杨浦滨江南段二期改造平面图及工业遗存与更新状况
（资料来源：上海大观景观设计有限公司、同济原作设计工作室）

图6-11-8　杨树浦水厂外的水上栈桥

墙外设置一系列生产设施，以及拦污网、隔油网和防撞柱等防护设施，客观上形成了杨浦滨江贯通工程中的最长断点。建筑师巧妙地设计了公共水上栈桥，利用水中的基础结构作为栈桥的结构基础，实现了断点贯通，也保证了水厂的正常运作，最终形成了提供新的观赏江景和观赏水厂历史建筑的双向角度，产生了悬浮于江上的独特漫游体验（图6-11-8）。

再比如在黄浦江转折处，利用曾是远东最大的火力发电厂的杨树浦电厂滨江段，改造为杨树浦电厂遗迹公园，保留码头上的塔吊、灰罐、输煤栈桥以及防汛墙后的水泵深坑，植入塔吊吧、净水池咖啡厅、灰仓艺术空间、深坑攀岩等功能，使其成为整个杨浦滨江南段的压轴之作（图6-11-9）。

另外在细部上也注意工业传承的感观传达，对景观小品、植物培植、建构、材料等进行细致的考量与运用，比如由老工厂中管道林立的状态产生灵感，设计了"水管"形态的栏杆、灯柱等

图6-11-9　灰仓艺术空间改造后立面
（资料来源：同济原作设计工作室）

小品，如今"水管灯"已成为杨浦滨江具有标识性的特征。再比如位于申江码头的吊机坐凳，其造型源自码头吊机的脚轮，长约6米，中间较低的部分适合公众坐下来观望江景，两端倾斜45°的部分，适宜舒适地躺靠远眺（图6-11-10、图6-11-11）。

总之，相较于早期滨江景观的设计，现在更注重工业氛围的营造和工业地段整体空间价值的保存。

图6-11-10　杨浦滨江的水管灯，以及取型于原有吊机基座的滨江长凳
（资料来源：上海大观景观设计有限公司、同济原作设计工作室）

图6-11-11　码头起重机完全保留并成为公共空间的视觉焦点

（3）不断贴合城市发展需求，成为更大范围的人群沟通交流平台

杨浦滨江完成2.8公里示范段改造工作后，这片区域便成为周边居民喜爱的场所。由于浦江两岸被定位为上海的城市客厅，政府部门希望这样的公共空间不仅供周边居民参与试用，也能成为更大范围的人群沟通交流的平台。因此，2019上海城市空间艺术季便选定杨浦滨江南端5.5公里的公共空间作为2019空间艺术季的主展场，由艺术家选择合适的场所搭建构筑物进行永久艺术创作，通过"艺术植入空间""展览与实践"相结合的方式，给工业遗产以新的生命，展现滨水空间工业遗产在城市与人的生活中的再生，并强调滨水空间对普通市民美好生活的诠释。这些公共艺术作品与城市空间本身的艺术魅力相结合，将永久留存在杨浦滨江（图6-11-12）。

图6-11-12　2019上海城市空间艺术季主展场夜景
（资料来源：同济原作设计工作室，田方方摄影）

城市更新让上海市的工业遗产走出了历史尘埃。在杨浦滨江南段5.5公里公共空间里，电机咖啡馆、绿之丘、印记花园、共生架构空间、边园、纱泉广场、电厂遗址公园、一系列滨江驿站，滨江的老码头、旧仓库变身创意空间，骑行道、跑步道、步行道游人如织，世界现存最大的滨江工业带重焕光彩，滨江"工业锈带"已逐渐转变为"生活秀带"。

2019年11月，习近平总书记来到杨浦滨江，对上海坚持生态优先、科学改造滨江空间的做法表示肯定。他说："这里原来是老工业区，见证了上海百年工业的发展历程。如今，'工业锈带'变成了'生活秀带'，人民群众有了更多幸福感和获得感。"

2020年6月29日，杨浦区发布《杨浦滨江全力争创人民城市建设示范区三年行动计划（2020—2022年）》（图6-11-13），提出要主动谋划、主动作为、主动创新，推进最大规模

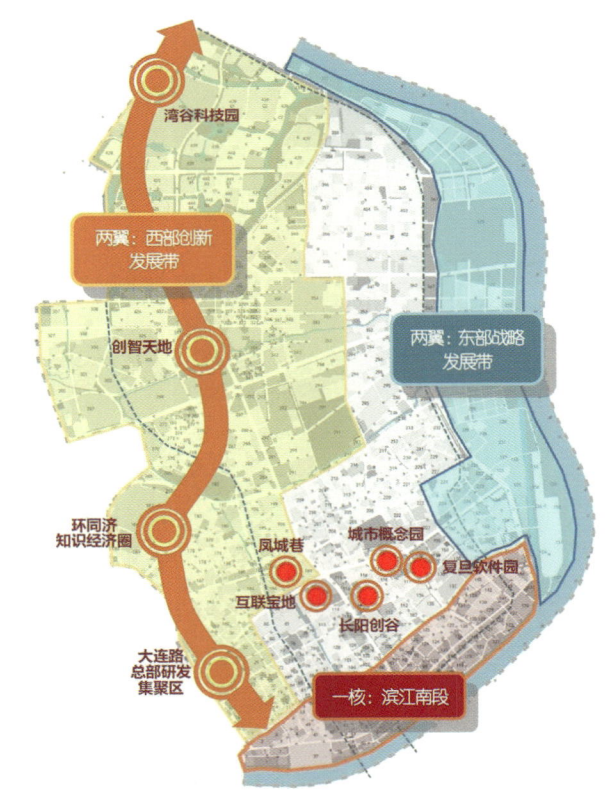

图6-11-13　"十四五"时期杨浦城区功能布局示意图
（资料来源：上海市规划和自然资源局）

图6-11-14 杨浦滨江工业带重新焕发生机
（资料来源：上海市规划和自然资源局）

的工业遗存转化和最大体量的旧区改造，打造科技创新的高地、城市更新的典范、社会治理的样板，使其成为人民城市建设的示范区（图6-11-14）。

2021年，上海市委、市政府宣布在杨浦滨江建设"长阳秀带"在线新经济生态园，推进新技术、新模式、新业态率先落地，杨浦将为在线新经济企业提供更多发展资源和空间载体。以杨浦滨江为代表的工业遗存区域被再次赋予新功能，成为公众感受城市历史与文化，同时让世界了解上海、了解中国的重要平台。

6.12 浦东滨江工业遗产再利用

目前浦东滨江工业遗产集中且开发较为完善的区域，是上海浦东洋泾港至川杨河之间的滨江地区，该段浦东滨江公共空间北自洋泾港、南至三林，二十多公里，占地约200万平方米。

历史上的浦东滨江曾是外商和华商的码头所在地，中华人民共和国成立后为上海港装卸区，滨江沿线留存较多码头遗产。这里岸线绵长、区域广阔，全长23公里，占据整个黄浦江滨江的近半壁江山。

根据《黄浦江沿岸地区建设规划（2018—2035）》，两岸共十个主题区段，分别打造工业文明、海派经典、创意博览、文化体验、生态休闲、艺术生活等不同主题特色。浦东滨江段规划建设世博文化公园，利用2010上海世博会场馆区域，总用地面积约188公顷。地块位于黄浦江转折处的临江界面，堪称"小陆家嘴"，但为延续世博精神、提升中心城区空间生态品质，上海市放弃了近千万平方米开发量，保留下宝贵的绿地，同时将文化与生态结合，配套建设上海大歌剧院等高等级文体设施。这些区域虽然分属不同行政区，但秉承"人民之江"建设总体目标，最终连点成线，共同打造全球城市"会客厅"和世界级滨水文化功能带。

随着黄浦江滨江贯通工程的实现，浦东滨江公共空间的保护更新也已初具规模，从工业遗存到森林氧吧，从城市天际线到三林古民宅……沿着水岸线漫步，美丽的景观一路尽收眼底，浦江东岸已逐渐成为上海"世界会客厅"的一扇闪亮窗口。

6.12.1 浦东滨江工业遗产分布特点

1. 空间分布特点

浦东滨江沿岸的工业遗产，按浦东的街道分区进行梳理，从北部的洋泾街道至南部的上港新村街道，共涉及7处街道，共计有25处典型的工业遗产，进深较浅，较为分散地分布在浦东滨江地区，呈现出狭长的线状分布特色（图6-12-1）。

从数量上看，陆家嘴街道、上钢新村街道和潍坊新村街道数量较多，这些街道内的工业遗存以码头居多，很多遗存为工业构筑物，体量相对较小，地标性质建筑物相对较少。相比较而言，洋泾街道滨江地区作为原本民生码头所在区位，

图6-12-1 浦东滨江工业遗产空间分布（洋泾港至川杨河一带）

准确说是《黄浦江、苏州河沿岸建设规划》中的黄浦江沿岸主导功能布局图中的新民洋地区，保留了较多的工业遗产，从民国时期的码头堆栈至1980年代的仓库轨道，是浦东最有代表性的工业遗产集聚区之一。

2. 时间分布特点

浦东滨江的工业遗产在时空跨度上较大，北部整体年代较早，南部相对形成时间较晚（图6-12-2）。

值得注意的是，本节所涉及的工业遗产点，尤其是码头遗产，多是以一个整体的码头空间作为一个遗产点，并且在命名上也以其所在空间最早的使用名称作为遗产点的名称。但是上海港自

19世纪末至今已经经历了漫长的发展，且长期处于在使用的状态，原本码头内的建筑、构筑物及相关设施也随着技术的提升以及需求的变化不断发生替换、更新和新建。

从遗产点的角度来看，浦东滨江贯通段的工业遗产包含自上海开埠至改革开放前的各个时期的遗产，具体到建（构）筑物单体本身，则包含从19世纪末开始至1990年代各个时期的工业遗存，远至1853年兴建的英联耶松船厂，最近的则包括1995年兴建的民生码头散粮筒仓（八万吨筒仓）。

3．类型分布特点

浦东滨江工业遗产的分布较为分散和稀松，在工业类型上，相对比较单一，以航运业（包括船舶修造产业）占据大多数，仅有小部分其他类型产业（包括公共事业、油料储存、化工产业等）（表6-12-1）。

浦东滨江虽然在历史上是各国商户码头的聚集地，但实业型工厂（如纱厂、飞机制造厂、自来水厂、发电厂等）相对缺乏，更多是作为各大商户洋行的码头空间所在，也因此留存下较多的码头遗产。

在遗产类型上，大体量、标志明显的建筑遗产存量较少，仅留存少量船厂建筑，包括堆栈仓库、船坞船台、码头驳岸等构筑物类型的码头遗产，在25处遗产点中，码头货栈类型遗产占到14处（表6-12-2）。

图6-12-2　浦东滨江工业遗产时间分布

表6-12-1　浦东滨江工业遗产工业类型统计表

工业类型	数量（处）
航运业	17
油料业	1
化工业	2
公共事业	2
纺织业	1
机电工业	1
冶金工业	1

表6-12-2　浦东滨江工业遗产中的码头堆栈遗产

序号	码头堆栈遗产
1	英商亚细亚火油公司东栈旧址
2	三井下码头旧址（三井煤栈）
3	英商蓝烟囱码头
4	英商其昌栈旧址
5	日商新汇山码头旧址
6	陆家嘴轮渡站旧址
7	英商太古洋行浦东码头旧址
8	英商太古洋行华通码头旧址
9	轮船招商局杨栈码头旧址
10	老白渡码头旧址（张家浜码头旧址）
11	中华北栈码头旧址
12	中华南栈码头旧址
13	美商大来码头旧址
14	中华西栈码头旧址

1980年代、1990年代浦东陆家嘴地区的开发以及世博会时期南部原白莲泾码头地区的开发，也在一定程度上造成了浦东滨江地区原有工业遗存的灭失（图6-12-3）。这与黄浦江西侧留存有许多大体量、标志性工业建筑遗产，并且已经形成相对成熟的旧工业风貌历史地段的杨浦滨江、徐汇滨江地区有较明显的区别，也是浦东滨江独特的工业风貌和工业文脉之所在。

总体而言，浦东滨江地区工业遗产以码头遗产居多，与遗产数量丰富的黄浦江西岸相比，包括杨浦滨江、北外滩、黄浦滨江、徐汇滨江地区

图6-12-3　1993年航拍的原浦东地区白莲泾及周边区域（这里密布上港四区、上海第三印染厂、上海助剂厂、上钢三厂等大型工厂企业，黄浦江对岸为南市发电厂。该区域此后成为上海世博会园区的核心部分）

（资料来源：陆杰摄影）

第6章 上海工业遗产保护与利用案例实录

等，在类型上相对单一，在遗产分布的密度上也相对较小，在遗产的体量上也缺乏大型成片的工业建筑群，在狭长的浦东滨江地区，地标性质的工业建筑，如杨浦滨江的杨树浦水厂及杨树浦发电厂、徐汇滨江的油罐仓库等，相对数量较少，但依然有八万吨筒仓以及上海船厂这种类型的地标型工业遗产。这样的工业遗产分布情况，与浦东滨江地区工业发展以及航运事业发展的历史脉络有密切关联。

6.12.2 浦东滨江工业遗产再利用现状

浦东滨江已于2018年中基本完成贯通，贯通工程对滨江的留存工业遗产进行了一系列的调整和改造更新，更好地适应了民众的生活需求，目前已经成为浦东地区重要的开放公共空间。在上海2018年制定的《黄浦江沿岸地区建设规划（2018—2035）》中，又对黄浦江沿岸地区提出了更高的展望。

根据规划中的黄浦江沿岸产业规划布局图可得，针对浦东滨江区域，规划重点主要集中在新民洋地区、陆家嘴地区、东昌—塘桥—南码头地区以及世博会地区，不同区域在功能的分类上也存在较大差异，其中新民洋地区以艺术创新功能为主导，陆家嘴地区以金融贸易功能为主导，东昌—塘桥—南码头地区以居住功能为主导，世博会地区以文化博览、创意办公及商务功能为主导（图6-12-4）。

下面将以这四个地区的不同功能属性对浦东滨江地区的工业遗产利用现状

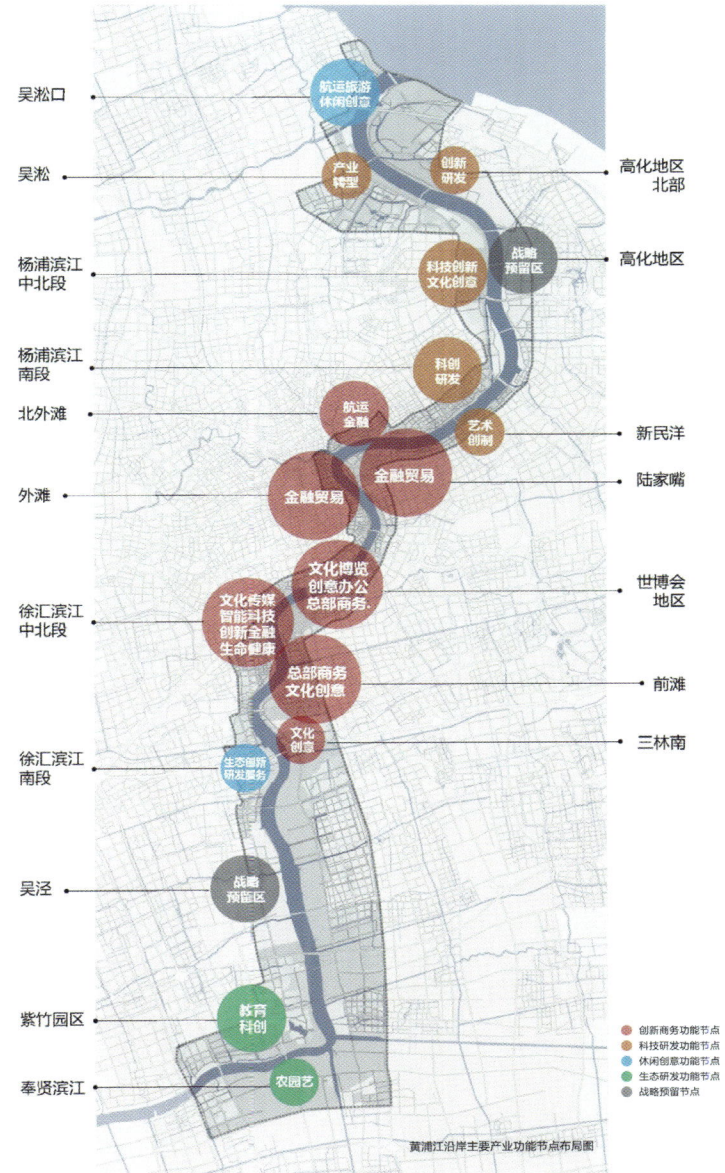

图6-12-4 黄浦江沿岸产业规划布局
（资料来源：上海市规划和自然资源局，《黄浦江沿岸地区建设规划（2018—2035）》，2020）

进行分析和探讨。

1. 新民洋地区

"新民洋"为原上海新华码头、民生码头、洋泾港码头所在地，是浦东地区工业遗产留存最丰富的地区，与浦江对岸的杨浦滨江老工业区形成呼应。2017年上海空间艺术季在该地区举办，区域内的八万吨筒仓以及洋泾港原有老仓库厂房等完成了初步的功能更新，成为展示空间和办公空间。现在，"新民洋"区域已经基本完成了滨江步道的贯通，景观设计包括新华码头地块、民生码头地块、洋泾港码头地块的公共绿地空间的设计，通过景观步道、跑道、绿植、景观小品等串联景观空间，使之成为一个休闲型水岸空间（图6-12-5、图6-12-6）。

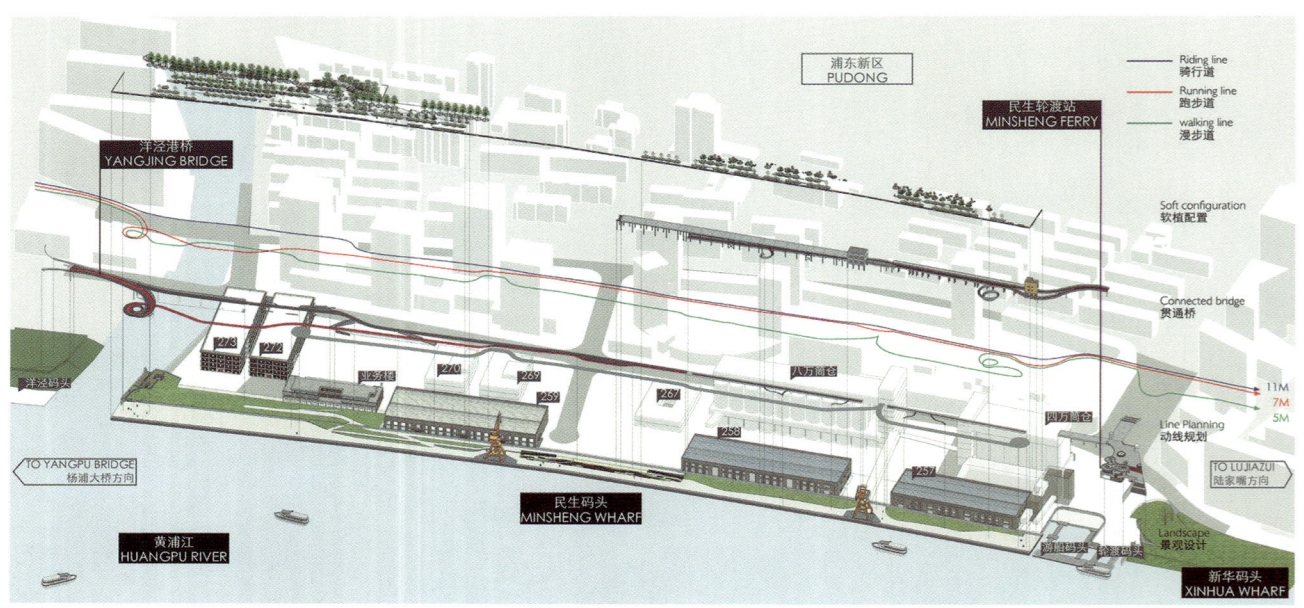

图6-12-5　民生码头段贯通设计总体轴测爆炸图
（资料来源：刘宇扬建筑事务所）

图6-12-6　民生码头贯通步道西段鸟瞰
（资料来源：刘宇扬建筑事务所）

从更新再利用的现状来看,"新民洋"地区的整体基础设施条件已经趋于完善,就滨江公共绿地空间本身而言,基本在保持原有空间特色的前提下,对流线和空间功能进行完善,使之在景观空间的美学程度以及设施完善方面具备较为成熟的条件,同时也通过一些景观小品的设计,提升了空间整体的工业文化内涵。

值得注意的是,"新民洋"地区是浦东滨江地区工业遗存保留最多的区域,其中八万吨筒仓以及洋泾港码头内留存仓库建筑,都是上海码头遗产的典型代表。在2017年上海空间艺术季活动结束以后,该地区的建筑并没有得到特别充分的再利用,长期处于空置状态,对于工业遗产的保存和发展不利。部分仓库空间产业形态或是较为单一化的写字楼,或是仅作为单一空间展示,甚至存在较多闲置厂房,没有充分发挥工业遗产本身的空间特性和建筑优势,也没有使该片工业遗产对周边形成活化带动的效应。

同时滨江空间的可达性相对较弱,在滨江空间与垂江道路的联通上存在较大缺陷。"新民洋"滨江地区本身距离地铁站以及公交车站较远,滨江大道南侧依然在进行整改和更新工程,尤其是民生路滨江大道交汇区域,可达性较差,道路的舒适度也较低。

2. 陆家嘴地区

陆家嘴地区是上海金融贸易集中的区域,在今后的发展中也将以金融贸易作为其发展重点。陆家嘴地区开发时间早,且已经是上海金融业黄金地段,是整个上海的地标所在,大体量工业建筑遗产留存较少,在靠近其昌栈码头区域留存有原英联船厂(上海船厂)旧厂房,该厂房于1972年最终成型,是原英联船厂区域内唯一留存的厂房,是该区域最为典型的工业遗产代表,目前该厂房已经进行了更新升级,由隈研吾团队进行改造设计,将船厂改造为集剧院、多功能厅、商业店铺及办公场所为一体的综合空间——"上海船厂1862"(图6-12-7)。陆家嘴地区滨江绿地

图6-12-7 上海船厂总体规划鸟瞰
(资料来源:Farrells)

空间在近年进行了升级调整，在步道联通和植被种植上进行了优化，区域内包含有码头、渡口等工业遗产。

陆家嘴地区滨江绿地开发较早，工业遗产虽然在数量上较多，但除了"上海船厂1862"外，其他工业遗产均是码头，实有可见的遗产很少，而陆家嘴一带滨江开放空间对于码头文化的阐释和注解也较少，更多是作为纯粹的休闲漫步空间使用，作为上海码头文化和造船文化的代表区域，缺少一定的景观小品或标识设计来提升空间的工业文化氛围，缺乏对工业文化的展示和宣传，在该地段遗产的存在感较低。

此外，由于陆家嘴内陆空间均是大体量的巨型建筑，在空间尺度上与普通居民区相比更加松散，滨江绿地与陆家嘴中心区实际距离较远，在公共空间和垂江道路的处理上，需要考虑办公群体对滨江绿地的功能需求，以及办公群体到滨江绿地的可达性。同时陆家嘴一带滨江绿地开发时间较早，部分区域如陆家嘴广场周边的基础设施（如厕所、座椅、垃圾桶等）相对陈旧，有提升的空间。

3. 东昌—塘桥—南码头地区

东昌—塘桥—南码头地区周围分布有较为密集的居住空间，在《黄浦江、苏州河沿岸建设规划》中该区段依然作为居住功能延续。该地区滨江老白渡地区，原为上海港煤炭装卸区，留存有较多的煤仓以及相关仓储工业遗存，现已成为集休闲、健身、观光等为一体的滨江休闲绿地空间，具有较高的亲民性（图6-12-8）。

现今老白渡滨江绿地利用空间中原有的工业遗存，结合景观设计，形成对民众开放的休闲绿地空间。该区域与居民生活区距离较近，设置了较多的广场、座椅、凉亭等休闲空间，同时保留原本的工业构筑物如煤仓、运煤廊道以及装卸轨

原煤炭码头的桩基成为新景观

保留下来的上港七区煤炭码头的遗迹——船锚

图6-12-8 老白渡公共绿地内工业遗存的活化利用
（资料来源：《浦东时报》，徐网林摄影）

图6-12-9　由老白渡煤仓改造成的艺仓美术馆

图6-12-10　艺仓美术馆内外均保留有原工业遗产要素

道等历史遗存，在空间的舒适度、互动性和遗产文脉的延续上都有较为良好表达。同时，经过2015年上海空间艺术季的设计投入，将空间原本的煤仓改造为艺仓美术馆，该美术馆目前运营较为成熟，不定期举行相关艺术展览和艺术活动，已经对周边地区产生一定的影响力（图6-12-9、图6-12-10）。

总体而言，该地区在工业遗产的利用、滨江景观的营造以及工业文化的传递等方面都已经产生较为正面的效应。

4. 世博会区域

世博会在《黄浦江、苏州河沿岸建设规划》中是作为文化创意办公商务空间规划布局的，由于世博会的举办，世博会滨江地区的工业遗存已经存留较少，滨江地区原本的老旧厂房多被拆除，空间的整体规划设计也以世博园主题为主（图6-12-11）。

世博会区域虽然在工业物质遗产的留存上所剩不多，但该片区依然是浦东历史上重要的码头区域，同时也承载了中华人民共和国成立后浦东在1980年代、1990年代工厂兴建、工业发展的历史。对于这一片区的记忆也不应该仅仅停留在世博会这一历史阶段，仍然应该对该区域存在的工业文化进行一定体现。

总之，整体来看，浦东滨江地区在空间整体的连通性、步道的设置、绿化的设计等方面，已经较为完善。然而，作为浦江码头文化的典范，浦东滨江在工业遗产的可持续发展、工业文脉的传承和阐释，以及"还江于民"的理念下滨江空间的可达性和亲民性的设计上，依然存在较大提升的空间。

浦东滨江地区在历史上是上海浦江码头文化的重要代表，在浦东滨江公共空间现有硬件设施已经相对完善基础上，进一步提升浦东滨江公共空间的整体活力，促进浦东滨江工业遗产再利用的可持续发展，加强浦东滨江空间工业遗产文脉主要是码头文化的传承，是浦东滨江工业遗产在未来发展过程中更值得关注的焦点。

图6-12-11　上海世博会区域鸟瞰
（资料来源：上海市规划和自然资源局）

第 7 章

结语：上海工业遗产保护的思考与展望

作为中国近代工业的发祥地，上海工业遗产的保护再利用工作也一直走在全国前列，自20世纪末苏州河两岸艺术仓库改造开始，这一工作就开始不断深化和拓展：从对上海工业遗产的类型和数量的全面梳理，到创意产业园区的保护开发；从苏州河两岸仓库的再利用更新，再到黄浦江、苏州河两岸工业遗产地区整体保护的规划策略；从基础性、理论性的学术研究，到具体性、操作性的保护实践，上海的工业遗产保护利用工作都取得了较为丰富的成果。在此，对这20年间上海工业遗产的保护情况进行简要的回顾与思考。

7.1 上海工业遗产保护相关学术研究情况

7.1.1 研究的细化和深入

上一个十年，学术研究方面一是侧重于对工业遗产理论的阐释与普及，并将其与上海的工业遗产研究相结合；二是注重对上海工业遗产在宏观层面的梳理和研究。

最近十年来，上海对工业遗产的研究向更为细化的层面深入，具体表现为：

（1）上海工业遗产的研究出现"区域化"的趋势，研究的关注点开始向某个工业遗产较为集中的区域进行深入探索，如杨树浦地区、徐汇滨江地区等。

（2）工业遗产的研究趋向"分类化"，包括对不同工业类型进行细化分类研究，对不同使用功能的工业遗产进行分类研究，对不同或特定结构类型的工业遗产分类研究等。

（3）此外，也开始"专一化"的研究，专注于对某一企业、工厂进行深入探索。

7.1.2 研究方向的多元化

上海在工业遗产方面的研究，在早期更加专注于单一的工业建筑层面，上一个十年，对于工业遗产的研究多集中在"工业厂房""工业建筑"等关键词。

最近这十年来，研究则开始向多元化方向发展，具体表现为：

（1）工业遗产的研究更加注重整体性，不仅专注于区域内的工业建筑，也会考虑到工业景观及工业遗产在当地社区的影响力和适应性。

（2）上海在工业遗产的研究角度上也更加丰富，除去传统工业建筑层面，也开始向工业建造技术、工业生产技术、工业文化等各个方向拓展。整体上，上海工业遗产的研究呈现出更为多样化的尝试。

总体来看，上海在工业遗产方面的研究在国内具有前瞻性。由于上海的工业遗产基数大且类型丰富，近十年的研究开始朝细化和多元化发展，进一步加深了对上海工业遗产的价值认知。但值得注意的是，近十年上海对于工业遗产的研究依旧集中在上海市中心城区的1949年前的工业遗产，对于上海郊区的乡镇企业乡镇工厂和1949年后至"文革"前的工厂，虽然开始逐渐涉及，但尚处于研究初期。

7.2 上海工业遗产保护与再利用特色

每座城市对于工业遗产的保护与再利用，都离不开政策的推动与引导，包括各级政府的协调指导、发展规划的编制落实和多元投资的积极推动。上海市为寻求整体提升产能级、加快转变经济增长方式，建设新型城市，更是大力提供良好的政策和制度保障，并形成了政府、企业和社会的多元化投入机制，通过政策引导，吸引多元投资，共同扶持工业遗产保护利用与城市空间更新项目，在上海遍地开花的、由工业遗产打造而成的创意产业园区，就是政策支持与引导的结果。

除了这些常规的策略和导向以外，上海工业

遗产保护与再利用模式还有着自身的独特性和创新性。

7.2.1 率先出台法规，探索工业转型制度

1980年代末，上海市就开始尝试建立近代建筑的保护机制，成为国内较早的实践者[①]。

1991年12月，上海市政府颁布《上海市优秀近代建筑保护管理办法》，确定了优秀近代建筑的范围和价值判断准则，这是我国第一部有关近代建筑保护的地方性政府法规。

2002年7月，上海市人大对原本的《上海市优秀近代建筑保护管理办法》进行深化和调整，通过了《上海市历史文化风貌区和优秀历史建筑保护条例》，在该条例中，加强了对工业建筑遗产的保护要求。该条例于2010年、2011年、2019年先后经历3次修正，工业建筑遗产的保护不断得到强化，工业遗产不仅被作为明确的历史建筑进行保护，还从建筑单体层面向区域性整体保护拓展。

2011年，以沪府办发〔2011〕5号文和沪规土资地〔2011〕1023号文为标志，上海市工业转型的政策进入规范化阶段，对于集建区内、集中工业区外的工业用地（195平方公里区域）的转型明确进行推动，并将控规调整、容积率改变等审批权限下移至区县层面，这种政策调整使工业项目转型的可行性和灵活性均大为增加[②]。

2013年，上海市规划和国土资源局颁布沪规土资地〔2013〕153号文，提出《关于增设研发总部类用地相关工作的试点意见》，"研发总部用地"兼具工业用地低成本和经营用地灵活性的特征，鼓励存量工业用地通过低成本方式直接转变为研发总部用地，进行二次开发转型。

2016年3月，上海市政府颁布了《关于本市盘活存量工业用地的实施办法》，使得上海市部分老旧工业用地逐步完成转型前期工作，极大提升了工业用地转型的可操作性，促进了老旧或是闲置工业遗产乃至工业地段的转型和再利用，为后续的盘活转型奠定了基础。

7.2.2 率先开展工业遗产创意产业园区的改造

上海是我国率先倡导和推进创意产业发展的城市，为推动创意产业的发展，上海出台了一系列政策，扶持旧城空间改造和更新。在产业结构转型和城市功能转换的背景下，创意产业已成为上海城市发展的重要亮点。

作为中国近代工业的摇篮，上海保留了19世纪以来的大批工业遗存，上海也是国内最早开始创造性尝试利用这些存量的老工业建筑和土地，进行创意产业园区改造设计的城市。上海也是国内较早成立创意产业中心、创意产业协会等协调领导机构的城市，2004年11月6日就在上海市经济信息委员会、上海市社团局的批准下设立了上海创意产业中心，积极配合政府制定上海创意产业发展规划及策略。

自1990年代末以来，上海利用产业结构调整和中心城区改造的有利契机，在借鉴国内外大城市经验的基础上，创意产业得到了初步的发展，形成了艺术家、创意企业不断聚集的创意产业园区发展模式，建立了一批批各具鲜明特色，同时具有一定规模和集聚效应的创意产业园区。这些园区大多都以市区原有的生产型老工业建筑为原型，通过创意性的改建或装饰，使走向衰亡没落

[①] 张松，陈鹏. 上海工业建筑遗产保护与创意园区发展：基于虹口区的调查、分析及其思考[J]. 建筑学报，2010(12)：12-16.

[②] 张鹏，吴霄婧. 转型制度演进与工业建筑遗产保护与再生分析：以上海为例[J]. 城市规划，2016，40(09)：75-83.

的老工业厂房焕发出新的生命[①]。这既刷新了上海的城市形象,也使得大量中小型创意企业加快集聚,有助于推动创新,并形成品牌叠加优势,产生良好的"集群效应",取得了良好的经济和社会效益。这一时期(2004—2008年)我国还没有出台与工业转型直接相关的土地政策,相关的转型案例多是因为企业效益不佳,业主看到土地价值日益增长而自发形成的。

除M50等由工业建筑群改造而成的创意园区外,上海还有一些由单体建筑改造而成的创意产业园,如由中国纺织建设公司第五仓库旧址改造成的"南苏河"创意产业园。这是上海较早改造的工业建筑遗产,原建筑于2005年被上海市政府公布为优秀历史建筑,改造为产业园后,一层包含公共区域和办公空间,二层三层均为办公区域。建筑内进驻多家公司、部门,不对外开放,建筑保存情况完整,整体的利用率较高(图7-2-1、图7-2-2)。

有关创意产业园区的改造情况,这部分内容在第5章中已有较多论述。通过利用旧工业建筑空间发展创意产业,上海市既解决了文化资源不足的问题,也使城市历史建筑成为新的文化景观

图7-2-1 "南苏河"创意产业园建筑北立面

---

① 黄智雯.上海创意产业园区发展运营新模式[D].上海:华东理工大学,2011.

图7-2-2 "南苏河"创意产业园建筑内部一层木楼板木柱及细节

而被保存下来,延续了城市文脉,同时工业建筑遗产被孵化为创意产业空间,也是场所符号意义的再开发和再利用过程,创造了新的意义和需求。

7.2.3 工业遗产的资源利用紧密结合城市总体规划

2017年12月15日,《上海市城市总体规划(2017—2035年)》(以下简称"上海2035")获得国务院批复原则同意。"上海2035"以习近平新时代中国特色社会主义思想为指导,全面落实创新、协调、绿色、开放、共享的发展理念,明确了上海至2035年乃至2050年的总体目标、发展模式、空间格局、发展任务和主要举措,为上海未来发展描绘了美好蓝图。

规划明确,上海的城市性质为:上海是我国的直辖市之一,长江三角洲世界级城市群的核心城市,国际经济、金融、贸易、航运、科技创新中心和文化大都市,国家历史文化名城,并将建设成为卓越的全球城市、具有世界影响力的社会主义现代化国际大都市。

规划指出,要加强历史文化风貌保护,坚持"整体保护、积极保护、严格保护"的原则,中心城区从拆改留转向留改拆,以保护保留为主,不断拓展保护对象体系。推动城市更新,更加关注城市功能与空间品质,更加关注区域协同与社区激活,更加关注历史传承与魅力塑造。

上海工业遗产资源的有效利用，就是建立在与这一城市总体规划相结合的基础上。一是以文化发展作为经济发展新动力，比如在工业遗产的创意开发中植入新的经济业态形式，如艺术展览、时尚产业、文化娱乐、商业购物等，把时尚创意体验与商业紧密结合，使老工业遗产区域发展成为新的城市文化动力区。前文案例中提到的上海时尚创意产业园等就是这方面的典型案例。

二是以文脉传承提升上海的文化氛围和空间品质，助力上海建成文化大都市，比如兴建各种以工业遗产为主题的博物馆和陈列馆，利用工业遗产的文化价值和历史价值，大力发展工业遗产文博业。上海是中国拥有各类博物馆最多的城市之一，其中很多都是在工业遗产原址上，以该工业遗产为主题开发兴建的，如以杨树浦水厂的工业建筑遗产为基础兴建的上海自来水展示馆，集中反映了上海供水事业100多年来的历史和成就，观众可以参观厂区内历史悠久的工业建筑遗产、露天大型制水设备和各种管道配件等实物，实地体验现代制水工艺流程，并在沿江建成的观光平台上，观赏厂区风貌和浦江两岸风光，具有很强的互动性、参与性、知识性和趣味性。比如由上海丰田纱厂铁工部旧址改造而成的丰田纱厂博物馆（图7-2-3）、以汽车工业遗产为基础兴

图7-2-3　丰田纱厂博物馆

建的中国第一座汽车博物馆——上海汽车工业展示馆、以上海中央造币厂（国营614厂）为前身的上海中央造币局博物馆等。

三是以工业遗产改造作为城市更新的触媒和共享性资源。工业遗产是工业文明的载体，不仅具有公共性，更具有共享性；工业遗产的改造价值不仅在于对自身的活化利用，更在于它所具有的带动周边区域发展的正外部性作用，即触媒效应[1]。《下塔吉尔宪章》和《都柏林原则》等都指出，工业遗产应通过适应性改造再利用，为社区、居民和社会生活做出贡献。随着社会生活的程序化和网络化程度不断提高，共享也已成为城市生活的重要组成部分，极大地改变了城市发展和运营模式[2]。在上海，部分滨水工业遗产正在探索共享导向的更新路径，以便同街区发展相融合。有些工业遗产更新社区也已进行了很多有益的探索，其中比较典型的如前述案例中的上生新所等，这种更新侧重于消弭景观和空间的隔离，在功能上置换成混合的社区功能，同时强调公众参与，面向周边居民的日常生活，与周边社区形成良好互动，在此基础上带动周边区域的整体振兴。

这也符合《上海市城市总体规划（2017—2035年）》提出的打造15分钟社区生活圈，优化社区生活、就业和出行环境的规划内容，以便达成"建设更富魅力的幸福人文之城，聚焦优良人居环境建设，提高人民群众的获得感和幸福感，让人民群众生活得更舒心"的城市建设目标。

7.2.4 推动工业遗产保护由"点"到"线、面"发展

2005年之前，上海工业遗产的保护利用大多处于单点保护的状态，因为"在普遍的大强度开发压力下，拆迁的需求也随之增加，导致城市更新中极易出现大量拆除的现象，只保留了单个点状的具有保护身份或保护价值高的工业遗产，而往往忽略了成片保护在工业遗产保护中的重要性"[3]，这种状况导致了其余价值相对较低，但对于地区风貌必不可少的工业建筑遗产遭到拆除，破坏了城市原有的人文景观，造成"千城一面"的现象。

随着上海保护利用工业遗产的经验不断积累，以及国家政策的重视、工业遗产再利用已产生的效益等，上海工业遗产的保护利用逐渐由单点保护转向区域带的线状保护与成片保护。比如随着苏州河两岸治理工程的推进，两岸的环境和品位发生了翻天覆地的变化，成为著名的创意旅游和城市工业遗产景观带。作为首批"国家创新型试点城市"的杨浦区，积极探索如何充分利用百年工业遗产等独特的历史文化景观资源，原杨浦滨江"工业锈带"已整体保护更新转型为"生活秀带"。

在黄浦江、苏州河这"一江一河"的保护规划中，工业遗产是转型发展、城市更新中的重要因素，徐汇滨江、杨浦滨江、浦东滨江等都已经形成了工业遗产再利用的线状、片状发展格局。通过对工业建筑遗产的适应性再利用，植入新的经济、文化功能，既有利于进一步积极探索工业

---

[1] 孙淼，陈晨. 工业遗产改造作为城市更新触媒的深层机制研究：基于上海市宜山路街区和场园街区的案例比较[J]. 城市建筑，2019，16（19）：12-20+152.
[2] 陈柳珺，孙淼. 工业遗产更新街区的共享性比较研究：以上海长寿路和徐汇滨江为例[J]. 住宅科技，2020，40（11）：43-50.
[3] 张松，李宇欣. 工业遗产地区整体保护的规划策略探讨：以上海市杨树浦地区为例[J]. 建筑学报，2012（01）：18-23.

遗产保护利用的规划实施路径，也有利于实现地区经济、社会、文化的全面复兴。

7.3 上海工业遗产保护与再利用的建议

工业遗产保护的目的是服务于社会，而不是仅仅作为一个观看的对象，不仅要使旧建筑留存下来，最重要的一点是要积极重新利用这些产业文化资本，注入新的生命力，使之重新拥有活力，从而让其周围的历史环境复苏。因此，对工业遗产需要创造性地再利用，在科学研究的基础上，按照"保护为主，抢救第一，合理利用，加强管理"的文物工作方针，对已确定保护、保留的对象逐一进行分析和研究，且更进一步地进行深化设计，严格按照工业遗产保护的要求，为工业遗产的改造再利用带来文化、经济、社会发展等多重价值。

7.3.1 目前存在的问题

我国的工业遗产保护研究以2006年印发的《关于加强工业遗产保护的通知》为分水岭，这是在政策上正式启动工业遗产保护与认定工作。在此背景下，上海以2010年世博会的举办为契机，对工业遗产的更新利用开展了很多实践活动。自上海世博会至今，上海对于工业遗产的保护无论学术领域还是社会舆论，都得到了较大的关注，工业遗产保护再利用逐步优化和深入。但在对工业遗产解读和阐释愈发多元化的同时，仍然存在不足之处，具体而言可以概况为以下几个方面：

1. 观念不当导致的忽视与破坏

一方面，在工业遗产的功能更新中，造成了遗产价值的破坏。由于缺乏相应的保护管理规范，为适应改造后的使用需求，在改造过程中对原有工业遗迹进行较大程度的破坏，忽视工业遗迹价值的情况较为普遍。较多工业遗产因改造失去原有的工业特色。

另一方面，我国现在的文化遗产保护有一种"详远而略近"的倾向——对100多年前的东西详细研究，年代越久越穷尽心力，对近代以来年代比较近的工业建筑，尤其是1949年后的工业建筑，则重视不够，导致大量自身年代不够久远的工业遗产成为城市建设的牺牲品。现在保护的年代和范围越来越扩大，这是一种进步，但对这种观念的纠正也需要时间。

我们需要用发展的眼光看工业遗产保护，它是一个动态的过程。正如吴良镛先生所言："城镇中有着古老的东西，但每年每月都在不断地产生着新的建筑与设施。今天的新事物，若干年后又成为陈迹，并随着时间的洗练，有些遗存又成了具有一定历史价值的标志。城市永远处在不断的新旧交替之中，外观上也是古今并存的，是由基本上属于不同时期、不同地区、不同风貌的建筑而构成的，反映了该地区的历史文化和时代特征。"①这一思想对于保护工业遗产非常具有启发性。

2. 保护再利用实践中的困境

一是保护模式的单一化与同质化。目前的工业遗产再利用模式，依然以改造成创意产业集聚区和综合开发为主要保护手段，具有单一化、商业化趋向，保护强度较低。

二是改造后的工业建筑遗产利用状态不理想。有很多改造后的工业建筑遗产，存在着实际利用的状态并不理想的问题，比如入驻率比较低、商业化趋向等。因此，不应单纯从建筑空间

---

①吴良镛.广义建筑学[M].北京：清华大学出版社，1994：129.

的角度进行保护再利用，应结合产权、管理、资金等方面综合考虑。由政府牵头，通过各种优惠政策加大公众投资，以及通过补助、贷款、共同投资等政策，引导对建筑的再开发利用，从而带动对工业遗产的重点关注。

三是着手太微观而忽视了文脉环境。过去工业遗产的保护只针对建筑单体进行，而周围环境的缺失以及周边的新建设没有相应的控制，最后导致工业遗产被埋没于一座座崭新的高楼大厦中，没有联想的空间，成为"盆景"一样的存在。因此，我们需要从城市这个大的环境入手，综合考虑城市的布局和肌理，对周围一定区域的建设在建筑尺度、材料、色彩等方面进行控制，以求与工业遗产相互和谐。

3. 注重物质形态的保护而忽视非物质文化内容

在工业遗产的保护中，人们往往只注重其物质形态的保护与再利用，比如建筑单体、设备、配件等，而忽视了对原生态的拥有者、使用者、文化氛围、生活气息等非物质文化遗产的内容保护。这会造成工业记忆的逐渐流逝，比如作为上海早期最大的工业区杨树浦工业区，现正在进行大规模的更新，大量原有的工人住宅区动迁，滨江的工厂逐步在改造；苏州河沿岸作为早期上海工厂集中的工业区，目前已经被大量住宅区取代，失去了原有的工业风貌。在"退二进三"大潮下，工业厂房势必会逐渐退出历史舞台，很多与之相关的工业记忆也难以得到保留。

历史保护是一种共时性的活动，应是各个历史时期的活动的叠加，而不只是一种冻结的历史状态；在保护物质形态的基础上也应加强非物质形态的保护，尤其是文化氛围、生活气息等无形遗产的保护，没有这些无形资产的支撑，物质形态的遗产将只剩躯壳而缺失灵魂，失去活力。工业记忆作为上海的城市记忆，理应得到更多的重视，加强其保护力度，使其能够成为凝聚人们情感的力量。

4. 缺乏系统的法律和法规

上海市虽然在工业遗产保护的法规政策的制定方面走在全国前列，但是却缺乏系统的法律和法规。我国目前现行的文物保护法及各地方性法规是针对历史文物保护的法规，但工业遗迹由于自身年代一般不够久远，很多无法列入文物法保护的范围。由于没有法律的约束，大量的工业遗迹被肆无忌惮地拆毁，致使很多有价值的工业遗产销声匿迹，像原西苏州路1131号仓库，当时已经有一些艺术家将其进行了部分改造和利用，但是由于没有在当时的保护名单中，这栋有一定历史价值的工业建筑最后还是被拆除了。因此，需要尽快完善工业遗产保护与再利用法律体系，逐步形成比较完善的工业遗产保护理论，建立科学系统的界定确定机制和专家咨询关系，制定合理有效的法律法规；并应充分考虑工业遗产自身的特殊性，以使其完整性和真实性得到切实的保护。另外目前对于工业遗产的各项勘察与保护措施，缺乏具有针对性的法规条例与行业标准，没有细致全面、可操作性强的条例条款，需要尽快完善工业遗产勘察、设计、施工等各方面的法规条例，制定行业标准。

近年来由于我国对工业遗产的保护更加重视，上述问题已经得到了很大改善，2020年6月，国家发展和改革委员会、工业和信息化部、国务院国资委等五部门联合印发了《推动老工业城市工业遗产保护利用实施方案》，确定了"保护优先，以用促保"的基本原则，要求促进城市更新改造，探索老工业城市转型发展新路径，这为工业遗产保护进一步提供了保驾护航的依据。

7.3.2 保护设计层面的改进

《下塔吉尔宪章》中提到，改造和使用工业建筑物应避免浪费能源，而应有助于可持续发展。由于原始规划的非长效性，部分工业遗产存在改造后再度空置的情况。上海已有很多工业遗产完成了更新再利用，但仍有相当数量的工业遗产依旧处于待更新的状态，为避免工业遗产资源的再度浪费，应在改造设计初期即对工业遗产的再利用进行细化探讨。

一是需要从建筑结构改造方面进行设计思考，对建筑空间进行创造性设计。大尺度的工业建筑空间，为新的使用功能提供了可能性，由于新功能的多样性和特殊性，要求对原有的建筑空间进行重新组织，并根据不同的功能进行特别的空间设计。

比如可以利用工业厂房面积大、结构跨度大、层高高的特点，将其改造成展厅、秀场、舞台、舞厅、酒吧、办公等功能类型；在平面组织上，通过流线的设计，指引公共空间和私密空间，通过内部隔墙的灵活布置，划分大尺度空间和小尺度空间；在剖面设计上，利用高差、相关层联系等空间限定方式营造新的空间。如利用减法，将楼板局部剪切而改造为中庭，增加上下楼层的视线交流等，以丰富室内空间，如增加楼梯连廊等，增加交际空间。

另外还应从城市这个大的环境入手，综合考虑城市的布局和肌理，对周围一定区域的建设在建筑尺度、材料、色彩等方面进行控制，以求与工业遗产相互和谐。

二是需要从引进的业态形式方面进行设计思考，由于工业遗产的规模、建筑特点以及区位特征各不相同，由此引发的保护再利用的业态也大相径庭。当前工业遗产更新的常见模式有博物馆、旅游度假地、景观公园、创意产业园、社区等，不同的更新方式对业态的拟定必须建立在对周边环境经济、人文等多种要素的严格调研基础上，否则就容易出现业态与周边经济不相匹配、无法引起联动效应、入住率不理想等状况。

比如由浦东老白渡码头改造而成的上海艺仓美术馆，其主体建筑原先是老白渡煤仓，主体建筑北侧原有煤炭装卸码头留下的250米长的运煤廊架，在改造中主体建筑被利用为主要展览空间，廊架则被改造为高架步行廊道，与滨江绿地和跑道融合在一起，成为开放共享的城市空间。廊道下是一个个玻璃盒子的咖啡、艺术品商店等，作为对公众开放的文化服务空间存在。这种业态形式的引入就比较贴合该工业遗产的建筑特点及区位特征（图7-3-1）。

三是需要从传承历史文脉方面进行设计思考，重视整体环境景观的再塑造。工业遗产的分布往往具有厂区性、大尺度的特征，产业衰退带来的功能变更、工业遗产自身的工业特征，为其整体环境景观的再塑造创造了天然的有利条件。在实际设计中，为了保留一定的工业历史要素，景观环境通常会保留一定的工业遗迹，以唤起人民的历史记忆。可以结合工业遗迹，辅以恰当的景观设计，创造出符合当前景观要求的公园、绿地或者其他城市公共空间。另外也要重视工业遗产改造中的共享策略，通过积极影响室外环境的通道、边界和场所的设计，提升工业遗产的文化服务效率和文脉延续空间。

比如上海拥有数量庞大的滨水工业遗产，可以通过共享设计达到对整体环境景观的塑造，使其成为上海工业文化的文脉传播空间。要实现这一目标，首先需要让整体空间在可达性上进行提升。可达性的提升一方面在于市政规划设计层面在空间网络连通上的提升，即道路、空间节点等

第 7 章 结语：上海工业遗产保护的思考与展望

图7-3-1 上海艺仓美术馆高架步道下的"玻璃盒子"
（资料来源：同济大学建筑设计研究院、大舍建筑）

的优化，如设置不同的绿化通道与滨水空间相连等。另一方面，也应考虑到不同功能的空间地块针对的不同群体（如居民、办公群体和商务群体等）对应的不同出行时间和不同交通方式，应在公共交通（公交车、地铁以及共享单车等）的排列和使用上针对性地进行优化。

叙事性的景观设计表达对于工业文化的文脉传承，通过在景观节点以及空间设施中植入工业文化的元素，同时在绵长的滨水公共空间中，根据不同节点的工业遗产分布情况和遗产特点进行不同的阐释，对于滨水工业遗产的文脉传承也具有利好作用，如徐汇滨江、杨浦滨江保留下来的码头塔吊等特色性工业遗产元素等（图7-3-2）。

7.3.3 保护技术层面的提升

在工业遗产的保护中，要重视采用先进的科学技术手段。

一是保护中数字化、信息化技术的应用。比如在调查记录中要重视对前沿数字测量技术的使用。遗产保护者在对工业遗产进行实地调查、拍摄、测绘、基本信息记录和价值评估等工作时，常规的方式是沿用了几千年的现场人工测量，外业工作量大，要耗费很大的财力和物力，一旦局

图7-3-2　徐汇滨江工业遗产景观

部尺寸漏测，还需要返回现场进行补测。近年来，对工业建筑遗产的信息采集和记录，使用了新的科技手段，通过先进的数字摄影测量技术来获取建筑遗产的空间信息，并在此基础上结合计算机视觉领域的自动化算法，在测绘中进行基于图像的三维重建，从而有效弥补三维激光扫描在成本、便携性、作业时间、色彩记录等方面的局限，这也是近年来国际上建筑遗产测绘领域的研究热点。将这一技术运用到工业建筑遗产的测绘与保护中，能够使采集的信息更为丰富，为修复等后续工作提供有力帮助[1]。

采用GIS（地理信息系统，Geographic Information System）、HBIM（历史建筑信息模型，Heritage Building Information Modeling）等新技术对建筑遗产信息数据进行管理与分析，也是工业遗产保护中数字化、信息化技术应用的重要方式。GIS是分析、处理和挖掘空间数据的通用技术，从功能上来看，GIS具有空间数据的采集、存储、显示、编辑、检索、分析、表达、输出和应用等功能。在建筑遗产保护工作中，GIS（数据库）对于融合和展示建筑空间信息、历史资料存档、病害勘察、保存状况评估等来说，优势尤为明显。在国内，GIS技术已经开始运用于各项遗产保护工作中，如"中国大运河世界文化遗产监测总平台""中国世界文化遗产监测预警总平台"等。笔者所在的上海交通大学建筑文化

---

[1] 孙政，曹永康，张莹莹. 基于图像的三维重建在建筑遗产测绘中的应用［J］. 遗产与保护研究，2018，3（01）：30-36.

第7章 结语：上海工业遗产保护的思考与展望

遗产保护国际研究中心，近年来一直致力于建立专业的建筑遗产GIS数据库，并面向用户开发相应的在线GIS平台，现已在很多项目中取得了阶段性的成果（图7-3-3）。本书第2章、第3章中出现的工业遗产调研数据，有些就使用了GIS技术进行分析。HBIM是一种建筑遗产信息管理的技术手段，相较于文字、图片、图纸等传统二维的信息管理手段，HBIM不仅能够更直观准确地进行建筑原貌的表现，也能够进行非几何数据的三维记录[1]。将GIS、HBIM等技术融入工业建筑遗产的保护中，建立上海工业遗产信息平台，能够促进基于大数据、云平台的工业建筑遗产保护新形势的发展。

二是在勘察工作中需要运用先进的技术手段。由于保护修缮措施的制定必须基于前期科学、严谨、准确的勘察研究工作，勘察水平的高低、勘察质量的优劣对建筑遗产包括工业建筑遗产的保护修缮起着关键作用，可以说是建筑遗产保护修缮工程中最基础最重要的环节[2]。要丰富和发展以物探为主、高解析精度的无损检测手段，包括红外热成像检测、地质雷达探测等，这些高科技的检测和解析，对于工业遗产的勘察与保护是非常重要的技术手段，能够提供包括病害勘察、结构勘察在内的数据资料和修缮依据，比如在歇浦路8号亚细亚火油栈的勘察中，就使用了红外热成像检测、摄影测量、三维激光扫描等多种技术方式收集数据，通过检测数据判断病害类型、形状、尺寸、位置等，为后期的保护干预提供科学可靠的数据支持。

三是在结构改造加固时需要采用先进的技术手段。由于结构改造加固是一种干预性较高的保护措施，因此更需要前沿技术的支持。比如对工

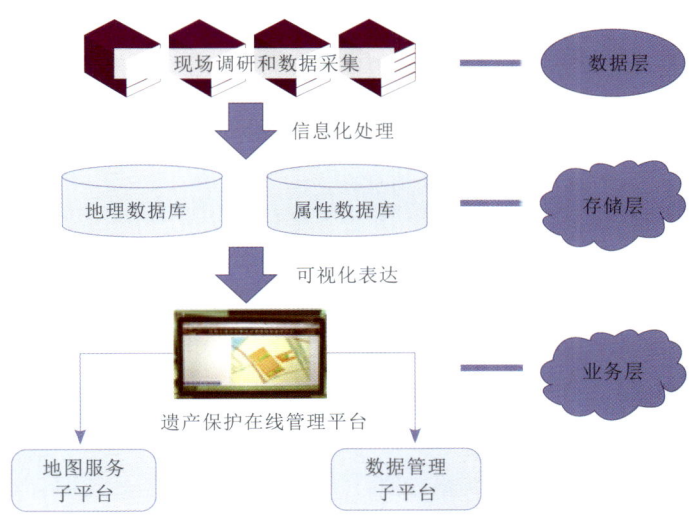

图7-3-3 建筑遗产保护在线GIS平台的构建

---

[1] 张恩铭，曹永康，潘文卓. HBIM在建筑遗产勘察数据管理中的应用：以上海张园石库门建筑为例[J]. 建筑与文化，2021（07）：70-72.
[2] 曹永康，孙祝强. 文物建筑勘察的现状问题与思考[N]. 中国文物报，2012-08-10（006）.

业遗产的结构改造加固除了传统的灌浆加固、替换加固之外，还会采用先进的内置锚杆加固、碳纤维加固技术。锚杆加固的基本原理是通过钻孔在结构的内部埋置锚杆，并在衬套内灌注水泥浆，通过锚杆增加结构抗压、抗拉和抗剪能力，将破裂构件连接成为整体，这种方式常用于砖石结构的加固。碳纤维加固是一种采用外黏高性能复合材料加固结构的新技术，相比于传统的钢板加固技术，具有强度高、重量轻、不影响原有结构重量的优点，而且加工方式相对简单、效率较高。与使用锚杆加固构件的加固方式相比，碳纤维加固的方式对工业建筑遗产本身的损伤最小，秉承了"最小干预"的原则[1]。上海有很多工业建筑遗产在修缮再利用时采用的加固补强措施，就使用了碳纤维加固法，比如上海冷拉型钢厂原酸洗车间、冷拉车间与退火车间柱子按设计要求进行补强加固，补强就采用了粘贴碳纤维布的方式进行加固。

四是在工业建筑遗产的保护改造中注重采用节能减排的前沿技术手段。工业建筑遗产的改造再利用，一方面有效利用了已有的建筑资源，另一方面也减少了拆建对环境造成的污染，是可持续发展的一项重要举措。在国家提出碳排放政策的背景下，通过先进的技术手段将工业建筑遗产进行节能减排改造，在其使用的过程中尽量减少能耗，具有重要的现实意义。这方面最突出的体现是由上海第一汽车附件厂废弃厂房改造而成的花园坊节能环保产业园，这是目前上海工业建筑遗产改造中第一个大规模的以绿色节能为主题的创意产业园，不仅在改造中运用了多种先进的节能技术，如根据美国LEED节能金级标准及国内外先进的技术、材料、工艺进行了节能改造，而且在再利用的功能上以节能产品的展示和体验为主，具有节能产品和技术的市场推广与示范作用。另外将南市发电厂改造为世博会城市未来馆时，最引人注目的改造成果就是运用了多项绿色环保技术，比如在能源方面的主动式导光技术、江水源热泵技术、太阳能光伏技术等，这些技术的成果应用为建筑更新赢得了国家三星级绿色建筑评价标识的荣誉。

7.3.4 保护管理层面的优化

在保护管理层面，工业遗产的可持续发展，一是应该协调好各方的利益者，包括运营商、开发商、遗产所有者等方面，做到政府资本与社会资本的平衡。工业建筑的保护再利用价值往往是潜在的、难以完全用货币进行衡量的，需要长期的物质和人力投入。因而，构建一种适应工业遗产市场化运作的机制也是相当重要的。目前上海的工业遗存部分被改造为美术馆、展览馆、公共休闲空间等，这些属于政府主导型的公共场所，更凸显社会效益，与创意产业园区、综合商业体、联合办公空间这类能够带来可观经济效益的再利用方式不同，比较适合政府资本的投入。除了政府自身投入，来自企业和民间的社会资本也同样重要，比如中国船舶工业集团和上市公司中信泰富合作开发上海船厂旧址，建成具有地标性的陆家嘴滨江金融城，这样能够结合各方面的力量，共同承担开发和保护费用[2]。政府需要拓宽创新利用模式，吸引更多社会力量和资本参与工

---

[1] 曹永康. 上海古桥保护研究［M］. 上海：上海交通大学出版社，2020：205.
[2] 尹应凯，杨博宇，彭兴越. 工业遗产保护的"三个平衡"路径研究：基于价值评估框架［J］. 江西社会科学，2020，40（11）：127-137+255.

业遗产保护工作,在空间的后续运营上依旧需要与运营商以及遗产的所有者进行沟通。

二是完善保护制度,制定针对性的保护规划政策。在具体政策的实施上,应根据实际情况进行灵活的规划:①在规划层面,应提出合理的产业定位,明确空间内的产业入驻类型;②在土地供给方面,应针对工业用地提出对应的出让政策,不同类型的遗产空间采用不同的出租转让制度;③在工业遗产的用地用房流转上,应该提前制定条件,以确保遗产空间的后续运营;④在现有保护名录的基础上,制定相应的专项保护规划与分类保护措施,在建筑保护专业层面上对于不同等级的工业遗产开展针对性的保护与再利用。

三是进行工业文化的推广和教育,更好地开展工业遗产价值的公众传播。在互联网日益发达的当下,工业文脉的传承与网络宣传密不可分,通过不同媒介对工业文化进行传播和发扬,是拓展工业遗产价值认知、推动工业文化文脉传播的有力手段。相关管理部门将互联网与场地空间相结合,制作相关网站、公众号及互动平台等,这是未来对工业文化文脉传播和传承的一个重要方式。另外,在保证公共空间基础设施优化的基础上,应针对不同群体,如老人、办公群体以及青少年等,采取不同的手段和不同的方式,如游学、走读、邻里活动等,更好地宣扬和延续工业遗产的价值文脉。

总之,工业遗产的保护和再利用是一个复杂的课题,工业遗产作为一种较为特殊的遗产类型,并不能以传统古建筑的保护方式进行保护,反而更应注重其在原始功能废弃后的功能转换过程。对于步入后工业时代的上海,如何在城市的发展和工业遗产的保护之间找到平衡,依旧需要长期思考和实践。

附录 I
上海工业遗产调研项目一览表

说明：此表格中共计有317处工业遗存，其中有保护身份（包括文物保护身份和上海优秀历史建筑）的工业遗产共计229处。

	名称	区县	地址	工厂类别	保存状况	始建年代	保护级别
1	大中华纱厂及华丰纱厂旧址（半岛1919文化创意产业园）	宝山区	淞兴西路258号	纺织业	创意产业集聚区	1919	市级文物保护单位
2	俭丰织布（染织）厂	宝山区	沪太路顾村镇街6号	纺织业	商务办公	1943	文物保护点
3	吴淞煤气厂（大上海瓦斯株式会社旧址）	宝山区	长江路555号	公用事业	沿用	1938	文物保护点
4	大场机场	宝山区	场中路3115号	交通用具制造	沿用		
5	东海船舶修造厂	宝山区	逸仙路3945号	交通用具制造	沿用	1915	文物保护点
6	海底电缆登陆局房	宝山区	逸仙路3901号东海船厂内	交通用具制造	沿用	1873	上海市优秀历史建筑
7	罗店利用锁厂	宝山区	罗店镇东西巷街128号	饰品仪器类	征收	1964	文物保护点
8	宝钢特钢厂房	宝山区	泰和路475号	冶炼	沿用		
9	上海宝山钢铁总厂	宝山区	富锦路800号	冶炼	沿用	1977	文物保护点
10	上海第五钢铁厂	宝山区	同济路333号	冶炼	沿用	1958	
11	上海第五钢铁厂旧址	宝山区	水产路1269号	冶炼	沿用		
12	上海第一钢铁厂	宝山区	长江路580号、735号	冶炼	沿用	1949	文物保护点
13	同济路西侧宝钢工业遗产	宝山区	同济路西侧宝杨路南面	冶炼	征收		
14	大通纱厂	崇明区	堡镇工农路178号	纺织业	征收	1922	文物保护点
15	富安纱厂	崇明区	堡镇中路104号	纺织业	征收	1932	文物保护点
16	上海崇明发电厂	崇明区	堡镇电力路1号	公用事业	沿用	1958	文物保护点
17	鼎丰酱园	奉贤区	南桥镇新建中路450号	食品工业	沿用	1864	文物保护点
18	上海神仙酒厂	奉贤区	四团镇新四平公路2888号	食品工业	沿用	1958	

续表

	名称	区县	地址	工厂类别	保存状况	始建年代	保护级别
19	奉工源	奉贤区	南桥路839号	饰品仪器类	征收	1950年代	
20	卜内门洋碱公司仓库旧址	虹口区	东长治路701号	仓储类	商务办公	1874	文物保护点
21	马登仓库旧址	虹口区	杨树浦路147-155号	仓储类	废弃	1929	区级文物保护单位
22	南浔路仓库（上海五金机电仓库旧址）	虹口区	南浔路134弄	仓储类	沿用		文物保护点
23	永兴仓库旧址	虹口区	杨树浦路61号	仓储类	商务办公	1935	
24	上海申新纱厂堆栈旧址	虹口区	辽宁路244号	纺织业	创意产业集聚区	1930	文物保护点
25	新光标准内衣染织整理厂旧址	虹口区	唐山路216号	纺织业	商务办公	1945	文物保护点
26	沙滤水器	虹口区	鲁迅公园内	公用事业	景观绿地	1929	文物保护点
27	上海电力建设修造厂旧址	虹口区	邯郸路173号	公用事业	沿用	1949年以后	文物保护点
28	上海无线电八厂旧址	虹口区	东江湾路188号	公用事业	商务办公	1949年以后	文物保护点
29	上海邮政总局	虹口区	北苏州河路276号	公用事业	博物馆	1924	全国重点文物保护单位/上海市优秀历史建筑
30	淞沪铁路江湾站遗址	虹口区	上海市虹口区汶水东路351号	公用事业	创意产业集聚区	民国时期	文物保护点
31	淞沪铁路天通庵站遗址	虹口区	天通庵路同心路口	公用事业	景观绿地	1898	区级文物保护单位
32	闸北水电公司旧址	虹口区	四川北路1856弄阿瑞里	公用事业	其他转化	1930	文物保护点
33	开林油漆颜料厂旧址	虹口区	体育会路229号	化学工业	征收	1930	文物保护点
34	明星香水肥皂厂旧址（上海家化大厦）	虹口区	保定路527号	化学工业	沿用	1941	文物保护点
35	上海海昌医用塑料厂	虹口区	中山北一路66号	化学工业	沿用		
36	信谊化学制药厂（德邻购物中心）	虹口区	四川北路71号1-6幢，崇明路82号	化学工业	征收	1935	上海市优秀历史建筑

续表

	名称	区县	地址	工厂类别	保存状况	始建年代	保护级别
37	华德电光公司旧址	虹口区	欧阳路196号	机械及金属制造	商务办公	1934	文物保护点
38	华东电焊机厂遗址	虹口区	同心路723号	机械及金属制造	创意产业集聚区	1949年以后	文物保护点
39	上海安装公司通风管厂旧址	虹口区	曲阳路930号	机械及金属制造	创意产业集聚区	1949年以后	文物保护点
40	上海电工仪器厂旧址	虹口区	大连路1053号	机械及金属制造	商务办公	民国时期	文物保护点
41	上海市五金商业同业协会旧址	虹口区	溧阳路125号	机械及金属制造	沿用	1930	
42	上海手术器械厂旧址	虹口区	粤秀路351号	机械及金属制造	沿用	民国	文物保护点
43	上海无线电模具厂旧址	虹口区	周家嘴路1010号	机械及金属制造	商务办公	1949年以后	文物保护点
44	上海新光电讯厂	虹口区	中山北一路1200号	机械及金属制造	商务办公	1917	
45	上海冶金安装公司旧址	虹口区	西江湾路500号	机械及金属制造	住宅	1949年以后	文物保护点
46	上海跃欣刃具厂	虹口区	保定路97号	机械及金属制造	沿用		
47	申克试验机有限公司（上海半岛湾时尚文化创意产业园）	虹口区	溧阳路735号	机械及金属制造	创意产业集聚区	1948	
48	虹口区原建材厂旧址（已改建）	虹口区	广灵四路116号	建筑材料	创意产业集聚区	1949年以后	文物保护点
49	大连路云舫小区内厂房	虹口区	大连路云舫小区内	交通用具制造	征收		
50	上海第一汽车附件厂旧址（花园坊节能环保产业园）	虹口区	中山北一路121号	交通用具制造	创意产业集聚区	1949年以后	文物保护点
51	上海铁路电务工厂	虹口区	车站西路123号	交通用具制造	沿用		
52	耶松船厂旧址	虹口区	东大名路378号	交通用具制造	商务办公	1908	上海市优秀历史建筑
53	东大名路仓库遗址	虹口区	东大名路687号、713号	码头渡口	商务办公	1929	文物保护点
54	公和祥码头旧址	虹口区	东起公平路，西至高阳路，北邻东大名路	码头渡口	景观绿地	1866	
55	顺泰虹口码头	虹口区	东起高阳路，西至商丘路，北邻东大名路	码头渡口	景观绿地	1845	文物保护点

续表

	名称	区县	地址	工厂类别	保存状况	始建年代	保护级别
56	扬子江码头	虹口区	东起虹口港，西至武昌路，北邻扬子江路	码头渡口	征收	1962	
57	招商局中栈码头旧址	虹口区	东起太平路，西至虹口港，北邻东大名路	码头渡口	景观绿地	1867	
58	海伦路94弄无名工厂	虹口区	海伦路93弄	其他工业	废弃		
59	南洋兄弟烟草公司旧址	虹口区	东大名路817号	食品工业	商务办公	1930年代	上海市优秀历史建筑
60	上海工部局宰牲厂旧址	虹口区	沙泾路10号、29号	食品工业	创意产业集聚区	1933	全国重点文物保护单位/上海市优秀历史建筑
61	原美商海宁洋行旧址	虹口区	香烟桥路13号	食品工业	博物馆		上海市优秀历史建筑
62	上海打字机厂遗址	虹口区	文治路5号	饰品仪器类	沿用	1949年以后	文物保护点
63	上海玩具八厂有限公司旧址	虹口区	凉城路1315号	饰品仪器类	创意产业集聚区	1949年以后	文物保护点
64	新华金笔厂旧址	虹口区	罗浮路27号	饰品仪器类	商务办公	1950	
65	永生金笔厂	虹口区	罗浮路2号	饰品仪器类	征收	1920年代	
66	华昌钢精厂旧址	虹口区	吉祥路54号	冶炼	商务办公	1916	文物保护点
67	上海竞成印刷厂旧址	虹口区	纪念路500号	造纸印刷业	其他转化	1949年以后	文物保护点
68	大储栈仓库	黄浦区	外马路574号	仓储类	商业	1902	文物保护点
69	合众仓库旧址	黄浦区	外马路725号	仓储类	商务办公	1930	文物保护点
70	老码头广场北侧"水社"	黄浦区	毛家园路1-2号	仓储类	商业		
71	民生仓库旧址	黄浦区	外马路453号	仓储类	商务办公	1925	文物保护点
72	三泰仓库旧址	黄浦区	中山南路1029号	仓储类	商业	清代	文物保护点
73	新昌仓库旧址	黄浦区	外马路1178号	仓储类	创意产业集聚区	1927	文物保护点
74	衍庆里仓库	黄浦区	南苏州路979号（955-991号）	仓储类	创意产业集聚区	1929	上海市优秀历史建筑
75	浙江路桥银华仓库	黄浦区	南苏州路723号	仓储类	沿用		
76	中国通商银行第二仓库（1908粮仓）	黄浦区	南苏州路1247号	仓储类	创意产业集聚区	1908	

续表

	名称	区县	地址	工厂类别	保存状况	始建年代	保护级别
77	鸿兴织造厂	黄浦区	制造局路584号	纺织业	商务办公	1941	
78	久华绸厂旧址（田子坊）	黄浦区	泰康路210弄8号	纺织业	创意产业集聚区	1936	文物保护点
79	康福织造厂旧址（田子坊）	黄浦区	泰康路210弄5号	纺织业	创意产业集聚区	1935	文物保护点
80	上海勤工染织厂有限公司	黄浦区	汝南路63号	纺织业	创意产业集聚区	1934	
81	申新纺织公司旧址	黄浦区	江西中路421号	纺织业	商务办公	1918	区级文物保护单位
82	裕兴棉织厂旧址	黄浦区	黄陂南路751号	纺织业	商务办公	1928	
83	中国纺织建设公司第五仓库旧址（"南苏河"创意产业园）	黄浦区	南苏州路1295-1305号	纺织业	创意产业集聚区	1933	上海市优秀历史建筑
84	合丰帽厂旧址（田子坊）	黄浦区	泰康路248弄48-50号	服用品制造	创意产业集聚区	1920年代	文物保护点
85	上海织袜二厂	黄浦区	黄陂南路700号	服用品制造	创意产业集聚区	1958	文物保护点
86	大北电报公司电报大厦	黄浦区	延安东路34号	公用事业	博物馆	1922	上海市优秀历史建筑
87	大英自来火房旧址	黄浦区	西藏中路724号	公用事业	沿用	1900	
88	德律风公司旧址	黄浦区	江西中路232号	公用事业	商务办公	1910	
89	董家渡码头	黄浦区	董家渡路口	公用事业	征收	1907	文物保护点
90	法租界宝昌路消防站	黄浦区	淮海中路197号	公用事业	沿用	1911	文物保护点
91	河南路桥	黄浦区	南接河南中路，北接河南北路	公用事业	沿用		文物保护点
92	沪宁铁路局旧址	黄浦区	四川中路126弄5-21号	公用事业	住宅	1911	文物保护点
93	江海关	黄浦区	中山东一路13号	公用事业	沿用	1925	全国重点文物保护单位/上海市优秀历史建筑
94	南市发电厂旧址（上海当代艺术博物馆）	黄浦区	花园港路200号	公用事业	博物馆	1897	上海市优秀历史建筑
95	上海电话局南市总局旧址	黄浦区	中华路734号	公用事业	沿用	1921	

续表

	名称	区县	地址	工厂类别	保存状况	始建年代	保护级别
96	上海电力公司旧址	黄浦区	南京东路181号	公用事业	商务办公	1931	上海市优秀历史建筑
97	四川路桥	黄浦区	四川中路	公用事业	沿用	1922	上海市优秀历史建筑
98	外白渡桥	黄浦区	外滩街道，人民东一路与大名路连接处	公用事业	沿用	1907	全国重点文物保护单位/上海市优秀历史建筑
99	外滩信号台旧址	黄浦区	中山东二路1号甲	公用事业	博物馆	1907	市级文物保护单位/上海市优秀历史建筑
100	乌镇路桥	黄浦区	新闸路与苏州河交汇处	公用事业	沿用	1929	文物保护点
101	西藏路桥	黄浦区	南接西藏中路，北接西藏北路	公用事业	沿用	1853	文物保护点
102	新闸路桥	黄浦区	南接新桥路，北连大统路	公用事业	沿用	1735	文物保护点
103	乍浦路桥	黄浦区	连接虎丘路乍浦路	公用事业	沿用	1927	上海市优秀历史建筑
104	亚美化学股份有限公司旧址（田子坊）	黄浦区	泰康路200号	化学工业	创意产业集聚区	1934	文物保护点
105	纺织五金三厂旧址	黄浦区	黄陂南路789号	机械及金属制造	商务办公	1946	
106	上海采矿机械厂	黄浦区	斜土路359号	机械及金属制造	商务办公	1946	
107	上海动力机厂	黄浦区	中山南路1029号	机械及金属制造	创意产业集聚区	1944	文物保护点
108	上海汽车制动器厂旧址（8号桥创意园）	黄浦区	建国中路8号	机械及金属制造	创意产业集聚区	1949	文物保护点
109	上海刃具厂	黄浦区	蒙自路207号	机械及金属制造	商务办公	1965	
110	泰昌木器公司旧址	黄浦区	南京东路740号	家具制造	商业	1923	上海市优秀历史建筑
111	江南机器制造总局旧址（江南造船厂）	黄浦区	高雄路2号	交通用具制造	其他转化	1865	市级文物保护单位/上海市优秀历史建筑
112	江南造船厂2号船坞	黄浦区	世博园区内	交通用具制造	景观绿地		
113	轮船招商局旧址	黄浦区	中山东一路9号	交通用具制造	沿用	1901	全国重点文物保护单位

续表

	名称	区县	地址	工厂类别	保存状况	始建年代	保护级别
114	世博会博物馆无名仓库	黄浦区	局门路776号	交通用具制造	其他转化		
115	英法电车轨线站旧址	黄浦区	新昌路220号	交通用具制造	沿用	1905	
116	中法求新机器制造轮船厂旧址	黄浦区	半淞园路168号	交通用具制造	征收	1902	上海市优秀历史建筑
117	关桥码头旧址	黄浦区	外马路307号	码头渡口	景观绿地		文物保护点
118	南码头旧址	黄浦区	陆家浜路、外马路处	码头渡口	景观绿地	1921	文物保护点
119	十六铺码头（金利源码头）	黄浦区	北起新开河，南至东门路	码头渡口	景观绿地	1862	文物保护点
120	海华制革厂旧址（田子坊）	黄浦区	泰康路210弄2号甲	皮革及橡胶品制造	创意产业集聚区	1935	文物保护点
121	哈尔滨食品厂	黄浦区	淮海中路617号	食品工业	沿用		文物保护点
122	上海市食品公司薛家浜宰场	黄浦区	外马路1218号	食品工业	商务办公	1940年代	文物保护点
123	天厨味精厂旧址	黄浦区	顺昌路330号	食品工业	商务办公	1923	文物保护点
124	天然味精厂旧址（田子坊）	黄浦区	泰康路210弄1号甲、乙	食品工业	创意产业集聚区	1936	文物保护点
125	英美烟草公司旧址	黄浦区	南苏州路161–175号	食品工业	商务办公	1920	上海市优秀历史建筑
126	正广和公司旧址	黄浦区	福州路44号	食品工业	商务办公	1936	
127	中国华成烟草公司旧址	黄浦区	宁波路476号	食品工业	商务办公	1946	文物保护点
128	上海制杯厂成品车间旧址（田子坊）	黄浦区	泰康路210弄7号	饰品仪器类	创意产业集聚区	1958	
129	天凤羽毛球厂	黄浦区	局门路541号	饰品仪器类	商务办公	1956	
130	商务印书馆发行所旧址	黄浦区	河南中路221号	造纸印刷业	商务办公		文物保护点
131	上海晒图厂旧址	黄浦区	南京东路171号、江西中路278号	造纸印刷业	商务办公	1916	
132	黄渡碾米厂旧址	嘉定区	黄渡镇东横街62号	食品工业	景观绿地	民国时期	文物保护点
133	枫泾火车站	金山区	上海市金山区枫泾镇枫阳路1号	公用事业	沿用	1909	文物保护点
134	上海电气股份有限公司金山电器厂	金山区	张堰镇金张支路25号	机械及金属制造	沿用	1958	

续表

	名称	区县	地址	工厂类别	保存状况	始建年代	保护级别
135	上海枫泾酒厂一分厂	金山区	枫泾镇钱明村7组	食品工业	沿用	1987	文物保护点
136	上海金山水泥厂	金山区	亭枫公路4338号	土石制造	征收	1958	文物保护点
137	上海石油化工总厂	金山区	金山卫	冶炼	沿用	1972	文物保护点
138	上海交通银行仓库旧址	静安区	光复路195号	仓储类	创意产业集聚区	1934	
139	上海中国实业银行仓库旧址（浙江兴业银行仓库）	静安区	北苏州路1028号、文安路30号	仓储类	创意产业集聚区	1931	区级文物保护单位/上海市优秀历史建筑
140	四行仓库"光三分库"	静安区	光复路115-127号	仓储类	创意产业集聚区	1931	
141	四行仓库抗战纪念地	静安区	光复路1—21号	仓储类	博物馆	1930	全国重点文物保护单位/上海市优秀历史建筑
142	新泰仓库	静安区	新泰路57号	仓储类	商务办公	1920	区级文物保护单位/上海市优秀历史建筑
143	中国银行办事所及堆栈旧址	静安区	苏州路1040号	仓储类	沿用	1933	区级文物保护单位/上海市优秀历史建筑
144	华纺宿舍	静安区	安远路899号	纺织业	废弃	1928	
145	沪宁铁路上海站遗址	静安区	天目东路100号	公用事业	博物馆	1909	区级文物保护单位
146	京沪、沪杭甬铁路管理局大楼旧址	静安区	天目东路80号	公用事业	沿用	1936	
147	上海电话公司旧址	静安区	泰兴路230号	公用事业	商务办公	1920年代	上海市优秀历史建筑
148	上海铁道医院旧址	静安区	虬江路1057号	公用事业	沿用	1942	上海市优秀历史建筑
149	上海长途电话局旧址	静安区	育婴堂路160号，永兴路546号	公用事业	征收	1928	上海市优秀历史建筑
150	浙江路桥	静安区	浙江中路与浙江北路连接处	公用事业	沿用	1907	市级文物保护单位
151	彭浦机器厂	静安区	共和新路3201号	机械及金属制造	征收	1958	文物保护点
152	上海第一石油机械厂	静安区	灵石路709号	机械及金属制造	商业	1959	文物保护点

续表

	名称	区县	地址	工厂类别	保存状况	始建年代	保护级别
153	上海电影技术厂	静安区	宝通路449号	机械及金属制造	沿用	1957	文物保护点
154	上海鼓风机厂（大宁德必易园）	静安区	彭江路602号	机械及金属制造	创意产业集聚区	1947	文物保护点
155	上海海鹰机械厂	静安区	彭浦镇闸北区场中路3127号	机械及金属制造	沿用	1949年以后	
156	上海继电器厂	静安区	万荣路948号、949号	机械及金属制造	创意产业集聚区	1959	文物保护点
157	上海江宁电机厂	静安区	常德路800号	机械及金属制造	征收		
158	上海新中动力机厂	静安区	共和新路2801号	机械及金属制造	征收	1960年代	
159	上海冶金矿山机械厂（新业坊国际文化创意产业基地）	静安区	汶水路210号	机械及金属制造	创意产业集聚区	1959	文物保护点
160	新安电机厂旧址（800秀）	静安区	常德路800号地块	机械及金属制造	创意产业集聚区	1946	
161	上海假肢厂旧址	静安区	胶州路207号	其他工业	沿用	1949年以后	文物保护点
162	怡和打包厂旧址	静安区	北苏州路912号	其他工业	商务办公	1907	
163	福新面粉一厂厂房及仓库旧址	静安区	光复路423–433号长安路101号	食品工业	征收	1912	区级文物保护单位/上海市优秀历史建筑
164	裕通面粉厂宿舍	静安区	长安路900号	食品工业	征收	1926	文物保护点
165	商务印书馆第五印刷所旧址	静安区	天通庵路190号	造纸印刷业	博物馆	1923	区级文物保护单位
166	上海商务印书馆总厂遗址	静安区	宝源路209弄23号	造纸印刷业	其他转化		区级文物保护单位
167	上海吴泾热电厂	闵行区	龙吴路5000号	公用事业	沿用	1958	文物保护点
168	上海吴泾化工厂	闵行区	龙吴路4600号	化学工业	沿用	1958	文物保护点
169	中孚燃料厂股份有限公司旧址	闵行区	新闵路5号	化学工业	征收	1933	文物保护点
170	闵行发电厂	闵行区	丽江路2号	机械及金属制造	沿用	1958	文物保护点
171	上海电机厂	闵行区	江川路555号	机械及金属制造	沿用	1949	文物保护点
172	上海锅炉厂	闵行区	华宁路250号	机械及金属制造	沿用	1958	文物保护点
173	上海汽轮机厂	闵行区	江川路333号	机械及金属制造	沿用	1953	文物保护点
174	上海重型机器厂	闵行区	江川路1800号	机械及金属制造	沿用	1958	文物保护点

续表

	名称	区县	地址	工厂类别	保存状况	始建年代	保护级别
175	新民机器厂	闵行区	华宁路100号	机械及金属制造	沿用	1958	
176	太古洋行浦东站仓储码头旧址	浦东新区	东昌路轮渡站西侧100米	仓储类	征收	1920	
177	川沙纱厂旧址	浦东新区	川沙镇新川路71号	纺织业	沿用	1943	
178	恒大纱厂旧址	浦东新区	上南路3120号	纺织业	征收	1920	文物保护点
179	纶昌印染厂旧址	浦东新区	浦东南路3600号	纺织业	商务办公	1949年以后	
180	上海浦东毛巾厂色纱仓库	浦东新区	川沙镇灶浜路150号	服用品制造	商务办公	1946	
181	十一墩毛巾分厂旧址	浦东新区	川沙镇护塘街153号	服用品制造	住宅	1949年以后	
182	江海北关浦东办公楼	浦东新区	东方路11号	公用事业	商务办公	1906	文物保护点
183	江海南关验货场旧址	浦东新区	滨江大道4088号	公用事业	商业	1918	文物保护点
184	浦东煤气公司	浦东新区	东塘路55号	公用事业	沿用		
185	上川铁路川沙站旧址	浦东新区	华夏东路与北市街交叉口	公用事业	景观绿地	1926	区级文物保护单位
186	上海浚浦局旧址	浦东新区	东塘路776号	公用事业	沿用	1930年代	
187	上海农药厂旧址	浦东新区	高桥镇北新村江心沙路9号	化学工业	商务办公	1943	文物保护点
188	上海溶剂厂近代建筑群（宝莱纳餐厅）	浦东新区	南码头街道南码头路200号	化学工业	商业	1934	区级文物保护单位
189	中国酒精厂旧址	浦东新区	上海市浦东新区上海世博洲际酒店西南，世博大道555号附近	化学工业	商业	1935	区级文物保护单位
190	飞鹰刀片厂旧址	浦东新区	三林镇三林路550号	机械及金属制造	沿用	民国	文物保护点
191	和丰船厂旧址	浦东新区	浦东大道2311号	交通用具制造	沿用	1896	
192	鸿翔兴机器船厂	浦东新区	林浦路1238号	交通用具制造	沿用	1924	
193	上海东沟船厂旧址	浦东新区	浦东新区浦东北路1001号	交通用具制造	商务办公	1952	文物保护点
194	上海吴淞船厂	浦东新区	江心沙路1815号	交通用具制造	沿用	1958	
195	祥生船厂旧址	浦东新区	陆家嘴街道即墨路近黄浦江	交通用具制造	创意产业集聚区	1862	文物保护点
196	耶松船坞（董家渡船坞）	浦东新区	浦明路江边	交通用具制造	景观绿地	1853	

续表

	名称	区县	地址	工厂类别	保存状况	始建年代	保护级别
197	原马勒船厂办公楼、别墅	浦东新区	浦东大道2789、2851号	交通用具制造	沿用	1938	文物保护点/上海市优秀历史建筑
198	中国第一枚自行设计制造的试验探空火箭T-8M发射场遗址	浦东新区	老港镇东河村2组	交通用具制造	景观绿地	1960	区级文物保护单位
199	春江码头	浦东新区	滨江大道3528号附近	码头渡口	景观绿地	1933	
200	美商大来码头	浦东新区	黄浦江上游东侧,东临白莲泾港,西与上海市轮渡船	码头渡口	景观绿地	1919	
201	民生码头(英商蓝烟囱码头)	浦东新区	民生路3号	码头渡口	创意产业集聚区	1910年代	市级文物保护单位
202	其昌栈花园住宅	浦东新区	陆家嘴街道东方路11号	码头渡口	征收	1935	文物保护点
203	日商三井煤栈旧址	浦东新区	黄浦江下游东侧,上游傍洋泾港,下游止歇浦路	码头渡口	征收	1907	
204	上川路轮渡站	浦东新区	金桥路北端	码头渡口	沿用	1900年代	
205	市轮渡高桥码头	浦东新区	江心沙路1号,上海炼油厂门口	码头渡口	征收		
206	英商太古洋行华通码头旧址	浦东新区	东昌路一号(后改滨江大道)3510、2516、2528号	码头渡口	商业	1883	
207	招商局第五码头	浦东新区	张杨路1号南面	码头渡口	景观绿地	1895	
208	中华北栈码头旧址	浦东新区	塘桥渡口北端	码头渡口	征收	1918	
209	中华南栈码头	浦东新区	塘桥新路78号	码头渡口	征收	1918	文物保护点
210	中华西栈码头	浦东新区	南码头站附近	码头渡口	征收		
211	钱万隆官酱园	浦东新区	张江路北街58号	食品工业	废弃	1880	文物保护点
212	高庙油库旧址(美孚火油公司)	浦东新区	浦东大道2627号	冶炼	沿用	1920	
213	老白渡煤仓(义仓美术馆)	浦东新区	滨江大道4777号	冶炼	博物馆		
214	上海炼油厂旧址(英国亚细亚石油公司、美国德士古公司储油库)	浦东新区	江心沙路1-3号	冶炼	沿用	1930年代	

续表

	名称	区县	地址	工厂类别	保存状况	始建年代	保护级别
215	中美火油公司东沟油库办公楼	浦东新区	沪东街道浦东大道3211号	冶炼	沿用	1921	文物保护点
216	中美火油公司旧址	浦东新区	歇浦路8号，洋泾港东侧	冶炼	征收	1907	
217	日内外棉株式会社澳门路职员住宅	普陀区	澳门路660弄	纺织业	沿用	1920	上海市优秀历史建筑
218	上海麻袋厂旧址	普陀区	长寿路652号	纺织业	创意产业集聚区	1916	文物保护点
219	申新纺织第九厂职工宿舍旧址	普陀区	澳门路150号	纺织业	博物馆	1935	文物保护点
220	信和纱厂旧址	普陀区	莫干山路50号	纺织业	创意产业集聚区	1937	文物保护点
221	上海被服厂旧址	普陀区	叶家宅路100号	服用品制造	商务办公	民国时期	文物保护点
222	宜昌路救火会大楼旧址	普陀区	宜昌路216号	公用事业	沿用		区级文物保护单位
223	志丹苑元代水闸遗址	普陀区	延长西路633号	公用事业	博物馆		全国重点文物保护单位
224	上海江苏药水厂旧址	普陀区	上海市普陀区宜昌路550号，同济大学第二附属中学高中部	化学工业	博物馆	1907	区级文物保护单位
225	上海明光火柴厂旧址	普陀区	大渡河路251号	化学工业	景观绿地	1933	
226	上海葡萄糖厂旧址（平移至凯旋北路）	普陀区	光复西路复兴村180号—凯旋北路1555弄（凯旋北路经纬度）	化学工业	商业	1943	上海市优秀历史建筑
227	上海试剂总厂旧址（烟囱）	普陀区	大渡河路160号（近光复西路）	化学工业	景观绿地	1947	文物保护点
228	天利氮气厂旧址	普陀区	云岭东路345号	化学工业	沿用	1935	区级文物保护单位/上海市优秀历史建筑
229	长风化工厂旧址	普陀区	云岭东路951-971号	化学工业	废弃	1950年代	
230	上海印染机械厂旧址	普陀区	金沙江路1325号	机械及金属制造	创意产业集聚区		文物保护点
231	上汽集团零配件仓库	普陀区	宜昌路751号	机械及金属制造	创意产业集聚区	1930年代	
232	上海橡胶厂旧址	普陀区	真南路1550号	皮革及橡胶品制造	商务办公	1949年以后	文物保护点

续表

	名称	区县	地址	工厂类别	保存状况	始建年代	保护级别
233	曹杨一村	普陀区	兰溪路棠浦路	其他工业	沿用	1952	上海市优秀历史建筑
234	中央造币厂旧址	普陀区	光复西路17号	其他工业	博物馆	1931	市级文物保护单位/上海市优秀历史建筑
235	福新第三面粉厂旧址	普陀区	光复西路145号	食品工业	商务办公	1916	文物保护点
236	阜丰面粉厂旧址	普陀区	莫干山路120号	食品工业	征收	1898	文物保护点/上海市优秀历史建筑
237	上海啤酒厂旧址（梦清馆苏州河展示中心）	普陀区	宜昌路130号	食品工业	博物馆	1933	区级文物保护单位/上海市优秀历史建筑
238	英雄金笔厂	普陀区	绥德路2弄34号	饰品仪器类	征收		
239	中华书局上海印刷所澳门路厂旧址	普陀区	澳门路477号	造纸印刷业	创意产业集聚区	1935	上海市优秀历史建筑
240	大清邮局朱家角邮寄代办所旧址	青浦区	朱家角镇西湖街35-37号	公用事业	博物馆	1862	区级文物保护单位
241	袜子弄袜厂	松江区	中山街道北内路32号上海格拉曼国际消防装备公司内	服用品制造	沿用		文物保护点
242	斜塘沪杭铁路戊申年引桥遗址	松江区	小昆山镇沪杭铁路斜塘桥东堍北侧	公用事业	景观绿地	1908	区级文物保护单位
243	中船钢构工程股份有限公司	松江区	泗泾镇九干路50号	机械及金属制造	征收		
244	南浦站八线仓库	徐汇区	兆丰路临近黄浦江	仓储类	征收	1957	
245	永星化学工业股份有限公司旧址	徐汇区	龙吴路1900号	化学工业	征收	1948	文物保护点
246	江南弹药局旧址	徐汇区	龙华路2577号	机械及金属制造	创意产业集聚区	1876	市级文物保护单位/上海市优秀历史建筑
247	上海市划船俱乐部	徐汇区	龙吴路1594号	机械及金属制造	商业		
248	龙华机场候机楼旧址	徐汇区	龙华西路1号	交通用具制造	商业	1946	上海市优秀历史建筑
249	上海船舶设备研究所	徐汇区	衡山路10号	交通用具制造	商务办公	1956	上海市优秀历史建筑

续表

	名称	区县	地址	工厂类别	保存状况	始建年代	保护级别
250	上海飞机制造厂修理车间旧址（余德耀美术馆）	徐汇区	丰谷路35号	交通用具制造	博物馆	1922	
251	西岸艺术中心	徐汇区	龙腾大道2555号	交通用具制造	创意产业集聚区		上海市优秀历史建筑
252	北漂码头旧址（龙美术馆）	徐汇区	船厂路300号–龙腾大道3398号	码头渡口	博物馆	1929	上海市优秀历史建筑
253	北漂码头塔吊	徐汇区	徐汇滨江公共开发空间东段	码头渡口	景观绿地		上海市优秀历史建筑
254	大中华橡胶厂烟囱	徐汇区	徐家汇公园内	皮革及橡胶品制造	景观绿地	1926	文物保护点
255	上海市第六粮食仓库（立筒库）	徐汇区	龙吴路2050号	食品工业	沿用	民国时期	文物保护点
256	百代公司旧址	徐汇区	衡山路811号	饰品仪器类	商业	1921	上海市优秀历史建筑
257	上海华商水泥股份有限公司龙华厂旧址	徐汇区	龙腾大道龙耀路口	土石制造	创意产业集聚区	1920	文物保护点
258	黄浦码头仓库旧址	杨浦区	秦皇岛路32号	仓储类	创意产业集聚区	1913	文物保护点
259	毛麻仓库	杨浦区	杨树浦路540号	仓储类	博物馆		
260	周家嘴路4396号冷库	杨浦区	周家嘴路4395号	仓储类	沿用		文物保护点
261	公大纱厂工房	杨浦区	平凉路2767弄	纺织业	沿用	1919	文物保护点
262	密丰绒线厂旧址	杨浦区	波阳路400号	纺织业	征收	1934	市级文物保护单位/上海市优秀历史建筑
263	日商大康纱厂高级职员住宅	杨浦区	隆昌路541弄	纺织业	沿用		文物保护点
264	日商东华纱厂旧址（长阳谷创意产业园）	杨浦区	长阳路1687	纺织业	创意产业集聚区	1920	文物保护点
265	日商上海纺织株式会社旧址	杨浦区	杨树浦路2086号	纺织业	商务办公	1908	上海市优秀历史建筑
266	日商上海纱厂职员住宅	杨浦区	江浦路104号	纺织业	沿用	1902	文物保护点
267	上海华丰纺织印染一厂旧址	杨浦区	军工路1436号	纺织业	创意产业集聚区	1947	文物保护点

续表

	名称	区县	地址	工厂类别	保存状况	始建年代	保护级别
268	同兴纱厂工房及大班住宅旧址	杨浦区	平凉路1777弄51号、101-141号、100-154号	纺织业	沿用	1928	上海市优秀历史建筑
269	杨树浦纱厂大班住宅	杨浦区	杨树浦路1056号（花园洋房位于滨江国际广场4号楼）坐标为花园洋房坐标	纺织业	商业	1920	文物保护点
270	英商怡和纱厂旧址	杨浦区	杨树浦路670号	纺织业	征收	1896	上海市优秀历史建筑
271	永安栈房旧址	杨浦区	杨树浦路1578号	纺织业	征收	1930	文物保护点
272	裕丰纺织株式会社旧址（上海国际时尚中心）	杨浦区	杨树浦路2866号	纺织业	商业	1921	市级文物保护单位/上海市优秀历史建筑
273	定海路桥	杨浦区	定海路与共青路连接处	公用事业	沿用	1927	文物保护点
274	东区污水处理厂旧址	杨浦区	河间路1283号	公用事业	沿用	1923	市级文物保护单位/上海市优秀历史建筑
275	广州路桥遗址	杨浦区	广州路兰州路	公用事业	沿用	1915	文物保护点
276	河间路桥遗址	杨浦区	河间路兰州路	公用事业	沿用	1921	文物保护点
277	平凉路桥遗址	杨浦区	平凉路兰州路	公用事业	沿用	1914	文物保护点
278	上海电缆厂厂房	杨浦区	军工路1076号	公用事业	创意产业集聚区	1958	文物保护点
279	上海工部局电气处新厂旧址	杨浦区	杨树浦路2800号	公用事业	沿用	1902	市级文物保护单位/上海市优秀历史建筑
280	上海煤气公司杨树浦工场旧址	杨浦区	杨树浦路2524号	公用事业	征收	1934	市级文物保护单位/上海市优秀历史建筑
281	上海铁路分局杨浦站	杨浦区	内江路360号	公用事业	沿用	1963	文物保护点
282	杨树浦救火会旧址	杨浦区	杨树浦路1307号	公用事业	沿用	1920	上海市优秀历史建筑
283	杨树浦路桥遗址	杨浦区	杨树浦路兰州路	公用事业	沿用	1913	文物保护点
284	杨树浦水厂	杨浦区	杨树浦路830号	公用事业	沿用	1883	全国重点文物保护单位/上海市优秀历史建筑
285	闸北水电公司	杨浦区	军工路4000号	公用事业	沿用	1926	

续表

	名称	区县	地址	工厂类别	保存状况	始建年代	保护级别
286	闸北水电公司制水厂	杨浦区	闸殷路65号，又说军工路4000号（邬达克–圆拱）	公用事业	博物馆	1926	区级文物保护单位
287	长阳路桥遗址	杨浦区	长阳路兰州路	公用事业	沿用	1924	文物保护点
288	上海锅炉厂旧址（上海电站辅机厂西厂）	杨浦区	杨树浦路1900号	机械及金属制造	征收	1921	
289	上海医疗器械厂有限公司	杨浦区	临青路430–450号	机械及金属制造	征收		
290	慎昌洋行杨树浦工厂旧址	杨浦区	杨树浦路2200号	机械及金属制造	征收	1921	文物保护点
291	中国农业机械公司吴淞机器厂旧址	杨浦区	军工路2636号	机械及金属制造	沿用	1947	文物保护点
292	中国农业机械公司总厂旧址	杨浦区	军工路1146号	机械及金属制造	沿用	1948	文物保护点
293	大中华造船机器厂旧址	杨浦区	共青路130号	交通用具制造	沿用	1936	文物保护点
294	日军中支那野战自动车厂旧址	杨浦区	邯郸路10号	交通用具制造	其他转化	1941	文物保护点
295	瑞镕船厂旧址	杨浦区	杨树浦路640号	交通用具制造	征收	1900	上海市优秀历史建筑
296	上海水产公司渔船修理所旧址	杨浦区	共青路430号	交通用具制造	其他转化	1949	文物保护点
297	英商电车公司修理工场旧址	杨浦区	许昌路676号	交通用具制造	商务办公	1925	文物保护点
298	虹江码头	杨浦区	虹江码头路1号（民星路尽头）	码头渡口	沿用	1936	文物保护点
299	祥泰木行旧址	杨浦区	杨树浦路1426号	木材制造	征收		
300	同济大学原电工馆	杨浦区	四平路1239号同济大学内	其他工业	沿用	1955	上海市优秀历史建筑
301	英美烟草公司仓库旧址	杨浦区	平凉路199号	食品工业	创意产业集聚区	民国时期	文物保护点
302	英商怡和啤酒厂旧址	杨浦区	定海路350号	食品工业	征收	1934	文物保护点
303	正广和公司仓库旧址、正广和汽水有限公司	杨浦区	通北路400号	食品工业	沿用	1935	上海市优秀历史建筑

续表

	名称	区县	地址	工厂类别	保存状况	始建年代	保护级别
304	谋得利钢琴厂旧址	杨浦区	江浦路627号	饰品仪器类	商务办公	1925	文物保护点
305	亚细亚火油公司仓库旧址	杨浦区	杨树浦路3024号	冶炼	沿用	民国时期	文物保护点
306	华胜印刷厂旧址	杨浦区	榆林路312号、榆林路308号	造纸印刷业	商业	1932	上海市优秀历史建筑
307	上海机器造纸局旧址	杨浦区	杨树浦路408号	造纸印刷业	商业	1882	文物保护点
308	中国版纸制品公司旧址	杨浦区	波阳路16号	造纸印刷业	商务办公	1929	文物保护点
309	丰田机械制造厂旧址（上海丰田纱厂铁工部旧址）	长宁区	万航渡路2170号-2318号、中山西路178号	纺织业	创意产业集聚区	1919	文物保护点
310	湖丝栈（湖丝栈文化创意园区）	长宁区	万航渡路1384弄12号	纺织业	创意产业集聚区	1910	上海市优秀历史建筑
311	西区污水处理厂泵房	长宁区	天山路88弄内	公用事业	景观绿地	1926	上海市优秀历史建筑
312	青霉素实验所旧址	长宁区	延安西路1146号	化学工业	商务办公	1950	区级文物保护单位
313	上海生物研究所（上生新所）	长宁区	延安西路1262号	化学工业	创意产业集聚区	1924	市级文物保护单位/上海市优秀历史建筑
314	上海塑料模具厂旧址	长宁区	定西路727号	化学工业	创意产业集聚区	1957	
315	上海遵义仪表厂	长宁区	遵义路418号	机械及金属制造	征收		
316	大明橡胶厂旧址（创邑SPACE｜源）	长宁区	凯旋路613号	皮革及橡胶品制造	创意产业集聚区	1960年代	
317	上钢十厂冷轧带钢车间旧址	长宁区	淮海西路570号	冶炼	征收	1956	市级文物保护单位

附录 II
上海市认定文化创意产业园区、示范楼宇和示范空间分布表

序号	名称	管理单位	区县	地址
		文化创意产业园区		
1	上海张江文化创意产业园区	上海张江文化控股有限公司	浦东新区	上海市浦东新区张东路1387号
2	国家对外文化贸易基地（上海）	上海东方汇文国际文化服务贸易有限公司	浦东新区	上海市浦东新区外高桥保税区马吉路2号
3	上海8号桥文化创意园区	上海八号桥房屋租赁有限公司	黄浦区	上海市黄浦区建国中路8号
4	德必易园	上海德必易园多媒体发展有限公司	长宁区	上海市长宁区安化路492号
5	800秀文化创意产业园	上海八佰秀企业管理有限公司	静安区	上海市静安区常德路800号静安区常德路800号
6	上海天地软件园	上海天地软件创业园有限公司	普陀区	上海市普陀区真北路958号
7	M50艺术产业园	上海M50文化创意产业发展有限公司	普陀区	上海市普陀区莫干山路50号
8	中国（上海）网络视听产业基地	上海紫竹高新数字创意港有限公司	闵行区	上海市闵行区紫星路588号
9	天会HQ	搜候（上海）投资有限公司	长宁区	上海市长宁区金钟路968号上海市长宁区金钟路968号
10	中广国际	中广国际广告创意产业基地发展有限公司	嘉定区	上海市嘉定工业区汇源路55号汇源路55号
11	上海世博城市最佳实践区	上海世博城市最佳实践区商务有限公司	黄浦区	上海市黄浦区南车站路564号
12	南翔智地	上海南翔智地企业投资管理有限公司	嘉定区	上海市嘉定区沪宜公路1188号
13	金山国家绿色创意印刷示范园	上海金山绿色创意印刷示范园发展有限公司	金山区	上海市金山区金山工业区大道100号
14	创异工房	上海佳利特实业有限公司	松江区	上海市松江区沈砖公路6000号
15	锦和越界田林坊	上海佳利特实业有限公司	徐汇区	上海市松江区沈砖公路6000号
16	城市概念软件信息服务园	上海睿置投资管理有限公司	杨浦区	上海市杨浦区隆昌路619号
17	中版创意设计产业基地（IF如果）	上海昇禾水润文化投资有限公司	闵行区	上海市闵行区春东路508号

续表

序号	名称	管理单位	区县	地址
18	智慧湾	上海智慧湾投资管理有限公司	宝山区	上海智慧湾投资管理有限公司
19	海阔东岸文化创意产业园	上海林泉高致文化发展有限公司	金山区	上海市金山区山阳镇卫清东路2312号
20	中国北斗产业技术创新西虹桥基地	上海西虹桥导航产业发展有限公司	青浦区	上海市青浦区徐泾镇高泾路599号上海市青浦区高光路215弄99号
21	术界创e园	上海术界文化发展有限公司	奉贤区	上海市奉贤区金海公路2898弄1-193号
22	三邻桥体育文化园	上海启保企业经营管理有限公司	宝山区	上海市宝山区江杨南路485号
23	音乐谷产业园区一期	上海音乐谷（集团）有限公司	虹口区	上海市虹口区溧阳路649号
24	上海普天信息产业园	上海市徐汇区宜山路700号	徐汇区	上海市徐汇区宜山路700号
25	上海国际时尚中心	上海国际时尚中心园区管理有限公司	杨浦区	上海市杨浦区杨树浦路2866号
26	中国移动互联网视听产业基地	上海金桥出口加工区开发股份有限公司	浦东新区	上海市浦东新区新金桥路27号；上海市浦东新区川桥路409号；上海市浦东新区新金桥路230号；上海市浦东新区宁桥路615号；上海市浦东新区宁桥路600号；上海市浦东新区金海路955弄
27	西岸创意园	西岸创意园	徐汇区	上海市徐汇区田林街道来必堡（古宜路）西岸创意园徐汇区徐虹中路20号
28	万香国际创意产业园区	上海居福商务服务有限公司	浦东新区	上海市浦东新区航都路18号
29	创智空间·张江信息园	上海创智空间创业孵化器管理有限公司	浦东新区	上海市浦东新区金科路2966号上海市浦东新区金科路2966号
30	波特营文化创意园区	上海圣博锦康投资发展有限公司	浦东新区	上海市浦东新区崂山路332号
31	康桥E·ONE文创园	上海康儒文化创意有限公司	浦东新区	上海市浦东新区康桥镇康桥东路111号康桥E·ONE中央工园
32	上海翡翠滨江艺术中心	上海翡翠滨江艺术发展有限公司	浦东新区	上海市浦东新区滨江大道4588-4801号上海市浦东新区滨江大道4588-4801号
33	江南智造—上海8号桥创意产业园（四期）	上海尚禧房屋租赁有限公司	黄浦区	上海市黄浦区局门路457号
34	田子坊	上海田子坊商业发展有限公司	黄浦区	上海市黄浦区泰康路274弄
35	天纳创意产业园	上海天纳企业发展有限公司	浦东新区	上海市浦东新区建韵路500号上海市浦东新区建韵路500号
36	上海华飞文化创意园	上海东郊实业发展有限公司	浦东新区	上海市浦东新区华夏东路1539号
37	江南智造—SOHO丽园文化产业园	上海八号桥投资管理（集团）有限公司	黄浦区	上海市黄浦区丽园路501号丽园路501号

续表

序号	名称	管理单位	区县	地址
38	江南智造—锦和越界智造局二期	上海和矩商务商务发展有限公司	黄浦区	上海市黄浦区局门路427号
39	江南智造—宏慧·盟智园	上海宏慧创意产业投资管理有限公司	黄浦区	上海市黄浦区蒙自路207号
40	江南智造—上海8号桥创意产业园（二期）	上海尚义房屋租赁有限公司	黄浦区	上海市黄浦区局门路436号
41	江南智造—红双喜研发中心	上海红双喜股份有限公司	黄浦区	上海市黄浦区制造局路258号
42	江南智造—龙之苑	上海龙头（集团）股份有限公司	黄浦区	上海市黄浦区制造局路584号
43	江南智造—锦和越界智造局一期	上海史坦舍商务服务有限公司	黄浦区	上海市黄浦区蒙自路169号
44	江南智造—上海8号桥创意产业园（三期）	上海尚乐房屋租赁有限公司	黄浦区	上海市黄浦区局门路550号
45	卓维700文化创意产业园区	上海卓维700文化创意产业发展有限公司	黄浦区	上海市黄浦区黄陂南路700号黄陂南路700号
46	锦和越界乐平方	上海锦灵企业管理有限公司	静安区	上海市静安区灵石路721号
47	创邑SPACE|老码头	上海璞邑文化发展有限公司	黄浦区	上海市黄浦区小东门街道庆会楼（外滩店）老码头创意园
48	一百〇八上苑	上海昱乐文化创意发展有限公司	静安区	上海市静安区长乐路672弄33号
49	宏慧视界BOX	上海万福资产管理有限公司	静安区	上海市静安区大宁路街道宏慧视界BOX
50	上海多媒体谷	上海欧亚多媒体产业发展有限公司	静安区	上海市静安区广中西路777弄
51	大宁德必易园	上海大宁德必创意产业发展有限公司	静安区	上海市静安区彭江路602号
52	珠江创意中心	上海合金材料总厂有限公司	静安区	上海市静安区灵石路695号
53	汇智·园满星空间	上海星满园企业管理有限公司	静安区	上海市静安区江场路1398号
54	静安新业坊	上海新业坊尚影企业发展有限公司	静安区	上海市静安区汶水路210号
55	大宁中心广场二期	上海大宁商业资产管理有限公司	静安区	上海市静安区万荣路700号
56	秀709媒体园	上海电气集团置业有限公司	静安区	上海市静安区灵石路709号灵石路709号、永和路253号、万荣路949号
57	汇智安垦园区	上海星旼嘉实业有限公司	静安区	上海市静安区江场西路300号

续表

序号	名称	管理单位	区县	地址
58	汇智创意园	上海星海时尚物业经营管理有限公司	静安区	上海市静安区余姚路288号
59	98创意园	上海共鑫投资管理有限公司	静安区	上海市静安区延平路98号
60	新华文化创新科技园	上海新华文化创新科技产业有限公司	静安区	上海市静安区延长中路801号
61	四行天地	上海河岸商业开发有限公司	静安区	上海市静安区西藏北路18号
62	同乐坊	上海同乐坊文化发展有限公司	静安区	上海市静安区余姚路14号上海市静安区海防路555号
63	新慧谷	上海新慧谷科技产业园有限公司	静安区	上海市静安区沪太路799号
64	徐汇软件园	上海徐汇软件发展有限公司	徐汇区	上海市徐汇区番禺路1028号；上海市徐汇区虹桥路628号；上海市徐汇区虹桥路550号
65	徐汇德必易园	上海徐汇德必文化创意服务有限公司	徐汇区	上海市徐汇区石龙路345弄23号；上海市徐汇区石龙路345弄27号
66	慧谷软件园	上海慧谷高科技创业中心	徐汇区	上海市徐汇区徐家汇街道源咖啡馆（乐山路店）乐山绿地上海市徐汇区乐山路33号
67	尚街Loft时尚生活园区	上海尚界投资有限公司	徐汇区	上海市徐汇区嘉善路508号
68	上海影视文化产业园	上海电影艺术发展有限公司	徐汇区	上海市徐汇区漕溪北路595号漕溪北路595号
69	锦和越界文化创意园	上海锦和商业经营管理股份有限公司	徐汇区	上海市徐汇区田林路140号
70	上海文定生活文化创意产业园	上海文定生活企业管理有限公司	徐汇区	上海市徐汇区文定路258号
71	锦和越界500	上海锦瑞企业管理有限公司	徐汇区	上海市徐汇区瑞金南路500号
72	浦原科技园	上海浦原实业有限公司	徐汇区	上海市徐汇区桂林路396号
73	华鑫中心	上海华鑫资产管理有限公司	徐汇区	上海市徐汇区桂林路406号；上海市徐汇区宜山路711号
74	华鑫天地	上海华鑫资产管理有限公司	徐汇区	上海市徐汇区田林路200号
75	锦和越界X2创意空间	上海数娱产业管理有限公司	徐汇区	上海市徐汇区茶陵北路20号
76	创邑SPACE｜弘基	上海创邑实业有限公司	长宁区	上海市长宁区愚园路1107号
77	昭化德必易园	上海德必昭航文化创意产业发展有限公司	长宁区	上海市长宁区昭化路357号昭化路357号
78	嘉春753	上海嘉春投资管理有限公司	长宁区	上海市长宁区愚园路753号
79	上生·新所	上海万宁文化创意产业发展有限公司	长宁区	上海市长宁区延安西路1262号

续表

序号	名称	管理单位	区县	地址
80	幸福里	上海幸福里文化创意产业发展有限公司	长宁区	上海市长宁区番禺路381号上海市长宁区幸福路67号
81	上海东方虹桥国际创意出版产业基地	东方出版中心有限公司	长宁区	上海市长宁区仙霞路345号
82	时尚园	上海时尚园投资管理有限公司	长宁区	上海市长宁区天山路1718号
83	谈家28—文化信息商务港	上海盛泉实业（集团）有限公司	普陀区	上海市普陀区谈家渡路28号上海市普陀区曹杨路500号；上海市普陀区曹杨路272号
84	景源时尚产业园	上海市纺织原料有限公司	普陀区	上海市普陀区长寿路652号
85	明珠创意产业园	上海明珠创意产业园有限公司	虹口区	上海市虹口区广纪路738号广纪路551、553、555、557、559、615、635、655、700、800号，汶水东路291号
86	中国梦谷——上海西虹桥文化创意产业园	上海五天实业有限公司	青浦区	上海市青浦区徐泾镇中国·梦谷
87	1876老站	上海文创建饰设计咨询有限公司	虹口区	上海市虹口区汶水东路351号汶水东路351号
88	花园坊节能环保产业园	上海花园坊节能技术有限公司	虹口区	上海市虹口区中山北一路121号
89	绿地创客/上海虹口	上海云峰（集团）警虹经济发展有限公司	虹口区	上海市虹口区同心路1号
90	运动loft国际体育产业园	上海虹口德必创意产业发展有限公司	虹口区	上海市虹口区同心路723号
91	天安数码城·虹控T创园	天安数码城集团上海企业发展有限公司	虹口区	上海市虹口区临潼路170号
92	优族173创意产业园	上海旭捷实业投资有限公司	虹口区	上海市虹口区曲阳路街道邯郸路（近松花江路）
93	1933老场坊创意产业园	上海众桁企业管理咨询有限公司	虹口区	上海市虹口区沙泾路10号；上海市虹口区沙泾路29号
94	创智天地	上海杨浦中央社区发展有限公司	杨浦区	上海市杨浦区淞沪路234号，388号，303号，333号，大学路
95	上海半岛湾时尚文化创意产业园	上海半岛湾创意产业投资有限公司	虹口区	上海市虹口区溧阳路735号
96	上海智慧桥创意产业园	上海智慧桥创意产业园有限公司	虹口区	上海市虹口区广中路街道广灵四路110-120号上海智慧桥创意产业园
97	中国出版蓝桥创意产业园	上海中图文化发展有限公司	虹口区	上海市虹口区广纪路838号
98	大柏树"930"科技创意园	上海新丰投资管理有限公司	虹口区	上海市虹口区曲阳路930号
99	上海长阳谷创意产业园	上海杨科实业有限公司	杨浦区	上海市杨浦区长阳路1687号

续表

序号	名称	管理单位	区县	地址
100	芯工创意园	上海绒玛文化发展有限公司	王娜娜	上海市杨浦区平凉路2440号9幢202室
101	印坊数字文化创意园	上海绿坊企业管理有限公司	杨浦区	上海市杨浦区齐齐哈尔路920号
102	同济虹口绿色科技产业园	上海同虹投资管理有限公司	虹口区	上海市虹口区中山北二路1515号E段中山北二路1515号
103	国科（上海）国际创新产业基地	国科（上海）企业发展有限公司	虹口区	上海市虹口区峨嵋路315号
104	中国梦谷南上海文化创意产业园	上海梦治投资有限公司	闵行区	上海市闵行区曲吴路589号曲吴路589号
105	上海航天创新创业中心	上海航天国合科技发展有限公司	闵行区	上海市闵行区元江路3883号
106	79意库	上海观骅文化创意发展有限公司	闵行区	上海市闵行区颛桥镇光华路68号、上海市闵行区颛桥镇光华路79号
107	七宝德必易园	上海七宝德必科技发展有限公司	闵行区	上海市闵行区华中路6号
108	ReCity文化创意产业基地	上海申闻实业有限公司	闵行区	上海市闵行区都市路4855号
109	上海机器人产业园海宝研发基地	上海工业房地产信息服务有限公司	宝山区	上海市宝山区沪太路4361号
110	中设科技园	中设集团上海国际货代储运有限公司	宝山区	上海市宝山区殷高路1号
111	同一创意园	上海同一创园企业管理有限公司	宝山区	上海市宝山区淞良路10号
112	环球ACG产业基地	上海环融文化传播有限公司	嘉定区	上海市嘉定区南翔镇浏翔公路955号上海市嘉定区南翔镇浏翔公路955号
113	e通世界	上海一通世界投资管理有限公司	青浦区	上海市青浦区华徐公路685号、999号
114	麦迪睿医械e港	上海麦迪睿医疗科技集团有限公司	青浦区	上海市青浦区徐泾镇华徐公路569号4幢
115	上海悠口园区	上海悠口企业管理股份有限公司	奉贤区	上海市奉贤区程普路377号
116	江南三民文化村	上海万穗文化传播有限公司	崇明区	上海市崇明区林风公路2201号
117	嘉加德必易园	上海嘉定德必文化科技有限公司	嘉定区	上海市徐汇区瑞金南路500号
118	上海同和创意产业园（一、二期）	上海同和文化创意产业投资有限公司	杨浦区	上海市杨浦区政立路477号；上海市杨浦区江浦路1500号；上海市杨浦区凤城路1号；上海市杨浦区本溪路181号
119	中环滨江128	上海理工科技园有限公司	杨浦区	上海市杨浦区翔殷路128号

续表

序号	名称	管理单位	区县	地址
120	上海国际设计交流中心	上海国际设计交流中心企业管理有限公司	杨浦区	上海市杨浦区长阳路1080号
121	昂立设计创意园	上海昂立同科经济发展有限公司	杨浦区	上海市杨浦区四平路1188号
122	尚街Loft上海婚纱艺术产业园	上海五维婚纱艺术产业发展有限公司	杨浦区	上海市杨浦区军工路1436号
123	上海同和创意产业园（三期）	上海同和文化创意产业投资有限公司	杨浦区	上海市杨浦区政立路477号；上海市杨浦区江浦路1500号；上海市杨浦区凤城路1号；上海市杨浦区本溪路181号
124	中成智谷	上海中成智谷文化创意有限公司	宝山区	上海市宝山区长江路258号
125	东纺谷创意园	上海东纺科技发展有限公司	杨浦区	上海市杨浦区平凉路988号
126	半岛1919文化创意产业园	上海吾灵创意文化艺术发展有限公司	宝山区	上海市宝山区淞兴西路258号
127	上海木文化博览园	上海福人林产品批发市场经营管理有限公司	宝山区	上海市宝山区沪太路2695号沪太路2751号
128	长江软件园	上海乾劲投资管理有限公司	宝山区	上海市宝山区长江南路180号
129	上海玻璃博物馆园区	上海集佳文化创意发展有限公司	宝山区	上海市宝山区长江西路685号
130	麦可将文创园	上海麦可将工业有限公司	闵行区	上海市闵行区联明路389号
131	上海国际工业设计中心	上海国际工业设计中心管理有限公司	宝山区	上海市宝山区逸仙路3000号逸仙路3000号
132	七宝老街民俗文化产业基地	上海七宝古镇实业发展有限公司	闵行区	上海市闵行区浴堂街7号
133	老外街国际文创生活园	上海衡畅投资有限公司	闵行区	上海市闵行区虹许路731号
134	大树下新媒体创意产业园	上海大树下创意服务有限公司	闵行区	上海市闵行区程家桥路168弄39号
135	得丘礼享谷文化创意园	上海得丘礼享谷企业管理有限公司	闵行区	上海市松江区申富路788号
136	北虹桥时尚创意园	上海虹俏企业管理有限公司	嘉定区	上海市嘉定区江桥镇华江路1078号
137	汽车·创新港	上海国际汽车城发展有限公司	嘉定区	上海市嘉定区安亭镇安拓路56弄
138	e3131电子商务创新园	上海智耀谷投资管理有限公司	嘉定区	上海市嘉定区金沙江路3131号
139	复地四季广场	复地商务管理（上海）有限公司	杨浦区	上海市杨浦区长阳路1568号
140	东方慧谷	上海东方文信科技有限公司	嘉定区	上海市徐汇区徐家汇街道上海市地方志办公室

续表

序号	名称	管理单位	区县	地址
141	金山嘴渔村文化创意园	上海金山嘴渔村投资管理有限公司	金山区	上海市金山区沪杭公路6394号
142	时尚谷创意园	上海华汇流行面料工程发展有限公司	松江区	上海市松江区鼎源路618弄
143	叁零·SHANGHAI文化创意产业园	叁零（上海）文化创意有限公司	松江区	上海市松江区车墩镇影维路258弄2号
144	移动智地文化创意产业园	上海锐嘉科实业有限公司	青浦区	上海市青浦区沪青平公路3938弄沪青平公路3938弄
145	上海尚之坊文化创意园	上海法诗图投资集团有限公司	青浦区	上海市青浦区崧泽大道6066号
146	上海仓城影视文化园区	上海仓城文化创意发展有限公司	松江区	上海市松江区富永路425弄212号
147	微格文化创意园	微格（上海）物业管理有限公司	青浦区	上海市青浦区徐泾镇徐德路59号
148	南上海文化创意产业园	上海庄发企业管理有限公司	奉贤区	上海市奉贤区大叶公路1881弄
149	63号设计创意工场	上海同研投资管理有限公司	杨浦区	上海市杨浦区赤峰路63号
150	上海宝山科技园（动漫衍生产业园）	上海宝山科技控股有限公司	宝山区	上海市宝山区上大路668号
151	华联创意园	上海联冠置业发展有限公司	长宁区	上海市长宁区江苏北路125号
152	倍格老船坞	上海蓝倍商务咨询有限公司	长宁区	上海市长宁区长宁路1436号
153	H671园区（原上海名仕街创意产业园）	上海申畅物业管理有限公司	静安区	上海市静安区沪太路671号
154	源创创意园	上海全华资产管理有限公司	静安区	上海市静安区新闸路1250号
155	健康智谷	上海天亿弘方企业管理有限公司	静安区	上海市静安区灵石路697号
156	创邑SPACE｜愚园	上海计邑文化创意发展有限公司	静安区	上海市静安区愚园路546号
157	南苏河创意产业集聚区	上海南苏荷资产管理有限公司	黄浦区	上海市黄浦区南苏州路1305号
158	幸福码头创意产业园	上海幸福坊创意产业管理有限公司	黄浦区	上海市黄浦区中山南路1029号
159	黎安展示产业园	上海黎安实业公司	闵行区	上海市闵行区莘福路396号
160	上海云部落TMT产业园	上海云越投资管理有限公司	闵行区	上海市闵行区颛兴东路1313号
161	空间188创意产业园	上海加华置业有限公司	虹口区	上海市虹口区东江湾路188号
162	上海创意联盟产业园	上海奇才纺织科技发展有限公司	杨浦区	上海市杨浦区平凉路1055号；上海市杨浦区翔殷路165号
163	康桥创智良仓	复邦文化创意发展（上海）有限公司	浦东新区	上海市浦东新区康桥路1157号；上海市浦东新区康桥东路298号

续表

序号	名称	管理单位	区县	地址
164	上海证大喜玛拉雅艺术中心	上海证大喜玛拉雅有限公司	浦东新区	上海市浦东新区芳甸路1188号；上海市浦东新区樱花路869号
165	上海双创产业园	上海双创产业园创意发展有限公司	浦东新区	上海市浦东新区峨山路613号
166	张江创星园	上海都市工业设计中心有限公司	浦东新区	上海市浦东新区达尔文路88号
167	浦秀公馆	上海浦秀园文化发展有限公司	闵行区	上海市闵行区浦锦街道浦秀公馆浦江坤庭-枫郡上海市闵行区浦秀路1268弄1-7号
168	上海东纺谷创意园	上海东纺科技发展有限公司	杨浦区	上海市杨浦区平凉路街道兰州511小区
169	盛大天地源创谷	盛大天地（上海）经济发展有限公司	浦东新区	上海市浦东新区盛荣路88弄1-16号上海市浦东新区盛荣路88弄1号楼
示范楼宇				
1	上服T-CAT	上海圣骊投资发展有限公司	长宁区	上海市长宁区虹桥路996弄161号
2	上海主角	上海恒地仓物业管理有限公司	徐汇区	上海市徐汇区柳州路399号（甲）
3	中国电子·贝岭大厦	上海贝岭股份有限公司	徐汇区	上海市徐汇区宜山路810号
4	德必WE"国际文化创意中心（静安）	上海禾延文化发展有限公司	静安区	上海市静安区延平路135号
5	德必外滩WE"	上海德必经典创意发展有限公司	黄浦区	上海市黄浦区汉口路422号
6	恒润文化创意园综合楼	上海恒润数字科技集团股份有限公司	奉贤区	上海市奉贤区青村镇青工路655号
7	新华中心	上海怡成房产有限公司	徐汇区	上海市徐汇区漕溪北路331号
8	柏航德必易园	上海柏航文化创意产业发展有限公司	虹口区	上海市虹口区中山北一路1200号
9	环东华智尚源	上海环东华智尚源投资管理有限公司	虹口区	上海市长宁区杨宅路258号
10	老洋行1913	上海德必哈库创意服务有限公司	虹口区	上海市虹口区哈尔滨路160号
11	财景科技园	上海财景企业管理有限公司	宝山区	上海市宝山区逸仙路1277号
12	台青创客家-海峡两岸青年创业基地	台菁创业孵化器管理（上海）有限公司	闵行区	上海市闵行区莘松路380号
13	上海世贸商城	上海世界贸易商城有限公司	长宁区	上海市长宁区延安西路2299号
14	中暨文创楼	上海中暨科技发展有限公司	青浦区	上海市青浦区华隆路1777号B幢上海市青浦区华隆路1777号B幢
15	锦和大宁财智中心	上海锦灵企业管理有限公司	静安区	上海静安区灵石路658号
16	锦和中心	上海广电股份浦东有限公司	徐汇区	上海市徐汇区虹漕路68号

续表

序号	名称	管理单位	区县	地址
示范空间					
1	上戏华山创意产业园	上海上戏艺术发展有限公司	静安区	上海市静安区华山路600号、620号、630号、680号
2	上海同和创意产业园（四期）	上海同和文化创意产业投资有限公司	杨浦区	上海市杨浦区本溪路181号
3	上海市鼎创汇创客空间管理有限公司	上海鼎创汇创客空间管理有限公司	长宁区	上海市长宁区凯旋路1205号2号楼
4	上海（金山）海峡两岸青年创业基地	上海金山高科技园区发展有限公司	金山区	上海市金山区夏宁路666弄58-59、75-76号
5	中南朱里雅集	上海磐进商业管理有限公司	青浦区	上海市青浦区新风路288弄
6	交享越·未来领地	交享越（上海）资产管理有限公司	虹口区	上海市虹口区东江湾路167号3层
7	创意产品实验试制平台	上海复旦科技园高新技术创业服务有限公司	杨浦区	上海市杨浦区国定东路200号1号楼3-6层
8	创邑SPACE丨源	上海创邑实业有限公司	长宁区	上海市长宁区凯旋路613号
9	宝库文化中心	上海宝库文化发展股份有限公司	浦东新区	上海市浦东新区银城中路501号上海中心大厦37-38F、B5
10	小马创业村	小马创业村（上海）投资管理有限公司	虹口区	上海虹口区武进路456号2栋2层
11	张江云立方文创中心	上海紫软投资有限公司	青浦区	上海市青浦区北青公路10688弄14号/17号/18号/19号/21号楼
12	德必虹桥525	上海闵行德必创意产业发展有限公司	闵行区	上海市闵行区金雨路55-59号
13	愚园里	上海真宁企业管理有限公司	长宁区	上海市长宁区镇宁路465弄161号
14	汉光国匠创意空间	上海汉光陶瓷制造有限公司	奉贤区	上海市奉贤区大叶公路1885弄13号
15	猫悦上城	上海翠湖文化发展有限公司	长宁区	上海市长宁区天山路345号缤谷文化广场东座6楼
16	瑞空间	上海义侠网络科技有限公司	金山区	上海市金山区卫清西路421号4楼
17	虹桥德必易园	上海易必创文化创意服务有限公司	闵行区	上海市闵行区吴中路1189号
18	金英汇·众创空间	上海金英汇众创空间管理有限公司	浦东新区	上海市浦东新区新金桥路581号东单元1、2、3层
19	黑石M+国际音乐主题街区	上海集昱文化创意有限公司	徐汇区	上海市徐汇区复兴中路1331号
20	齐联数字内容产业孵化基地	上海齐联文化传媒有限公司	虹口区	上海市虹口区广纪路838号A幢

续表

序号	名称	管理单位	区县	地址
21	尚创汇·东华大学大学生创新创业孵化基地	上海新因子众创空间管理有限公司	长宁区	上海市长宁区延安西路1882号27幢
22	锦和越界永嘉庭	上海锦翌企业管理有限公司	徐汇区	上海徐汇区区永嘉路570号
23	锦和越界凯旋坊	上海尚翌企业管理有限公司	徐汇区	上海市徐汇区凯旋路2086号
24	锦和越界枫林Link	上海翌尚企业管理有限公司	徐汇区	上海市徐汇区枫林路485号
25	锦和越界安福里	上海豪翌企业管理有限公司	徐汇区	上海市徐汇区安福路322号
26	加减乘除创意园	甲简呈初文化发展（上海）有限公司	普陀区	上海市普陀区云岭西路689弄230号
27	中国农民画村文化创意产业园区	上海枫泾古镇旅游发展有限公司	金山区	上海市金山区枫泾镇朱枫公路8258弄169号
28	法华525	上海德必创意产业发展有限公司	长宁区	上海市长宁区法华镇路525号

注：此表根据上海市文化创意产业推进领导小组办公室官网及《上海文化创意产业园区政策发展史》整理，共有169处文创园区、16处示范楼宇及28处示范空间。

参考文献

[1] 刘大钧.上海工业化研究[M].北京：商务印书馆，2015.

[2] 徐新吾，黄汉民.上海近代工业史[M].上海：上海社会科学院出版社，1998.

[3] 祝慈寿.中国近代工业史[M].重庆：重庆出版社，1989.

[4] 朱斯煌.民国经济史[M].郑州：河南人民出版社，2016.

[5] 上海通志编纂委员会.上海通志：第十七卷工业[M].上海：上海人民出版社，2005.

[6] 马学强.上海通史·古代卷[M].上海：上海人民出版社，1999.

[7] 熊月之.上海通史[M].上海：上海人民出版社，1999.

[8] 王铁崖.中外旧章约汇编[M].北京：生活·读书·新知三联书店，1957.

[9] 兰宁，库寿龄.上海史[M].朱华，译.上海：上海书店出版社，2020.

[10] 唐振常.上海史[M].上海：上海人民出版社，1989.

[11] 罗兹·墨菲.上海——现代中国的钥匙[M].上海社科院历史研究所，编译.上海：上海人民出版社，1986.

[12] 汪敬虞.中国近代工业史资料[M].北京：科学出版社，1957.

[13] 本书编写组.中国近代经济史[M].北京：人民出版社，1976.

[14] 吴中元.中国近代经济史[M].上海：上海人民出版社，2003.

[15] 吴承洛.今世中国实业通志[M].上海：商务印书馆，1929.

[16] 陈真.中国近代工业史资料[M].北京：生活·读书·新知三联书店，1961.

[17] 严中平.中国近代经济史统计资料选辑[M].北京：科学出版社，1955.

[18] 上海港史编纂委员会.上海港史：古近代部分[M].北京：人民交通出版社，1990.

[19] 吴承明.中国资本主义与国内市场[M].北京：中国社会科学出版社，1985.

[20] 张忠民.上海：从开发到开放[M].昆明：云南人民出版社，1990.

[21] 许涤新，吴承明.中国资本主义发展史[M].北京：人民出版社，2005.

[22] 龚骏.中国都市工业化程度之统计分析[M].北京：商务印书馆，1993.

[23] 雷麦.外人在华投资[M].蒋学楷，赵康节，译.北京：商务印书馆，1953.

[24] 管真.图说上海6000年[M].上海：世界书局，2010.

[25]上海研究中心.上海700年[M].上海：上海人民出版社，1991.

[26]孙逊，钟翀.上海城市地图集成[M].上海：上海书画出版社，2017.

[27]蒯世勋.上海公共租界史稿[M].上海：上海人民出版社，1980.

[28]陈绍闻，郭庠林.中国近代经济简史[M].上海：上海人民出版社，1983.

[29]本书编写组.旧中国的资本主义生产关系[M].北京：人民出版社，1977.

[30]严中平.中国棉业之发展[M].上海：商务印书馆，1943.

[31]徐新吾.中国近代缫丝工业史[M].上海：上海人民出版社，1990.

[32]上海市粮食局等.中国近代面粉工业史[M].北京：中华书局，1987.

[33]机器工业史料组.上海民族机器工业[M].北京：中华书局，1966.

[34]上海邮电志编纂委员会.上海邮电志[M].上海：上海社会科学院出版社，1999.

[35]上海市经济委员会.上海工业四十年：1949—1989[M].北京：生活·读书·新知三联书店，1990.

[36]中共上海市委党史研究室.上海社会主义建设五十年[M].上海：上海人民出版社，1999.

[37]林金枝.近代华侨投资国内企业史研究[M].福州：福建人民出版社，1983.

[38]张仲礼.近代上海城市研究：1840—1949[M].上海：上海人民出版社，2014.

[39]王翔.中国近代手工业的经济学考察[M].北京：中国经济出版社，2002.

[40]上海市统计局.胜利十年：上海市经济和文化建设成就的统计资料[M].上海：上海人民出版社，1960.

[41]上海市政协文史资料委员会.上海文史资料存稿汇编7：工业商业[M].上海：上海古籍出版社，2001.

[42]伍江.上海百年建筑史：1840—1949[M].上海：同济大学出版社，2008.

[43]郑时龄.上海近代建筑风格[M].上海：上海教育出版社，1995.

[44]王绍周.上海近代城市建筑[M].南京：江苏科学技术出版社，1989.

[45]赖德林.中国近代建筑史研究[M].北京：清华大学出版社，2007.

[46]张松.历史城市保护学导论：文化遗产和历史环境保护的一种整体性方法[M].上海：上海科学技术出版社，2001.

[47]上海文献汇编编委会.上海文献汇编：建筑卷[M].天津：天津古籍出版社，2013.

[48]张长根.上海优秀历史建筑：长宁篇[M].上海：上海三联出版社，2005.

[49]承载，张剑明.老上海百业指南[M].上海：上海社会科学院出版社，2004.

[50]郑祖安.上海历史上的苏州河[M].上海：上海社会科学院出版社，2006.

[51]娄承浩，陶祎珺.上海工业建筑百年[M].上海：同济大学出版社，2017.

[52]薛顺生，娄承浩.老上海工业旧址遗迹[M].上海：同济大学出版社，2004.

[53]上海市文物管理委员会.上海工业遗产实录[M].上海：上海交通大学出版社，2009.

[54]上海市文物管理委员会.上海工业遗产新探[M].上海：上海交通大学出版社，2009.

[55]承载，上海市轮渡有限公司.百年轮渡[M].上海：上海社会科学院出版社，2010.

[56]左琰，安延清.上海弄堂工厂的生与死[M].上海：上海科学技术出版社，2012.

[57]上海市杨浦区文化局,上海市杨浦区档案局.杨浦百年史话[M].上海:上海科学技术文献出版社,2006.

[58]上海市杨浦区文化局,上海市杨浦区档案局.杨树浦历史变迁[M].上海:上海书店,2015.

[59]上海市历史博物馆.上海旧影[M].上海:上海书画出版社,2010.

[60]上海市徐汇区志编纂委员会.徐汇区志[M].上海:上海社会科学院出版社,1997.

[61]上海市虹口区志编纂委员会.虹口区志[M].上海:上海社会科学院出版社,1999.

[62]孙卫国.南市区志[M].上海:上海社会科学院出版社,1997.

[63]罗苏文,高郎桥.近代沪东一个棉纺织工人生活区的形成:1914—1949[C]//中国社会科学院近代史研究所,青岛大学师范学院.近代中国的城市·乡村·民间文化:首届中国近代社会史国际学术研讨会论文集.北京:中国社会科学院近代史研究所,2005.

[64]宋颖.上海工业遗产的保护与再利用研究[M].上海:复旦大学出版社,2014.

[65]徐苏斌,青木信夫.工业遗产保护与适应性再利用规划设计研究[M].北京:中国城市出版社,2021.

[66]吕建昌.近现代工业遗产博物馆研究[M].北京:学习出版社,2016.

[67]田兴荣.北四行联营研究:1921—1952[M].上海:上海远东出版社,2015.

[68]本书编辑委员会.中国近代纺织史[M].北京:中国纺织出版社,1997.

[69]曹永康.上海古桥保护研究[M].上海:上海交通大学出版社,2020.

[70]杨辰.从模范社区到纪念地:一个工人新村的变迁史[M].上海:同济大学出版社,2019.

[71]弗朗切斯科·班德林,吴瑞梵.城市时代的遗产管理:历史性城镇景观及其方法[M].裴洁婷,译.周俭,校译.上海:同济大学出版社,2017.

[72]沈以行,姜沛南,郑庆生.上海工人运动史[M].沈阳:辽宁人民出版社,1991.

[73]上海市地方志编纂委员会.上海工运志[M].上海:上海社会科学院出版社,1997.

[74]裴宜理.上海罢工:中国工人政治研究[M].刘平,译.南京:江苏人民出版社,2001.

[75]黄汉民.1933和1947年上海工业产值的估计[J].上海经济研究,1989(1):63-68.

[76]李一翔.外资银行与近代上海远东金融中心地位的确立[J].档案与史学,2002(5):52-53.

[77]姜铎.上海沦陷前期的"孤岛繁荣"[J].上海经济研究,1983(10):25-31.

[78]张忠民.20世纪20—40年代的上海工业调查及其经济统计意义[J].社会科学,2020(01):171-178.

[79]马学强.近代上海成长中的"江南因素"[J].史林,2003(03):41-52+123.

[80]朱荫贵.近代上海成为中国经济中心的启示[J].复旦学报(社会科学版),2019,61(05):60-70.

[81]黄坚.1949—1965年毛泽东工业化战略构想的演变及其在上海的实施[J].上海党史和党建,2014(02):23-26.

[82]牟振宇.太平天国运动对上海土地市场的影响:1860—1869[J].社会科学,2018(10):143-161.

[83]付清海.太平天国运动对上海租界近代化的影响[J].东华大学学报(社会科学版),2003(04):13-16.

[84]上海纺织集团.纺织:上海的母亲工业:上海纺织工业一百五十年回眸[J].东方企业文化,2016(09):64-66.

[85]任荣.汪伪政权"接收"日本军管工厂的一组史料[J].民国档案,1990(02):52-63.

[86]戴鞍钢，阎建宁.中国近代工业地理分布、变化及其影响[J].中国历史地理，2000（01）：139–161+250–251.

[87]郑红彬.近代在华外籍建筑师群体初探[J].世界建筑，2020（11）：52–58，132.

[88]张阳，吕云飞.新经济地理学视角下的近代上海工业集聚与扩散机制[J].唐山学院学报，2020，33（01）：94–101+108.

[89]龙钢.北外滩：中国近代工业的发祥地[J].档案春秋，2020（06）：59–61.

[90]刘芳，陈罗齐.一种历史意外的空间后果：近代上海的城市形成[J].上海地方志，2020（02）：65–70+96.

[91]王京滨，姜璐.近代民族工业企业的规模扩张与信用风险[J].社会科学，2020（12）：130–150.

[92]方书生.近代中国市场结构的演化：以火柴业为中心[J].上海经济研究，2020（07）：118–127.

[93]季宏.《下塔吉尔宪章》之后国际工业建筑遗产保护理念的嬗变：以《都柏林原则》与《台北亚洲工业建筑遗产宣言》为例[J].新建筑，2017（05）：74–77.

[94]曹永康，竺迪.近十年上海市工业遗产保护情况初探[J].工业建筑，2019，49（07）：16–23.

[95]刘抚英.我国近现代工业遗产分类体系研究[J].城市发展研究，2015，22（11）：64–71.

[96]刘抚英，徐杨，胡顺江.上海近代纺织工业建筑遗产解析[J].世界建筑，2020（11）：22–26+131.

[97]张松.工业遗产地区保护更新的上海实践及其启迪[J].城乡规划，2020（06）：1–11.

[98]张松.上海产业遗产的保护与适当再利用[J].建筑学报，2006（08）：16–20.

[99]张松.上海黄浦江两岸再开发地区的工业遗产保护与再生[J].城市规划学刊，2015（02）：102–109.

[100]张松，李宇欣.工业遗产地区整体保护的规划策略探讨：以上海市杨树浦地区为例[J].建筑学报，2012（1）：18–23.

[101]刘伯英.关于中国工业遗产科学技术价值的新思考[J].工业建筑，2018，48（08）：1–7+60.

[102]尼尔·考森斯，刘心依，刘伯英.为什么要保护工业遗产[J].遗产与保护研究，2016，1（01）：55–59.

[103]刘伯英.中国工业建筑遗产研究综述[J].新建筑，2012（02）：4–9.

[104]俞孔坚，方琬丽.中国工业遗产初探[J].建筑学报，2006（08）：12–15.

[105]韩强，安幸，邓金花.中国工业遗产保护发展历程[J].工业建筑，2018，48（08）：8–12.

[106]王林，薛鸣华，莫超宇.工业遗产保护的发展趋势与体系构建[J].上海城市规划，2017（06）：15–22.

[107]单霁翔.关注新型文化遗产：工业遗产的保护[J].中国文化遗产，2006（04）：10–47+6.

[108]苏志华.国内工业遗产近十五年研究进展：基于定量与知识图谱的分析[J].现代城市研究，2020（06）：87–94.

[109]徐苏斌，青木信夫.存量规划时代的工业遗产保护[J].南方建筑，2016（02）：20–25.

[110]徐苏斌，张家浩，青木信夫，等.重点城市工业遗产GIS数据库建构研究：以天津为例[J].工业建筑，2015增刊Ⅰ：138–143.

[111]孙政，曹永康，张莹莹.基于图像的三维重建在建筑遗产测绘中的应用[J].遗产保护与研究，2018，3（01）：30–36.

[112]张恩铭，曹永康，潘文卓.HBIM在建筑遗产勘察数据管理中的应用：以上海张园石库门建筑为例[J].建筑与文化，2021（07）：70–72.

[113]尹应凯，杨博宇，彭兴越.工业遗产保护的"三个平衡"路径研究：基于价值评估框架[J].江西社会科学，2020（11）：127–137+255.

[114] 章明, 于一凡, 沈兵, 等."城市滨水工业遗产廊道转型研究"主题沙龙[J].城市建筑, 2017 (22): 6-13.

[115] 常青, 魏枢, 沈黎, 等."东外滩实验": 上海市杨浦区滨江地区保护与更新研究[J].城市规划, 2004 (04): 88-93.

[116] 章明, 秦曙, 张洁, 等.城市公共艺术与城市公共空间的共生: 杨浦滨江的实践[J].建筑实践, 2020 (S1): 54-59.

[117] 左琰.上海世博会的经验与反思: 滨江工业遗产保护与利用[J].北京规划建设, 2011 (01): 32-36.

[118] 安延清, 左琰.上海产业遗产改建创意产业园区开发模式探究[J].城市建筑, 2008 (04): 83-86.

[119] 蔡青.上海工业遗产转型创意产业园区数据分析与发展研究[J].遗产与保护研究, 2018, 3 (07): 79-84.

[120] 肖湘东, 熊亦美.上海工业遗产发展研究[J].建筑与文化, 2018 (07): 217-219.

[121] 单菁菁, 秦铭梓.把"工业锈带"变成"生活秀带": 城市更新视野下的工业遗产地保护与利用[J].环境经济, 2020 (13): 34-38.

[122] 欧阳杰.上海龙华机场近代航空站的建筑形制研究[J].建筑史, 2018 (02): 201-210.

[123] 吕舟.城市工业遗产保护价值观察: 以江南造船厂与798厂为例[J].中国文化遗产, 2007 (04): 54-58.

[124] 曾锐, 李早.城市工业遗产转型再生机制探析: 以上海市为例[J].城市发展研究, 2019, 26 (05): 33-39.

[125] 黄晨楠, 张健.上海工业遗产再利用为后工业景观浅析[J].华中建筑, 2017, 35 (08): 78-83.

[126] 王兴全, 王慧敏, 赵嫚.上海文创园区二十年政策评述[J].上海经济, 2020 (05): 54-68.

[127] 蔡青.上海工业遗产转型创意产业园区数据分析与发展研究[J].遗产与保护研究, 2018, 3 (07): 79-84.

[128] 张姿, 章明.上海当代艺术博物馆的文化表述[J].时代建筑, 2013 (01): 120-127.

[129] 强丹.具有抗战纪念性的工业历史建筑更新研究: 以上海四行仓库为例[J].城市建筑, 2021, 18 (12): 83-86.

[130] 吕昱达, 赵岩, 程泽西.上海工业建筑遗产的前卫性生长研究[J].城市建筑, 2018 (31): 118-120.

[131] 薛鸣华, 王林.上海中心城工业风貌街坊的保护更新: 以M50工业转型与艺术创意发展为例[J].时代建筑, 2019 (03): 163-169.

[132] 袁静.工业遗产建筑再利用的探索: 从上海第十七棉纺厂到上海国际时尚中心[J].建筑技艺, 2017 (04): 114-115.

[133] 肖湘东, 熊亦美, 余亮.上海工业建筑遗产改造复兴研究: 以三个典型工业遗产改造项目为例[J].中国名城, 2018 (06): 71-76.

[134] 朱晓明.上海曹杨一村规划设计与历史[J].住宅科技, 2011, 31 (11): 47-52.

[135] 杨晓青.看台与舞台: 杨浦滨江公共空间南段二期景观设计[J].风景园林, 2020, 27 (06): 68-72.

[136] 钱壮, 竺迪, 曹永康.浦东航运遗产现状调研及其保护再利用策略研究[J].遗产与保护研究, 2018, 3 (10): 78-88.

[137] 孙正坤, 杨小明.中国纺织工业的一个案例研究: "孤岛繁荣"时期申新二厂、九厂发展模式比较研究[J].自然辩证法通讯, 2020, 42 (11): 74-79.

[138] 李华治.世界级滨水区工业遗产更新策划思考: 以杨树浦电厂为例[J].城乡规划, 2020 (06): 28-36.

[139] 白雪.上海近代砖木结构房屋典型结构特征统计与分析[J].建筑结构, 2021, 51 (06): 92-98.

[140] 贾绿媛, 霍达, 林箐.上海市黄浦江两岸滨江工业遗存的更新思考[J].建筑创作, 2020 (03): 237-243.

[141] 李增军.黄浦江滨江工业建筑遗产保护的共生策略[D].上海: 上海交通大学, 2010.

[142]黄琪.上海近代工业建筑保护和再利用[D].上海：同济大学，2008.

[143]肖照青.上海在近代中国中心城市地位的确立及其历史因素[D].上海：华东师范大学，2004.

[144]陈卓.中国近代工业建筑历史演进研究（1840—1949）：后发外生型现代化的历程[D].上海：同济大学，2008.

[145]邵健健.城市滨水历史地区保护研究：以上海苏州河沿岸为例[D].上海：同济大学，2007.

[146]刘伟惠.上海旧工业建筑再利用研究[D].上海：上海交通大学，2007.

[147]寇怀云.工业遗产技术价值保护研究[D].上海：复旦大学，2007.

[148]郑捷.近代上海工业与南洋贸易[D].上海：华东师范大学，2011.

[149]钱海平. 以《中国建筑》与《建筑月刊》为资料源的中国建筑现代化进程研究[D].杭州：浙江大学，2011.

[150]胡朴.上海工业遗产地时空变迁及其对区域的影响研究[D].上海：上海师范大学，2014.

[151]陈为忠.转型与重构：上海产业区的形成与演化研究（1843—1941）[D].上海：复旦大学，2014.

[152]郑耀宗.文化创意产业园区的自组织演化研究：理论模型与上海实证[D].上海：上海社会科学院，2015.

[153]曹兆坤.解放战争时期上海港码头工人运动研究[D].上海：上海师范大学，2020.

[154]张乐.城市更新背景下黄浦江两岸工业遗产廊道构建研究[D].上海：上海师范大学，2020.

后 记

　　上海是中国工业化、城市化进程的一个缩影，地缘优势、土地成本、商贸便利等多种要素的因缘际会，最终形成了上海近代工业的版图与超级大都市的格局。作为我国近代工业的发祥地和全国重要的工业城市，上海留存了丰富的工业遗产，不同时代、不同类型、不同规模的工业遗产遍布于上海的城市中心和偏远郊区，它们见证了上海从19世纪开埠以来上海城市建设和工业文明的发展历史。

　　当前，在上海不断国际化的当下，工业已经逐渐退却其在城市发展中的主导地位，而留存的大量工业遗产在未来的城市发展中需要扮演怎样的角色，如何能够在保留工业遗产、传承工业文化的同时，对这些工业遗产的巨大空间结构进行功能更新，重新激发起经济、文化和产业功能，这是工业遗产作为一种重要的遗产类型所要面对的现实问题，也是城市进入存量建设时代需要完成的关键任务。

　　要解决这一问题，首先需要对上海工业遗产的保存现状进行调研排查，在做好基础性资料收集、摸清家底的基础上，再来提出未来的发展方向与规划。

　　鉴于此，笔者带领团队自2007年第三次全国文物普查开始，就陆续对上海工业遗产进行了初步的调查，并对其中重要的工业遗产进行了勘察测绘，例如最早完成了民生港码头建筑的全部调查测绘,部分工作成果体现在2009年上海市文物管理委员会编纂出版的《上海工业遗产实录》一书中,本书对当时上海工业遗产的保存现状进行了初步梳理,并选择其中169处(组)重点介绍,以展示上海近现代工业的发展轨迹。同时还在2009年上海市文物管理委员会编纂出版的《上海工业遗产新探》一书中与时任上海文物局文物处处长谭玉峰研究员一起担任副主编,列举了在第三次全国文物普查工作中上海新发现的200多处工业遗产,并对其中30多处具有代表性的工业遗产以照片、测绘图和文字说明的形式进行了较为详细的介绍。

此后,仍持续对上海工业遗产开展实地调研工作和工业遗产的保护修缮工作,自2015年至今,先后实地调查了400多处工业遗产,进行了详细的记录和整理。实地调研非常耗费时间,无论是手工拍摄、测绘、记录还是无人机航拍、三维激光扫描,都需要大量时间、体力与精力的投入。为获得更为完善、详实的资料信息,有些重要工业遗产进行过不止一次的现场调研,严寒酷暑,风雪晴雨,其间艰辛自是一言难尽。在调研的这几年间,有的工业遗产已经遭到破坏、损毁甚至湮灭,这让工业遗产的保护更新利用显得更为紧迫,也使我们的调研资料愈加凸显价值和意义。

本书的撰写即建立在对上海工业遗产十多年不间断大量实

地考察和研究的基础上，希望通过对上海工业发展的回顾以及对上海工业遗产的调研，更为系统地梳理上海工业遗产的历史发展背景，分析工业遗产的保存现状，既为上海工业遗产提供较为全面的历史记录，也为未来的保护利用提供依据。

在工业遗产调研和书稿写作过程中，各区文物管理部门、上海市黄浦江两岸开发建设管理办公室、上海杨浦滨江投资开发有限公司等部门机构，为我们提供线索，也为进入这些工厂提供了便利，在此深表感谢！同时，感谢上海交通大学设计学院建筑文化遗产保护国际研究中心和上海交通大学建筑设计研究总院历史建筑保护勘察设计分院两个团队的伙伴们，包括竺迪、丘博文、钱壮、李增军等，师生团队一起多年的点滴积累，才有了今天的粗浅成果。这也为以后开展工业遗产保护实践、延续历史文脉和城市肌理提供了基础资料。

2021年12月于上海